全国高等院校应用型创新规划教材·计算机系列

Oracle 数据库管理实用教程

主　编　田　莹　张晓霞

副主编　云晓燕　王彩霞　孟　丹
　　　　谭丹丹　宫　玺　朱云飞

清华大学出版社

北　京

内 容 简 介

本书讲述了如何利用 Oracle 11g for Linux 来管理和维护数据库的基本知识。全书共分为 12 章，详细介绍了 Oracle 数据库的安装与创建、数据库管理工具、物理存储结构、逻辑存储结构、数据库实例、模式对象管理、启动与关闭数据库、数据库安全管理、数据库备份与恢复、Oracle DBA 的 Linux 基础等。本书内容编排合理，涵盖了必要的基础知识和新知识，内容讲解通俗易懂，并提供大量习题供学生参考和实际练习，提高学生的动手能力。

本书适合作为高等院校本科生学习 Oracle 数据库管理及相关内容课程的教材和参考书，也适合初学者作为 DBA 入门的参考资料。

本书封面贴有清华大学出版社防伪标签，无标签者不得销售。
版权所有，侵权必究。侵权举报电话：010-62782989　13701121933

图书在版编目(CIP)数据

Oracle 数据库管理实用教程/田莹，张晓霞主编. —北京：清华大学出版社，2017 （2018.1重印）
(全国高等院校应用型创新规划教材·计算机系列)
ISBN 978-7-302-46679-6

Ⅰ. ①O…　Ⅱ. ①田…　②张…　Ⅲ. ①关系数据库系统—高等学校—教材　Ⅳ. ①TP311.138

中国版本图书馆 CIP 数据核字(2017)第 036044 号

责任编辑：汤涌涛
封面设计：杨玉兰
责任校对：吴春华
责任印制：沈　露
出版发行：清华大学出版社
　　网　　址：http://www.tup.com.cn, http://www.wqbook.com
　　地　　址：北京清华大学学研大厦 A 座　　**邮　　编**：100084
　　社 总 机：010-62770175　　**邮　　购**：010-62786544
　　投稿与读者服务：010-62776969, c-service@tup.tsinghua.edu.cn
　　质量反馈：010-62772015, zhiliang@tup.tsinghua.edu.cn
　　课件下载：http://www.tup.com.cn, 010-62791865
印 装 者：北京嘉实印刷有限公司
经　　销：全国新华书店
开　　本：185mm×260mm　　**印　张**：18.75　　**字　数**：453 千字
版　　次：2017 年 3 月第 1 版　　**印　次**：2018 年 1 月第 2 次印刷
印　　数：2001～3500
定　　价：43.00 元

产品编号：073834-01

前　言

Oracle 是一个面向云计算环境的数据库，在数据库领域一直处于绝对领先地位，是目前世界上流行的关系数据库管理系统，其安全性、完整性、一致性、兼容性和可扩展性等优点深受广大企业的青睐。此外，它执行的速度也非常快。但 Oracle 数据库是一种非常复杂的产品，并且随着每个版本的发布而变得更为复杂。所以，数据库管理变得非常重要，DBA(数据库管理员)已成为 Oracle 成功实施的关键。

本书针对 Oracle 11g 编写，基于 Linux 操作系统环境，以 Oracle 数据库的常用管理知识点作为主要的介绍对象。目前市场上 Oracle 数据库管理方面的图书虽然比较丰富，而且质量也比较高，但是偏重于技术的深度，初学者会觉得过于专业，有点难懂，并且大多基于 Windows 环境。本书作者站在 Oracle 数据库管理人员的视角，以通俗易懂的文字、简短精练的示例代码，以力求让初学者尽快掌握 Oracle 数据库管理基本知识为主旨编写了本书。本书在很多章节提供了综合性管理实例，管理人员可以通过实例学习，提高实战能力。

本书共 12 章，主要内容如下。

第 1 章：Oracle 数据库概述。简单介绍 Oracle 数据库的发展、性能和 Oracle 11g 版本的新特性；着重介绍了作为 Oracle DBA 的管理任务。

第 2 章：安装 Oracle 11g 数据库软件及创建数据库。介绍如何在 Linux 环境下正确安装 Oracle 11g 数据库，以及使用 DBCA 创建数据库的过程。

第 3 章：数据库管理工具。介绍了 Oracle 常用的管理工具，主要包括企业管理器(EM)、SQL*Plus 以及 SQL Developer。

第 4 章：SQL*Plus。详细介绍了 Oracle 自带管理工具 SQL*Plus 的使用，主要是对 SQL*Plus 中常用内部命令进行讲解。

第 5 章：物理存储结构。简要介绍了 Oracle 数据库体系结构，着重介绍 Oracle 数据库的数据文件管理、重做日志文件管理和控制文件的管理。

第 6 章：逻辑存储结构。详细介绍 Oracle 数据库中表空间、段、区及数据块的概念及其管理手段。

第 7 章：数据库实例。详细介绍 Oracle 数据库的内存结构和 Oracle 的后台进程结构。

第 8 章：模式对象管理。详细介绍表、表的完整性约束、视图、索引、分区表和分区索引、序列以及同义词的创建和使用。

第 9 章：启动和关闭数据库。介绍了 Oracle 数据库实例的状态、启动 Oracle 的过程及如何关闭数据库。

第 10 章：安全管理。概述了 Oracle 安全管理方面的问题，着重讲解数据库用户管理、权限管理、角色管理及概要文件管理。

第 11 章：备份与恢复。简单介绍了备份与恢复的类型，详细介绍了物理备份与恢复、逻辑备份与恢复。

第 12 章：Oracle DBA 的 Linux 基础。主要介绍了作为一名 Oracle DBA 应该了解的 Linux 基本操作和基本命令。

本书叙述简明易懂，有丰富的案例和习题，适合初学者作为 DBA 入门的参考书，也适合作为高等院校 Oracle 数据库管理课程的教材。

本书第 1、6、7 章由田莹编写，第 2、3 章由云晓燕编写，第 4 章由宫玺编写，第 5 章由谭丹丹编写，第 8、9 章由王彩霞编写，第 10、11 章由张晓霞编写，第 12 章由孟丹编写。全书由田莹统稿校对。

由于作者水平有限，书中难免有不足和错误之处，恳请读者批评指正。

编　者

目录

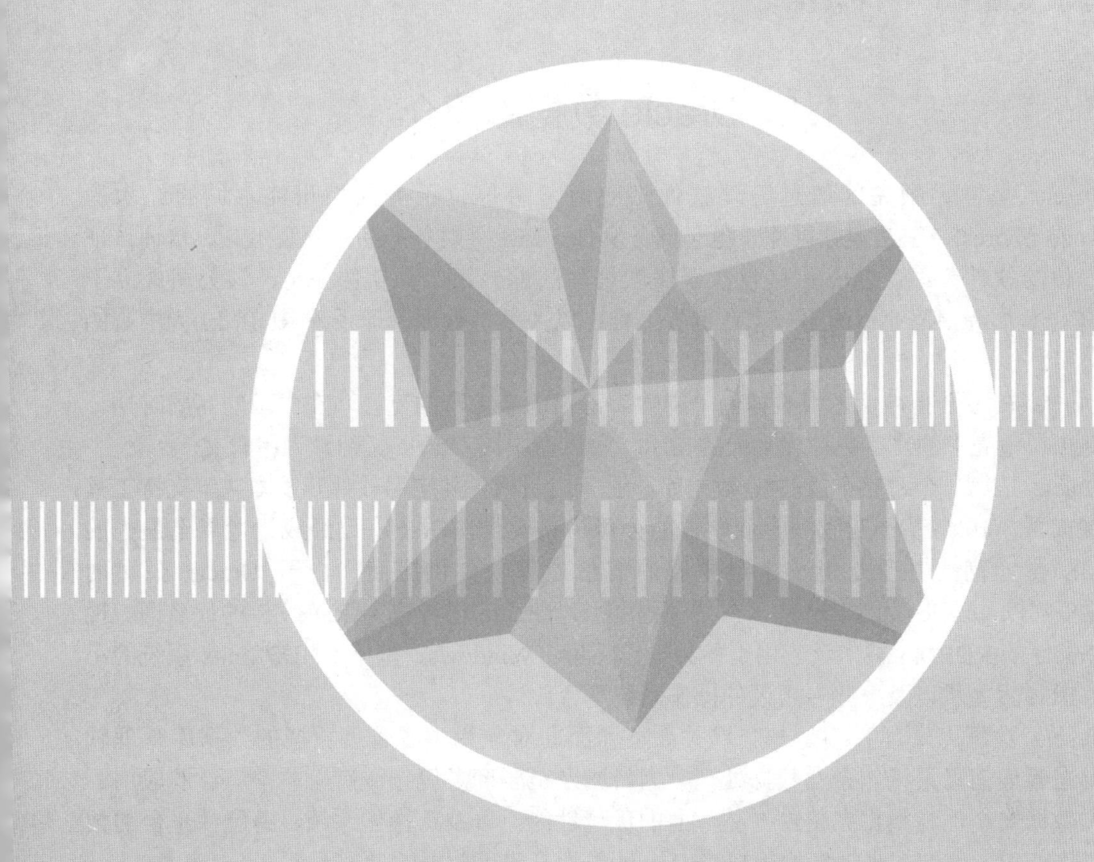

第 1 章

Oracle 数据库概述

本章要点：

Oracle 数据库是当前应用最广泛的大型关系数据库管理系统，拥有广泛的用户和大量的应用案例。本章将介绍 Oracle 数据库的发展、性能特点以及 Oracle 数据库管理员的任务等。

学习目标：

通过本章的学习，读者可以了解 Oracle 数据库产品及其性能，以及作为 Oracle 数据库管理员的职责和任务，为 Oracle 数据库管理奠定基础。

1.1 Oracle 数据库简介

Oracle 是世界领先的信息管理软件供应商，总部位于美国加州红木城的红木岸(Redwood Shores)，它是集数据库、电子商务套件、ERP、财务产品、开发工具、培训认证等为一体的软件公司。Oracle 是仅次于微软公司的世界第二大软件公司，该公司成立于1979 年，是加利福尼亚州的第一家在世界上推出以关系型数据管理系统(RDBMS)为中心的软件公司。

Oracle 在古希腊神话之中被称为“神喻”，指的是上帝的宠儿。在中国的商周时期，把一些刻在龟壳上的文字也称为上天的指示，所以在中国 Oracle 又翻译为甲骨文。

Oracle 是第一个跨整个产品线(数据库、业务应用软件和应用软件开发与决策支持工具)开发和部署，100%基于互联网企业软件的公司。事实上，Oracle 已经成为世界上最大的RDBMS 供应商，并且是世界上最主要的信息处理软件供应商。由于 Oracle 公司的RDBMS 都以 Oracle 为名，所以，在某种程度上，Oracle 已经成为 RDBMS 的代名词。现在，Oracle 的 RDBMS 被广泛应用于各种操作环境：Windows、基于 UNIX/Linux 系统的小型机、IBM 大型机以及一些专用硬件操作系统平台。

Oracle 数据库管理系统是一个以关系型和面向对象为中心管理数据的数据库管理软件，其在管理信息系统、企业数据处理、因特网及电子商务等领域有着非常广泛的应用。因其在数据安全性与数据完整性控制方面的优越性能，以及跨操作系统、跨硬件平台的数据互操作能力，使得越来越多的用户将 Oracle 作为其应用数据的处理系统。

Oracle 数据库是基于“客户端/服务器”模式的结构。客户端应用程序执行与用户进行交互的活动。其接收用户信息，并向服务器端发送请求。服务器系统负责管理数据信息和各种操作数据的活动。

Oracle 不仅在全球最先推出了 RDBMS，并且事实上占据着这个市场的大部分份额。目前，Oracle 数据库产品是市场占有率最高的数据库产品。根据 Gartner 在 2014 年 3 月发布的调查报告，Oracle 数据库的市场份额在 2013 年再次占据第一的位置，以 47.4%超过了随后 4 个厂商的总和，此前 Andrew Mendelsohn 曾在多次活动中提及 Oracle 取得的这一成绩。而在 2010—2012 年的市场占有率分别为 48.1%、48.8%和 48.3%。最近两年，数据库产品发展迅速，市场格局有些变化，Oracle 数据库产品的市场占有份额稍有下降，但依然是独占鳌头。

Oracle 数据库客户从世界最大企业(如 AT&T、通用电气、中石油、中石化、中国移动等)到纯粹的电子商务公司(如阿里巴巴、亚马逊等)，遍布于工业、金融、商业、保险等各个领域。在财富 100 强企业中，有 98 家企业的数据中心都采用 Oracle 技术。世界十大B2C 公司全部使用 Oracle 数据库，世界十大 B2B 公司中有 9 家使用 Oracle 数据库。

1.2 Oracle 数据库的发展

1977 年，Oracle 公司创始人 Larry Ellison 成立了 Relational Software 公司，同年 Oracle为美国军方用汇编语言开发了基于 RSX 操作系统、运行在 128KB 内存的 PDP-11 小型机上的数据库系统。1980 年，Oracle 开发了世界上第一个商用关系型数据库(RDBMS)。1983 年，Relational Software 公司改名为 Oracle 公司。

Oracle 数据库一共经历了 11 个发展阶段，成就了世界上独一无二的数据库技术。Oracle 公司的发展史也是数据库技术的发展史。在短短 30 年的数据库发展历程中，Oracle 公司掌控着全球企业数据库技术和应用的黄金标准。Oracle 公司是世界上领先的信息管理软件供应商和独立软件公司，其技术几乎遍及各个行业。

从 1979 年 Oracle 数据库产品 Oracle 2 的发布，到今天 Oracle 12c 的推出，Oracle 的功能不断完善和发展，性能不断提高，其安全性、稳定性也日趋完善。特别是从 Oracle 8 开始将 Java 语言作为开发语言，使得 Oracle 数据库产品具有优良的跨平台特性，可以适用于各种不同的操作系统，这也是 Oracle 数据库产品比 IBM DB2 和 Microsoft SQL Server 应用更广泛的原因之一。下面简单介绍 Oracle 数据库产品的发展历程。

1979 年，Oracle 公司推出了世界上第一个基于 SQL 标准的关系数据库系统 Oracle 2。它是使用汇编语言在 Digital Equipment 计算机 PDP-11 上开发成功的。当时，它的出现并没有引起太多的关注。

1983 年 3 月，Oracle 公司发布了 Oracle 3。由于该版本采用 C 语言开发，因此 Oracle 产品具有可移植性，可以在大型机和小型机上运行。此外，Oracle 3 还推出了 SQL 语句和事务处理的“原子性”，引入非阻塞查询等。

1984 年 10 月，Oracle 公司发布了 Oracle 4，这一版增加了读取一致性(Read Consistency)，确保用户在查询期间得到一致的数据。也就是说，当一个会话正在修改数据时，其他的会话将看不到该会话未提交的修改。

1985 年，Oracle 公司发布了 Oracle 5。这是第一个可以在 Client/Server 模式下运行的 RDBMS 产品。这意味着运行在客户机上的应用程序能够通过网络访问数据库服务器。1986 年发布的 Oracle 5.1 版本还支持分布式查询，允许通过一次性查询访问存储在多个位置上的数据。

1988 年，Oracle 公司发布了 Oracle 6。该版本支持行锁定模式、多处理器、PL/SQL 过程化语言、联机事务处理(Online Transaction Process，OLTP)。

1992 年，Oracle 公司发布了基于 UNIX 版本的 Oracle 7，Oracle 正式向 UNIX 进军。Oracle 7 采用多线程服务器体系结构 MTS(Multi-Threaded Server)，可以支持更多的并发访问，数据库性能显着提高。同时，在该产品中增加了数据库选件，包括过程化选件、分布式选件、并行服务器选件等，具有分布式事务处理能力。

1997 年 6 月，Oracle 公司发布了基于 Java 的 Oracle 8。Oracle 8 支持面向对象的开发及 Java 工业标准，其支持的 SQL 关系数据库语言执行 SQL3 标准。它的出现使得 Oracle 数据库构造大型应用系统成为可能，其 OFA(Optimal Flexible Architecture)文件目录结构组织方式、数据分区技术和网络连接的改进，使 Oracle 更适合构造大型应用系统。

1998 年 9 月，Oracle 公司正式发布 Oracle 8i。Oracle 8i 是随因特网技术的发展而产生的网络数据库产品，全面支持 Internet 技术。Oracle 公司的产品发展战略由面向应用转向面向网络计算。Oracle 8i 为数据库用户提供了全方位的 Java 支持，完全整合了本地 Java 运行时环境，用 Java 就可以编写 Oracle 的存储过程。同时，Oracle 8i 中还添加了 SQLJ(一种开放式标准，用于将 SQL 数据库语句嵌入客户机或服务器的 Java 代码)、Oracle

InterMedia(用于管理多媒体内容)和 XML 等特性。此外，Oracle 8i 极大提高了伸缩性、扩展性和可用性，以满足网络应用需要。

2000 年 12 月，Oracle 公司发布了 Oracle 9i。Oracle 9i 实际包含 3 个主要部分：Oracle 9i 数据库、Oracle 9i 应用服务器及集成开发工具。作为 Oracle 数据库的一个过渡性产品，Oracle 9i 数据库在集群技术、高可用性、商业智能、安全性、系统管理等方面都实现了新的突破，借助集群技术实现无限的可伸缩性和总体可用性，全面支持 Java 与 XML，具有集成的先进数据分析与数据挖掘功能及更自动化的系统管理功能，是第一个能够跨越多台计算机的集群系统。它使用户能够以前所未有的低成本更容易地构建、部署和管理 Internet 应用，同时有效降低了系统构建的复杂性。

2003 年 9 月，Oracle 公司发布了 Oracle 10g。Oracle 10g 是由 Oracle 10g 数据库、Oracle 10g 应用服务器和 Oracle 10g 企业管理器组成的。Oracle 10g 数据库是全球第一个基于网格计算(Grid Computing)的关系数据库。网格计算帮助客户利用刀片服务器集群和机架安装式存储设备等标准化组件，迅速而廉价地实现了大型计算能力。Oracle 10g 数据库引入了新的数据库自动管理、自动存储管理、自动统计信息收集、自动内存管理、精细审计、物化视图和查询重写、可传输表空间等特性。此外，Oracle 10g 数据库在可用性和可伸缩性、安全性、高可用性、数据库仓库、数据集成等方面，得到了极大的提高。Oracle 10g 数据库产品的高性能、可靠性得到了市场的广泛认可，已经成为企业的最佳选择。

2007 年 7 月 11 日，Oracle 公司在美国纽约宣布推出 Oracle 11g 数据库。这是 Oracle 公司推出的所有产品中最具创新性和质量最高的软件。Oracle 11g 数据库增强了 Oracle 数据库独特的数据库集群、数据中心自动化和工作量管理功能，可以在安全的、高度可用的、可扩展的、由低成本服务器和存储设备组成的网格上，满足最苛刻的交易处理、数据仓库和内容管理应用。它利用全新的高级数据压缩技术，降低了数据存储的支出，明显缩短了应用程序测试环境部署及分析测试结果所花费的时间，增加了 RFID Tag、DICOM 医学图像、3D 空间等重要数据类型的支持，加强了对 Binary XML 的支持和性能优化。

2013 年 6 月，Oracle 公司发布了最新版本 Oracle 12c 数据库。Larry Ellison 将其形容为世界上第一款针对云计算设计的多租户(Multitenant)数据库。12c——仅从产品代码就可以看出，Oracle 数据库已经从网格(Grid)时代全面迈进了云(Cloud)时代。

Oracle 12c 使用新的多租户架构，无须更改现有应用即可在云上实现更高级别的整合；自动数据优化特性，可高效地管理更多数据、降低存储成本和提升数据库性能；深度防御的数据库安全性，可应对不断变化的威胁和符合越来越严格的数据隐私法规；通过防止发生服务器故障、站点故障、人为错误以及减少计划内停机时间和提升应用连续性，获得最高可用性；可扩展的业务事件顺序发现和增强的数据库中大数据分析功能，与 Oracle Enterprise Manager Cloud Control 12c 无缝集成，使管理员能够轻松管理整个数据库生命周期。

最新的属性聚类(Attribute Clustering)功能可以确保数据库中的相关列以最接近的方式存储，实现更快速的访问。此外，新增的快速资源调配(Rapid Home Provisioning)功能简化了数据库维护、升级以及云环境下多租户数据库的资源调配等工作。Oracle 12.1.0.2 数据库还对多租户功能进行了改进，简化了云端的数据整合。其他新功能还包括 Oracle REST Data Services、高级索引压缩、Zone Maps、Approximate Count Distinct 和完整数据库缓存等。

目前企业级稳定的应用版本为 Oracle 11g。

1.3　Oracle 数据库的特点

Oracle 数据库经过近 40 年的发展，由于其优越的安全性、完整性、稳定性和支持多种操作系统、多种硬件平台等特点，得到了广泛的应用。从工业领域到商业领域，从大型机到微型机，从 UNIX/Linux 操作系统到 Windows 操作系统，到处都可以找到成功的 Oracle 应用案例。

Oracle 之所以得到广大用户的青睐，其主要原因在于以下几个方面。

1. 支持多用户、大事务量的事务处理

Oracle 数据库是一个大容量、多用户的数据库系统，可以支持 20000 个用户同时访问，支持数据量达百吉字节的应用。

2. 提供标准操作接口

Oracle 数据库是一个开放的系统，它所提供的各种操作接口都遵守数据存取语言、操作系统、用户接口和网络通信协议的工业标准。

3. 实施安全性控制和完整性控制

Oracle 通过权限设置限制用户对数据库的访问，通过用户管理、权限管理限制用户对数据的存取，通过数据库审计、追踪等监控数据库的使用情况。

4. 支持分布式数据处理

Oracle 支持分布式数据处理，允许利用计算机网络系统，将不同区域的数据库服务器连接起来，实现软件、硬件、数据等资源共享，实现数据的统一管理与控制。

5. 具有可移植性、可兼容性和可连接性

Oracle 产品可运行于多种硬件与操作系统平台上，可以安装在 70 种以上不同的大、中、小型机上，可在 VMS、DOS、UNIX/Linux、Windows 等多种操作系统下工作。Oracle 应用软件从一个平台移植到另一个平台，不需要修改或只需修改少量的代码。Oracle 产品采用标准 SQL，并经过美国国家标准技术所(NIST)测试，能与多种通信网络相连，支持各种网络协议(如 TCP/IP、DECnet、LU6.2 等)。

1.4　Oracle 11g 数据库的特性

Oracle 10g 在 Oracle 9i 的基础上，增加的新特性包括网格计算、真正集群技术、自动存储管理、数据库自动管理、高可用性、超大型数据库支持、闪回查询与闪回数据库、物化视图与查询重写、数据泵等。

Oracle 11g 在 Oracle 10g 基础上增强了 Oracle 数据库独特的数据库集群、数据中心自

动化和工作量管理功能。Oracle 客户可以在安全的、高度可用和可扩展的、由低成本服务器和存储设备组成的网格上满足最苛刻的交易处理、数据仓库和内容管理应用。

1. 自助式管理和自动化能力

Oracle 11g 的各项管理功能用来帮助企业轻松管理企业网格，并满足用户对服务级别的要求。Oracle 11g 引入了更多的自助式管理和自动化功能，帮助客户降低系统管理成本，同时提高客户数据库应用的性能、可扩展性、可用性和安全性。Oracle 11g 新的管理功能包括：自动 SQL 和存储器微调；新的划分顾问组件自动向管理员建议如何对表和索引分区以提高性能；增强的数据库集群性能诊断功能。另外，Oracle 11g 还具有新的支持工作台组件，其易于使用的界面向管理员呈现与数据库健康有关的差错以及如何迅速消除差错的信息。

Oracle 11g 提供了高性能、伸展性、可用性、安全性，并能方便地在低成本服务器和存储设备组成的网格上运行。还可方便地部署在任何服务器上，包括小刀片服务器到最大型的 SMP 服务器以及其他所有型号等。

2. Oracle Data Guard

Oracle 11g 的 Oracle Data Guard 组件可帮助客户利用备用数据库提高生产环境的性能，并保护生产环境免受系统故障和大面积灾难的影响。Oracle Data Guard 组件可以同时读取和恢复单个备用数据库，这种功能是业界独一无二的，因此 Oracle Data Guard 组件可用于对生产数据库的报告、备份、测试和“滚动”升级。通过将工作量从生产系统卸载到备用系统，Oracle Data Guard 组件还有助于提高生产系统的性能，并组成一个更经济的灾难恢复解决方案。

3. 数据划分和压缩功能

Oracle 11g 具有极新的数据划分和压缩功能，可实现更经济的信息生命周期管理和存储管理。很多原来需要手工完成的数据划分工作，在 Oracle 11g 数据库中都实现了自动化，还扩展了已有的范围、散列和列表划分功能，增加了间隔、索引和虚拟卷划分功能。另外，Oracle 11g 还具有一套完整的复合划分选项，可以实现以业务规则为导向的存储管理。

4. 全面回忆数据变化

Oracle 11g 具有 Oracle 全面回忆(Oracle Total Recall)组件，可帮助管理员查询在过去某些时刻指定表格中的数据。管理员可以用这种简单实用的方法给数据增加时间维度，以跟踪数据变化、实施审计并满足法规要求。

5. 闪回交易和“热修补”

Oracle 11g 数据库管理员现在可以更轻松地满足用户的可用性预期。新的可用性功能包括：Oracle 闪回交易(Oracle Flashback Transaction)，可以轻松撤销错误交易以及任何相关交易；并行备份和恢复功能，可改善大型数据库的备份和存储性能；“热修补”功能，则不必关闭数据库就可以进行数据库修补，提高了系统可用性。另外，一种新的顾问软件——数据恢复顾问，可自动调查问题、充分智能地确定恢复计划并处理多种故障情况，从而可以极大地缩短数据恢复所需的停机时间。

6. Oracle 快速文件

Oracle 11g 具有在数据库中存储大型对象的下一代功能，这些对象包括图像、大型文本对象或一些先进的数据类型，如 XML、医疗成像数据和三维对象。Oracle 快速文件(Oracle Fast Files)组件使得数据库应用的性能完全比得上文件系统的性能。通过存储更广泛的企业信息并迅速、轻松地检索这些信息，企业可以对自己的业务了解得更深入，并更快地对业务做出调整以适应市场变化。

7. 更快的 XML

在 Oracle 11g 中，XML DB 的性能获得了极大的提高。XML DB 是 Oracle 数据库的一个组件，可帮助客户以本机方式存储和操作 XML 数据。Oracle 11g 增加了对二进制 XML 数据的支持，使客户可以选择适合自己特定应用及性能需求的 XML 存储选项。XML DB 还可以通过支持 XQuery、JSR-170、SQL/XML 等标准的业界标准接口来操作 XML 数据。

8. 嵌入式 OLAP 行列

Oracle 11g 在数据仓库方面也引入了创新。OLAP 行列现在可以在数据库中像物化图那样使用，因此开发人员可以用业界标准 SQL 实现数据查询，同时受益于 OLAP 行列所具有的高性能。

新的连续查询通知(Continuous Query Notification)组件在数据库数据发生重要变化时，会立即通知应用软件，不会出现由于不断轮询而加重数据库负担的情况。

9. 查询结果高速缓存和连接汇合

Oracle 11g 中各项提高性能和可扩展性的功能，可帮助企业维护一个高性能和高度可扩展的基础设施，以向企业的用户提供质量最高的服务。Oracle 11g 进一步增强了甲骨文在性能和可扩展性方面的业界领先地位，增加了查询结果高速缓存等新功能。查询结果高速缓存功能改善了应用的性能和可扩展性。数据库驻留连接汇合(Database Resident Connection Pooling)功能通过为非多线程应用提供连接汇合，提高了 Web 系统的可扩展性。

10. 增强应用开发

Oracle 11g 提供多种开发工具供开发人员选择，它提供的简化应用开发流程可以充分利用 Oracle 11g 的关键功能，这些关键功能包括客户端高速缓存、提高应用速度的二进制 XML、XML 处理以及文件存储和检索。另外，Oracle 11g 还具有新的 Java 实时编译器，无须第三方编译器就可以更快地执行数据库 Java 程序；为开发在 Oracle 平台上运行的.NET 应用，实现了与 Visual Studio 2005 的本机集成；与 Oracle 快捷应用配合使用的 Access 迁移工具；SQL Developer 可以轻松建立查询，以快速编制 SQL 和 PL/SQL 例程代码。

此外，Oracle 11g 在安全性方面也有很大提高。它增强了 Oracle 透明数据加密功能，将这种功能扩展到了卷级加密之外。Oracle 11g 具有表空间加密功能，可用来加密整个表、索引和所存储的其他数据。存储在数据库中的大型对象也可以加密。

1.5 Oracle 性能

1.5.1 创造新的 TPC-C 世界纪录

TPC(Transaction Processing Performance Council，事务处理性能委员会)是由数十家会员公司创建的非营利组织，总部设在美国。TPC 不给出基准程序的代码，而只给出基准程序的标准规范。任何厂家或其他测试者都可以根据规范，最优地构造出自己的测试系统(测试平台和测试程序)。

TPC 推出过 11 套基准程序，分别是正在使用的 TPC-App、TPC-H、TPC-C、TPC-W，过时的 TPC-A、TPC-B、TPC-D 和 TPC-R，及因不被业界接受而放弃的 TPC-S(Server 专门测试基准程序)、TPC-E(大型企业信息服务测试基准程序)和 TPC-Client/Server。目前最为“流行”的 TPC-C 是联机事务处理(OLTP)的基准程序。

在 TPC-C 基准测试中，性能由 tpmC(transactions per minute，tpm)衡量，C 指 TPC 中的 C 基准程序。它的定义是每分钟内系统处理的新订单个数。TPC-C 还经常以系统性能价格比的方式体现，单位是$/tpmC，即以系统的总价格(单位是美元)除以 tpmC 数值得出。从 TPC-C 的定义不难知道，这套基准程序是用来衡量整个 IT 系统的性能，而不是评价服务器或某种硬件系统的标准。

TPC-C 模拟一个批发商的货物管理环境。该批发公司有 *N* 个仓库，每个仓库供应 10 个地区，其中每个地区为 3000 名顾客服务。在每个仓库中有 10 个终端，每一个终端用于一个地区。在运行时，10×*N* 个终端操作员向公司的数据库发出 5 类请求。由于一个仓库中不可能存储公司所有的货物，有一些请求必须发往其他仓库，因此，数据库在逻辑上是分布的。*N* 是一个可变参数，测试者可以随意改变 *N*，以获得最佳测试效果。

2007 年 9 月 14 日，甲骨文公司在美国总部宣布，运行在 Windows 和 HP ProLiant 服务器上的 Oracle 数据库 11g 在 TPC-C 基准测试中再创性价比世界纪录。加上这次的测试结果，甲骨文在 TPC-C 基准测试的前 10 项性价比纪录中，已独占前两项纪录。Oracle11g 数据库、Windows 与 HP ProLiant 服务器的组合专为中小企业优化，是满足中小企业独特业务需求的理想平台。此次的基础测试结果再次表明，甲骨文兑现了向各种规模客户提供无与伦比的性价比和可扩展性的承诺。

Oracle 11g 标准版实现了每分钟 10.2454 万次交易，性价比为 0.73$/tpmC，在性价比类基准测试中，Oracle 11g 比最接近的竞争性产品的性能高 47%，同时成本低 20%。进行基准测试时，Oracle 11g 运行在 Windows 和 HP ProLiant ML350 服务器上，该服务器采用 2.66 GHz 4 核至强处理器和 HP StorageWorks 70 Modular Smart Array。甲骨文与惠普一起实现了 TPC-C 基准测试有史以来最低的每分钟每交易价格。

图 1-1 是 2013 年 Oracle 在 TPC-C 测试中再次创造的新世界纪录。

2013 年 11 月 11 日，淘宝全天成交 350 亿元，交易笔数 1.88 亿笔，平均交易 13 万笔/分钟，高峰交易 79 万笔/分钟。而到了 2015 年的 11 月 11 日，交易峰值更是达到 14 万笔/秒。

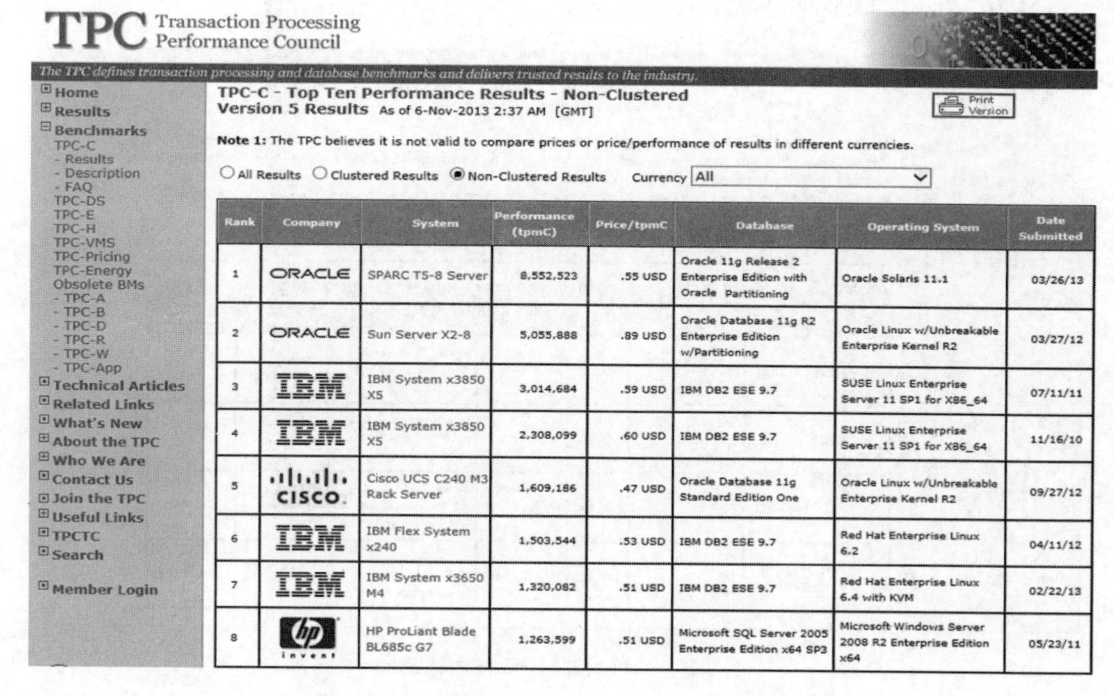
TPC Transaction Processing Performance Council

The TPC defines transaction processing and database benchmarks and delivers trusted results to the industry.

Home
Results
Benchmarks
TPC-C
- Results
- Description
- FAQ
TPC-DS
TPC-E
TPC-H
TPC-VMS
TPC-Pricing
TPC-Energy
Obsolete BMs
- TPC-A
- TPC-B
- TPC-D
- TPC-R
- TPC-W
- TPC-App
Technical Articles
Related Links
What's New
About the TPC
Who We Are
Contact Us
Join the TPC
Useful Links
TPCTC
Search
Member Login

TPC-C - Top Ten Performance Results - Non-Clustered
Version 5 Results As of 6-Nov-2013 2:37 AM [GMT]

Print Version

Note 1: The TPC believes it is not valid to compare prices or price/performance of results in different currencies.

All Results　Clustered Results　Non-Clustered Results　Currency All

Rank	Company	System	Performance (tpmC)	Price/tpmC	Database	Operating System	Date Submitted
1	ORACLE	SPARC T5-8 Server	8,552,523	.55 USD	Oracle 11g Release 2 Enterprise Edition with Oracle Partitioning	Oracle Solaris 11.1	03/26/13
2	ORACLE	Sun Server X2-8	5,055,888	.89 USD	Oracle Database 11g R2 Enterprise Edition w/Partitioning	Oracle Linux w/Unbreakable Enterprise Kernel R2	03/27/12
3	IBM	IBM System x3850 X5	3,014,684	.59 USD	IBM DB2 ESE 9.7	SUSE Linux Enterprise Server 11 SP1 for X86_64	07/11/11
4	IBM	IBM System x3850 X5	2,308,099	.60 USD	IBM DB2 ESE 9.7	SUSE Linux Enterprise Server 11 SP1 for X86_64	11/16/10
5	CISCO	Cisco UCS C240 M3 Rack Server	1,609,186	.47 USD	Oracle Database 11g Standard Edition One	Oracle Linux w/Unbreakable Enterprise Kernel R2	09/27/12
6	IBM	IBM Flex System x240	1,503,544	.53 USD	IBM DB2 ESE 9.7	Red Hat Enterprise Linux 6.2	04/11/12
7	IBM	IBM System x3650 M4	1,320,082	.51 USD	IBM DB2 ESE 9.7	Red Hat Enterprise Linux 6.4 with KVM	02/22/13
8	hp invent	HP ProLiant Blade BL685c G7	1,263,599	.51 USD	Microsoft SQL Server 2005 Enterprise Edition x64 SP3	Microsoft Windows Server 2008 R2 Enterprise Edition x64	05/23/11

图 1-1　2013 年 Oracle 在 TPC-C 测试中的结果

1.5.2　创造新的 TPC-H 世界纪录

TPC-H 是一种决策支持基准，它包含一整套面向商业的特殊查询和并发数据修改内容。这种测试基准所描述的决策支持系统可检查大量的数据，所执行的查询也具有很高的复杂度。

TPC-H 所报告的性能计量单位被称为“TPC-H 复合式每小时查询性能单位”(TPC-H Composite Query-per-Hour Performance Metric-QphH@Size)，反映的是系统处理查德询的多方面能力，包括查询执行时选定的数据库大小、单个流提交查询时的查询处理能力，以及多个并发用户提交查询时的查询吞吐量。TPC-H 的价格性能比计量单位的表达方式为$/QphH@Size。

Oracle 11g 在 TPC-H 千万兆字节基准测试中创下了新的世界纪录，这一成绩的取得是 Oracle 数据库又一发展里程碑的见证，是 Oracle 数据库高速发展的标志。这是非集群配置与整体领先性价比最快的运行结果。除此佳绩之外，Oracle 数据库还保持着三百万字节及三千万字节 TPC-H 比例系数运行结果的世界纪录，充分体现了该软件优异的数据仓库功能。

图 1-2 为 2013 年 Oracle 非集群 TPC-H 测试结果。

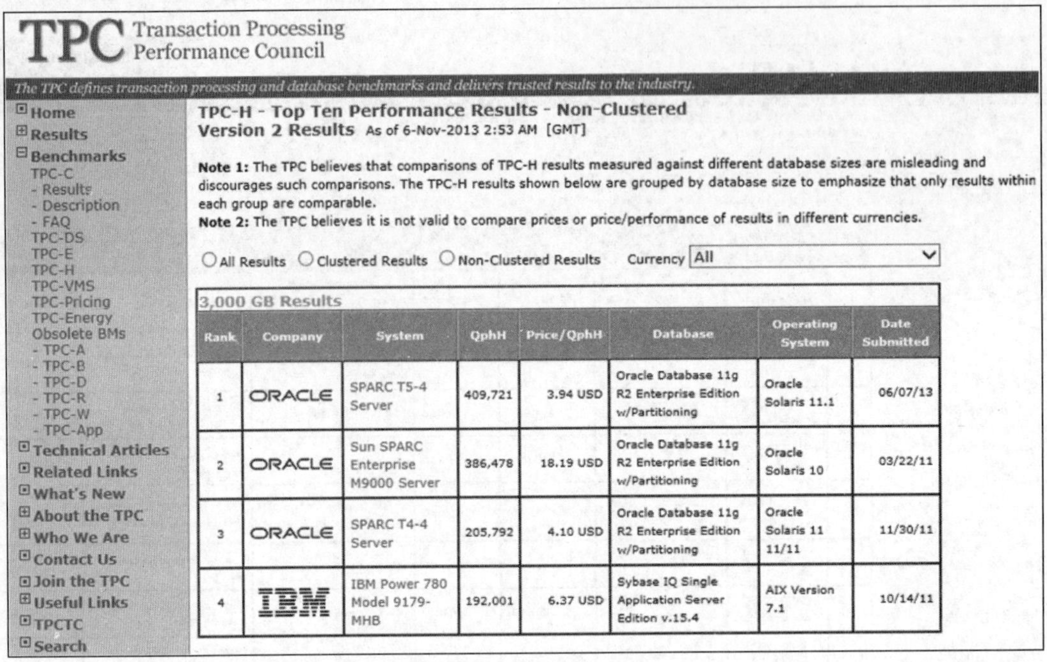

TPC Transaction Processing Performance Council

The TPC defines transaction processing and database benchmarks and delivers trusted results to the industry.

Home
Results
Benchmarks
TPC-C
- Results
- Description
- FAQ
TPC-DS
TPC-E
TPC-H
TPC-VMS
TPC-Pricing
TPC-Energy
Obsolete BMs
- TPC-A
- TPC-B
- TPC-D
- TPC-R
- TPC-W
- TPC-App
Technical Articles
Related Links
What's New
About the TPC
Who We Are
Contact Us
Join the TPC
Useful Links
TPCTC
Search

TPC-H - Top Ten Performance Results - Non-Clustered
Version 2 Results As of 6-Nov-2013 2:53 AM [GMT]

Note 1: The TPC believes that comparisons of TPC-H results measured against different database sizes are misleading and discourages such comparisons. The TPC-H results shown below are grouped by database size to emphasize that only results within each group are comparable.
Note 2: The TPC believes it is not valid to compare prices or price/performance of results in different currencies.

All Results Clustered Results Non-Clustered Results Currency All

3,000 GB Results

Rank	Company	System	QphH	Price/QphH	Database	Operating System	Date Submitted
1	ORACLE	SPARC T5-4 Server	409,721	3.94 USD	Oracle Database 11g R2 Enterprise Edition w/Partitioning	Oracle Solaris 11.1	06/07/13
2	ORACLE	Sun SPARC Enterprise M9000 Server	386,478	18.19 USD	Oracle Database 11g R2 Enterprise Edition w/Partitioning	Oracle Solaris 10	03/22/11
3	ORACLE	SPARC T4-4 Server	205,792	4.10 USD	Oracle Database 11g R2 Enterprise Edition w/Partitioning	Oracle Solaris 11 11/11	11/30/11
4	IBM	IBM Power 780 Model 9179-MHB	192,001	6.37 USD	Sybase IQ Single Application Server Edition v.15.4	AIX Version 7.1	10/14/11

图 1-2 2013 年的 TPC-H 测试结果

1.6 Oracle 认证

在很多领域中，权威认证是职业提升的通行证，有时甚至是应聘时必不可少的证明。在所有的 IT 认证中，Oracle 公司的 Oracle 专业认证 OCP(Oracle Certified Professional)是数据库领域最热门的认证，已经实行了许多年。如果取得 OCP 认证，就会在激烈的竞争中获得显着的优势。对 Oracle 数据库有深入了解，并具有大量实践操作经验的 Oracle 数据库管理员(DBA)，将很容易获取一份工作环境宽松、待遇优厚的工作。

OCP 划分为 3 个级别，分别为 Associate、Professional、Master(除了其他要求外，Master 级还需要进行实践测验)。具体的认证级别名称分别为：

- Oracle Database 11g Administrator Certified Associate(OCA)认证专员。
- Oracle Database 11g Administrator Certified Professional(OCP)认证专家。
- Oracle Database 11g Administrator Certified Master(OCM)认证大师。

具体描述如下。

(1) OCA：Oracle 认证程序从 Associate 级开始。这个级别属于生手级别，在此级别，Oracle Associate 具有基本的知识，能够作为初级的成员与数据库管理员或应用程序开发人员一起工作。此认证确保合格者具备基本的数据库管理知识，并理解 Oracle 数据库体系结构及其组件的工作与互相之间的交互关系。OCA 还是成为 OCP 的先决条件。

(2) OCP：此认证保证具有 11g OCP 证书的人员能调优关键的数据库功能，如利用最新的 Oracle 技术调优性能、可靠性、安全性和可用性等。OCP 是成为 Oracle Certified Master(OCM)的先决条件。

(3) OCM：此认证是针对 Oracle 数据库高级人员的，是具有丰富工作经验的高级数

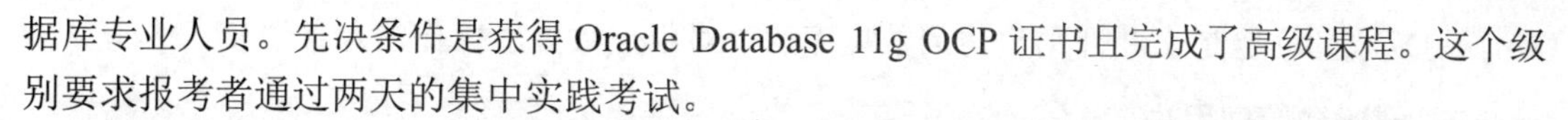

据库专业人员。先决条件是获得 Oracle Database 11g OCP 证书且完成了高级课程。这个级别要求报考者通过两天的集中实践考试。

想获得 Oracle Database 11g DBA OCP 证书的报考者必须参加 Oracle 大学认可课程中列出的一门教师指导的课程(或者在课堂上，或者是联机)。可通过访问 Oracle 认证网站 http://www.oracle.com/education/certification 获得需要的所有信息。

1.7　Oracle DBA 的任务

专门负责数据库系统管理的人称为数据库管理员(DataBase Administrator，DBA)。每个数据库至少要有一个数据库管理员来管理。而 Oracle 数据库系统通常都很大并且有许多用户，需要专门的管理员来对多用户的数据库进行管理。而这项管理工作通常一个人难以完成。在这种情况下，一般需要有一组 DBA 共同完成。因此如果在一个较小的公司，DBA 可能要处理所有的 IT 问题，包括数据库；而在一个大型机构中，可能有许多 DBA，各自负责系统的一个特定方面。

DBA 的最主要职责是保证其所维护数据的可用性。DBA 其他的所有任务都以此为目标，DBA 日常所做的任何事情几乎都是围绕这个目标进行的。如果像阿里巴巴这样的公司不能访问其客户数据，即使是很短的一段时间，所带来的混乱也会不堪设想，会损失许多订单。作为一名 DBA，其工作就是要确保对自己所维护数据的可靠访问，而且还要负责阻止对数据的未授权访问。

此外，DBA 还要在数据的以下几个方面进行维护。

- 安全性：保证数据安全以及对数据的访问安全。
- 备份：保证数据库在人为或系统故障情况下可复原。
- 性能：保证数据库及子系统性能最优。
- 设计：保证数据库的设计满足组织机构的需求。
- 实现：保证新数据库系统及应用程序的正确实现。

实质上，这些都是使数据对用户进一步可用的关键。作为一个 Oracle DBA 所要完成的日常管理和维护任务，归纳概括起来主要有三方面：安全、系统管理和数据库设计。下面分别做简要介绍。

1.7.1　DBA 的安全任务

安全是 Oracle DBA 最重要的任务之一，是每个 Oracle DBA 必须要面对的问题。“世界上没有绝对安全的系统，只有还未被发现的漏洞”。在创建一个新 Oracle 系统时，可能同时也会带来几个安全漏洞。在将数据库投入实际运行环境前，需要知道如何堵上这些安全漏洞。其实，从数据库的日常维护来看，数据库安全可以分为以下两大类。

1. 保护数据库

保护数据库，主要指的是数据库的外部保护。对于 Oracle DBA 来说，保护数据库的安全主要是防止数据库的未授权使用和访问。DBA 有几种保证数据库安全的手段，而且基于公司的安全方针，DBA 需要维护数据库的安全策略(如果没有安全策略，则要负责建立)。更复杂的问题是，准许用户访问数据库后，对用户数据库操作的各种授权。

2．创建和管理用户

对于 Oracle DBA 而言，创建和管理数据库用户是基本的工作之一。如何规划好数据库访问权限，如何保护超级管理员账号的安全，如何发现隐藏的超级管理员账号，如何限制用户访问数据，如何分配用户访问数据的权限，也成为目前 Oracle DBA 所必须要面对的问题。DBA 需要指导用户使用数据库，并通过合适的授权方案、角色和权限来保证数据库的安全。用户由于密码过期及有关问题不能登录数据库时，也需要 DBA 解决。此外，监控各个用户的资源使用并提醒大量使用资源的用户也是 DBA 的职责。

1.7.2 DBA 的系统管理任务

Oracle DBA 的另一项主要任务是数据库及其子系统的日常管理。这种日常管理并不仅仅局限于数据库本身，还涵盖了数据库整个运行和配置的环境，如服务器硬件、操作系统都是 DBA 所必须要掌握的技术。同时，监控承载数据库服务器的性能，也是一项日常的管理任务。

1．故障排除

Oracle 数据库所承载的数据处理量非常惊人，而海量的数据处理，会导致数据库遇到各种各样的数据库故障。如何排除这些故障并保障数据库的正常运行，以及在遇到不能解决的数据库故障时如何寻求解决方案，就成为 DBA 必须面临的问题。排除故障包含很多方面，涉及后续章节所讨论的很多工作。

2．性能调优

性能调优是一个普遍存在的问题，它是设计阶段、实现阶段和测试阶段的一个组成部分。事实上，性能调优是一个需要 Oracle DBA 不断关注的任务。DBA 可能需要进行数据库调优或应用调优，或者两者都需要调优。对于像 Oracle 这样的大型数据库，性能调优甚至高于网络安全。

一个使用中的数据库的性能需求是不断变化的，DBA 需要观察合适的指标并不间断地监控数据库的性能。例如，在迁移到较新的 Oracle 数据库版本后，一些程序还能否在规定时间完成等，这需要 DBA 进行调整和监控，以改善程序的性能，保证在新版本中测试过所有代码。

数据库性能调优分为主动调优和被动调优两大类。主动调优是指 Oracle DBA 根据所监控的数据库指标，判断数据库可能遇到的问题，提前给出解决方案，从而避免遇到这类数据库故障导致不必要的损失。被动调优则是针对数据库所遇到的故障进行的补救和完善。因此主动调优的效果总是好于被动调优的效果。实际上大多数负责产品数据库的 Oracle DBA 很难做到主动调优，因为他们总是忙于应付数据库性能低下或类似的问题。

3．监控系统

这是指针对数据库设计之初所预想到的指标和实际数据库维护中所遇到的数据库故障

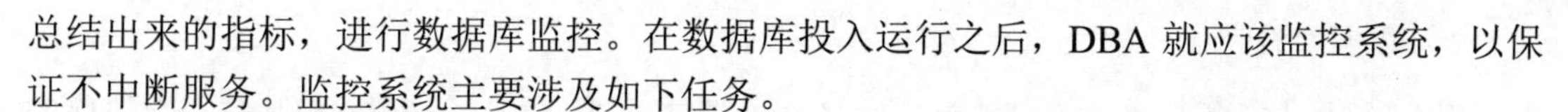

总结出来的指标，进行数据库监控。在数据库投入运行之后，DBA 就应该监控系统，以保证不中断服务。监控系统主要涉及如下任务。

- 监控数据库空间，保证它对于系统足够使用，保证数据库正常运行。
- 检查以保证批作业按预期结束。
- 监控每天的日志文件，及时发现非法访问。

4．减少停机时间

数据库在运行过程中遇到各种故障是正常的，但是解决这些故障应尽量避免停机或使停机时间最小化，即尽快恢复数据库的运行。对于企业而言，停机时间越久，对企业的日常运作的影响越大。提供不间断服务是评判 DBA 工作好坏的一个重要标准。

5．估计需求

在建立数据库之前，DBA 应很好地了解企业的发展和运营模式，总结出一套有效的 Oracle 数据库设计方案。随着企业的发展，对企业的数据库可能提出更高、更复杂的要求，从而促使数据库的不断重构和设计。虽然有些硬件设备的需求是由系统管理员和经理人独自提出的，但 DBA 通过提供数据库需求的良好估计会有很大的帮助。

6．建立备份和恢复策略

备份数据库几乎成为 Oracle DBA 每天所必须完成的任务。一旦数据库崩溃，恢复数据库的最主要、最常用的方式，就是还原备份的数据库。Oracle DBA 需要制定合适的备份策略，并进行备份测试。DBA 还需要制订恢复计划。事实上，没有任何工作比在紧急情况下成功、快速地恢复公司的数据库更重要了。因为丢失业务数据不仅直接导致金钱损失，而且最终还会失去客户的信任。

7．装载数据

在创建了数据库对象、模式和用户以后，接下来需要装载数据。数据有时来自某旧系统，有时来自某个数据仓库。如果需要定期进行数据装载，那么 DBA 应该设计开发合适的装载程序。

8．变更管理

随着程序和数据库的使用，版本的换代、技术的升级、修补漏洞和二次开发等过程，决定了数据库需要有变更管理功能。Oracle DBA 要负责评估和安装数据库软件的所有更新。

1.7.3 DBA 的数据库设计任务

一般而言，Oracle DBA 的设计任务只存在于软件开发企业。但是，随着 Oracle 数据库的普及，Oracle DBA 参与数据库的设计工作也成为一种趋势。DBA 的任务包括帮助建立实体—关系模型，提出相关性和备选主键。事实上，让 DBA 积极参与新数据库的设计，有助于优化数据库的性能，提高数据库处理数据的效率。

1. 数据库设计

数据库设计问题是 Oracle DBA 工作的一个基本组成部分。管理员(尤其是在数据库的逻辑设计方面很熟练的管理员)一般是设计和建立新数据库的项目组关键成员。因为优秀的 DBA 能保证在设计过程中做出好的选择。

2. 安装和升级软件

数据库的运行是依赖于数据库软件和特定的运行环境的，只有先安装和配置好了数据库软件和相应的运行环境，才能使数据库更流畅地运行，而不是经常报出环境配置或者系统错误。大多数企业中，DBA 是安装 Oracle 数据库服务器软件的人员，UNIX 系统管理员也能完成部分安装工作。在实际安装前，需要 DBA 负责列出所有的内存和磁盘需求以及软件版本的选择，以便 Oracle 软件、数据库以及系统本身能很好地运行。如果 DBA 希望系统管理员重新配置 UNIX 系统内核，使其能支持 Oracle 安装，则 DBA 要负责提供必要的信息。

3. 创建数据库

通常需先创建一个测试数据库，数据库访问测试、数据库压力测试、数据库性能测试等一系列的数据库测试，都可以在这个建立好的测试数据库中进行。在对测试满意后，再把该数据库作为产品数据库。DBA 进行数据库的逻辑结构(如表空间等)的设计，并在创建数据库后创建结构以实现其设计。

4. 创建数据库对象

DBA 还需要创建各种数据库对象，如表、索引等。只有充分了解企业的实际需求，才能更好地规划数据库对象，创建适用于企业自身的数据对象。这里一般需要开发人员和 DBA 合作，开发人员提供要创建的表和索引，DBA 保证正确地设计这些对象。DBA 也可能会对这些对象提出建议和修改以改善它们的性能。创建好的数据库也需要进行一定的数据库测试，同时也要对数据库性能进行一定的评估。

综上所述，DBA 的职责就是设计、实施和维护 Oracle 数据库，通常负责安装 Oracle 软件和创建数据库，可能要负责创建数据库存储结构，如表空间等，还可能要负责创建用于保存应用程序数据的模式或对象集。为确保所有用户可以使用数据库，DBA 需要启动数据库、定期备份数据库和监视数据库性能，以便能够从数据库故障中进行恢复数据。

1.7.4 DBA 的常用工具

作为一名 Oracle DBA，可以使用以下 4 种工具进行安装和升级。

- Oracle Universal Installer(OUI)：安装 Oracle 软件和选件；可以自动启动 Database Configuration Assistant 以创建数据库。
- Database Configuration Assistant(DBCA)：通过 Oracle 提供的模板创建数据库，可以复制预配置的种子数据库(或者也可以创建自己的数据库和模板)。
- Database Upgrade Assistant(DBUA)：指导 DBA 将现有数据库升级至 Oracle 新版本。

- Oracle Net Manager：配置 Oracle DB 与应用程序的网络连接。

除此以外，Oracle DBA 通常使用下面的工具对数据库进行管理和操作。

- Database Network Configuration Assistant(NetCA，网络配置助手)。
- Oracle Enterprise Manager(OEM，企业管理器)。
- SQL*Plus(命令行管理与开发工具)。
- Recovery Manager(RMAN 备份)。
- Oracle Secure Backup(OCB)。
- 数据泵(数据迁移)。
- SQL*Loader(非 Oracle 数据导入)。

本章小结

Oracle 数据库是目前世界上最流行的关系数据库管理系统，是当前数据库市场上占有率最高的产品。本章主要介绍了 Oracle 数据库的发展历程、基本性能、特点以及 Oracle 11g 数据库的新特性，并介绍了作为 Oracle 数据库管理员的主要职责、任务以及数据库管理员常用的工具。

习　　题

1. 选择题

(1) 数据库市场领域中，哪种数据库软件占据最大的市场份额？(　　)

A. SQL Server　　B. Oracle　　C. IBM DB2　　D. SAP Sybase

(2) TPC 组织的哪种标准专门用来衡量计算机系统的在线业务处理性能？(　　)

A. OLAP　　B. OLTP　　C. TPCC　　D. TPCH

(3) 下列任务中，数据库管理员不需要执行的任务是什么？(　　)

A. 确定服务器硬件　　B. 开发数据库客户端程序

C. 备份数据库数据　　D. 监控数据库性能

(4) 用来进行数据库管理的工具不包括哪些？(　　)

A. DBCA　　B. NETCA　　C. RMAN　　D. SQL

(5) Oracle 中配置数据库的工具是哪个？(　　)

A. DBCA　　B. NETCA　　C. OEM　　D. RMAN

2. 简答题

(1) 简述 Oracle 数据库的发展历程。

(2) 简述 Oracle 11g 数据库的新特性。

(3) 举例说明 Oracle 数据库在不同领域的应用。

(4) 简述 DBA 的系统管理任务。

(5) 举例说明 Oracle 相关的技术网站及论坛。

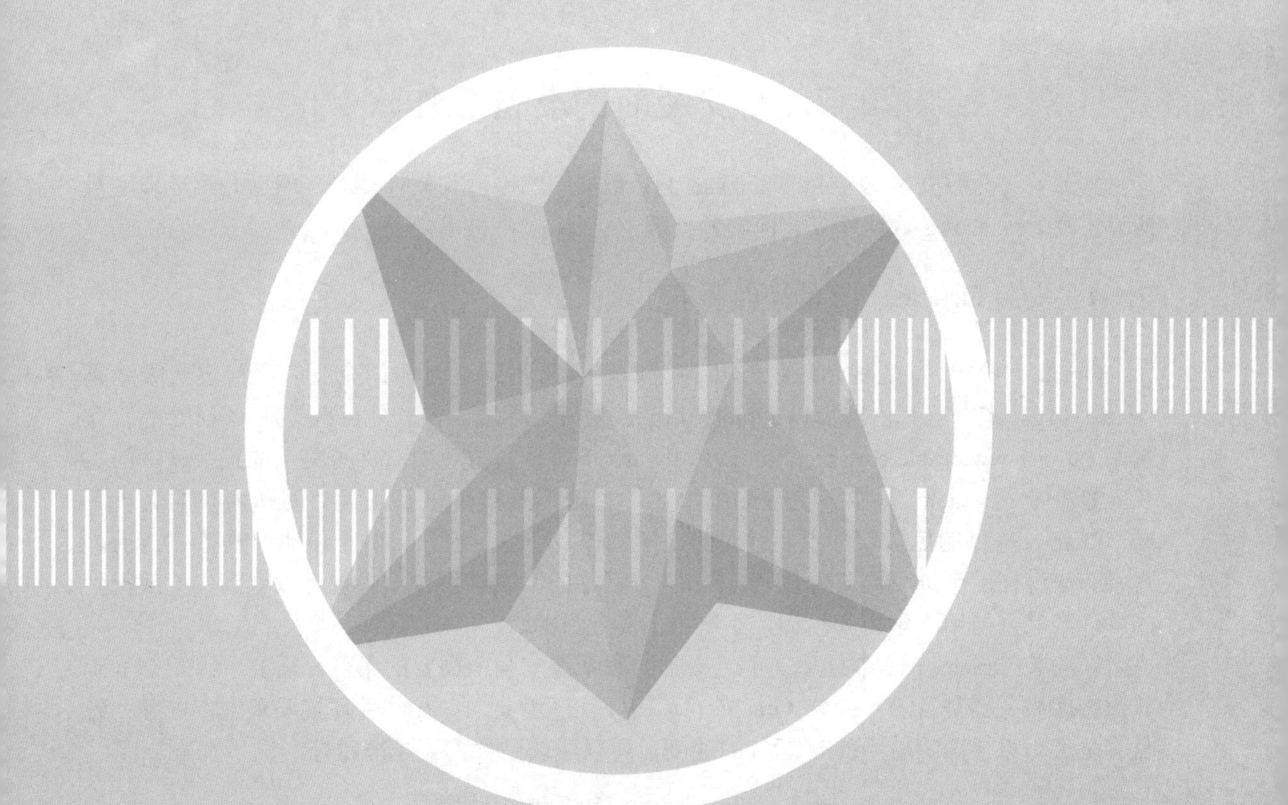

第 2 章

安装 Oracle 11g 数据库软件及创建数据库

本章要点：

Oracle 11g 数据库产品可以运行于不同的操作系统平台上，本章介绍在 Red Had Enterprise Linux 5 操作系统平台上安装 Oracle 11g 的方法，以及使用数据库配置助手(DBCA)创建 Oracle 数据库的过程。

学习目标

了解安装 Oracle 数据库的软硬件要求，掌握安装数据库、创建数据库及配置监听的方法。

2.1 安装前的准备工作

本节首先介绍安装 Oracle Database 11g 数据库的硬件与软件要求，然后介绍环境变量的设置及 Oracle 11g 数据库安装前的预处理。

2.1.1 安装 Oracle 11g 的硬件要求

Oracle 的产品有多种，每种产品的版本也有所不同。目前，企业应用稳定级版本是 Oracle 11g。本书所有内容都以 Oracle 11g 作为讨论环境。该软件可直接从 Oracle 的官方网站 http://www.oracle.com/technology/software 下载。官方免费软件与购买的正版软件的主要区别在于：Oracle 所能够支持的用户数量、处理器数量以及磁盘空间和内存的大小不同。Oracle 提供的免费软件主要针对的是学生和中小型企业，目的是使他们熟悉 Oracle，占领未来潜在的市场。同时，从 Oracle 官方网站的下载许可协议中也可以看到，下载得到的软件产品只能用于学习和培训，不得用于商业目的。

在安装 Oracle 11g 数据库之前，必须明确系统安装所需要的条件，需要参照表 2-1 确认数据库服务器是否满足安装 Oracle 11g 的硬件环境要求。在硬件环境要求中，内存和磁盘容量大小直接影响着 Oracle 运行的速度，所以建议硬件配置越高越好。

表 2-1 安装 Oracle 11g 的硬件环境要求

硬件项目	需求说明
内存要求	最少 1 GB，推荐 2 GB
磁盘空间	NTFS 格式，全部安装需 5.1 GB，其中 1.5 GB 是交换空间，在 /tmp 目录中保留 400 MB 的磁盘空间，1.5～3.5 GB 用于 Oracle 软件
交换空间	一般为内存的 2 倍，如 1 GB 的内存可以设置 SWAP 分区为 3 GB
显示适配器	256 色

在 Oracle Database 11g 安装过程中，系统会自动执行大多数先决条件检查以验证以下条件。

- 对安装和配置的最低临时空间要求进行检查。在安装过程中，会验证这些要求。
- 禁止在安装了 32 位软件的 Oracle 主目录中安装 64 位软件(反之亦然)。
- Oracle Database 11g 已针对 Linux 平台的若干版本以及其他平台进行了认证。
- 安装了所有必需的操作系统补丁程序。
- 正确设置了所有必需的系统和内核参数。
- 设置了 DISPLAY 环境变量，并且用户有足够的权限将相关信息显示到指定的输出设备。
- 系统设置了足够的交换空间。
- 用于新安装的 Oracle 主目录是空的，还是可以安装 Oracle Database 11g 的几个受支持的版本中的一个。安装过程还会验证这些版本是否在 Oracle 产品清单中进行了注册。

2.1.2　设置环境变量

Oracle 环境变量有很多，此处提到的环境变量对于成功安装和使用 Oracle DB 十分重要。虽然不是必须设置这些环境变量，但如果在安装之前设置它们，可避免将来发生问题。

(1) ORACLE_BASE：指定 Oracle 目录结构的基目录。这是可选变量，如果使用它，可为日后的安装和升级提供方便。本书中，ORACLE_BASE=/u01/app/oracle。

(2) ORACLE_HOME：指定包含 Oracle 软件的目录，即 Oracle 软件的安装目录。在本书中，ORACLE_HOME=/u01/app/oracle/product/11.1.0/db_1。

(3) ORACLE_SID：初始实例名称。它是一个由数字和字母组成的字符串，且必须以字母开头。Oracle 公司建议系统标识符最多使用 8 个字符。本书实例名为 ora11。

(4) NLS_LANG：设置语言、地区和客户机字符集。

(5) oinstall 和 dba：都是 Oracle 软件安装时必须建立的工作组，前者拥有安装清单 inventory，若已安装 Oracle 软件，则 oinstall 工作组必须是新安装 Oracle 软件的主组 primary group；后者用来确定对数据库拥有管理权限的操作系统用户是哪些，即哪些操作系统用户能以 sysdba 权限用操作系统验证方式登录数据库。设置如下：

```
#groupadd oinstall
#groupadd dba
#useradd -g oinstall -G dba oracle
#id oracle
#passwd oracle
```

以 oracle 用户登录，编辑用户的环境变量配置文件/home/oracle/.bash_profile，添加环境变量设置信息，具体代码如下：

```
#tail -6 /home/oracle/.bash_profile
export ORACLE_BASE=/u01/app/oracle
export ORACLE_HOME=$ORACLE_BASE/product/11.2.0/db_1
export ORACLE_SID=ora11
export LD_LIBRARY_PATH=$ORACLE_HOME/jdk/jre/lib/i386:$ORACLE_HOME/jdk/jre
/lib
/i386/server:$ORACLE_HOME/rdbms/lib:$ORACLE_HOME/lib:/usr/lib:/usr/X11R6/
lib
export PATH=$ORACLE_HOME/bin:$PATH
export NLS_LANG =American_America.ZHS16GBK
```

2.1.3　Oracle 11g 数据库安装前预处理

根据不同的平台安装 Oracle 11g 的硬件与软件要求，下载相应的 Oracle 安装文件。Oracle 数据库服务器一般运行于 Linux 操作系统，因此需要在 Linux 操作系统下安装和使用 Oracle 数据库。为了避免安装双系统带来的一些麻烦，本节主要介绍在 Linux 虚拟机上安装 Oracle 11g 数据库。根据 Linux 虚拟机系统环境需求，首先下载相应的 Oracle 11g 安装软件包 ora001_linux_11gR2_database_1of2.zip 和 ora001_linux_11gR2_database_

2of2.zip。下面介绍在 Linux 虚拟机安装 Oracle 11g 数据库预处理的过程。

(1) 以 root 用户登录，创建 Oracle 数据库安装的文件目录/u01/app/oracle，并设置文件权限，具体设置代码如下：

```
#mkdir -p /u01/app/oracle
#chown -R oracle:oinstall /u01
#chmod -R 775 /u01
#chown -R oracle:oinstall /oradisk
#chmod -R 775 /oradisk
```

(2) 在 root 用户下，解压 Oracle 11g 的两个压缩文件。命令代码如下：

```
#unzip ora001_linux_11gR2_database_1of2.zip
#unzip ora001_linux_11gR2_database_2of2.zip
```

(3) 压缩文件解压后，产生/oradisk/database 目录，运行该目录下的 runInstaller 文件，就可以进入 Oracle 11g 数据库安装界面。

2.2 安装 Oracle 11g 数据库软件

Oracle 11g 数据库安装分为数据库服务器安装和数据库客户端安装。本节首先介绍 Oracle 11g 数据库服务器的安装，然后介绍数据库客户端的安装过程。

2.2.1 安装 Oracle 11g 数据库服务器

Oracle Universal Installer 是基于 Java 技术的图形界面安装工具，利用它可以很方便地完成在操作系统平台上的安装任务。首先应该确定自己的计算机在软硬件条件上符合安装 Oracle 11g 的条件，然后运行 Oracle 11g 安装程序 runInstaller，具体安装步骤如下。

(1) 以 oracle 用户登录，进入/oradisk/database 目录，运行 runInstaller 文件，如图 2-1 所示。命令代码如下：

```
$cd /oradisk/database
$./runInstaller
```

注意： 如果直接由 root 用户通过 su – oracle 命令切换到 oracle 用户，安装颜色检测不能通过。因此，此处必须以 oracle 直接登录，或是注销原来的 root 用户，再重新以 oracle 登录。

(2) 首先打开的是“配置安全更新”界面，如图 2-2 所示。用户可以输入用于接收有关安全问题通知的电子邮件，也可以输入已经注册的 Oracle Support 账号口令。如果不想接受安全更新，则可以不填写这两项，单击“下一步”按钮。打开“选择安装选项”界面，如图 2-3 所示。如果第一次安装 Oracle 11g，则选中“仅安装数据库软件”单选按钮，然后单击“下一步”按钮。

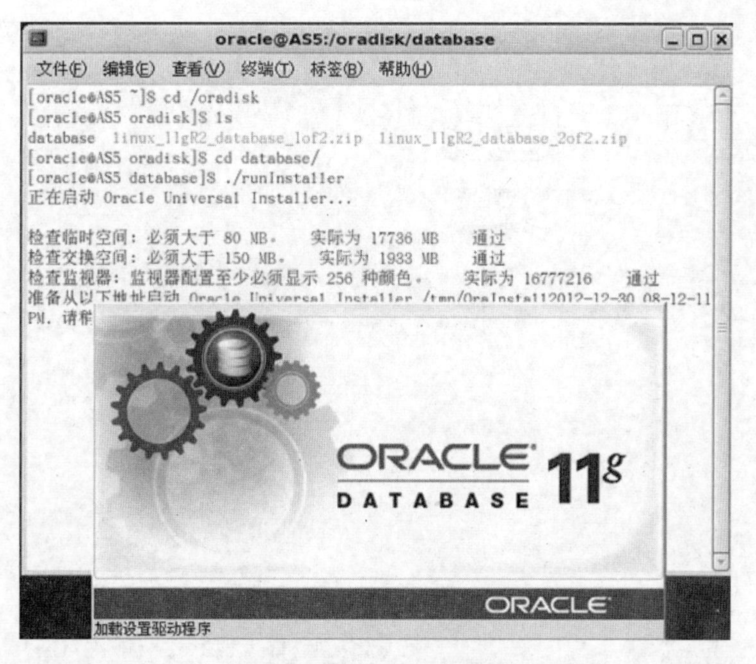

图 2-1　Oracle 安装界面

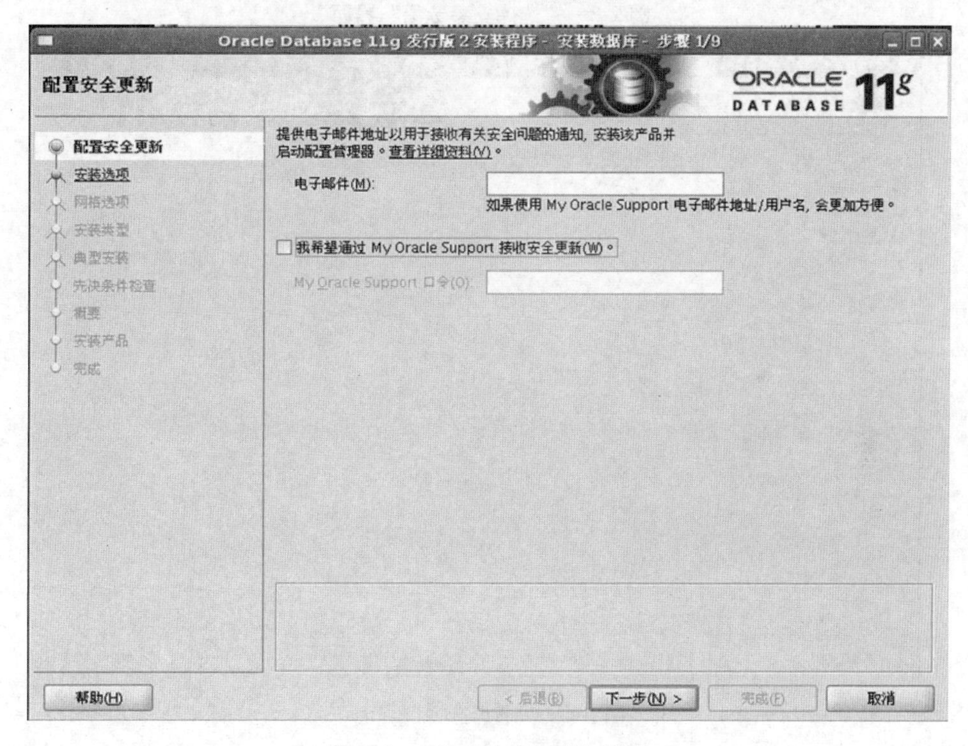

图 2-2　“配置安全更新”界面

(3) 打开“节点选择”界面，选中“单实例数据库安装”单选按钮，然后单击“下一步”按钮，如图 2-4 所示。

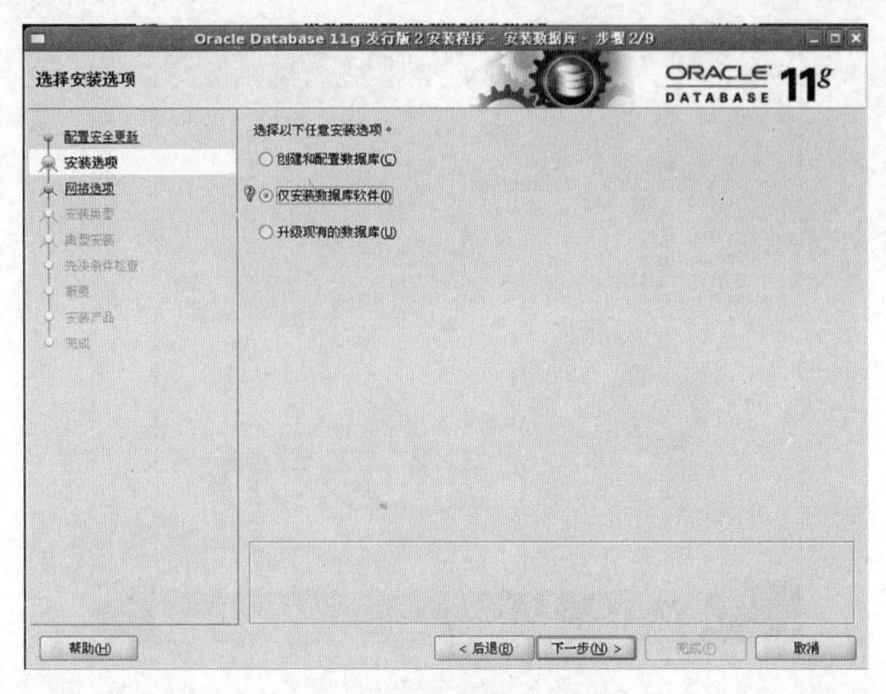

图 2-3　“选择安装选项”界面

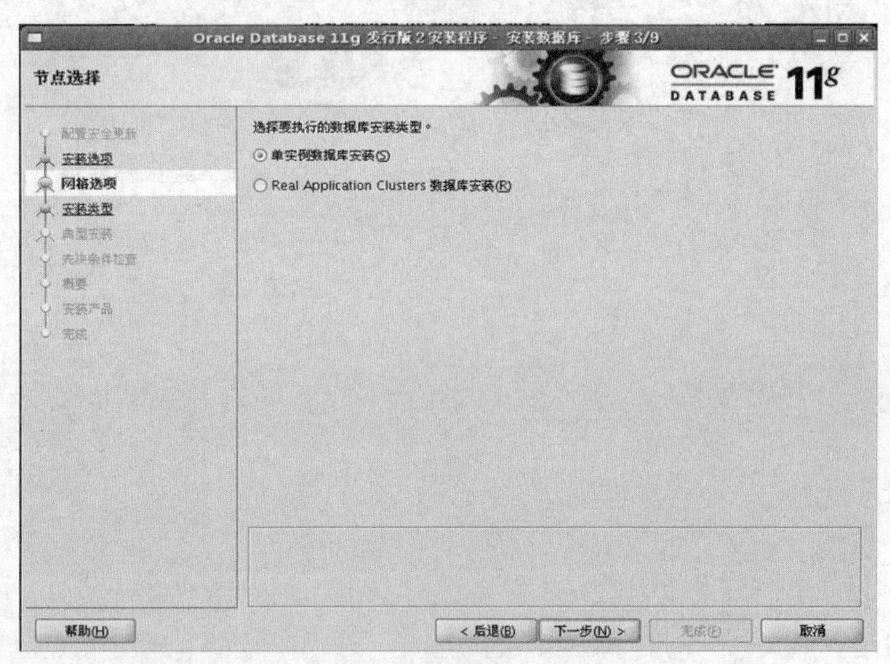

图 2-4　“节点选择”界面

(4) 打开“选择产品语言”界面，选择“简体中文”选项，然后单击“下一步”按钮，如图 2-5 所示。

(5) 打开“选择数据库版本”界面，选中“企业版”单选按钮，然后单击“下一步”按钮，如图 2-6 所示。

图 2-5　“选择产品语言”界面

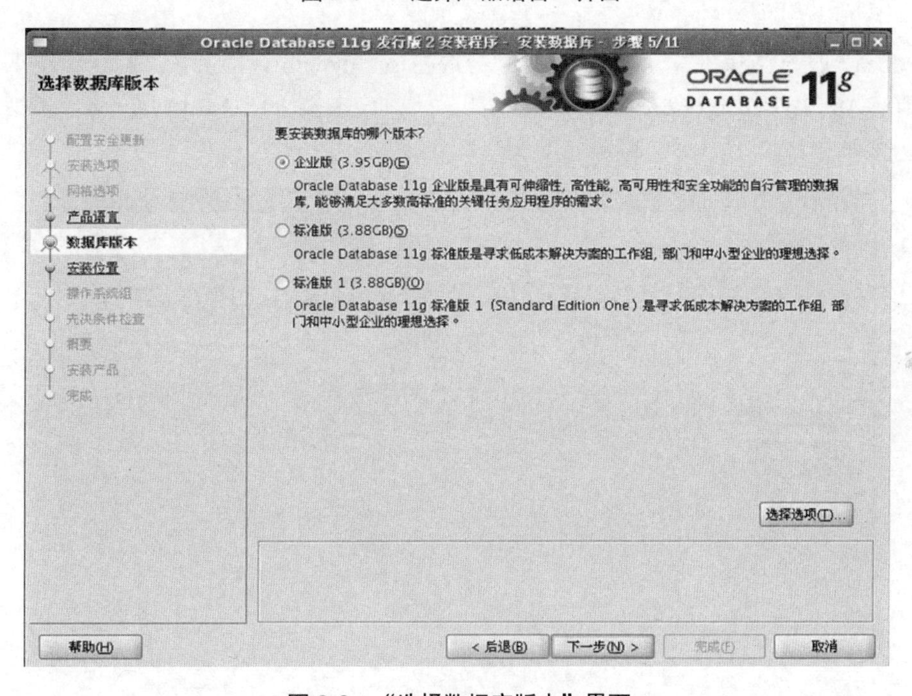

图 2-6　“选择数据库版本”界面

(6) 打开“指定安装位置”界面，指定 Oracle 基目录与软件位置目录。每个操作系统用户都需要创建一个 Oracle 基目录，该目录用于存储 Oracle 软件以及与配置相关的文件。软件位置用于存储 Oracle 数据库的软件文件。然后单击“下一步”按钮，如图 2-7 所示。

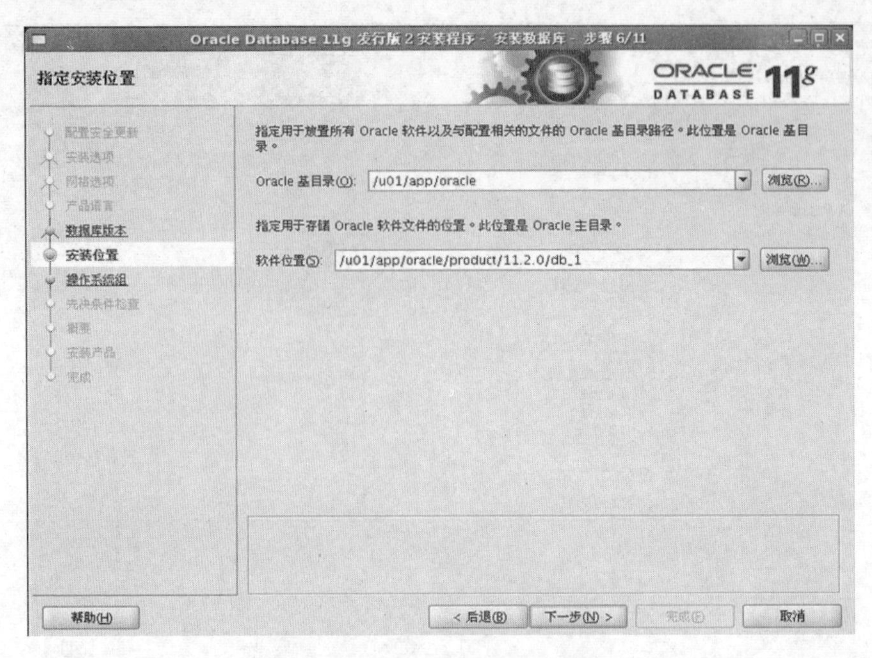

图 2-7 “指定安装位置”界面

(7) 打开“创建产品清单”界面，指定产品清单目录位置。在使用安装 Oracle 软件或者使用 dbca 创建数据库时，所有的日志都会放在 oraInventory 目录下。默认情况下，该目录会在$ORACLE_BASE/oraInventory，但是也可以通过更改/etc/oraInst.loc 文件来指定具体的路径。然后单击“下一步”按钮，如图 2-8 所示。

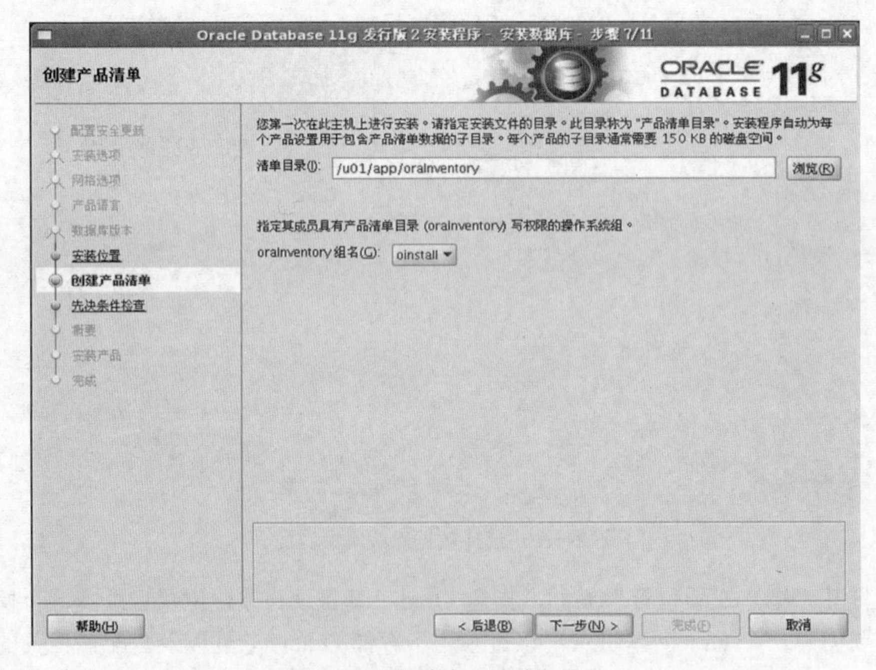

图 2-8 “创建产品清单”界面

(8) 打开“特权操作系统组”界面，指定数据库管理员组及数据库操作者组，然后单击“下一步”按钮，如图 2-9 所示。

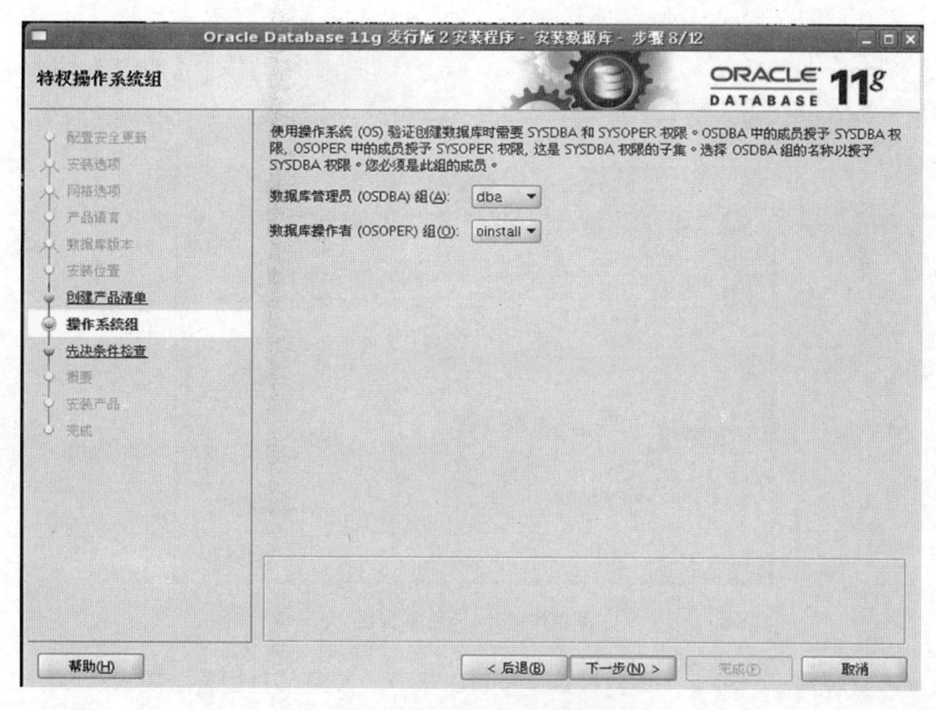

图 2-9 “特权操作系统组”界面

(9) 打开“执行先决条件检查”界面，如图 2-10 所示。

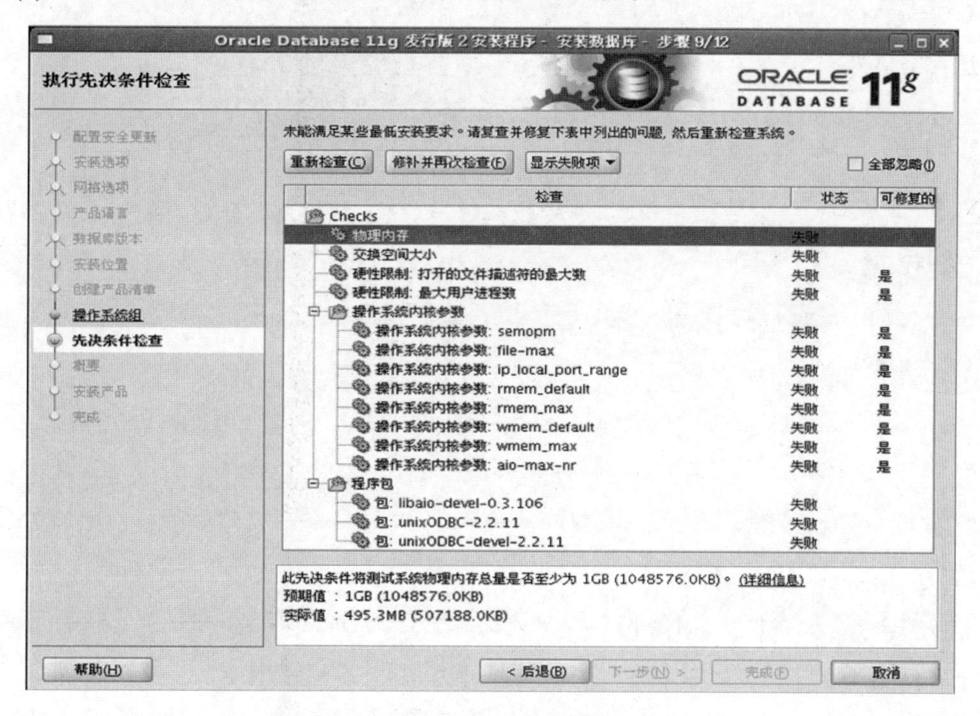

图 2-10 “执行先决条件检查”界面

安装前，安装程序将首先检查安装环境是否符合要求。及时发现系统方面的问题，可以减少在安装期间遇到问题的可能性。打开终端，以 root 身份登录，如图 2-11 所示，运行下面的脚本：

```
#sh /tmp/CVU_11.2.0.1.0_oracle/runfixup.sh
```

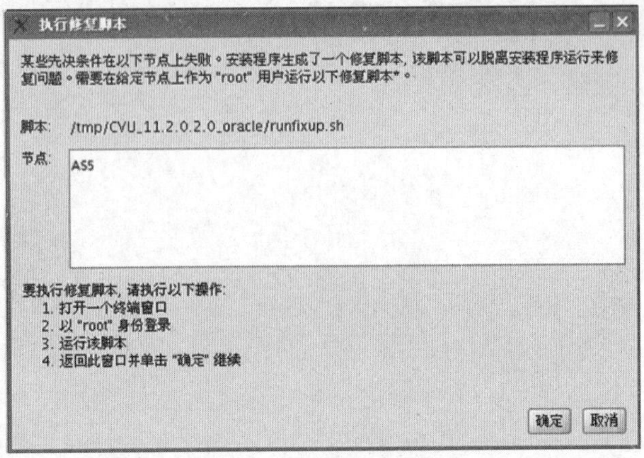

图 2-11　执行修复脚本

执行修复脚本后，单击“重新检查”按钮，检查安装条件是否符合要求，如图 2-12 所示。如不满足安装要求，运行下面的代码：

```
#cd /oradisk
#rpm -ivh ora002_unixODBC-2.2.11-7.1.i386.rpm
```

运行结果为：

```
warning: ora002_unixODBC-2.2.11-7.1.i386.rpm: Header V3 DSA
signature:NOKEY,key ID 37017186
Preparing…                ###########################################[100%]
   1:unixODBC             ###########################################[100%]
```

运行代码：

```
#rpm -ivh ora002_unixODBC-devel-2.2.11-7.1.i386.rpm
```

运行结果为：

```
warning: ora002_unixODBC-devel-2.2.11-7.1.i386.rpm: Header V3 DSA
signature: NOKEY, key ID 37017186
Preparing…                ##########################################[100%]
   1:unixODBC-devel       ##########################################[100%]
```

运行代码：

```
#rpm -ivh ora002_libaio-devel-0.3.106-5.i386.rpm
```

运行结果为：

```
warning: ora002_libaio-devel-0.3.106-5.i386.rpm: Header V3 DSA signature:
NOKEY, key ID 37017186
```

```
Preparing…                  ########################################### [100%]
   1:libaio-devel           ########################################### [100%]
```

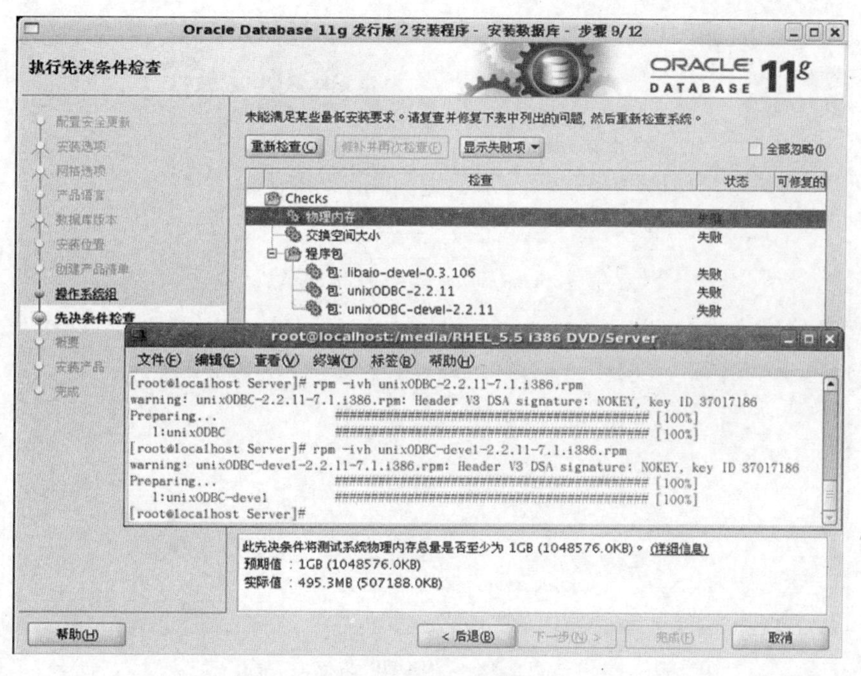

图 2-12　执行脚本

继续单击“重新检查”按钮，进一步检查安装条件是否符合要求。直到除了物理内存与交换空间大小不符合要求外，其他条件都符合安装要求，然后单击“下一步”按钮，如图 2-13 所示。

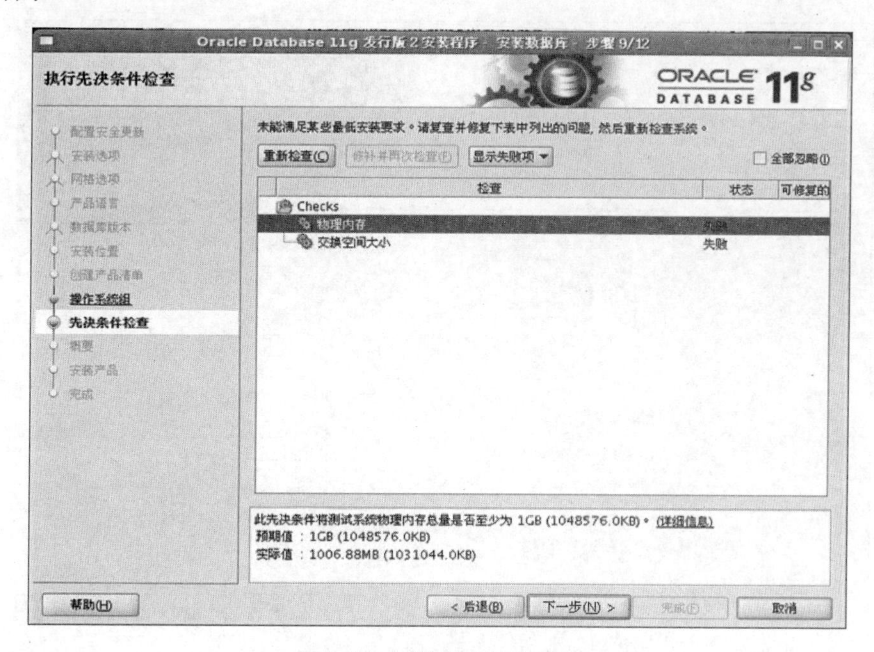

图 2-13　系统检查符合要求

(10) 通过检查后，打开“概要”界面，显示在安装过程中选定选项的概要信息，然后单击“下一步”按钮，如图 2-14 所示。

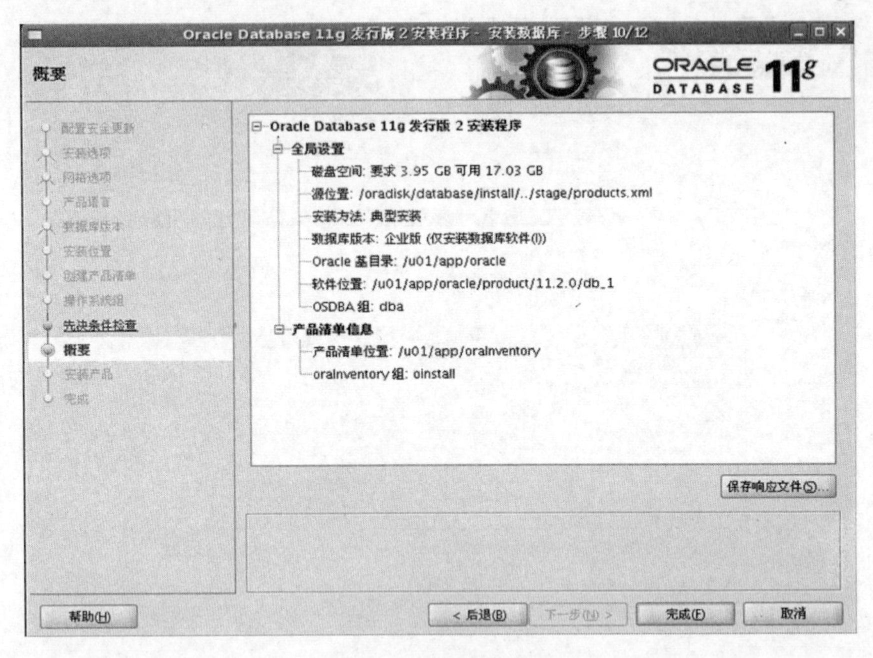

图 2-14　“概要”界面

(11) 以 root 身份登录，执行下面的配置脚本，效果如图 2-15 所示：

```
#sh /u01/app/oraInventory/orainstRoot.sh
#sh /u01/app/oracle/product/11.2.0/db_1/root.sh
```

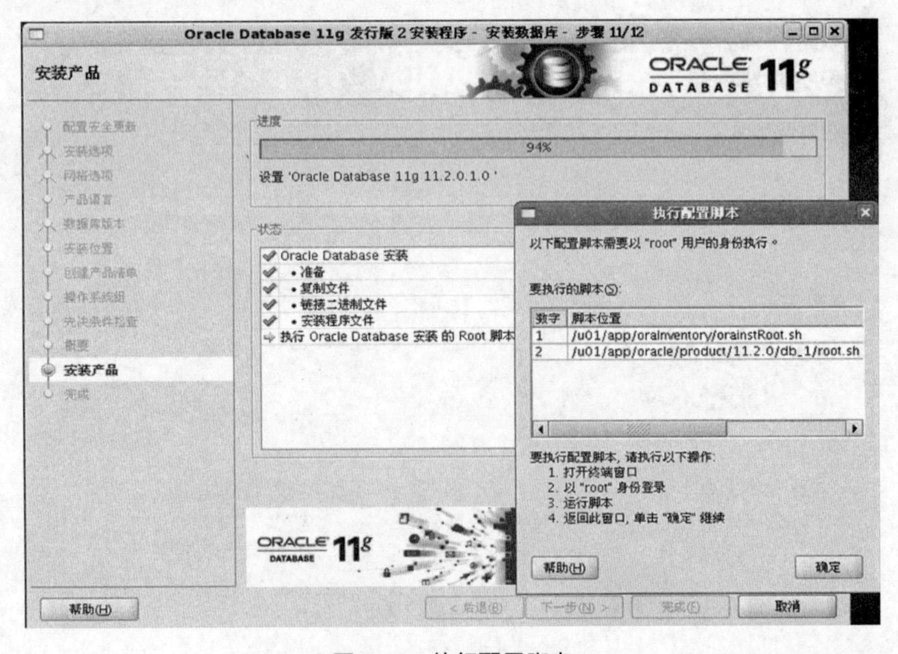

图 2-15　执行配置脚本

(12) 执行配置脚本后，单击“下一步”按钮，打开如图 2-16 所示的界面，显示安装完成。

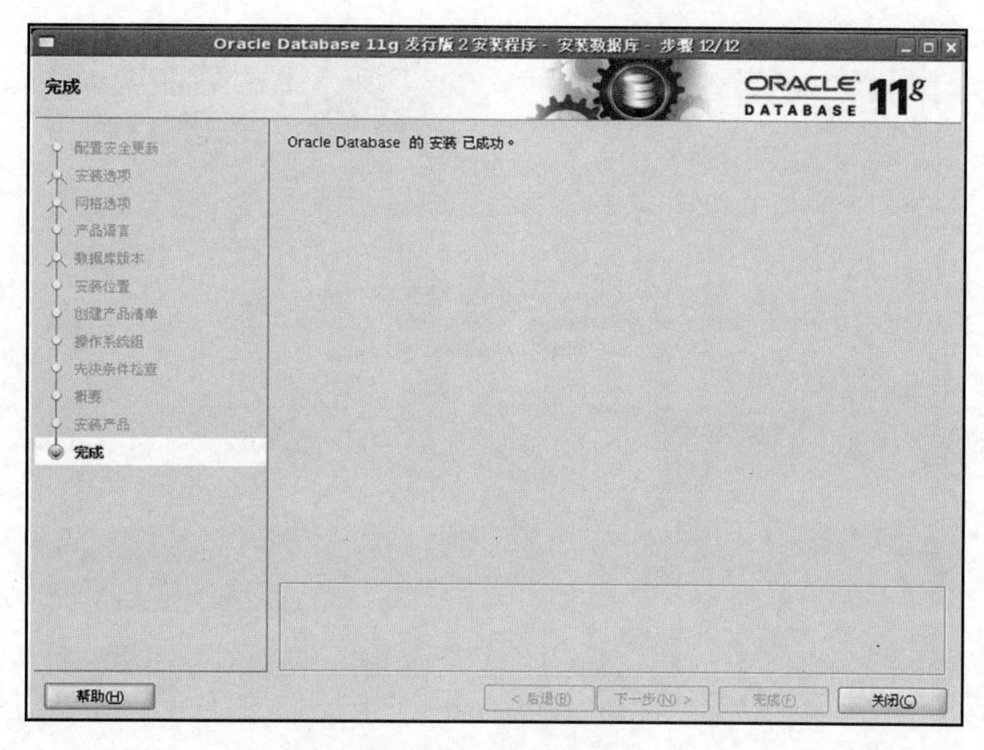

图 2-16　“完成”界面

2.2.2　安装 Oracle 11g 数据库客户端

Oracle 11g 为用户提供了一组数据库管理工具，使用这些工具，可以管理和配置 Oracle 数据库。Oracle 11g 客户端安装软件需要单独下载。先将下载下来的.zip 文件解压，然后按照下面的步骤安装。

(1) 在文件解压后的 Client 目录中，以管理员身份运行目录下的 setup.exe 文件，如图 2-17 所示。

图 2-17　Oracle 客户端安装界面

打开“选择安装类型”界面，选中“管理员”单选按钮，然后单击“下一步”按钮，如图 2-18 所示。“管理员”安装类型能安装独立控制台、Oracle 网络服务以及可用于开发应用程序的开发工具。

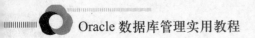

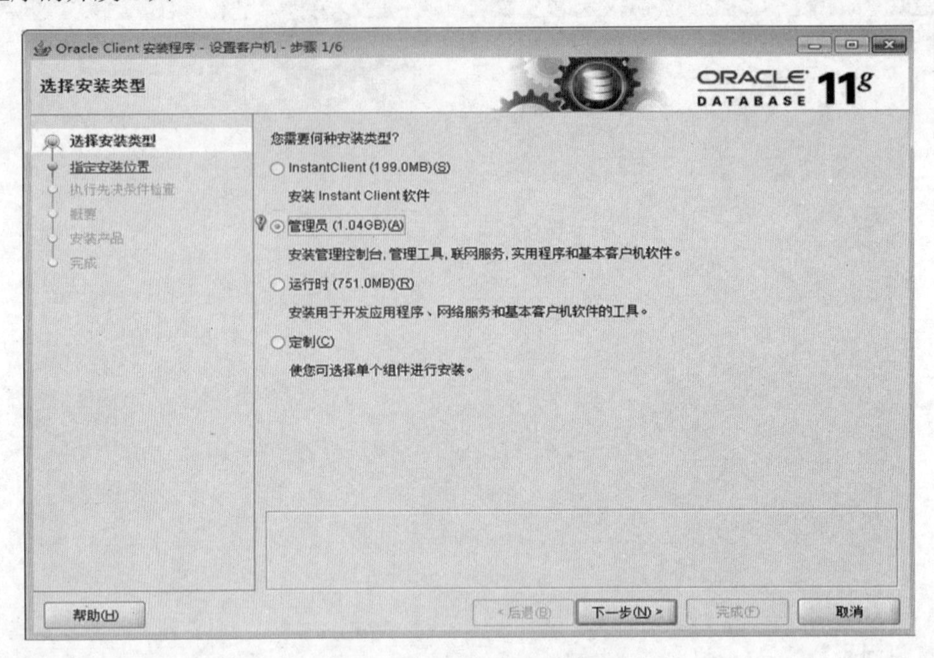

图 2-18　“选择安装类型”界面

(2) 打开“选择产品语言”界面，选择“简体中文”选项，然后单击“下一步”按钮，如图 2-19 所示。

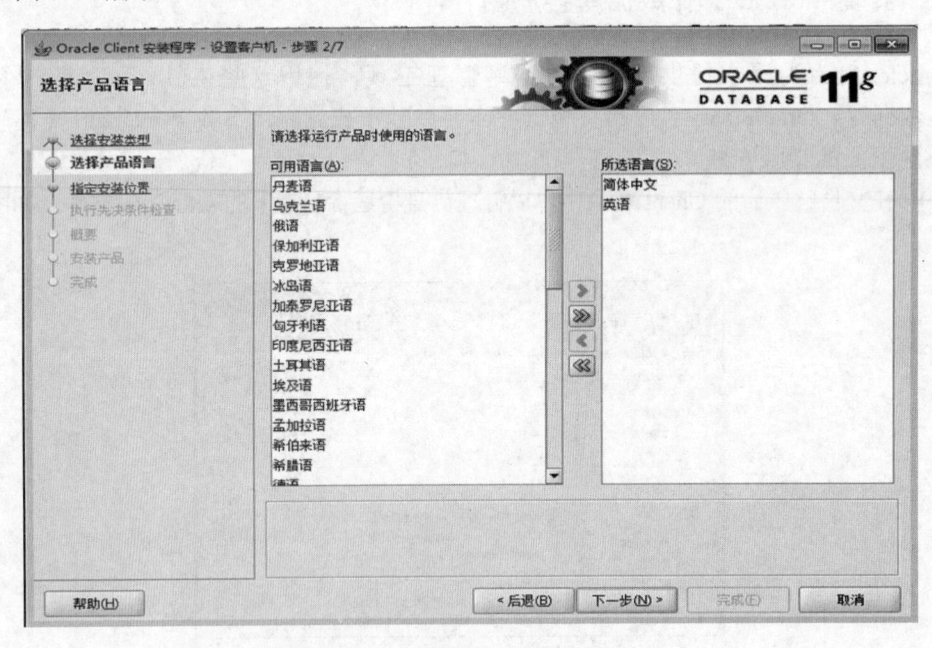

图 2-19　“选择产品语言”界面

(3) 打开“指定安装位置”界面，指定 Oracle 基目录与软件位置目录。Oracle 基目录用于存储 Oracle 软件以及与配置相关的文件，软件位置用于存储 Oracle 数据库的软件文件。然后单击“下一步”按钮，如图 2-20 所示。

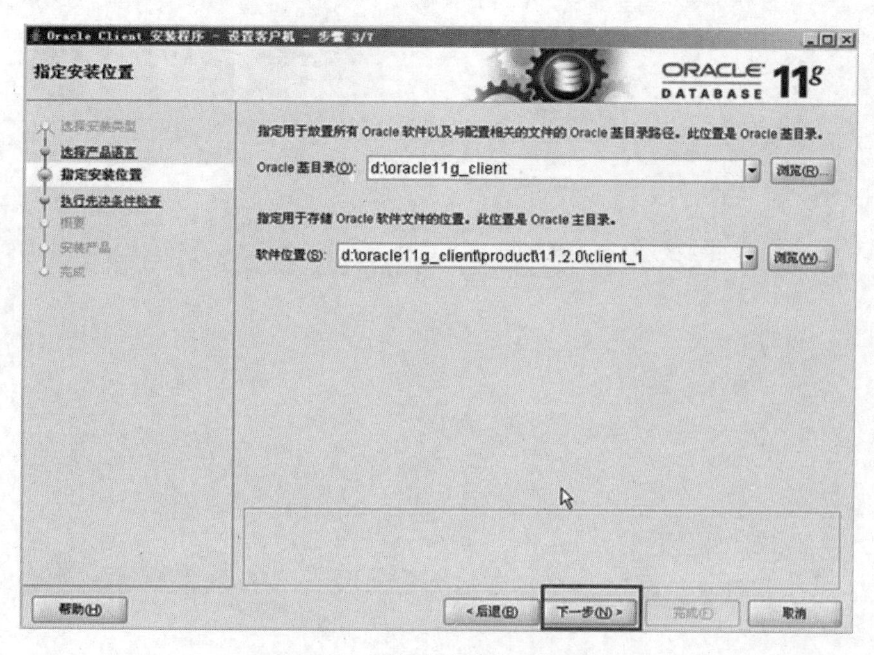

图 2-20　“指定安装位置”界面

(4) 打开“执行先决条件检查”界面，如图 2-21 所示。如果出现错误，直接选中“全部忽略”复选框即可。

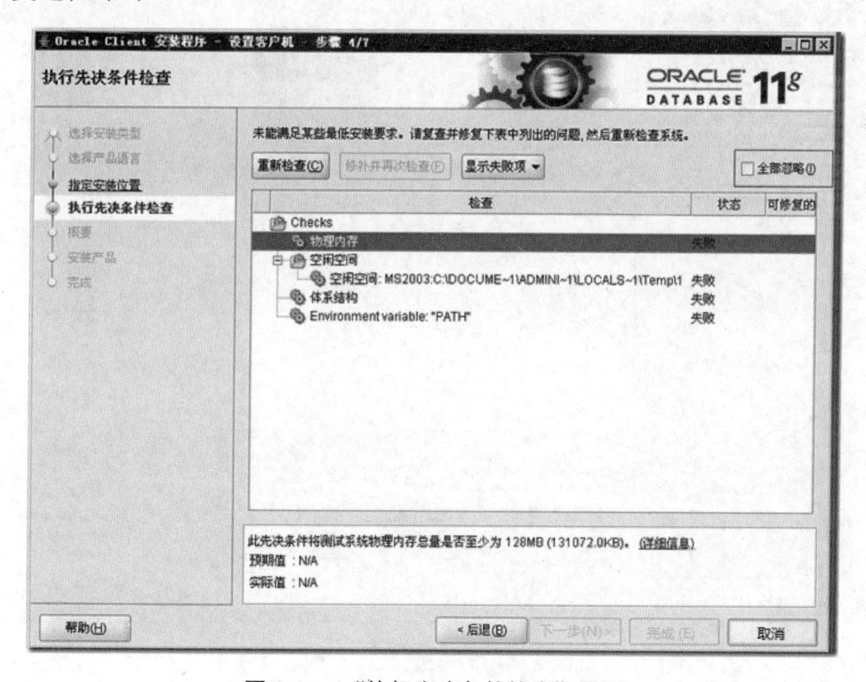

图 2-21　“执行先决条件检查”界面

(5) 打开“概要”界面，显示在安装过程中选定选项的概要信息，然后单击“下一步”按钮，如图 2-22 所示。

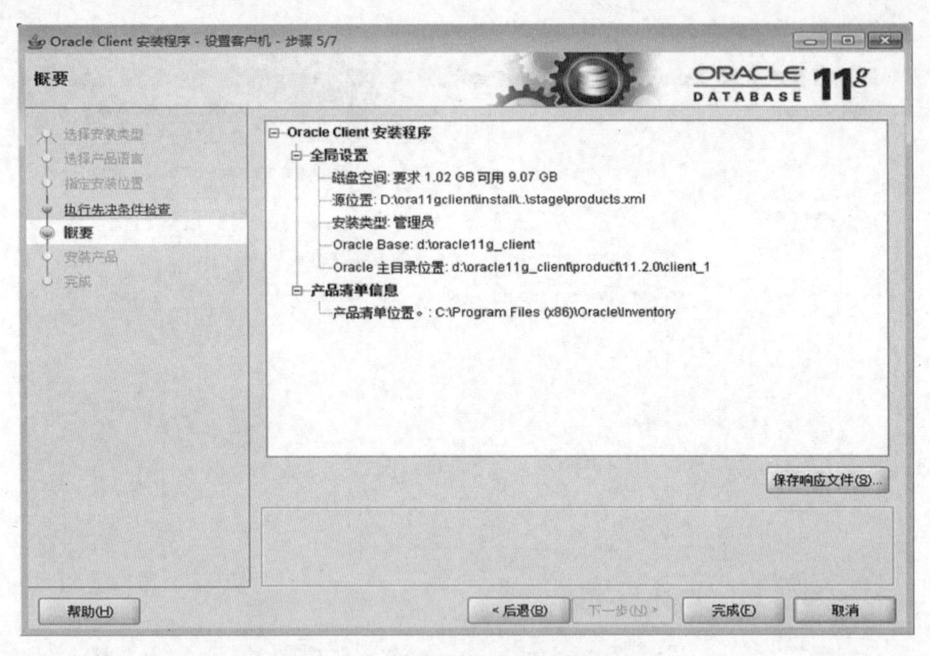

图 2-22 “概要”界面

(6) 打开“安装产品”界面，开始安装客户端软件。此过程将持续一段时间，然后单击“下一步”按钮，如图 2-23 所示。

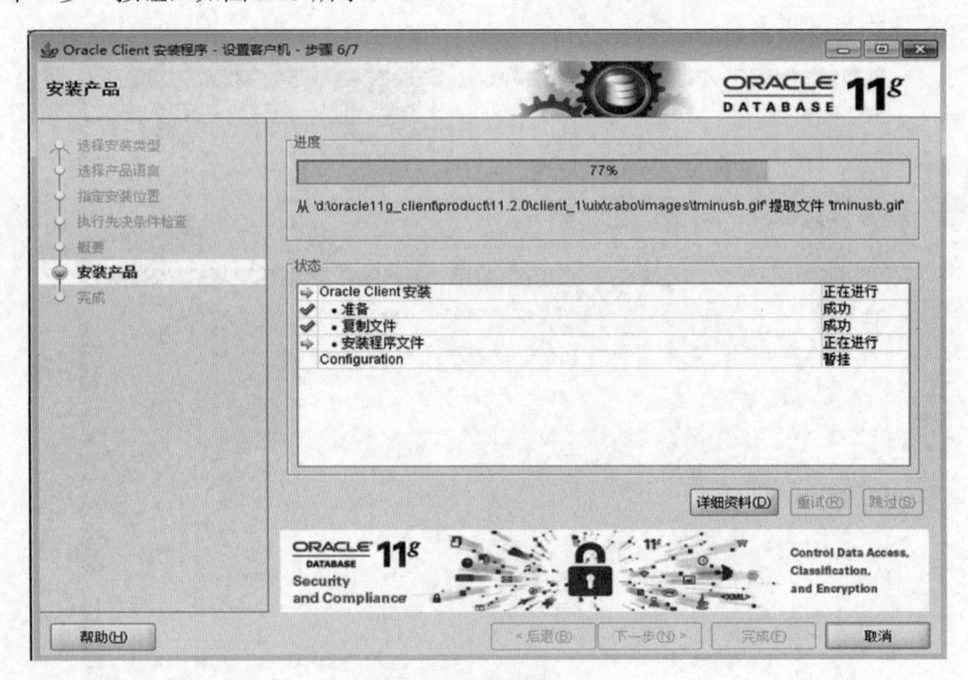

图 2-23 “安装产品”界面

(7) 客户端安装成功后，其界面如图 2-24 所示。最后关闭该界面即可。

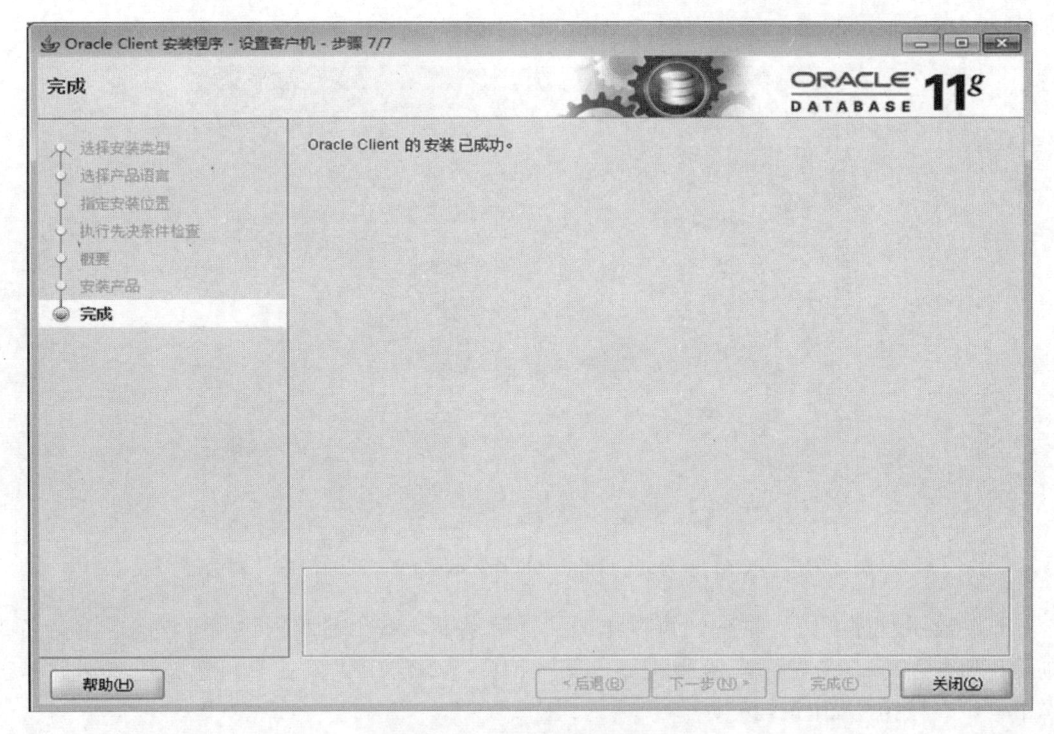

图 2-24　客户端安装成功

2.3　使用 DBCA 创建数据库

安装完 Oracle 11g 数据库服务器之后，用户就可以根据实际需要在数据库服务器中创建数据库了。如果在安装 Oracle 11g 数据库时选中“仅安装数据库软件”单选按钮，必须先配置监听器，否则无法创建数据库。本节首先介绍监听器的配置，然后介绍使用 DBCA 创建数据库的过程。

2.3.1　配置监听程序

监听器是 Oracle 基于服务器端的一种网络服务，主要用于监听服务器中接收和响应客户端向数据库服务器端提出的连接请求。监听程序运行在 Oracle 数据库服务器端，对于监听器的设置也是在数据库服务器端完成的。如果客户端连接 Oracle 服务器，首先必须通过 Oracle 服务器的监听程序找到对应的数据库路径，然后创建数据库服务器和客户端之间的连接。监听程序主要用于为客户端找到数据库服务器并且创建连接。通常，对于服务器端，需要配置的监听程序文件名为 listener.ora。

Oracle 11g 中使用 netca 工具，采用图形化方式配置监听，步骤如下。

(1) 以 oracle 身份登录，运行网络配置助手 Net Configuration Assistant，命令如下：

```
$netca
```

弹出如图 2-25 所示的“Oracle Net Configuration Assistant：欢迎使用”对话框。在界面选中“监听程序配置”单选按钮，单击“下一步”按钮。

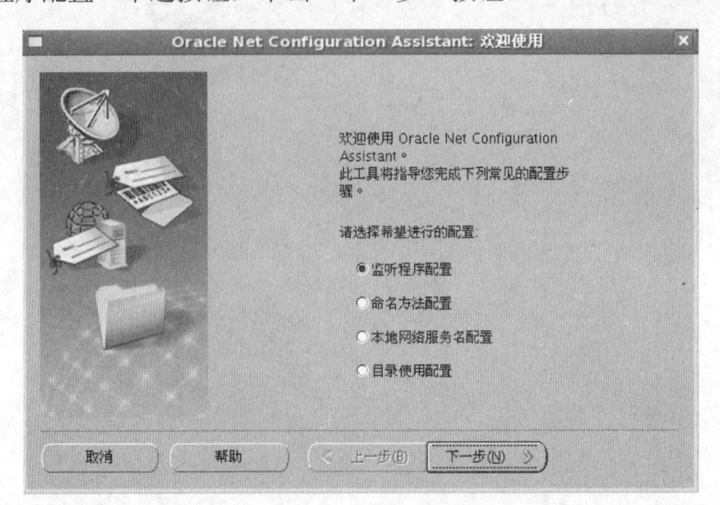

图 2-25 “Oracle Net Configuration Assistant：欢迎使用”对话框

打开监听程序配置对话框，可以添加、重新设置、重命名或删除监听程序。重命名或删除监听程序前，要先停止监听程序。第一次配置时选中“添加”单选按钮，然后单击“下一步”按钮，如图 2-26 所示。

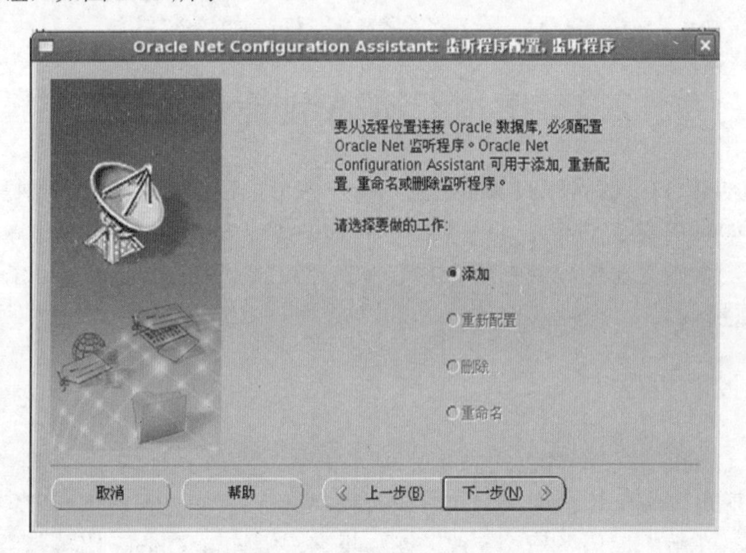

图 2-26 监听程序配置对话框

(2) 打开配置监听程序名对话框，输入监听程序的名称。每个监听程序由唯一的名称标识。LISTENER 是第一个监听程序的默认名称。这里默认为 LISTENER，然后单击“下一步”按钮，如图 2-27 所示。

(3) 打开选择协议对话框，从“可用协议”列表框中选择协议 TCP，单击右箭头按钮，将其移到“选定的协议”列表框中。然后单击“下一步”按钮，如图 2-28 所示。

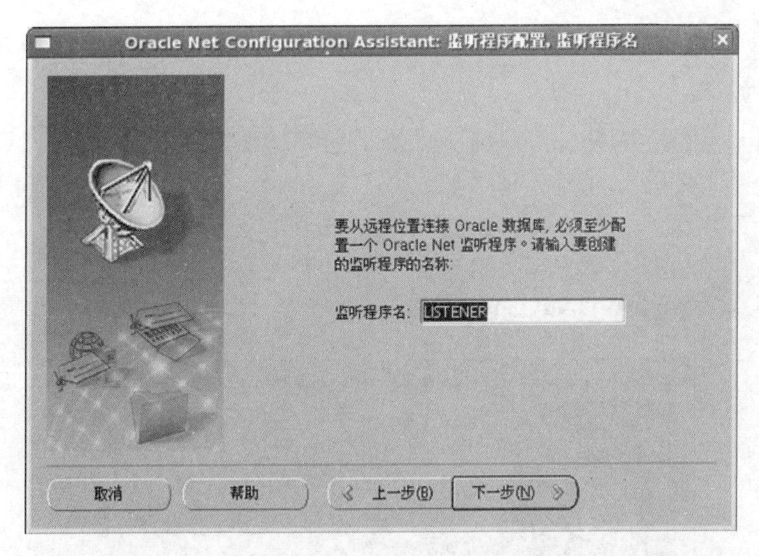

图 2-27　配置监听程序名对话框

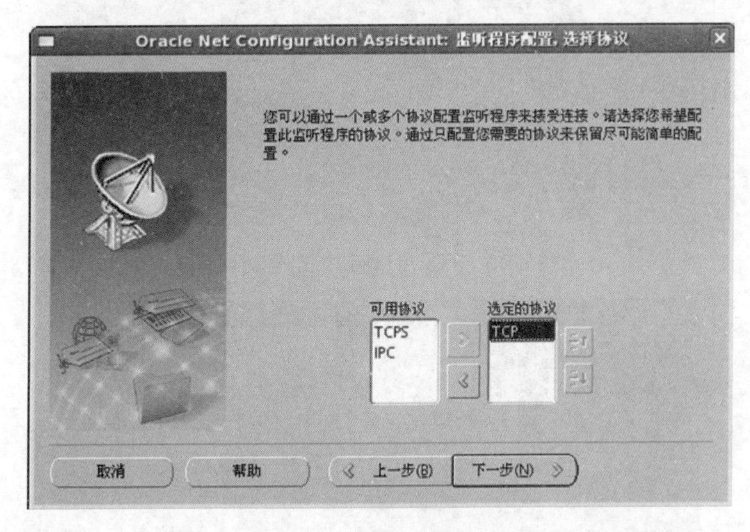

图 2-28　选择协议对话框

(4) 打开配置监听程序 TCP/IP 端口号对话框，有两个选项可供选择，“使用标准端口号 1521”单选按钮和“请使用另一个端口号”单选按钮。选中“使用标准端口号 1521”单选按钮，然后单击“下一步”按钮，如图 2-29 所示。

(5) 打开是否配置另一个监听程序对话框，选择不需要配置另一个监听程序。然后单击“下一步”按钮，结束配置监听，如图 2-30 所示。

通过网络配置助手 Net Configuration Assistant(netca)配置完监听程序之后，系统就会自动生成一个文件 listener.ora。该文件为 listener 监听器进程的配置文件，存放在数据库服务器端。listener 进程接受远程对数据库的接入申请并转交给 Oracle 的服务器进程，所以，如果不使用远程连接，listener 进程就不是必需的。如果关闭 listener 进程，并不会影响已经存在的数据库连接。对于 Linux 系统，listener.ora 文件存放在$ORACLE_HOME/network/admin 目录下，通过下面的命令可以查看配置文件 listener.ora 的内容：

```
$cat /u01/app/oracle/product/11.2.0/db_1/network/admin/listener.ora
```

查看结果如下：

```
LISTENER = (DESCRIPTION_LIST =
    (DESCRIPTION =
      (ADDRESS = (PROTOCOL = TCP)(HOST = AS5)(PORT = 1521))
    )
  )
ADR_BASE_LISTENER = /u01/app/oracle
```

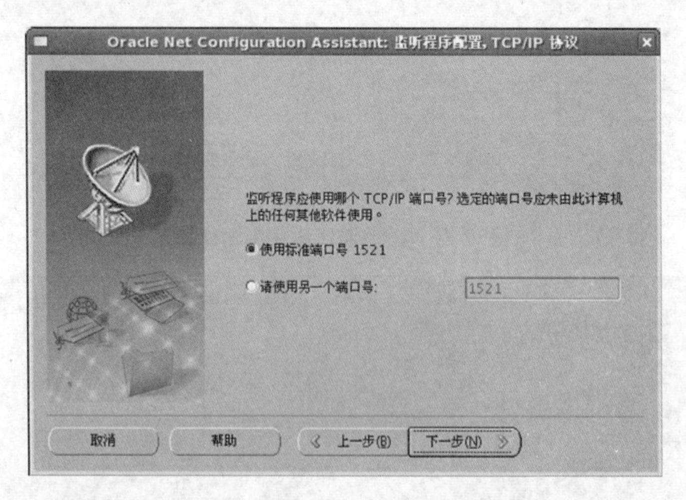

图 2-29　TCP/IP 协议端口号对话框

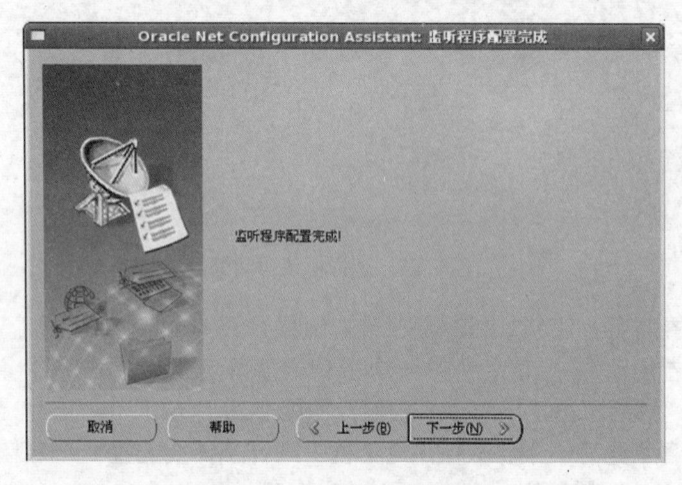

图 2-30　监听程序配置完成

注意： 对于 LISTENER 监听器，主要配置监听的 IP 地址和端口，一般通过 netca 配置以后就会生成一个(ADDRESS=(PROTOCOL=TCP)(HOST=AS5)(PORT=1521))字符串，其中，HOST 可以写对应的 IP 地址，服务器 AS5 对应的 IP 地址为 192.168.31.129。服务器名与 IP 的对应关系可以通过如下命令查看：

```
$cat /etc/hosts
```

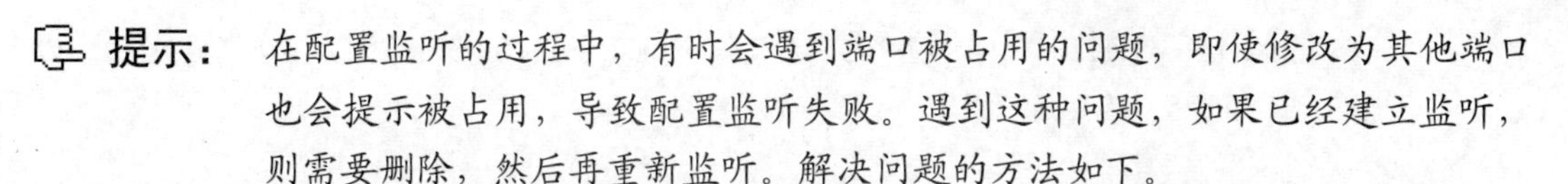

提示： 在配置监听的过程中，有时会遇到端口被占用的问题，即使修改为其他端口也会提示被占用，导致配置监听失败。遇到这种问题，如果已经建立监听，则需要删除，然后再重新监听。解决问题的方法如下。

(1) 以 root 用户登录，使用 ifconfig eth0 命令来查看 IP 地址。ifconfig 是一个用来查看、配置、启用或禁用网络接口的工具，这个工具极为常用。其中 eth0 表示第一块网卡，命令如下:

```
#ifconfig eth0
```

结果如下:

```
eth0     Link encap:Ethernet  HWaddr 00:0C:29:96:AE:91
         BROADCAST MULTICAST  MTU:1500  Metric:1
         RX packets:0 errors:0 dropped:0 overruns:0 frame:0
         TX packets:0 errors:0 dropped:0 overruns:0 carrier:0
         collisions:0 txqueuelen:1000
         RX bytes:0 (0.0 b)  TX bytes:0 (0.0 b)
         Interrupt:67 Base address:0x2024
```

(2) 运行网络配置工具 system-config-network，双击 eth0 网络。在“硬件设备”栏中选择“探测”选项来更新 Mac 配置，最后确认。随后关闭网络配置窗口，全部单击“是”按钮。

(3) 执行 service network restart 命令重启网络。然后注销 root，以 oracle 用户登录，即可配置监听。命令如下:

```
#service network restart
```

结果如下:

```
关闭环回接口:                                                [确定]
弹出环回接口:                                                [确定]
弹出界面 eth0:                                               [确定]
```

(4) 重新运行 ifconfig eth0 命令查看网卡的 IP 地址:

```
#ifconfig eth0
```

结果如下:

```
eth0     Link encap:Ethernet  HWaddr 00:0C:29:96:AE:91
         inet addr:192.168.31.129  Bcast:192.168.31.255
         Mask:255.255.255.0
         inet6 addr: fe80::20c:29ff:fe96:ae91/64 Scope:Link
         UP BROADCAST RUNNING MULTICAST  MTU:1500  Metric:1
         RX packets:0 errors:0 dropped:0 overruns:0 frame:0
         TX packets:12 errors:0 dropped:0 overruns:0 carrier:0
         collisions:0 txqueuelen:1000
         RX bytes:0  (0.0 b)  TX bytes:720 (720.0 b)
         Interrupt:67 Base address:0x2024
```

其中 HWaddr 表示网卡的物理地址，目前这个网卡的物理地址(MAC 地址)是 00:0C:29:96:AE:91；inet addr 用来表示网卡的 IP 地址，此网卡的 IP 地址是

192.168.31.129，广播地址为 Bcast:192.168.31.255，掩码地址为 Mask:255.255.255.0。

2.3.2 创建数据库

数据库是存放数据的仓库，里面既有表、视图、索引、存储过程、函数等数据库逻辑对象，也有控制文件、数据文件和日志文件等数据库物理对象。安装 Oracle 11g 数据库软件后，需要创建一个数据库，用于保存和管理数据。创建和管理数据库是 Oracle 数据库管理员的一项基本技能。

Oracle 数据库与 SQL Server 数据库的区别在于：通常每个 Oracle 数据库服务器只需要一个数据库，为不同应用创建各自的模式；而 SQL Server 数据库用户通常为每个应用程序创建一个数据库。通俗地讲，以管理员身份登录 SQL Server 数据库系统，可以同时看到系统里多个数据库；以管理员身份登录 Oracle 数据库系统时，只能使用当前一个数据库。

Database Configuration Assistant(DBCA)工具是创建、配置以及管理数据库的一个工具，下面介绍使用 DBCA 创建数据库的步骤。

(1) 以 oracle 身份登录，启动监听，运行 Database Configuration Assistant，即执行如下命令：

```
$lsnrctl start
$dbca
```

结果打开 Database Configuration Assistant“欢迎使用”对话框，如图 2-31 所示，单击“下一步”按钮。

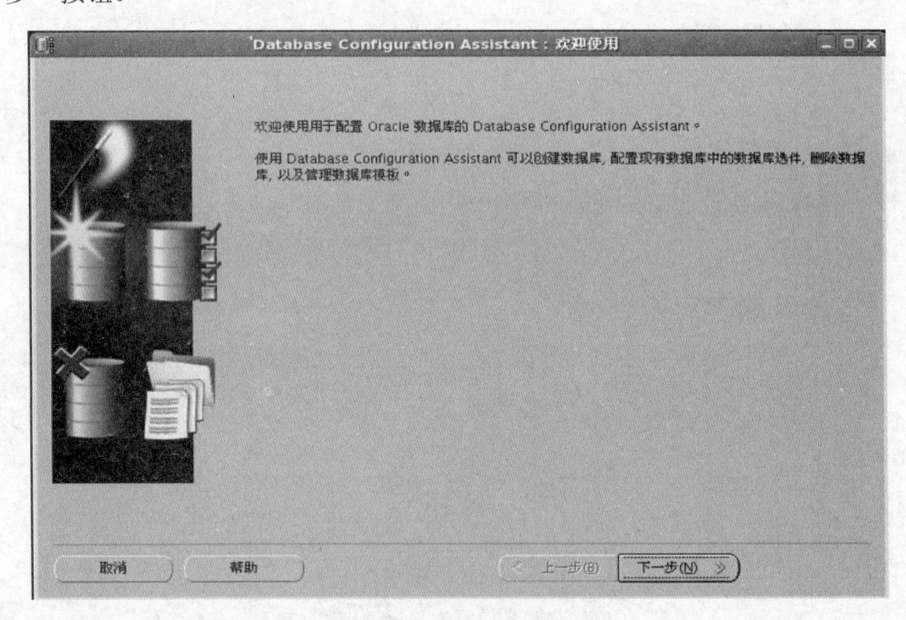

图 2-31 欢迎使用对话框

打开 Database Configuration Assistant 的步骤操作对话框，用户可以选中“创建数据库”单选按钮、“配置数据库选件”单选按钮(如果当前没有数据库，则此项不可选)、

“删除数据库”单选按钮或“管理模板”单选按钮。这里选中“创建数据库”单选按钮，然后单击“下一步”按钮，如图 2-32 所示。

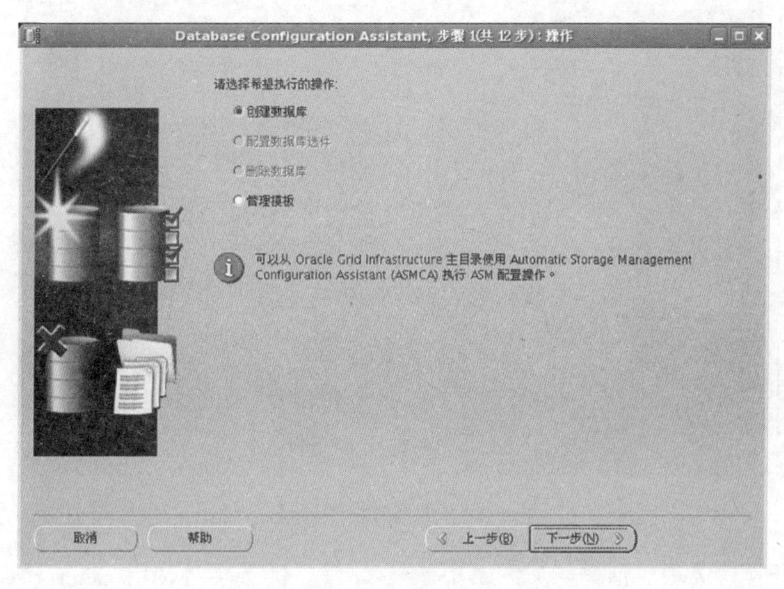

图 2-32　步骤操作对话框

(2) 打开数据库模板对话框，选中“一般用途或事务处理”单选按钮。如果要查看数据库选项的详细信息，单击“显示详细资料”按钮。然后单击“下一步”按钮，如图 2-33 所示。

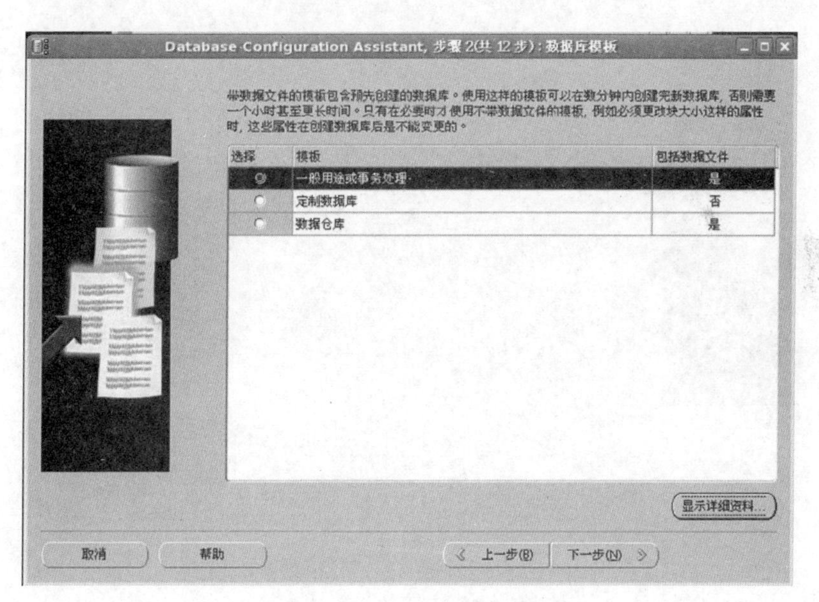

图 2-33　数据库模板对话框

(3) 打开数据库标识对话框，输入全局数据库名和 Oracle 系统标识(SID)，然后单击“下一步”按钮，如图 2-34 所示。

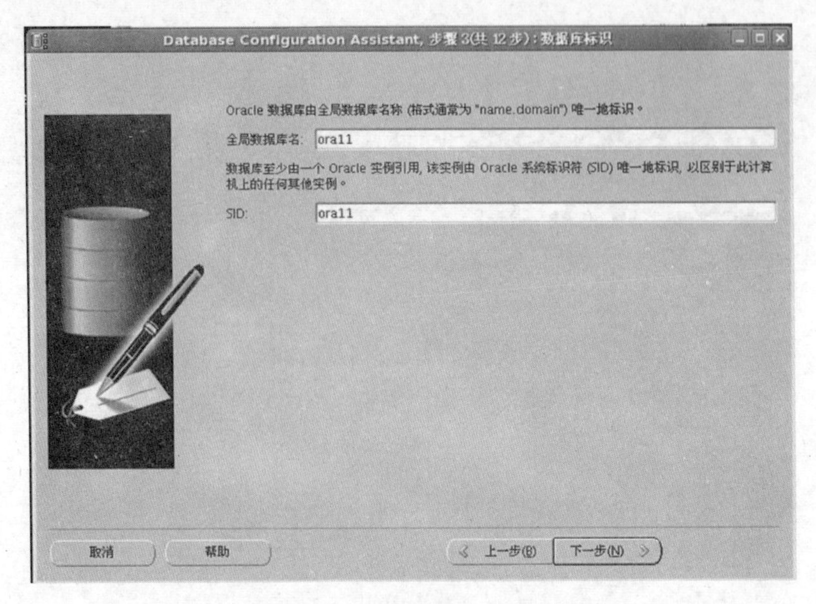

图 2-34　数据库标识对话框

(4) 打开管理选项对话框，如图 2-35 所示。默认的选项为使用 Enterprise Manager 配置数据库。使用 Database Control 进行本地管理，需要使用 Net Configuration Assistant 创建一个默认的监听程序。自动维护任务页面，选择默认的“启动自动维护任务”选项。

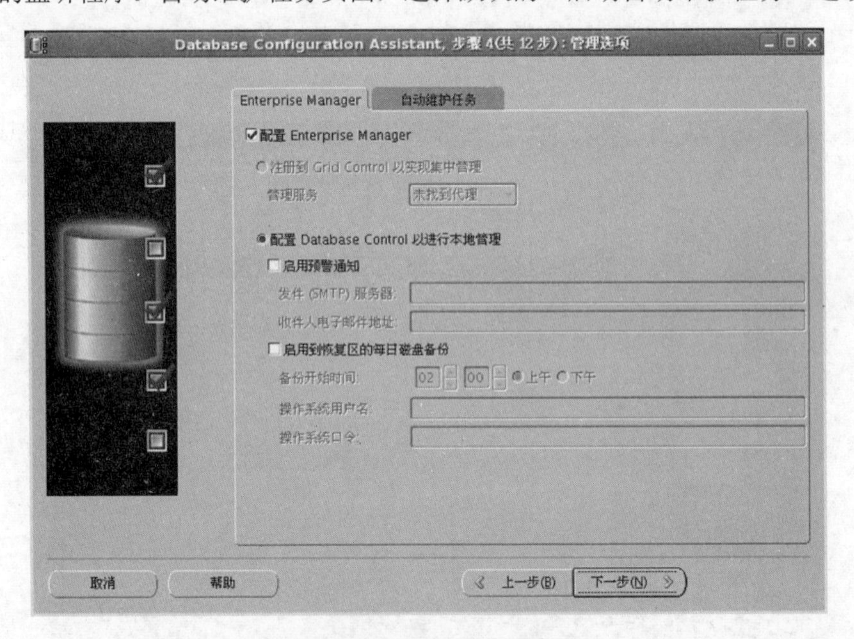

图 2-35　管理选项对话框

(5) 单击“下一步”按钮，打开数据库身份证明对话框，如图 2-36 所示。为了安全起见，必须为数据库中的 SYS、SYSTEM、DBSNMP 和 SYSMAN 内置账户设置口令。可以分别为每个账户设置口令，也可以选择所有账户使用相同的口令。然后单击“下一步”按钮。

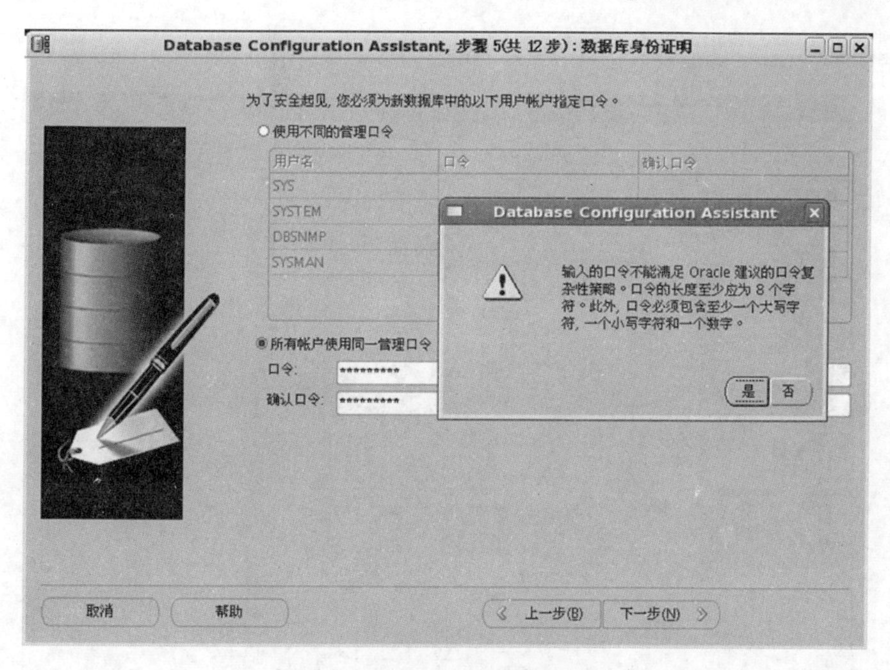

图 2-36　数据库身份证明对话框

(6) 打开数据库文件所在位置对话框，如图 2-37 所示。存储类型有“文件系统”与“自动存储管理(ASM)”两种。“自动存储管理(ASM)”选项是为指定一组磁盘以创建 ASM 磁盘，从而简化数据库存储管理，优化数据库布局以改进 I/O 性能。“文件系统”选项是使用文件系统进行数据库存储的。

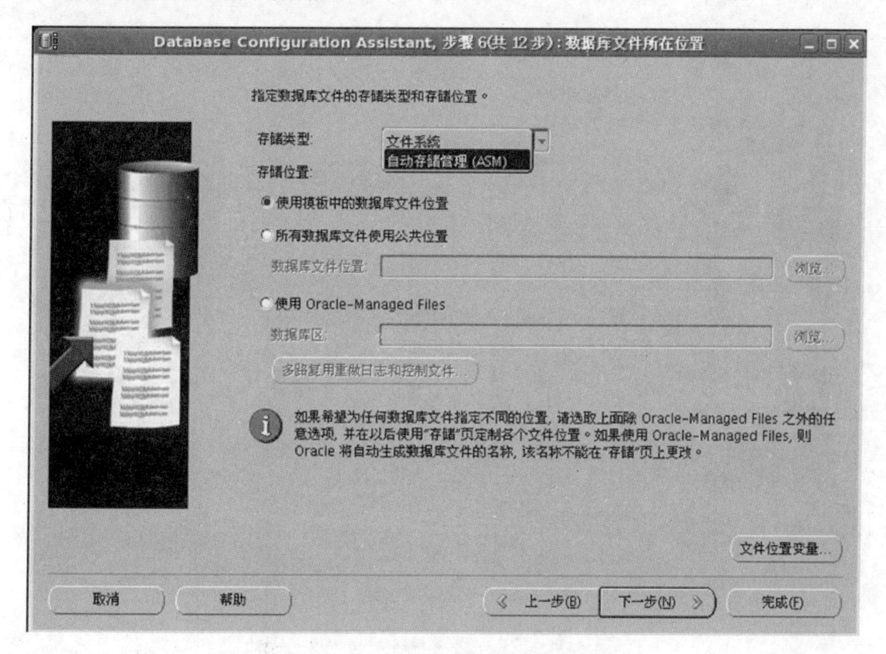

图 2-37　数据库文件所在位置对话框

“存储类型”设置为“文件系统”，选中“所有数据库文件使用公共位置”单选按钮，如图 2-38 所示，然后单击“下一步”按钮。

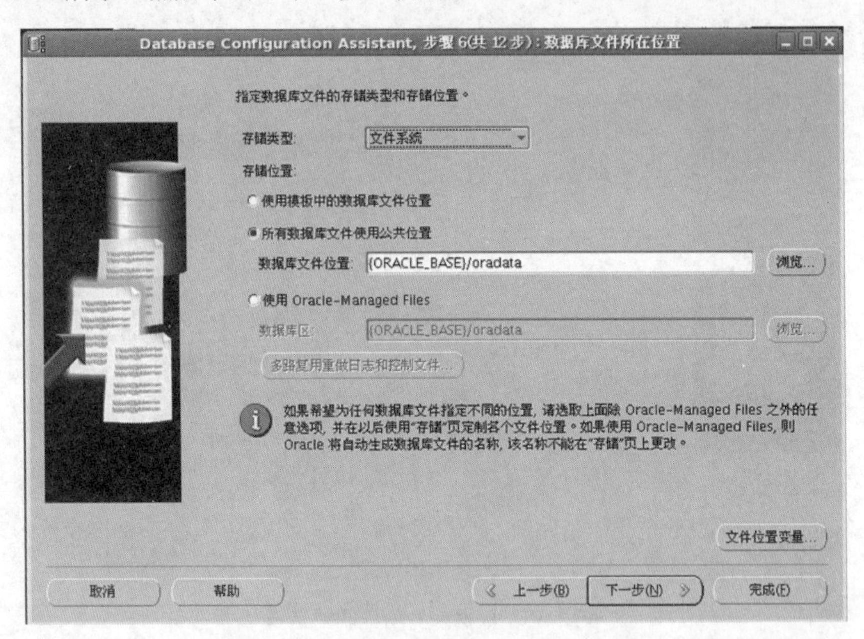

图 2-38　数据库文件所在位置对话框

(7) 打开恢复配置对话框，如图 2-39 所示。可以指定快速恢复区文件存储位置与快速恢复区大小，也可以指定启用归档。建议将数据库文件和恢复文件放在不同的物理磁盘上，以便保护数据和提高安全性能，最后单击“下一步”按钮。

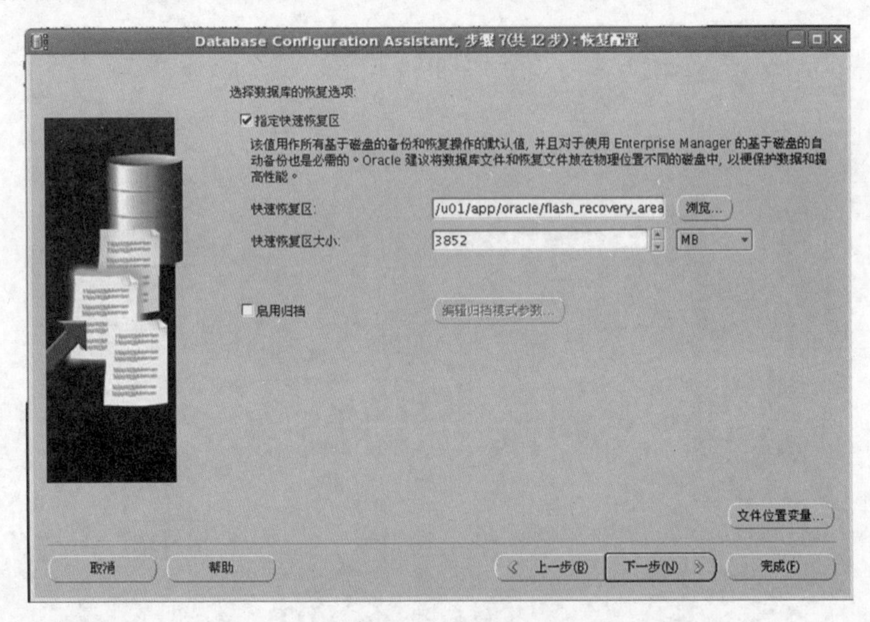

图 2-39　恢复配置对话框

(8) 打开数据库内容对话框，此对话框有“示例方案”和“定制脚本”两个选项卡，如图 2-40 所示。保持默认设置，然后单击“下一步”按钮。

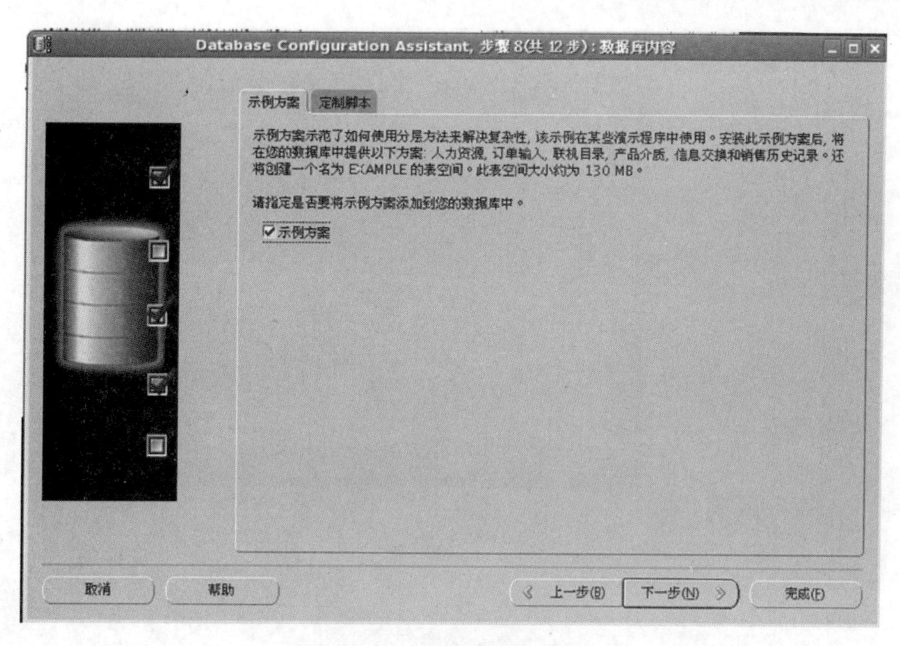

图 2-40　数据库内容对话框

(9) 打开初始化参数对话框，进行初始化参数设置。该窗口有“内存”“调整大小”“字符集”“连接模式”几个选项卡，保持默认设置，如图 2-41 所示。最后单击“下一步”按钮。

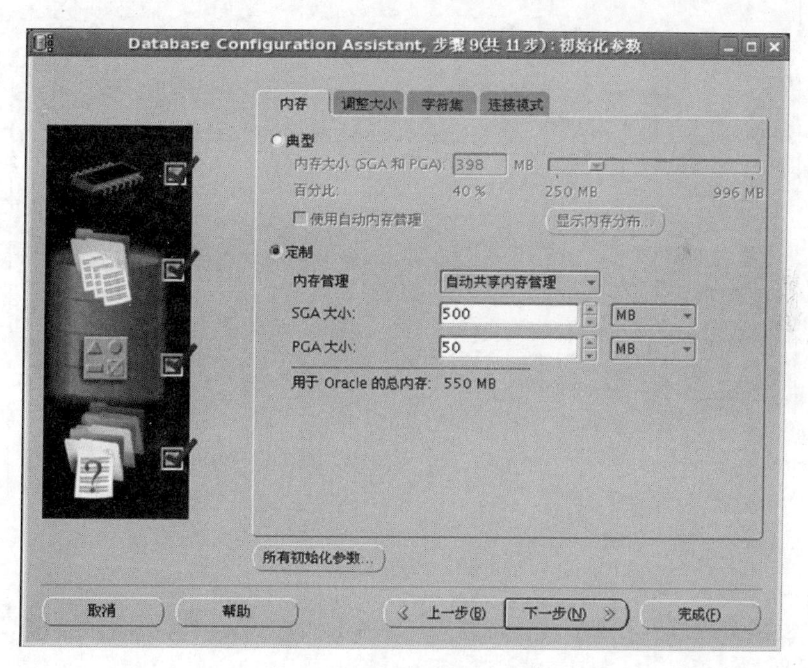

图 2-41　初始化参数对话框

(10) 打开数据库存储对话框，如图 2-42 所示，可以进行数据库物理结构和逻辑存储相关的设置。最后单击“下一步”按钮。

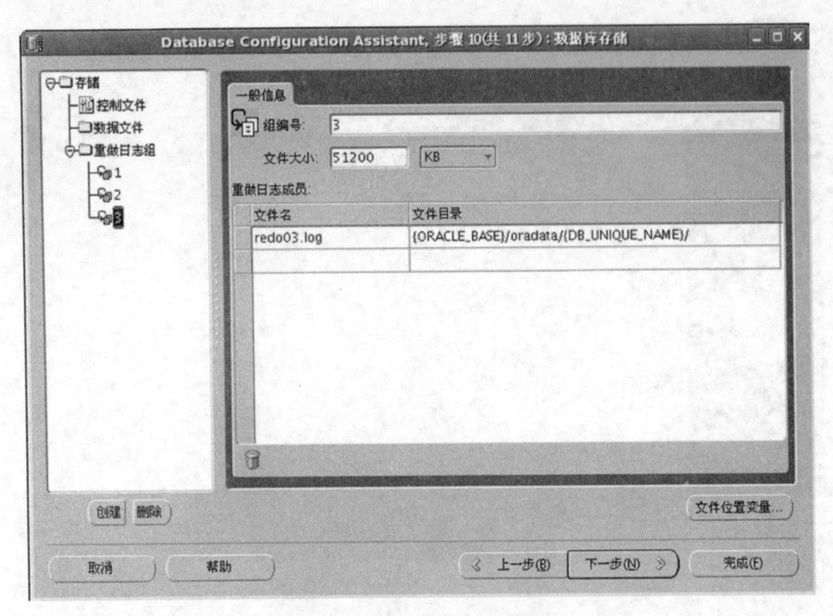

图 2-42　数据库存储对话框

(11) 打开创建选项对话框，如图 2-43 所示，可以选中“创建数据库”“另存为数据库模板”“生成数据库创建脚本”复选框。使用默认配置，然后单击“下一步”按钮。

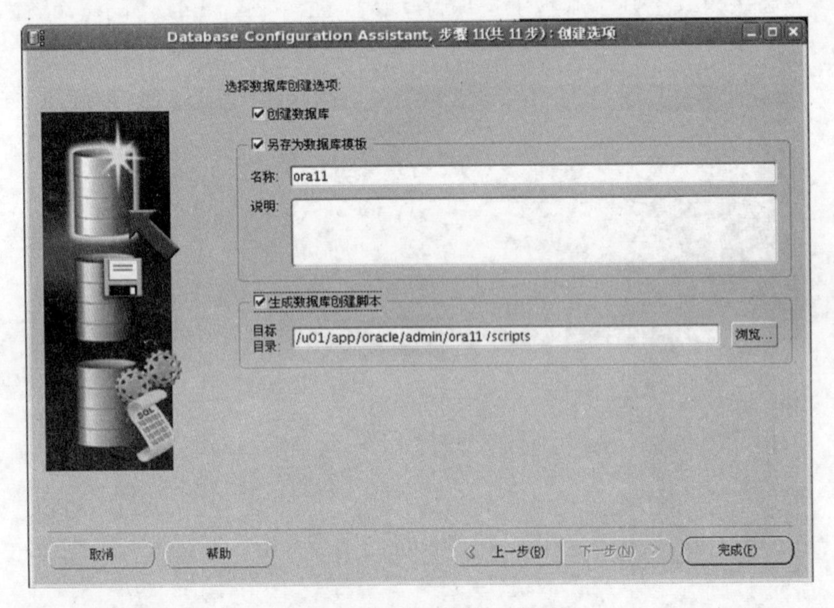

图 2-43　创建选项对话框

打开“创建数据库－概要”界面，如图 2-44 所示。可以单击“另存为 HTML 文件”按钮，把概要文件存储为 html 文件。

单击“确定”按钮后，开始创建数据库，并显示数据库的创建过程和进度，如图 2-45 所示。创建数据库的时间取决于计算机的硬件配置和数据库的配置情况。创建完成后，将弹出创建完成对话框。单击“完成”按钮，结束数据库的创建过程。

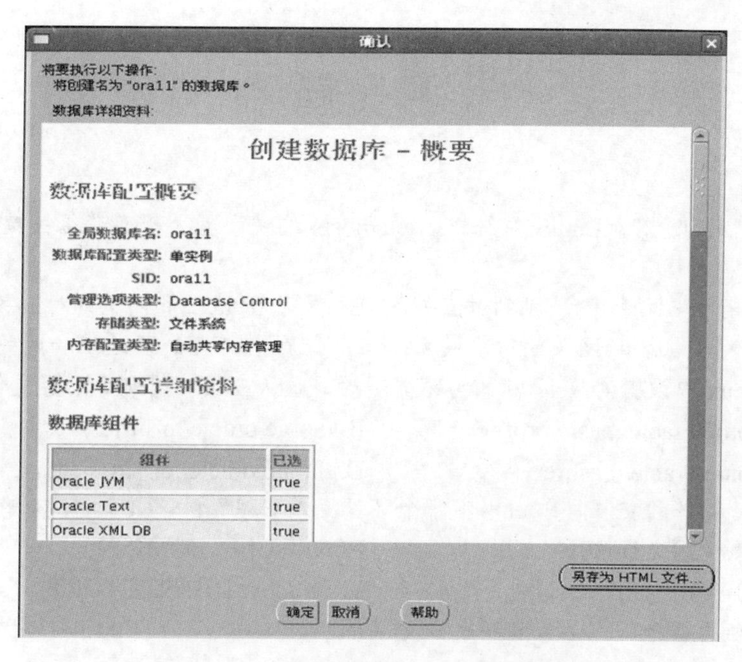

图 2-44　“创建数据库 - 概要”界面

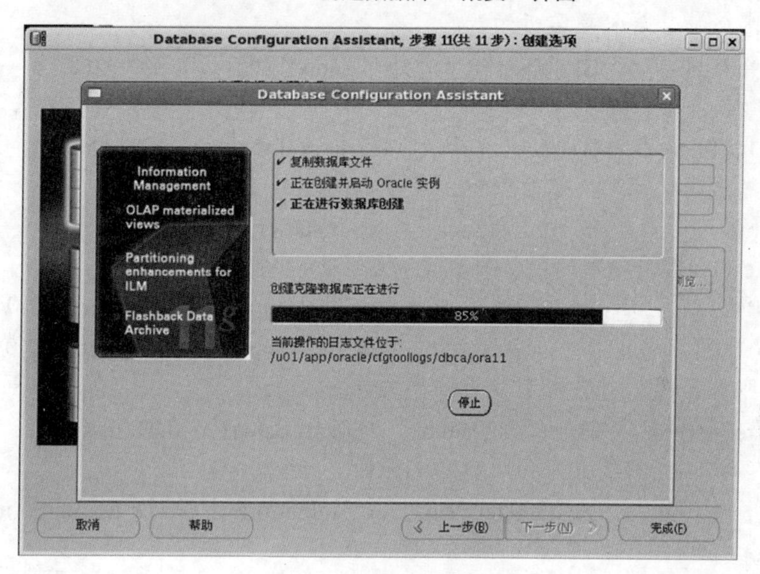

图 2-45　创建数据库

本 章 小 结

本章介绍安装 Oracle 数据库的软硬件需求、环境变量设置、数据库安装前的预处理，重点介绍在 Red Had Enterprise Linux 5 操作系统平台上安装 Oracle 11g 的方法，以及使用数据库配置助手(DBCA)创建 Oracle 数据库的过程。

安装完 Oracle 11g 数据库服务器之后，创建数据库之前，必须先配置监听器，否则无法创建数据库。使用 DBCA 创建数据库时，使用 netca 配置监听器。

习　题

1．选择题

(1) 安装 Oracle 前，Linux 系统中的/etc/hosts 文件配置是否正确很关键，该文件的作用是(　　)。

A. 保存主机名和 IP 地址的对应关系　B. 保存 IP 地址和网关的对应关系
C. 保存主机名和网关的对应关系　D. 保存主机名、IP 地址和网关的对应关系

(2) 在 Linux 中设置 Oracle 用户的环境变量，默认应该编辑哪个配置文件？(　　)

A. /home/oracle/.bash_profile　B. /home/oracle/.profile
C. /home/oracle/.bashrc　D. /home/oracle/.enviroment

(3) Oracle 软件的安装目录由以下哪个环境变量决定？(　　)

A. ORACLE_BASE　B. ORACLE_HOME
C. ORACLE_SID　D. INSTALL_DIRECTORY

(4) 配置监听程序时，启动监听的命令为(　　)。

A. $lsnrctl status　B. $lsnrctl start　C. $lsnrctl stop　D. $netca

(5) 下列哪个命令是配置监听的？(　　)

A. SQL*Plus　B. dbca　C. lsnrctl start　D. netca

(6) 创建数据库，使用命令(　　)。

A. SQL*Plus　B. dbca　C. lsnrctl start　D. netca

(7) 安装数据库软件需要执行的命令是什么？(　　)

A. setup　B. runInstaller　C. Installer　D. dbca

(8) Oracle 11g 软件安装的默认目录是哪个？(　　)

A. /u01　B. /u01/app/oracle/product/11.2.0/db_1
C. /u01/app/oracle　D. /u01/app/oracle/product/11.2.0/

(9) 对于服务器端，需要配置监听程序文件(　　)。

A. listener.ora　B. tnsnames.ora　C. lsnrctl start　D. netca

(10) 对于客户端，需要配置监听程序文件(　　)。

A. listener.ora　B. tnsnames.ora　C. sqlnet.ora　D. netman.ora

2．简答题

(1) 简述安装 Oracle 11g 数据库的硬件环境要求。
(2) 简述安装 Oracle 11g 数据库时需要设置的环境变量。
(3) 简述配置程序监听前的注意事项。
(4) 简述创建数据库前的注意事项。

3．操作题

(1) 使用 netca 工具配置监听。
(2) 安装 Oracle 11g 数据库服务器，并使用 dbca 工具创建数据库。
(3) 安装 Oracle 11g 数据库客户端。

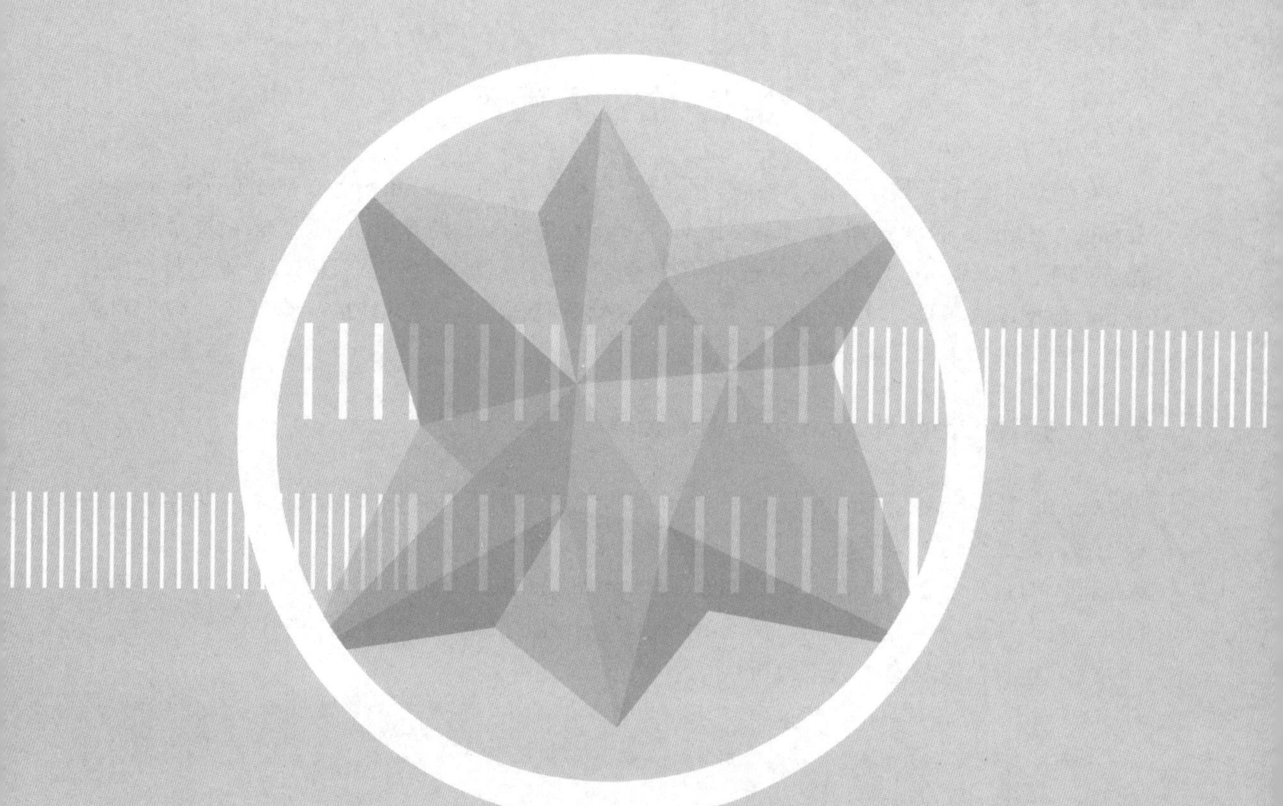

第 3 章

Oracle 数据库管理工具

本章要点：

为了使读者能够更好地了解和使用 Oracle 数据库，本章将介绍 Oracle 的常用数据库管理工具，包括企业管理器、基于命令行的 SQL*Plus、SQL Developer、网络配置助手(Net Configuration Assistant)。SQL Developer 工具容易上手，对于开发人员，一般考虑团队实际开发效率，会选择 SQL Developer 工具；对于 Oracle 管理员，一般选择 SQL*Plus 来完成一些非常底层的管理功能。

学习目标：

了解 Oracle 数据库管理工具，掌握 SQL*Plus、SQL Developer 工具、网络配置助手的使用方法，重点掌握 SQL*Plus 工具。

3.1 企业管理器

安装 Oracle 11g 数据库服务器时，系统会自动安装 Oracle Enterprise Manager(Enterprise Manager，Oracle 企业管理器，简称 EM)。Oracle 企业管理器是一个基于 Java 框架开发的集成管理工具，它是 Oracle 的 Web 图形界面管理工具。用户可以通过 Web 浏览器连接到 Oracle 数据库服务器，实现数据库管理员(DBA)对 Oracle 运行环境的完全管理，包括对数据库、监听器、主机、应用服务器等的管理。

3.1.1 启动 Oracle Enterprise Manager

Oracle Enterprise Manager 是用于数据库本地管理的工具，安装 Oracle 11g 数据库服务器之后，通过合适的设置就可以启动企业管理器。该工具采用 B/S 架构，即三层模式实现对数据库的管理与控制。在启动 Oracle Enterprise Manager 之前，首先要检查监听、控制台服务、数据库服务器是否启动。启动 Oracle Enterprise Manager 的步骤如下。

(1) 检查监听状态，启动监听：

```
$lsnrctl status
$lsnrctl start
```

(2) 启动控制台服务：

```
$emctl start dbconsole
```

(3) 启动数据库服务器：

```
$sqlplus / as sysdba
SQL>startup
```

(4) 查看网络是否通：

```
$ping 192.168.31.129
```

(5) 可以在 Web 浏览器中按下面的格式访问 Enterprise Manager：

```
https://<Oracle 数据库服务器名称>:<EM端口号>/em
```

其中，“EM 端口号”可以在$ORACLE_HOME/install/postlist.ini 中找到，不同的数据库，EM 端口号可能会不同。从 postlist.ini 文件内容可以看到 EM 端口号为 1158，如图 3-1 所示。环境变量为 ORACLE_HOME=/u01/app/oracle/product/11.2.0/db_1。

假定 Oracle 数据库服务器名称为 192.168.31.129，则在 Windows 环境下打开 Web 浏览器，访问网址 https://192.168.31.129:1158/em，即可打开 EM 登录页面。

在 EM 登录页面，用户需要输入用户名、口令以及相应的连接身份。如图 3-2 所示，在“用户名”文本框中输入 sys，输入对应的口令，在“连接身份”下拉列表框中可以选择 Normal 和 SYSDBA 选项，这里选择 SYSDBA 选项。单击“登录”按钮，即可进入 EM 主页面，启动企业管理器。

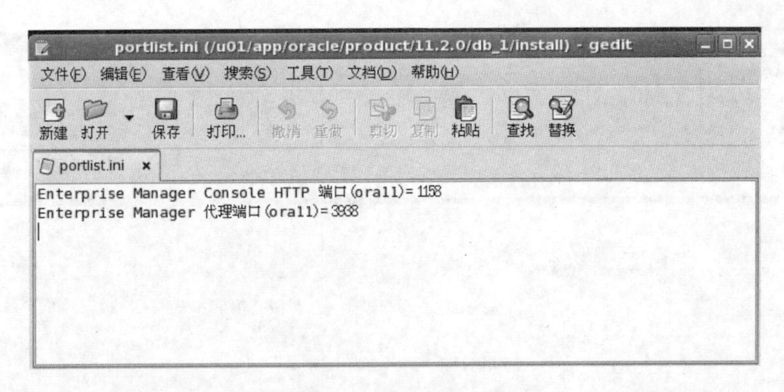

图 3-1　EM 端口号

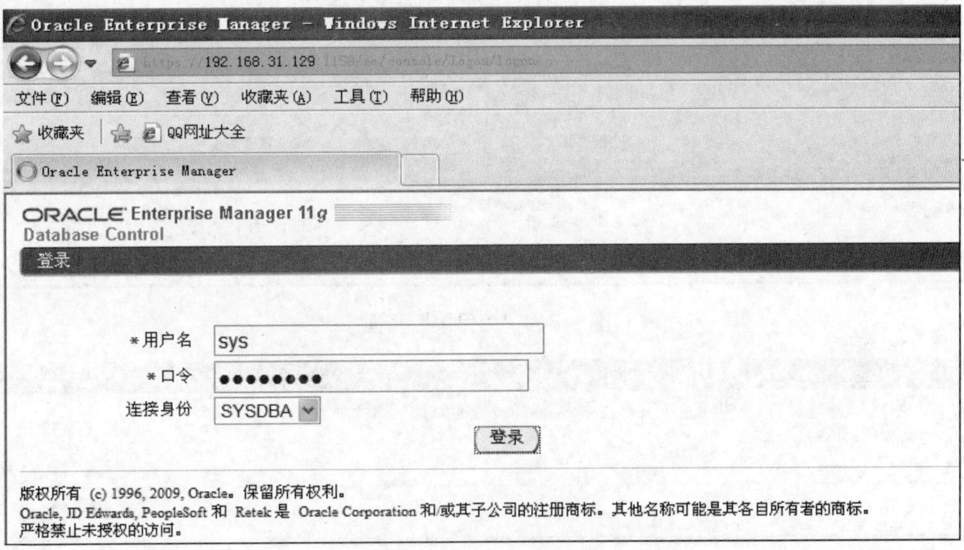

图 3-2　企业管理器登录页面

3.1.2　Oracle Enterprise Manager 管理页面

Oracle Enterprise Manager 将数据库管理和控制操作进行了分类，分别放在“主目录”“性能”“可用性”“服务器”“方案”“数据移动”与“软件和支持”7 个页面中。

(1) Oracle Enterprise Manager“主目录”页面如图 3-3 所示。在 Oracle Enterprise Manager“主目录”页面中，可以查看数据库实例的状态、操作系统版本、主机名称、CPU 情况、活动会话数、空间概要等信息。

(2) 单击“主机 CPU”下“负载”后面的链接，可以打开“性能”页面，如图 3-4 所示。该页面以图形方式显示 CPU 占用率、内存使用率、磁盘 I/O 占用率，这些数据信息为数据库管理员分析服务器的性能提供了依据。“性能”页面的主要功能是实时监控数据库服务器运行状况，提供系统运行参数，DBA 也可以根据运行情况生成性能优化诊断报告，为进行系统性能优化、有效提高系统运行效率提供有力支持。

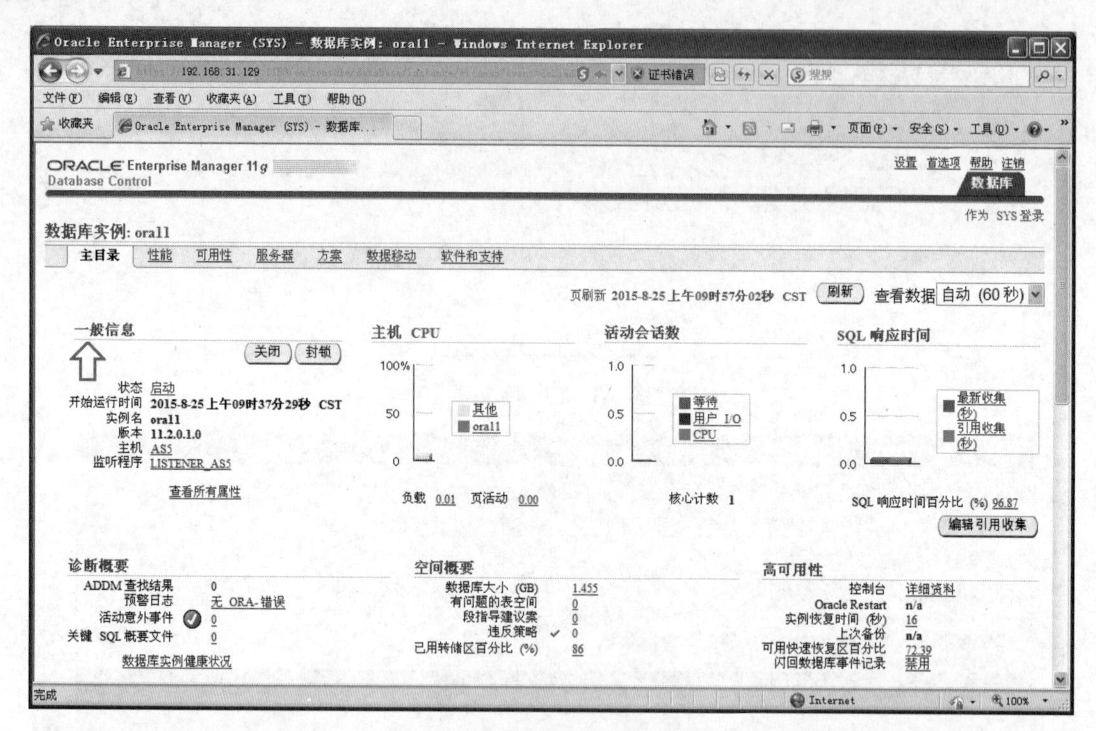

图 3-3 “主目录”页面

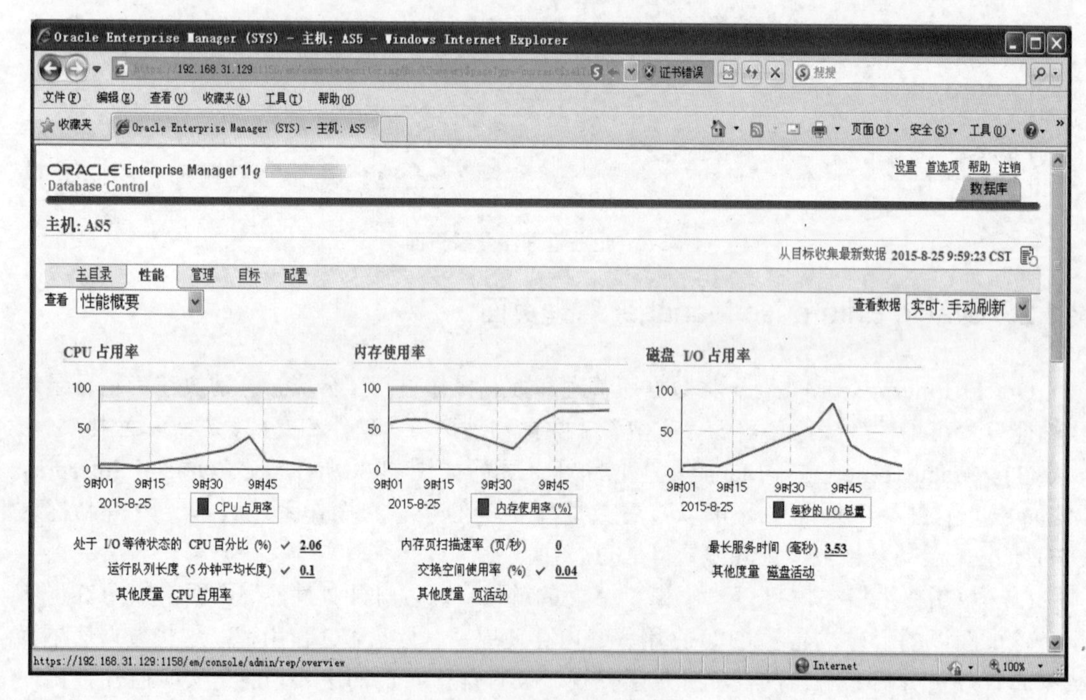

图 3-4 “性能”页面

(3) “可用性”页面的主要功能有数据库的恢复与备份、管理备份、管理恢复、查看与管理事务等，如图 3-5 所示。

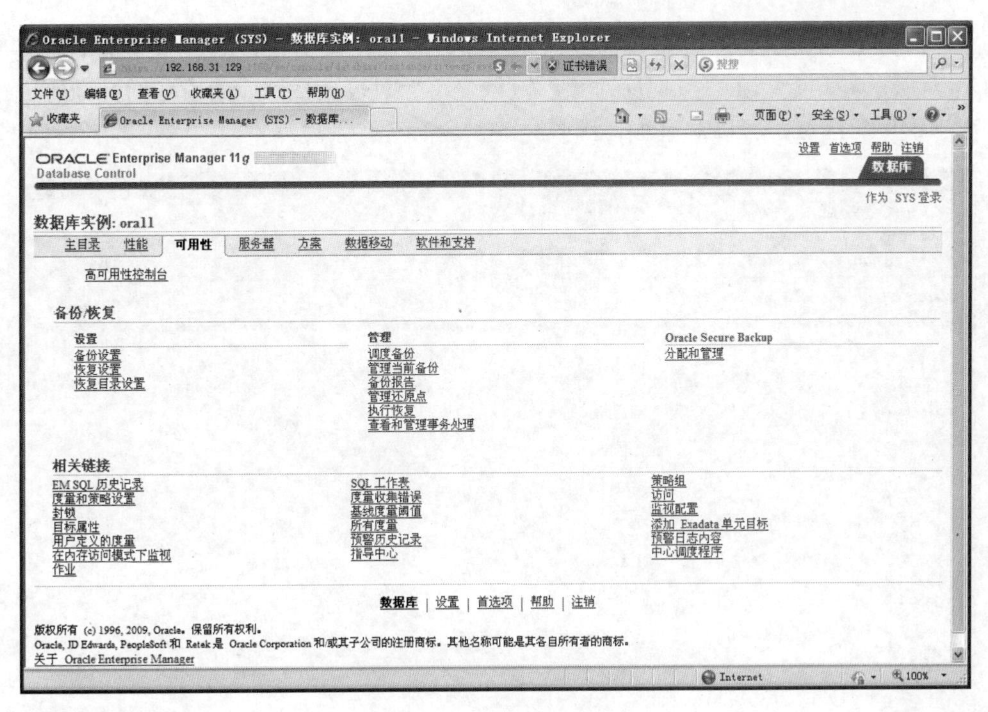

图 3-5 “可用性”页面

(4) “服务器”页面的主要功能有存储、数据库配置、统计信息管理、资源管理器、安全性、查询优化程序等，如图 3-6 所示。其中，在“存储”区域，选择“表空间”选项可以完成表空间的创建、编辑、查看、删除等管理操作，同时也可以进行控制文件、数据文件、日志文件的管理。

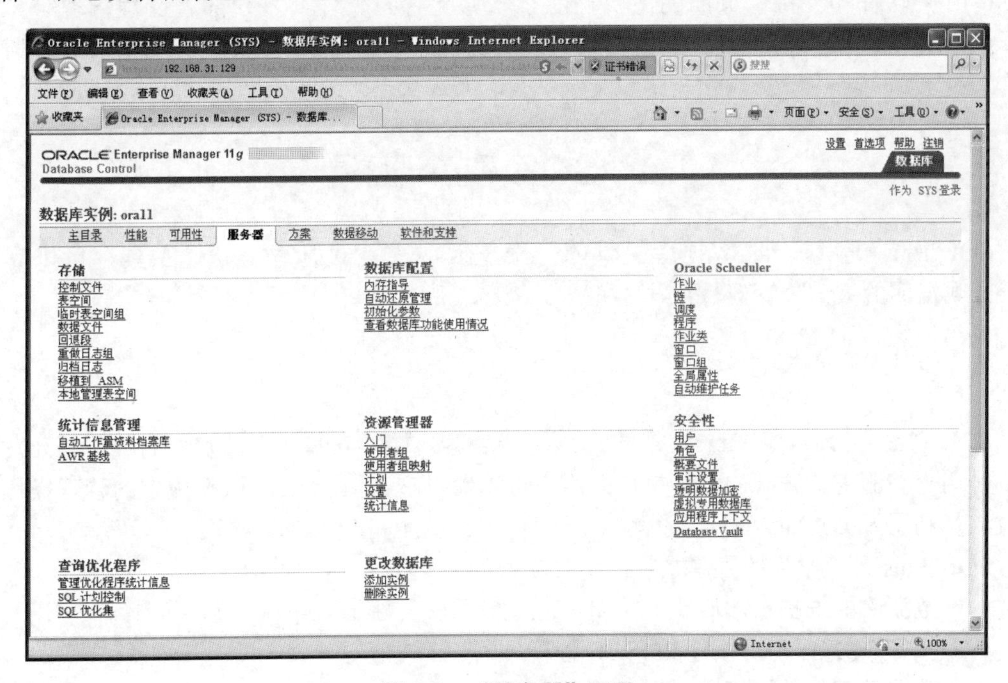

图 3-6 “服务器”页面

(5) “方案”页面的主要显示有数据库对象、程序、实体化视图、用户定义类型等，如图 3-7 所示。其中，在“数据库对象”区域，可以对表、视图、索引、同义词等进行管理；在“程序”区域，可以对过程、函数、触发器等进行管理。

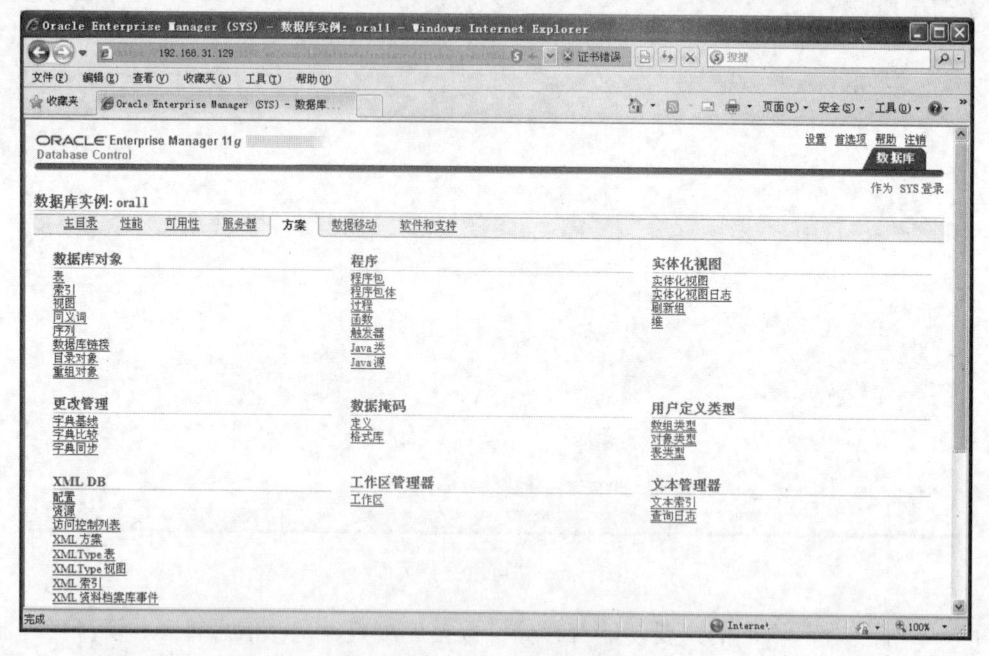

图 3-7 “方案”页面

(6) “数据移动”页面的主要功能有移动行数据、移动数据库文件、高级复制等。

(7) “软件和支持”页面的主要功能有软件配置、软件补丁、部署过程管理等。总之，Oracle Enterprise Manager 功能很强大，能实现对数据库和其他服务进行各种管理监控操作。

3.2 SQL*Plus 工具

SQL*Plus 是 Oracle 数据库提供的一个重要的交互式管理与开发工具，可以完成 Oracle 数据库的大部分管理与开发任务。

3.2.1 SQL*Plus 概述

SQL*Plus 工具是随 Oracle 数据库服务器或客户端的安装而自动安装的管理与开发工具，是用户和服务器之间的一种接口；用户可以通过它完成 Oracle 数据库中的管理操作，开发人员利用 SQL*Plus 工具可以测试、运行 SQL 语句和 PL/SQL 程序。

SQL*Plus 是最常用的工具之一，主要功能如下。

- 数据库的维护，如启动，关闭等，一般在服务器上操作。
- 执行 SQL 语句，执行 PL/SQL 程序。
- 数据处理，数据导出，生成报表。

- 生成新的 SQL 脚本。
- 用户管理及权限维护等。

3.2.2　启动 SQL*Plus

SQL*Plus 启动方式可以分为客户端与服务器端两种，本节首先介绍在客户端启动 SQL*Plus，然后再介绍在服务器端 SQL*Plus 的启动。

1．在客户端启动 SQL*Plus

选择“开始”→“所有程序”→Oracle-OraClient11g_home1→“应用程序开发”→SQL Plus 命令，如图 3-8 所示。

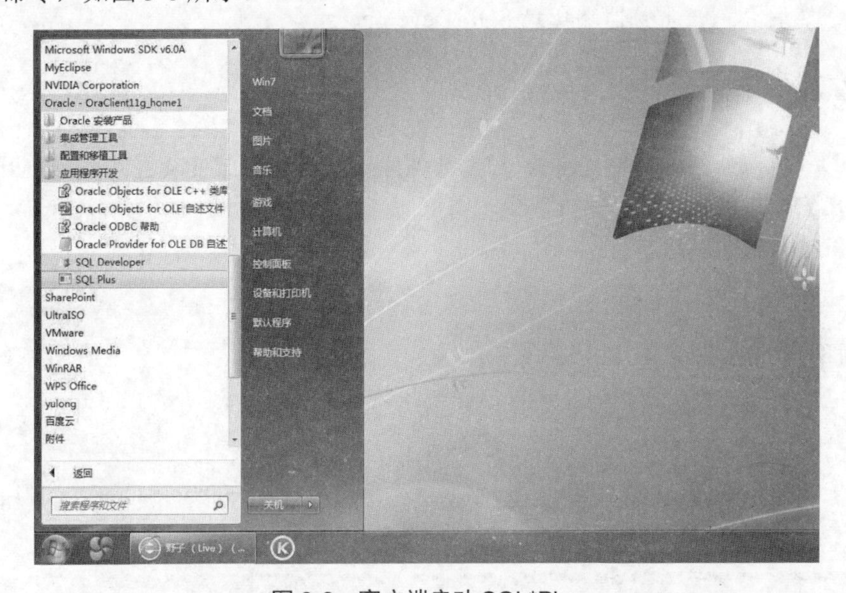

图 3-8　客户端启动 SQL*Plus

进入 SQL Plus 窗口，输入用户名及口令，如图 3-9 所示。

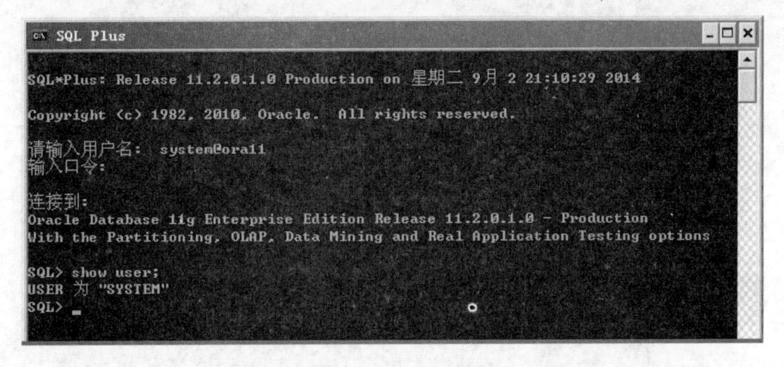

图 3-9　SQL Plus 窗口

2．在服务器端启动 SQL*Plus

在服务器端启动 SQL*Plus 以及 SQL*Plus 工具的使用方法和常用命令详见第 4 章。

3.3 SQL Developer

Oracle SQL Developer 是 Oracle 公司出品的一个免费的集成开发环境，是图形化数据库开发工具。使用 SQL Developer，可以浏览数据库对象、运行 SQL 语句和脚本、编辑和调试 PL/SQL 语句，还可以创建、执行和保存报表(reports)。SQL Developer 用 Java 语言编写，能够提供跨平台工具，容易上手，可以运行在 Windows、Linux 和 MAC OS X 系统，但不能完成一些非常底层的管理功能。SQL Developer 可以提高工作效率并简化数据库开发任务。

SQL Developer 登录方式分为客户端与服务器端，本节首先介绍在客户端登录 SQL Developer，然后介绍在服务器端登录 SQL Developer。

3.3.1 在客户端启动 SQL Developer

SQL Developer 也是安装 Oracle 11g 数据库之后自动安装的交互式图形化开发工具，客户端 SQL Developer 启动步骤如下。

(1) 在服务器端启动监听：

```
$lsnrctl start
```

(2) 启动数据库服务器：

```
$sqlplus / as sysdba
SQL>startup
```

(3) 在 Windows 客户端，选择“开始”→“所有程序”→Oracle-OraClient11g_home1→“应用程序开发”→SQL Developer 命令，如图 3-10 所示。

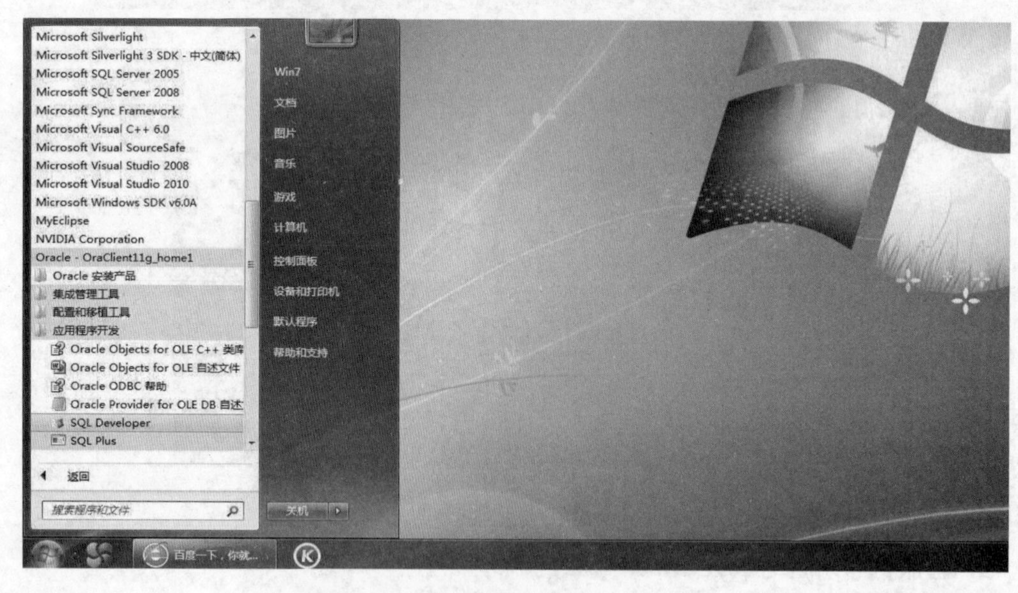

图 3-10 客户端启动 SQL Developer

(4) 第一次启动 SQL Developer 时，会提示配置 java.exe。找到如图 3-11 所示的 Oracle 客户端安装目录下的 java.exe 程序，单击 OK 按钮。

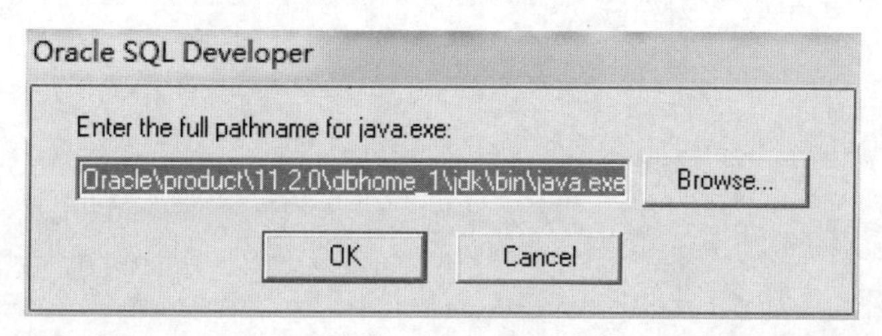

图 3-11　运行 java.exe

(5) 配置好 java 路径后，就打开了 SQL Developer 主界面。右击左侧的“连接”按钮，选择“新建连接”菜单项。此时会弹出“新建/选择数据库连接”对话框，输入数据库的相应信息即可。可以连接多个用户以供使用。以 sys 用户为例，配置信息如图 3-12 所示。其中“主机名”文本框中填写 localhost 或 IP 地址，“端口”与 SID 文本框的内容必须与配置好的监听信息一致。

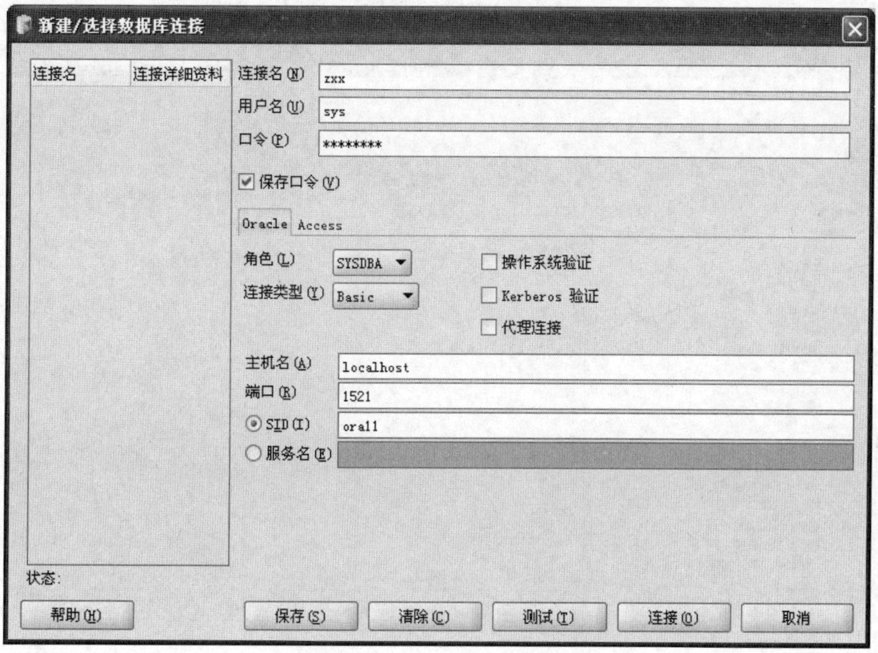

图 3-12　建立连接

配置完成后，可以直接单击“测试”按钮测试 SQL Developer 的配置是否成功，如图 3-13 所示。测试成功后，单击“保存”按钮，以后就可以使用此方法配置 SQL Developer。

登录 SQL Developer 界面，展开 ZXX 数据库，可以在列表中看到该数据库的信息，同时也可以执行 SQL 语句查看表的信息，如图 3-14 所示。

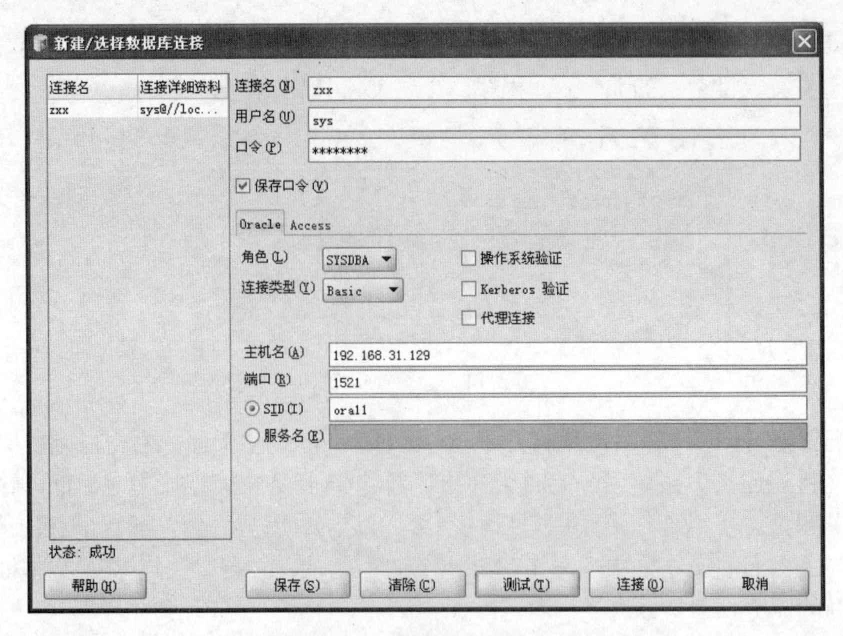

图 3-13　测试建立的连接

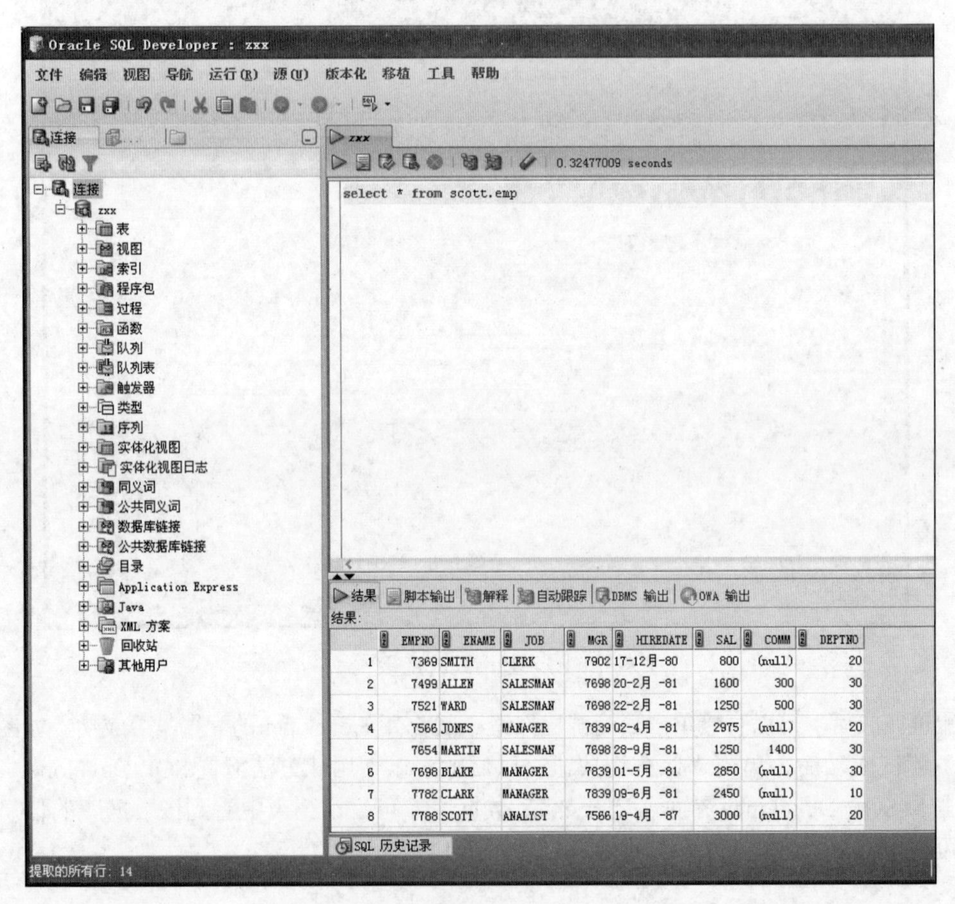

图 3-14　登录 SQL Developer

3.3.2　在服务器端启动 SQL Developer

安装 Oracle 成功后，SQL Developer 就在服务器上自动安装。可以在服务器上直接启动 SQL Developer，具体步骤如下。

(1)　启动监听：

```
$lsnrctl start
```

(2)　登录 SQL*Plus，并启动数据库服务器：

```
$sqlplus / as sysdba
SQL>startup
```

(3)　运行 sqldeveloper 命令：

```
$cd /u01/app/oracle/product/11.2.0/db_1/sqldeveloper
$./sqldeveloper.sh
```

或：

```
$sh sqldeveloper.sh
```

(4)　建立连接的配置要与客户端的一致，参看 3.3.1 小节。

3.4　配置本地网络服务名

在科研团队进行开发项目时，数据库服务器是属于共享的，每个成员只需要安装一个客户端即可，没有必要每人安装一个 Oracle 数据库服务器，但需要配置客户端。在网络环境中，客户端用户需要通过网络访问 Oracle 数据库，需要做本地网络服务名配置。配置的目的就是让客户端能够根据配置信息找到服务器，以及服务器上的数据库；配置的核心包括服务器的 IP 地址、端口号、SID 或者 serviceName，等等。对于客户端连接，需配置本地网络服务名，也就是要配置文件 tnsnames.ora。一般使用网络配置助手(Net Configuration Assistant)工具进行配置，使客户端用户连接到远端的数据库服务器。

3.4.1　Net Configuration Assistant(网络配置助手)

Net Configuration Assistant(网络配置助手)工具是基于图形化界面的 Oracle 网络配置基本工具，主要为用户提供 Oracle 数据库的监听程序配置、命名方法配置、本地网络服务名配置和目录使用配置。网络配置助手以向导的形式操作，使配置过程更加简单，比直接编辑 tnsnames.ora 文件方便易用。其具体功能如下。

(1)　监听程序的配置：监听程序是服务器中接收和响应客户端对数据库连接请求的进程。选择此选项，可以创建、修改、删除或重命名监听程序。

(2)　命名方法配置：选择此项可以配置命名方法。命名方法将连接标识符解析为服务的实际名称，也可以是网络服务名。

(3)　本地网络服务名配置：选择此项可以创建、修改、删除、重命名服务名，测试存储在本地 tnsnames.ora 文件中的连接描述符的连接，从而对网络服务名进行配置。

(4) 目录使用配置：选择此项可以配置对 LDAP 目录服务器的使用，LDAP 是一个存储和目录访问的 Internet 标准。

3.4.2 本地网络服务名配置

客户机为了和服务器连接，必须先和服务器上的监听进程联络。Oracle 通过 tnsnames.ora 文件中的连接描述符来说明连接信息。tnsnames.ora 一般是建立在客户端的，客户端用户通过 tnsnames.ora 文件找到数据库服务器的监听程序，并且告诉监听程序需要访问的服务器(service)。tnsnames.ora 通常存放在客户端的$ORACLE_HOME/network/admin 目录下，此文件包含 3 个重要信息：一是 IP 地址；二是端口号，一般为 1521；三是 SERVICE_NAME。下面是一个本地网络服务名文件 tnsnames.ora 的内容。

```
mydb1 =
  (DESCRIPTION =
    (ADDRESS = (PROTOCOL = TCP)(HOST = AS5)(PORT = 1521))
    (CONNECT_DATA =
      (SERVER = DEDICATED)
      (SERVICE_NAME = ora11)
    )
  )
```

文件里的参数说明如下。

- PROTOCOL：客户端与服务器端的通信协议，一般为 TCP，该内容一般不用修改。
- HOST：数据库监听程序所在机器的机器名或 IP 地址，数据库监听程序一般与数据库在同一机器上。
- PORT：数据库监听程序正在监听的端口，此处 PORT 的值一定要与数据库监听程序正在监听的端口一样。
- SERVICE_NAME：连接数据库服务器所用的数据实例名。

对本地网络服务名文件 tnsnames.ora 进行配置，采用如下方法。

(1) 在 Linux 系统下，需要启动监听程序和数据库服务器：

```
$lsnrctl start
$sqlplus / as sysdba
SQL>startup
```

(2) 在 Windows 客户端，选择“开始”→“所有程序”→Oracle-OraClient11g_home1→“配置和移植工具”→Net Configuration Assistant 命令，如图 3-15 所示。

(3) 运行 Net Configuration Assistant，打开 Net Configuration Assistant 的“欢迎使用”对话框，选中“本地网络服务名配置”单选按钮，单击“下一步”按钮，如图 3-16 所示。

(4) 打开“网络服务名配置”对话框，第一次配置选择“添加”选项，单击“下一步”按钮，如图 3-17 所示。

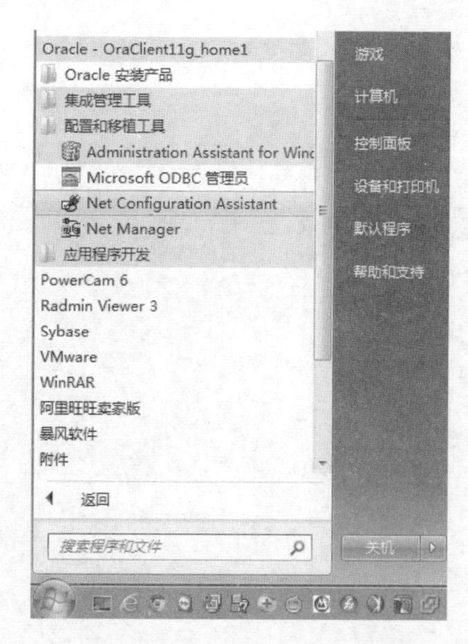

图 3-15　启动 Net Configuration Assistant 工具

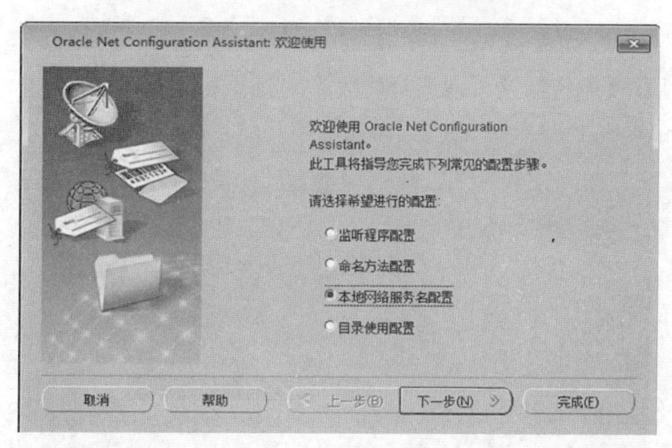

图 3-16　Net Configuration Assistant 的“欢迎使用”对话框

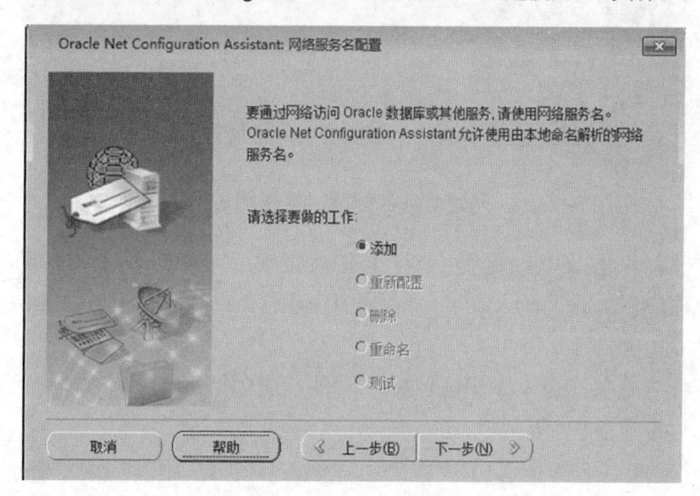

图 3-17　“网络服务名配置”对话框

(5) 打开“网络服务名配置，服务名”对话框，指定远程数据库服务名，单击“下一步”按钮，如图 3-18 所示。

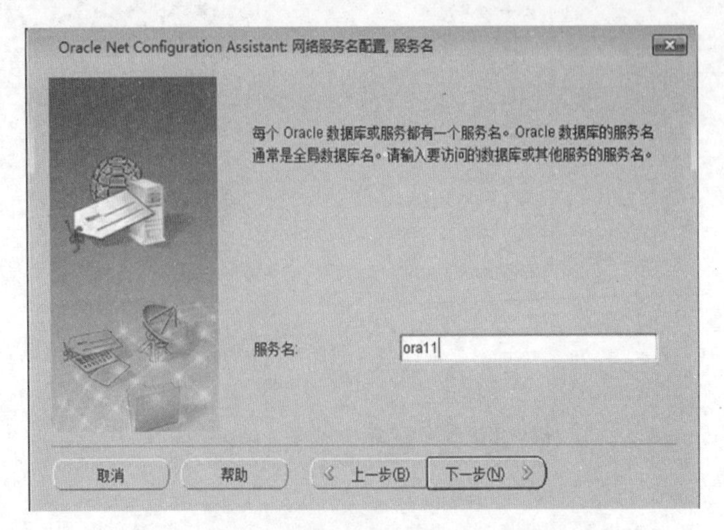

图 3-18 “网络服务名配置，服务名”对话框

(6) 打开“网络服务名配置，请选择协议”对话框，选择 TCP 协议，然后单击“下一步”按钮，如图 3-19 所示。

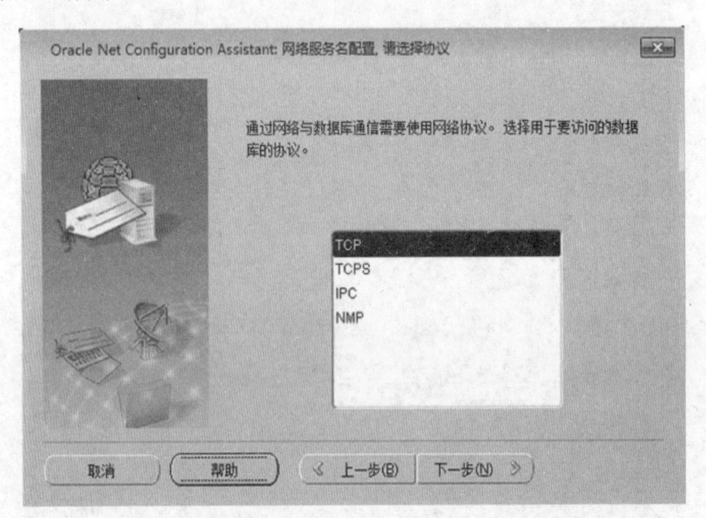

图 3-19 “网络服务名配置，请选择协议”对话框

(7) 打开“网络服务名配置，TCP/IP 协议”对话框，设置“主机名”为 192.168.31.129(虚拟机的 IP 地址)，选中“使用标准端口号 1521”单选按钮，单击“下一步”按钮，如图 3-20 所示。

(8) 打开“网络服务名配置，测试”对话框，选中“是，进行测试”单选按钮，单击“下一步”按钮，如图 3-21 所示。

(9) 输入用户名与口令。也可以单击“更改登录”按钮，用其他用户进行测试，如图 3-22 所示。如果测试成功，显示“测试成功”信息，单击“下一步”按钮，如图 3-23 所示。

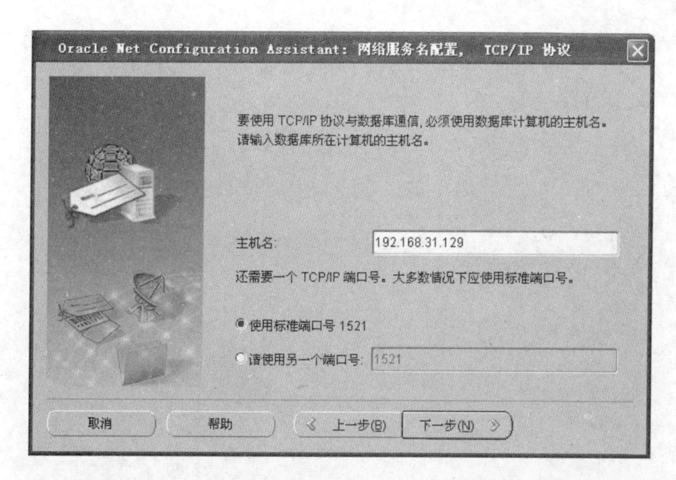

图 3-20　“网络服务名配置，TCP/IP 协议”对话框

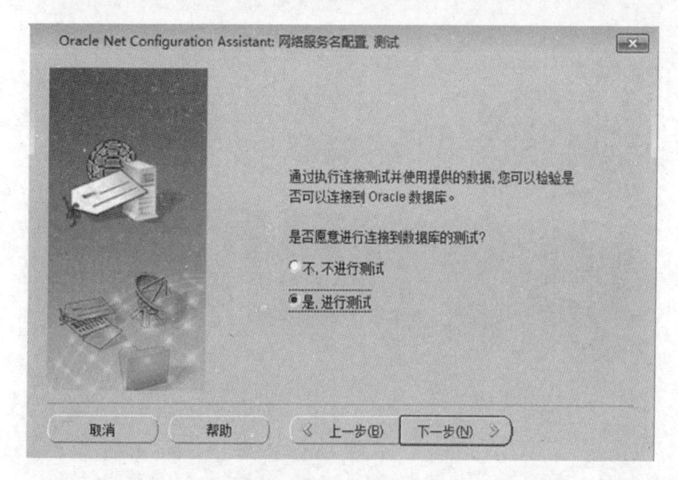

图 3-21　“网络服务名配置，测试”对话框

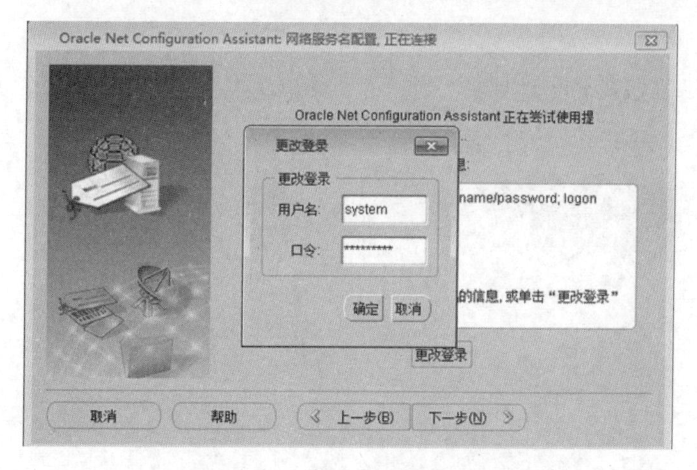

图 3-22　“更改登录”对话框

(10) 打开“网络服务名配置，网络服务名”对话框，输入网络服务名，单击“下一步”按钮，如图 3-24 所示。

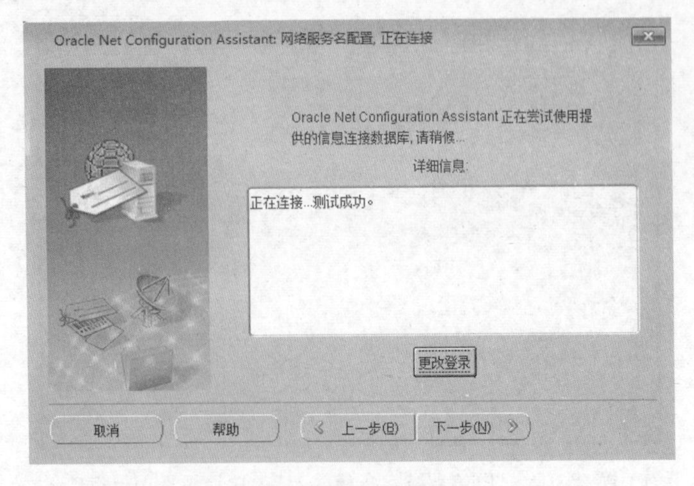

图 3-23　测试成功

图 3-24　“网络服务名配置，网络服务名”对话框

(11) 打开“网络服务名配置完毕”对话框，结束网络服务名配置操作，如图 3-25 所示。

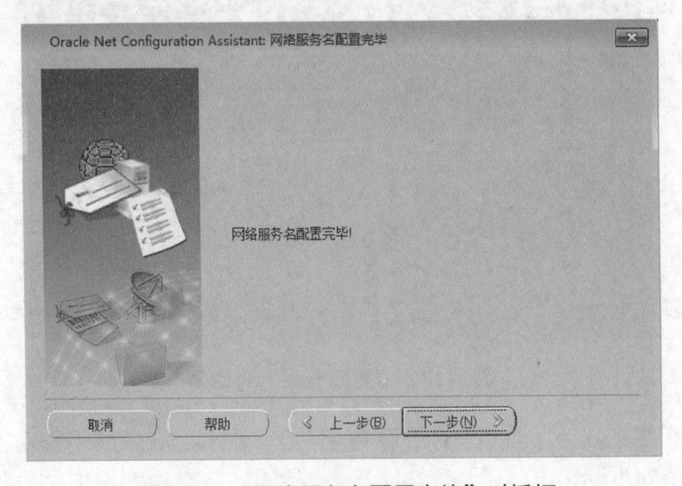

图 3-25　“网络服务名配置完毕”对话框

(12) 在客户端，登录 SQL*Plus，测试客户端连接数据库是否成功，如图 3-26 所示。

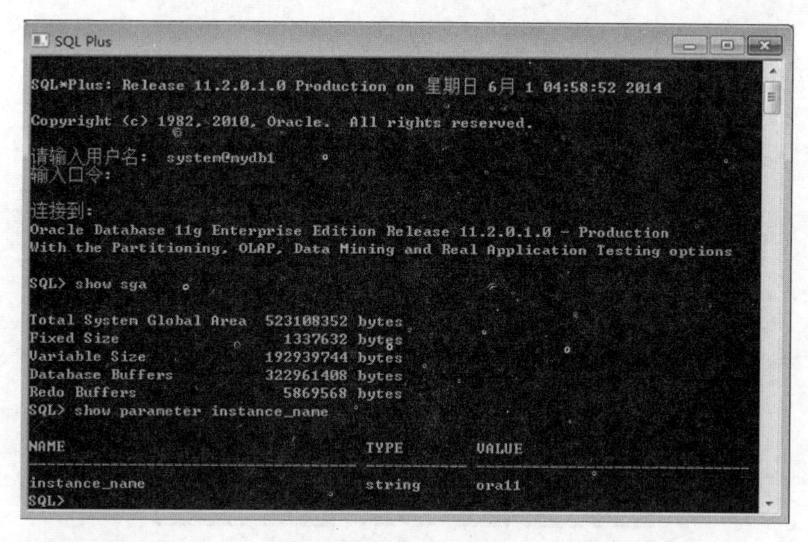

图 3-26　SQL Plus 窗口

在本地网络服务名配置过程中，会遇到各种问题，使测试不能通过。需要注意的是配置本地网络服务名时，服务器端监听程序及数据库必须启动。另外，要求客户端的网卡 IP 与虚拟机器 IP 为同一个网段。修改的具体步骤如下。

(1) 在 Windows 操作系统中打开“网络连接”窗口，如图 3-27 所示。

图 3-27　“网络连接”窗口

(2) 选择其中的网卡 VMnet1，单击鼠标右键，选择“属性”菜单项，在打开的 VMnet1 属性对话框中选择“Internet 协议(TCP/IP)”，并查看网卡 VMnet1 的 IP 地址与 Linux 虚拟机的 IP 地址是否在同一网段，如图 3-28 所示。

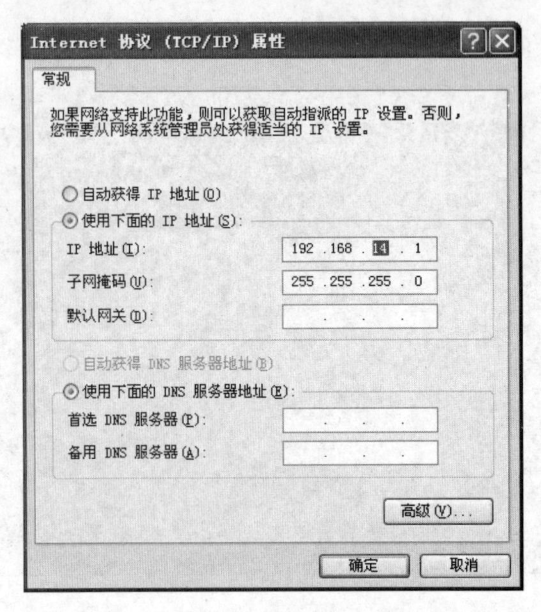

图 3-28　网卡 VMnet1 的 IP 地址

(3)　因网卡 VMnet1 的 IP 地址与 Linux 虚拟机 IP 地址(192.168.31.129)不是同一网段，因此需要把 VMnet1 网卡的 IP 地址修改成与 Linux 虚拟机 IP 地址为同一网段，如图 3-29 所示。

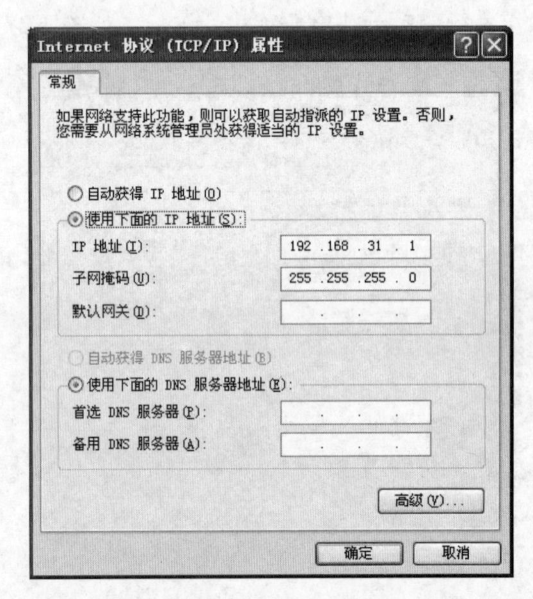

图 3-29　设置网卡 VMnet1 的 IP 地址

(4)　在 Linux 虚拟机中，选择 Edit→Virtual Network Editor 命令，把 VMnet1 的 IP 地址也设置为同一段网址，如图 3-30 所示。

(5)　按上面步骤把客户端的网卡 IP 与虚拟机器 IP 设置为一个网段，本地网络服务名配置测试就能通过了。

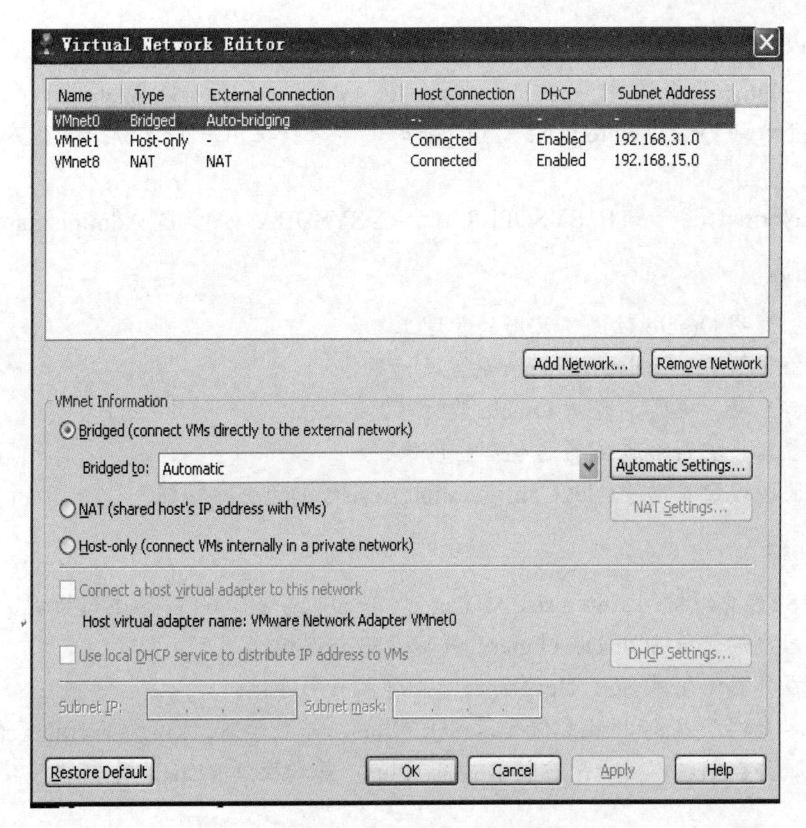

图 3-30　设置 Linux 虚拟机 IP 地址对话框

本 章 小 结

本章介绍了 Oracle 的常用数据库管理工具，包括企业管理器、基于命令行的 SQL*Plus、SQL Developer、网络配置助手(Net Configuration Assistant)。

习　　题

1．选择题

(1) 登录到 Oracle Enterprise Manager 时，打开 IE 浏览器，在地址栏中输入的正确 URL 为(　　)。

A. http://服务器 IP:1521/　　B. http://服务器 IP:1521/em

C. http://服务器 IP:5500/　　D. https://服务器 IP:1158/em

(2) 登录企业管理器，需要完成一些操作，下面哪个操作不需要完成？(　　)

A. lsnrctl start　　B. emctl start dbconsole

C. startup　　D. shutdown immediate

(3) Oracle 的什么服务接收来自客户端应用程序的连接请求？(　　)

A. Listener　　B. HTTPS　　C. HTTP　　D. FTP

(4) 可以通过执行(　　)命令运行 SQL*Plus。

A. sqlplus　　B. sql plus　　C. splus　　D. osqlplus

(5) 在登录到 Oracle Enterprise Manager 时，要求验证用户的身份。下面不属于可以选择的身份为(　　)。

A. Normal　　B. SYSOPER　　C. SYSDBA　　D. Administrator

2．简答题

(1) 举例说明 Oracle 数据库常用的管理工具。

(2) 写出登录 Enterprise Manager 的主要步骤。

(3) 如何启动、关闭、查看 Oracle 监听器？

(4) 配置客户端网络服务器名有哪些步骤？

(5) 简述网络配置助手(Net Configuration Assistant)的主要功能。

3．操作题

(1) 以 SYS 身份访问 Enterprise Manager，查看服务器、CPU 的运行情况。

(2) 在客户端登录 SQL Developer，并建立一个连接。

(3) 在服务器端登录 SQL Developer，并建立一个连接。

(4) 在客户端，以 system 身份登录 SQL*Plus，并显示 scott 模式下 emp 表的信息。

(5) 在服务器端，以 sys 身份登录 SQL*Plus，并切换到 system 用户。

第 4 章

SQL*Plus

本章要点：

SQL*Plus 是 Oracle 系统提供的交互式管理工具，是随着 Oracle 数据库的安装而自动安装的管理与开发工具，Oracle 数据库中所有的管理操作都可以通过 SQL*Plus 工具完成。本章主要介绍 SQL*Plus 的常用内部命令的使用方法，为后面章节中使用 SQL*Plus 工具对数据库进行管理奠定基础。

学习目标：

熟练掌握各种 SQL*Plus 常用内部命令的使用方法以及 SQL*Plus 环境变量的设置方法。

4.1　服务器端启动 SQL*Plus

4.1.1　启动 SQL*Plus

服务器端登录 SQL*Plus 是在操作系统的命令提示符窗口中执行命令来实现的。在 Linux 操作系统中，切换到 Oracle 用户，然后在“$”提示符下直接执行 sqlplus 命令来实现 SQL*Plus 的启动，其语法格式为：

```
sqlplus [username]/[password] [@connect_identifier] | [NOLOG] [AS sysdba
| AS sysoper]
```

语法说明如下。

- username：指定连接的用户名。
- password：用户连接密码。
- @connect_identifier：指定连接描述符，即数据库的网络服务名。如果不指定连接描述符，则连接到系统环境变量 ORACLE_SID 所指定的数据库；如果没有指定 ORACLE_SID，则连接到默认数据库。
- NOLOG：只启动 SQL*Plus，不连接到数据库。
- AS sysdba | AS sysoper：设置登录身份。如果是操作系统验证，指定 AS sysdba 或 AS sysoper 登录，甚至可以不输入用户名和密码。

例题 4-1：以 DBA 身份启动 SQL*Plus，并连接到默认数据库。命令如下：

```
$sqlplus sys/ty123456 as sysdba
```

结果如图 4-1 所示。

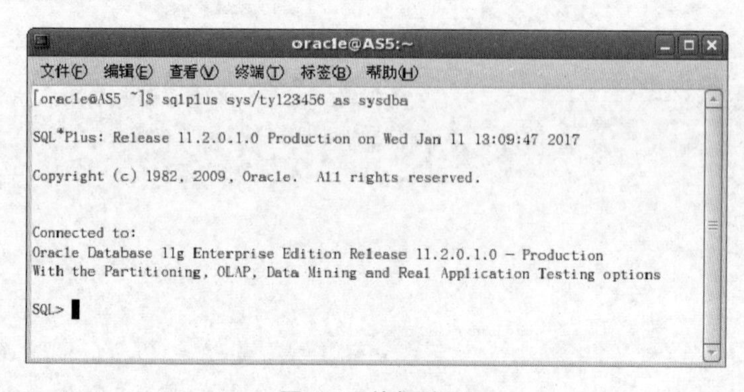

图 4-1　执行结果

4.1.2　退出 SQL*Plus

如果不再使用 SQL*Plus 了，则直接在命令提示符 SQL 后输入 EXIT 命令或 QUIT 命令，即可退出 SQL*Plus，返回到 Linux 操作系统。命令格式为：

```
SQL>EXIT
```

4.2　SQL*Plus 内部命令

启动 SQL*Plus 并连接数据库以后，就可以在 SQL*Plus 环境中执行 SQL 语句和 SQL*Plus 命令了。

在 SQL*Plus 中可以执行的命令有以下 3 种。

(1) SQL 语句：对数据库对象进行操作，包括 DDL、DML 和 DCL。

(2) PL/SQL 语句：对数据库对象进行操作，包括用 PL/SQL 语言编写过程函数、触发器、包等。

(3) SQL*Plus 内部命令：主要用来格式化查询结果，设定选择、编辑和存储 SQL 命令，设置查询结果的显示格式，设置环境变量，编辑交互语句及与数据库对话。

4.2.1　SQL*Plus 命令规则

在 SQL*Plus 提示符下执行 SQL 语句或 SQL*Plus 内部命令，需遵守如下规则。

- SQL 语句或 SQL*Plus 命令都不区分大小写。
- SQL 语句或 SQL*Plus 命令都可输入在一行或多行中。如果输入超过一行的语句，SQL*Plus 自动换行，自动增加行号，并在屏幕上显示行号。
- 关键字不能缩写，也不能跨行分开写。
- 子句通常放在单独的行中，应使用缩进来提高可读性。
- 结束每条 SQL 语句，必须使用分号(;)，而结束 SQL*Plus 命令，不需要使用分号，按 Enter 键即可执行。

4.2.2　连接命令

1. CONNECT

CONNECT 命令用于指定不同的用户连接数据库，也可以用于用户的切换。命令的实质是先断开当前的连接，然后建立新连接。其命令格式为：

```
CONN[ECT] [username]/[password][@connect_identifier][ AS sysdba |
sysoper ]
```

语法说明如下。

- CONN[ECT]：表示此命令可以简写为前 4 个字母 CONN。
- username：指定连接的用户名。
- password：用户连接密码。
- @connect_identifier：指定连接描述符，即数据库的网络服务名。
- AS sysdba | sysoper：登录身份，sysdba 是以管理员(DBA)身份登录，sysoper 是以操作员身份登录。

2. DISCONNECT

DISCONNECT 命令用于断开与数据库的连接，结束当前会话，但不退出 SQL*Plus，

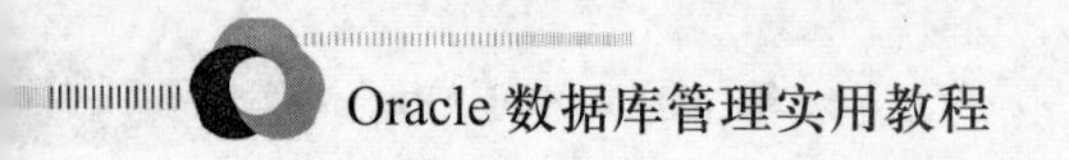

可简写为 DISCONN。

例题 4-2：连接数据库命令练习。

- 由当前用户切换到 scott 用户，命令如下：

```
SQL>CONN scott/tiger
```

- 断开连接，命令如下：

```
SQL>DISCONN
```

- 再用 scott 用户以 DBA 身份登录连接数据库，命令如下：

```
SQL>CONN scott/tiger AS sysdba
```

结果如图 4-2 所示。

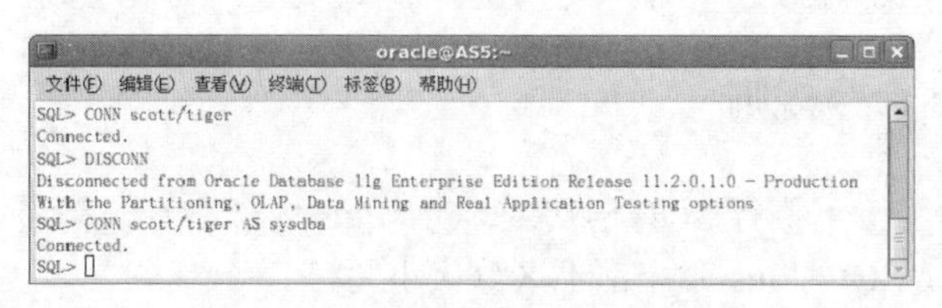

图 4-2　连接与断开数据库连接结果

4.2.3　DESCRIBE 命令

DESCRIBE 命令是 SQL*Plus 中使用最频繁的一个命令，使用它可以显示任意数据库对象的结构信息。命令语法格式如下：

```
DESC[RIBE] [ schema. ] object_name
```

语法说明如下。

- DESC[RIBE]：命令可以简写为 DESC。
- schema：对象所属的模式名称。
- object_name：对象名称，如表名或视图名等。

例题 4-3：应用 DESCRIBE 命令查看 scott 模式下 emp 表的结构，命令如下：

```
SQL>DESC scott.emp
```

从结果可以看出，此命令得到的是表 scott.emp 结构信息，如图 4-3 所示，包括表的所有字段名、字段是否为空、字段的类型及长度。

```
oracle@AS5:~
文件(F) 编辑(E) 查看(V) 终端(T) 标签(B) 帮助(H)
SQL> DESC scott.emp
 Name                                      Null?    Type
 ----------------------------------------- -------- ----------------------------
 EMPNO                                     NOT NULL NUMBER(4)
 ENAME                                              VARCHAR2(10)
 JOB                                                VARCHAR2(9)
 MGR                                                NUMBER(4)
 HIREDATE                                           DATE
 SAL                                                NUMBER(7,2)
 COMM                                               NUMBER(7,2)
 DEPTNO                                             NUMBER(2)

SQL>
```

图 4-3　scott.emp 表的结构信息

4.2.4　编辑命令

我们通常所说的 DML(数据操控语言)、DDL(数据定义语言)、DCL(数据控制语言)语句都是 SQL 语句，它们执行完后，都可以保存在一个被称为 SQL Buffer 的内存缓冲区中，并且只能保存一条最近执行的 SQL 语句。我们可以对保存在 SQL Buffer 中的 SQL 语句进行编辑修改，然后再次执行。这样的操作可以使用 SQL*Plus 提供的一组编辑命令来实现，如表 4-1 所示。

表 4-1　SQL*Plus 编辑命令

命　令	说　明
A[PPEND]	将指定文本追加到缓冲区内当前行的末尾
C[HANGE]	修改缓冲区当前行的文本
I[NPUT]	在缓冲区当前行后面新增加一行文本
DEL	删除缓冲区中指定的行
L[IST]	列出缓冲区中指定的行
R[UN]或/	显示缓冲区中语句，并执行
n	将第 n 行作为当前行

1. LIST 命令

例题 4-4：应用 LIST 命令，列出上一条执行过的 SQL 语句。

(1)　执行如下 SELECT 语句：

```
SQL>SELECT empno,ename,sal,job
2  FROM scott.emp
3  WHERE sal>2000;
```

(2)　依次执行如下 3 条语句：

```
SQL>L
SQL>L  2
SQL>L  1  2
```

结果如图 4-4 所示。

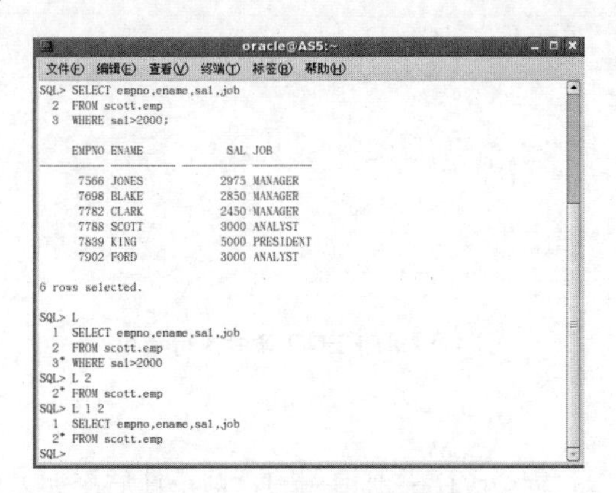

图 4-4　LIST 命令执行结果

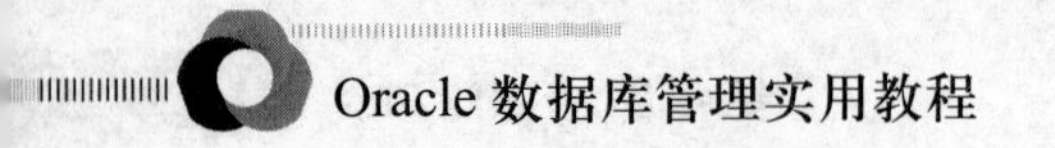

2. CHANGE 命令

例题 4-5：应用 CHANGE 命令，将查询条件 sal>3000 改为 sal>5000，命令如下：

```
SQL>C /3000/5000;
```

结果如图 4-5 所示。

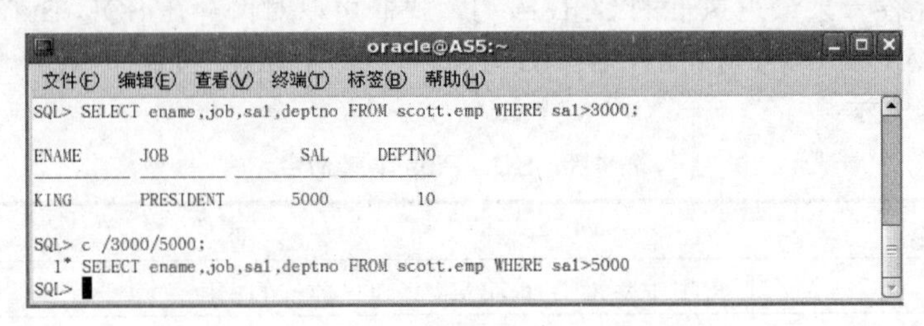

图 4-5　CHANGE 命令执行结果

3. APPEND 命令

例题 4-6：应用 APPEND 命令，在当前命令末尾增加 WHERE 子句。

(1) 执行如下 SELECT 语句：

```
SQL>SELECT ename,job,sal,deptno FROM scott.emp;
```

(2) 执行如下 APPEND 命令，在命令末尾增加 WHERE sal>3000 子句：

```
SQL>APPEND  WHERE sal>3000;
```

结果如图 4-6 所示。

```
oracle@AS5:~
文件(F) 编辑(E) 查看(V) 终端(T) 标签(B) 帮助(H)
SQL> SELECT ename,job,sal,deptno FROM scott.emp;

ENAME      JOB              SAL     DEPTNO
---------- --------- ---------- ----------
SMITH      CLERK            800         20
ALLEN      SALESMAN        1600         30
WARD       SALESMAN        1250         30
JONES      MANAGER         2975         20
MARTIN     SALESMAN        1250         30
BLAKE      MANAGER         2850         30
CLARK      MANAGER         2450         10
SCOTT      ANALYST         3000         20
KING       PRESIDENT       5000         10
TURNER     SALESMAN        1500         30
ADAMS      CLERK           1100         20

ENAME      JOB              SAL     DEPTNO
---------- --------- ---------- ----------
JAMES      CLERK            950         30
FORD       ANALYST         3000         20
MILLER     CLERK           1300         10

14 rows selected.

SQL> APPEND  WHERE sal>3000;
  1* SELECT ename,job,sal,deptno FROM scott.emp WHERE sal>3000
SQL> /

ENAME      JOB              SAL     DEPTNO
---------- --------- ---------- ----------
KING       PRESIDENT       5000         10

SQL>
```

图 4-6　APPEND 命令执行结果

4. INPUT 命令

例题 4-7：应用 INPUT 命令，在当前语句的查询条件后添加另外的查询条件。

(1)　执行如下 SELECT 语句：

```
SQL>SELECT ename,sal,job FROM scott.emp WHERE sal>2000;
```

(2)　执行如下 INPUT 命令添加新的查询条件并执行：

```
SQL>INPUT AND sal<3000;
```

(3)　重新执行修改过的语句，使用“/”或者 RUN 命令：

```
SQL>/
```

结果如图 4-7 所示。

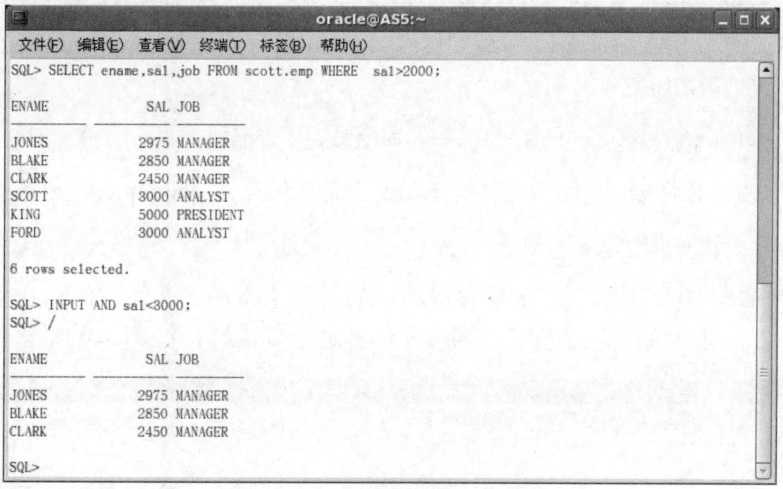

```
oracle@AS5:~
文件(F) 编辑(E) 查看(V) 终端(T) 标签(B) 帮助(H)
SQL> SELECT ename,sal,job FROM scott.emp WHERE  sal>2000;

ENAME             SAL JOB
---------- ---------- ---------
JONES            2975 MANAGER
BLAKE            2850 MANAGER
CLARK            2450 MANAGER
SCOTT            3000 ANALYST
KING             5000 PRESIDENT
FORD             3000 ANALYST

6 rows selected.

SQL> INPUT AND sal<3000;
SQL> /

ENAME             SAL JOB
---------- ---------- ---------
JONES            2975 MANAGER
BLAKE            2850 MANAGER
CLARK            2450 MANAGER

SQL>
```

图 4-7　INPUT 命令执行结果

5．DEL 命令

例题 4-8：应用 DEL 命令，删除命令中的指定行。

(1)　执行如下 SELECT 语句：

```
SQL>SELECT empno,ename,sal,job,deptno
  2  FROM emp
  3  WHERE sal>2000;
```

(2)　执行 DEL 命令，删除第 3 行子句：

```
SQL>DEL 3;
```

结果删除了 SELECT 语句中的第 3 行的条件子句。

4.2.5　文件操作命令

SQL*Plus 中与文件操作相关的命令如表 4-2 所示。

1．SAVE 命令

SAVE 命令将当前缓冲区的 SQL 语句保存到脚本文件中。

表 4-2　SQL*Plus 文件操作命令

命　令	说　明
SAV[E] filename	将缓冲区内容保存到指定的 SQL 脚本文件中，默认扩展名为.sql
GET filename	将保存在文件中的内容读取到缓冲区，默认读文件扩展名为.sql
HOST vi filename	调用操作系统编辑工具 vi 编辑文件 filename
STA[RT] filename	读取 filename 所指定的文件到缓冲区，然后在 SQL*Plus 中运行文件
@filename	等同于 STA[RT] filename 命令
SPO[OL][filename]	把输出结果保存到 filename 文件中

例题 4-9：使用 SAVE 命令，将缓冲区 SQL 语句保存到文件 emp_query.sql 中。

(1)　执行如下 SELECT 语句：

```
SQL>SELECT empno,ename,sal,job FROM scott.emp WHERE sal>2500;
```

(2)　执行 SAVE 命令，将缓冲区的 SELECT 命令保存在 emp_query.sql 文件中：

```
SQL>SAVE emp_query.sql
```

结果显示如图 4-8 所示，表示保存成功。如不指定路径，文件被保存到系统默认路径/home/oracle 中。可以到指定路径下找到该文件并显示其内容，如图 4-9 所示。

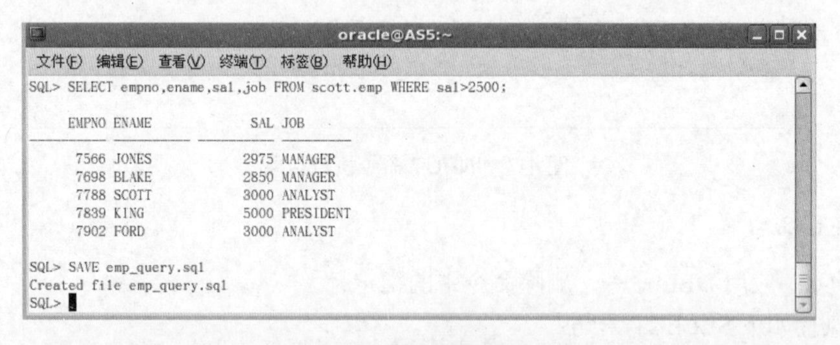

图 4-8　SAVE 命令执行结果

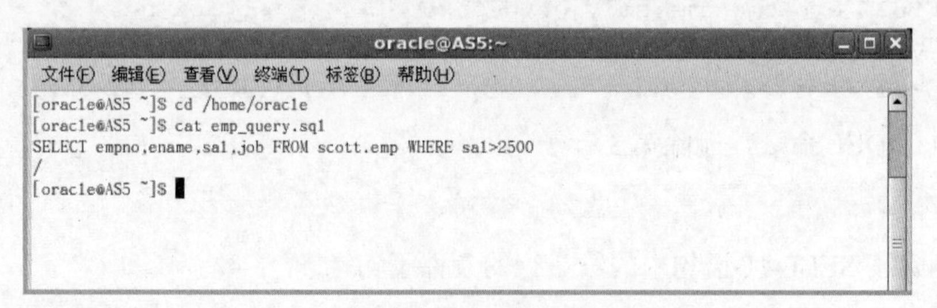

图 4-9　查看保存的 SQL 脚本文件内容

2．GET 命令

GET 命令将以前保存的文件中的 SQL 语句读到缓冲区。

例题 4-10：使用 GET 命令，将例题 4-9 中保存的文件 emp_query.sql 内容读取到缓冲区中显示，命令如下：

```
SQL>GET emp_query.sql
```

结果如图 4-10 所示，文件内容被读到缓冲区后，就可以使用编辑命令对这些内容进行操作了。

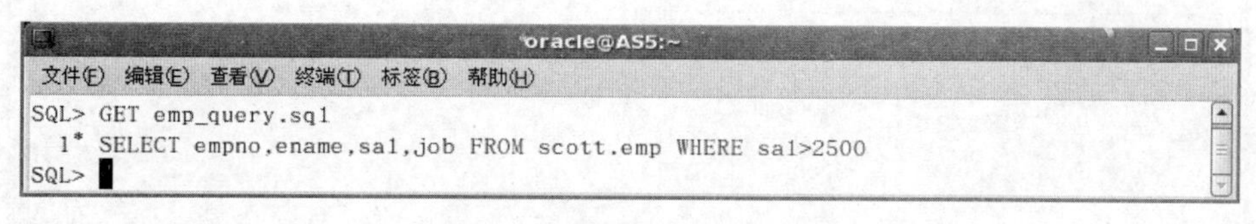

图 4-10　GET 命令执行结果

3. HOST vi 命令

HOST 后跟上操作系统命令就可以直接在 SQL*Plus 中使用操作系统命令了。命令 HOST vi 可以在 SQL*Plus 中调用操作系统编辑工具编辑指定的文件。

例题 4-11：在 SQL*Plus 中使用 vi 命令编辑例题 4-9 中保存的文件 emp_query.sql：

```
SQL>HOST vi emp_query.sql
```

结果如图 4-11 所示，可见此命令的结果是调用了操作系统的 vi 编辑工具进行文件的编辑。

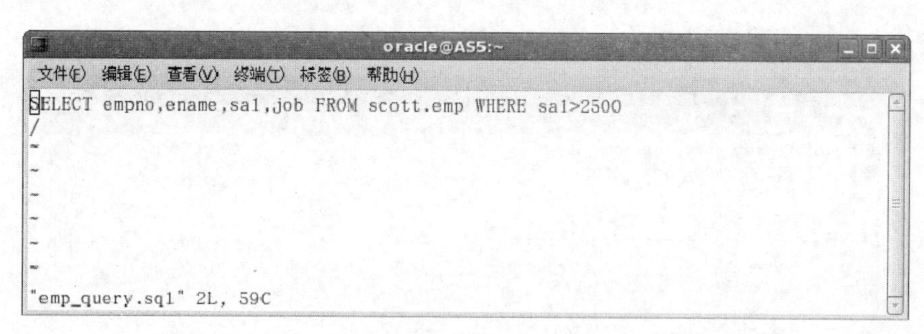

图 4-11　HOST vi 命令执行结果

提示： 命令中的 HOST 也可以用！代替。

4. START 命令

START 命令将文件内容读到缓冲区并运行这些内容。另外，@命令等同于 START 命令。

例题 4-12：使用 START 命令，将例题 4-9 中保存的文件 emp_query.sql 内容读取到缓冲区中并执行：

```
SQL>START emp_query.sql
```

结果如图 4-12 所示，执行此命令的结果是运行了保存在文件 emp_query.sql 中的内容。

5. SPOOL 命令

SPOOL 命令是将输出结果保存到指定文本文件中。

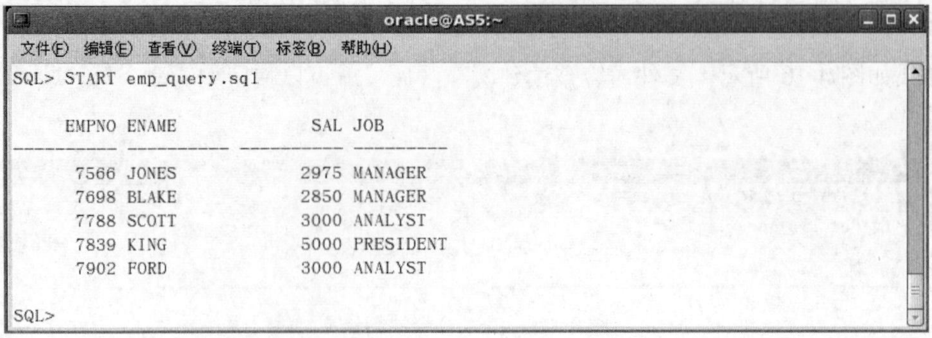

```
oracle@AS5:~
文件(F) 编辑(E) 查看(V) 终端(T) 标签(B) 帮助(H)
SQL> START emp_query.sql

     EMPNO ENAME             SAL JOB
---------- ---------- ---------- ---------
      7566 JONES            2975 MANAGER
      7698 BLAKE            2850 MANAGER
      7788 SCOTT            3000 ANALYST
      7839 KING             5000 PRESIDENT
      7902 FORD             3000 ANALYST

SQL>
```

图 4-12　START 命令执行结果

例题 4-13：使用 SPOOL 命令，指定要保存的文件为 emp_query_outcome.txt。

(1) 执行下面的 SPOOL 命令：

```
SQL>SPOOL emp_query_outcome.txt
```

(2) 执行 SELECT 语句，然后执行 SPOOL OFF 命令：

```
SQL>SELECT * FROM scott.dept;
SQL>SPOOL OFF
```

命令执行情况如图 4-13 所示。

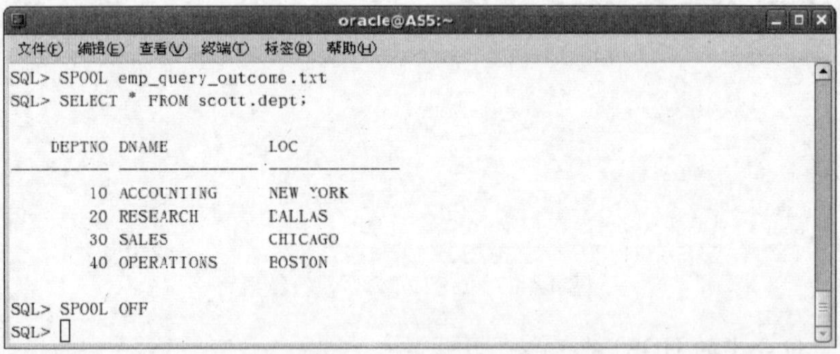

```
oracle@AS5:~
文件(F) 编辑(E) 查看(V) 终端(T) 标签(B) 帮助(H)
SQL> SPOOL emp_query_outcome.txt
SQL> SELECT * FROM scott.dept;

    DEPTNO DNAME          LOC
---------- -------------- -------------
        10 ACCOUNTING     NEW YORK
        20 RESEARCH       DALLAS
        30 SALES          CHICAGO
        40 OPERATIONS     BOSTON

SQL> SPOOL OFF
SQL>
```

图 4-13　SPOOL 命令执行

在默认路径下找到目标文件 emp_query_outcome.txt，文件内容如图 4-14 所示。

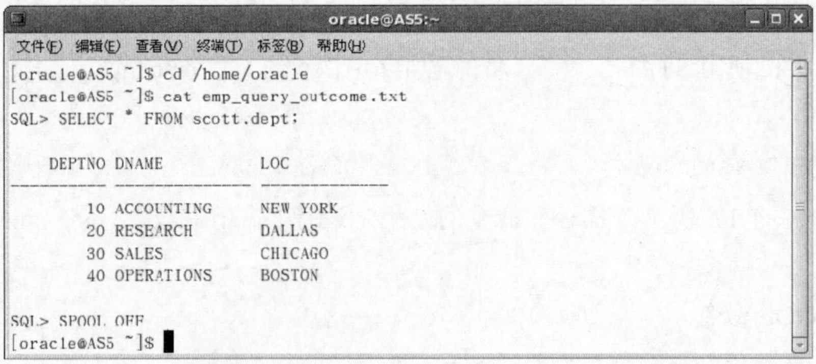

```
oracle@AS5:~
文件(F) 编辑(E) 查看(V) 终端(T) 标签(B) 帮助(H)
[oracle@AS5 ~]$ cd /home/oracle
[oracle@AS5 ~]$ cat emp_query_outcome.txt
SQL> SELECT * FROM scott.dept;

    DEPTNO DNAME          LOC
---------- -------------- -------------
        10 ACCOUNTING     NEW YORK
        20 RESEARCH       DALLAS
        30 SALES          CHICAGO
        40 OPERATIONS     BOSTON

SQL> SPOOL OFF
[oracle@AS5 ~]$
```

图 4-14　emp_query_outcome.txt 文件内容

4.2.6　环境设置命令

SQL*Plus 提供了大量的系统变量，又称为环境变量。通过设置这些环境变量，可以控制 SQL*Plus 的运行环境，并对查询结果进行格式化。

设置这些环境变量需要注意的是：命令设置之后一直起作用，直到会话结束或下一个环境变量的设置。

环境变量的值主要是通过如下两个命令来显示或设置。

(1)　SHOW 命令：显示环境变量的值。

(2)　SET 命令：设置和修改环境变量的值。

1．LINESIZE 命令

LINESIZE 命令用来设置一行可以容纳的字符数量，默认为 80。LINESIZE 值越大，可在一行显示的数据越多。

设置语法格式为：

```
SET LINESIZE n
```

例题 4-14：对 scott 模式下的 emp 表进行查询操作时，LINESIZE 设置不同的值，结果如图 4-15 所示。

由结果可见，当 LINESIZE 的值较小时，应该在一行显示的数据会分成两行显示，影响查看的效果。

```
SQL> SELECT * FROM scott.emp WHERE sal>=3000;

     EMPNO ENAME      JOB              MGR HIREDATE         SAL       COMM
---------- ---------- --------- ---------- ----------- ---------- ----------
    DEPTNO
----------
      7788 SCOTT      ANALYST         7566 19-APR-87         3000
        20

      7839 KING       PRESIDENT            17-NOV-81         5000
        10

      7902 FORD       ANALYST         7566 03-DEC-81         3000
        20


SQL> SET LINESIZE 200
SQL> SELECT * FROM scott.emp WHERE sal>=3000;

     EMPNO ENAME      JOB              MGR HIREDATE         SAL       COMM     DEPTNO
---------- ---------- --------- ---------- ----------- ---------- ---------- ----------
      7788 SCOTT      ANALYST         7566 19-APR-87         3000                    20
      7839 KING       PRESIDENT            17-NOV-81         5000                    10
      7902 FORD       ANALYST         7566 03-DEC-81         3000                    20

SQL>
```

图 4-15　LINESIZE 命令执行结果

2．PAGESIZE 命令

PAGESIZE 命令用来设置一页可以容纳的行数，默认值是 14。PAGESIZE 值越大，可在一页显示的数据越多。

设置语法格式为：

```
SET PAGESIZE n
```

例题 4-15：对 scott 模式下的 emp 表进行查询操作时，PAGESIZE 设置不同的值结果。

(1) 显示 PAGESIZE 的默认值：

```
SQL>SHOW PAGESIZE
```

(2) 执行 SELECT 语句，由图 4-16 可见，数据没有显示在一页之内：

```
SQL>SELECT * FROM scott.emp;
```

(3) 修改 PAGESIZE 的值为 20：

```
SQL>SET PAGESIZE 20
```

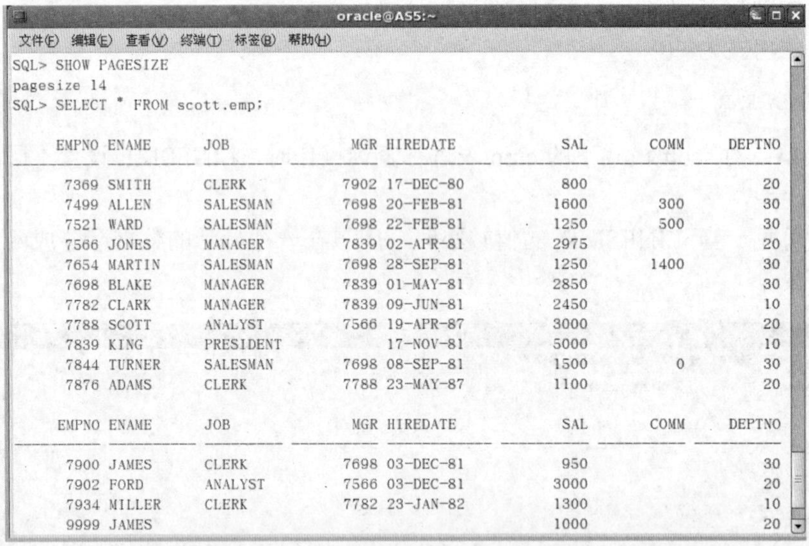

```
oracle@AS5:~
文件(F) 编辑(E) 查看(V) 终端(T) 标签(B) 帮助(H)
SQL> SHOW PAGESIZE
pagesize 14
SQL> SELECT * FROM scott.emp;

     EMPNO ENAME      JOB              MGR HIREDATE         SAL       COMM     DEPTNO
---------- ---------- --------- ---------- --------- ---------- ---------- ----------
      7369 SMITH      CLERK           7902 17-DEC-80        800                    20
      7499 ALLEN      SALESMAN        7698 20-FEB-81       1600        300         30
      7521 WARD       SALESMAN        7698 22-FEB-81       1250        500         30
      7566 JONES      MANAGER         7839 02-APR-81       2975                    20
      7654 MARTIN     SALESMAN        7698 28-SEP-81       1250       1400         30
      7698 BLAKE      MANAGER         7839 01-MAY-81       2850                    30
      7782 CLARK      MANAGER         7839 09-JUN-81       2450                    10
      7788 SCOTT      ANALYST         7566 19-APR-87       3000                    20
      7839 KING       PRESIDENT            17-NOV-81       5000                    10
      7844 TURNER     SALESMAN        7698 08-SEP-81       1500          0         30
      7876 ADAMS      CLERK           7788 23-MAY-87       1100                    20

     EMPNO ENAME      JOB              MGR HIREDATE         SAL       COMM     DEPTNO
---------- ---------- --------- ---------- --------- ---------- ---------- ----------
      7900 JAMES      CLERK           7698 03-DEC-81        950                    30
      7902 FORD       ANALYST         7566 03-DEC-81       3000                    20
      7934 MILLER     CLERK           7782 23-JAN-82       1300                    10
      9999 JAMES                                           1000                    20
```

图 4-16 使用 PAGESIZE 命令的结果

(4) 重新执行 SELECT 语句，scott.emp 表的全部数据就可以显示在一页之内了。

3. AUTOCOMMIT 命令

AUTOCOMMIT 命令用来设置是否自动提交 DML 语句，默认值为 OFF。当值为 ON 时，每次用户执行 DML 语句时都自动提交。

例题 4-16：对 AUTOCOMMIT 值进行设置，命令如下：

```
SQL>SHOW AUTOCOMMIT
SQL>SET AUTOCOMMIT ON
```

4. AUTOTRACE 命令

AUTOTRACE 命令用来设置是否为 DML 语句的成功执行产生一个执行报告，默认值为 OFF。如果值为 ON，则产生执行报告。

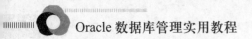

例题 4-17：对 AUTOTRACE 值进行设置，命令如下：

```
SQL>SHOW AUTOTRACE
SQL>SET AUTOTRACE ON
```

结果如图 4-17 所示。

```
oracle@AS5:~
文件(F) 编辑(E) 查看(V) 终端(T) 标签(B) 帮助(H)
SQL> SET AUTOTRACE ON
SQL> SELECT * FROM scott.emp WHERE sal>=3000;

     EMPNO ENAME      JOB              MGR HIREDATE         SAL       COMM     DEPTNO
---------- ---------- --------- ---------- --------- ---------- ---------- ----------
      7788 SCOTT      ANALYST         7566 19-APR-87       3000                    20
      7839 KING       PRESIDENT            17-NOV-81       5000                    10
      7902 FORD       ANALYST         7566 03-DEC-81       3000                    20


Execution Plan
----------------------------------------------------------
Plan hash value: 3956160932

--------------------------------------------------------------------------
| Id  | Operation         | Name | Rows  | Bytes | Cost (%CPU)| Time     |
--------------------------------------------------------------------------
|   0 | SELECT STATEMENT  |      |     3 |   261 |     3   (0)| 00:00:01 |
|*  1 |  TABLE ACCESS FULL| EMP  |     3 |   261 |     3   (0)| 00:00:01 |
--------------------------------------------------------------------------

Predicate Information (identified by operation id):
---------------------------------------------------

   1 - filter("SAL">=3000)
```

图 4-17　AUTOTRACE 命令设置结果

5．TIMING 命令

TIMING 命令用来设置是否显示 SQL 语句的执行时间，默认值为 OFF，不显示。如果设置为 ON，则显示 SQL 语句的执行时间。

例题 4-18：对 TIMING 值进行设置，并查看结果，如图 4-18 所示。

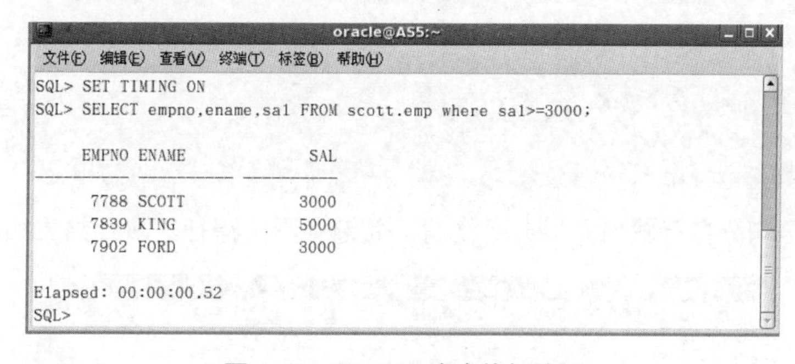

图 4-18　TIMING 命令执行结果

4.2.7　其他命令

1．SHOW 命令

SHOW 的常用命令形式如下。

- SHOW USER：查看当前连接的用户名。

- SHOW SGA：显示 SGA 的大小。
- SHOW ERROR：查看详细的错误信息。
- SHOW PARAMETER：查看系统初始化参数信息。
- SHOW ALL：查看 SQL*Plus 所有系统变量的值。

2．CLEAR SCREEN 命令

CLEAR SCREEN 命令用于清除屏幕上的所有内容。

3．HELP 命令

HELP 命令用来查看 SQL*Plus 命令的帮助信息。

例题 4-19：查看 SPOOL 命令的帮助信息，结果如图 4-19 所示。

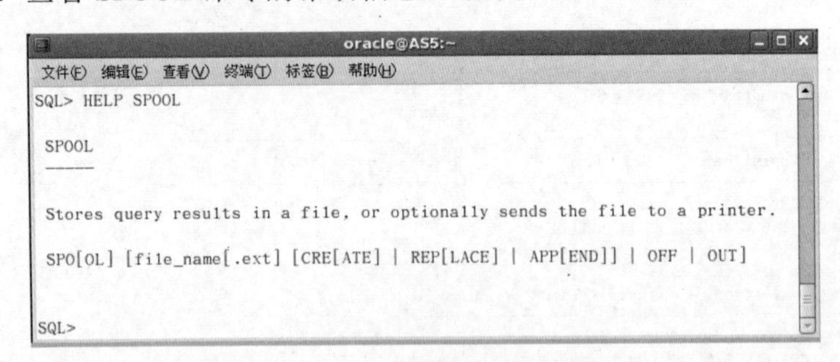

图 4-19　HELP 命令执行结果

4.3　小型案例实训

例题 4-20：SQL*Plus 内部命令练习。

(1) 以 SYS 用户通过 SQL*Plus 连接上 Oracle 数据库，命令如下：

```
$sqlplus / as sysdba
```

(2) 构建如下简单 SQL 语句：

```
SQL>SELECT * FROM scott.emp
2  WHERE sal>2000
3  ORDER BY ename;
```

上述 SQL 语句分多行输出，以分号结尾，关键字不能跨行，执行结果如图 4-20 所示。

```
oracle@AS5:/u01/app
文件(F) 编辑(E) 查看(V) 终端(T) 标签(B) 帮助(H)
SQL> SELECT * FROM scott.emp
  2  WHERE sal>2000
  3  ORDER BY ename;

     EMPNO ENAME      JOB              MGR HIREDATE         SAL       COMM     DEPTNO
---------- ---------- --------- ---------- --------- ---------- ---------- ----------
      7698 BLAKE      MANAGER         7839 01-MAY-81       2850                    30
      7782 CLARK      MANAGER         7839 09-JUN-81       2450                    10
      7902 FORD       ANALYST         7566 03-DEC-81       3000                    20
      7566 JONES      MANAGER         7839 02-APR-81       2975                    20
      7839 KING       PRESIDENT            17-NOV-81       5000                    10
      7788 SCOTT      ANALYST         7566 19-APR-87       3000                    20

6 rows selected.

SQL>
```

图 4-20　SQL 语句执行结果

(3) 练习 SQL*Plus 编辑命令。

① 列出上一条执行过的 SQL 语句：

```
SQL>list
```

② 修改上一条 SQL 语句，使用替换符 c//将 by ename 替换成 by empno：

```
SQL>c/by ename/by empno
```

③ 删除上一条 SQL 语句中的第 3 行：

```
SQL>del 3
```

④ 在上一条 SQL 语句内当前行后插入新的查询条件：

```
SQL>INPUT AND sal<3000;
```

⑤ 重新执行修改过的上一条 SQL 语句：

```
SQL>run
```

执行结果如图 4-21 所示。

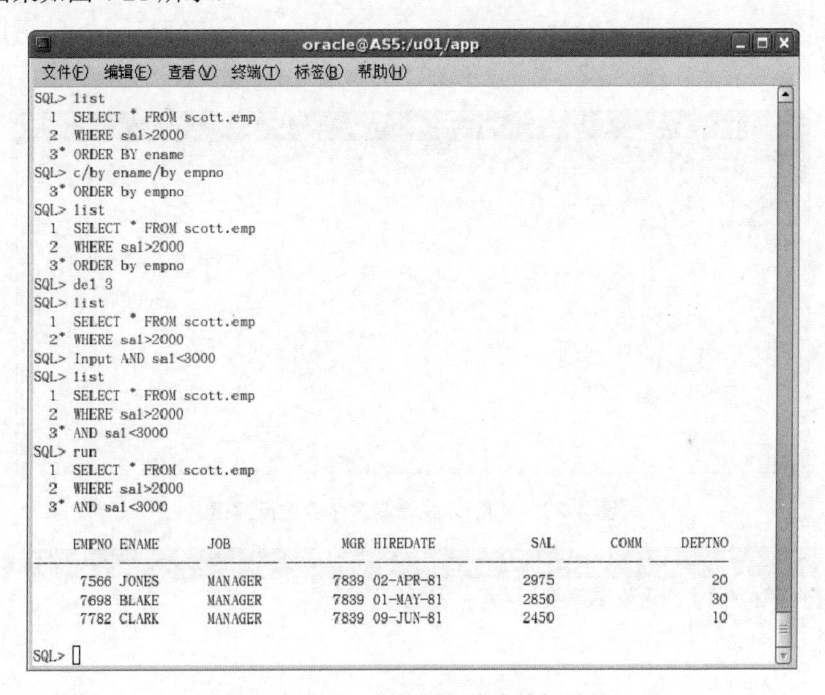

图 4-21　SQL*Plus 编辑命令执行结果

(4) 练习 SQL*Plus 将输出结果保存到文本文件。

① 保存上一条 SQL 语句到指定文件中：

```
SQL>save ex.sql
```

② 调用操作系统编辑工具编辑指定文件：

```
SQL>!vi ex.sql
```

③ 读取操作系统中指定文件：

```
SQL>get ex.sql
```

④ 调用执行操作系统中指定文件内的 SQL：

```
SQL>/
```

执行结果如图 4-22～图 4-24 所示。

```
oracle@AS5:~
文件(F) 编辑(E) 查看(V) 终端(T) 标签(B) 帮助(H)
SQL> SELECT * FROM scott.emp
  2  WHERE sal>2000
  3  AND sal<3000;

     EMPNO ENAME      JOB              MGR HIREDATE         SAL       COMM     DEPTNO
---------- ---------- --------- ---------- --------- ---------- ---------- ----------
      7566 JONES      MANAGER         7839 02-APR-81       2975                    20
      7698 BLAKE      MANAGER         7839 01-MAY-81       2850                    30
      7782 CLARK      MANAGER         7839 09-JUN-81       2450                    10

SQL> save ex.sql
Created file ex.sql
SQL> !vi ex.sql

SQL>
```

图 4-22　命令保存到文件并使用 vi 编辑器打开

```
oracle@AS5:~
文件(F) 编辑(E) 查看(V) 终端(T) 标签(B) 帮助(H)
SELECT * FROM scott.emp
WHERE sal>2000
AND sal<3000
ORDER BY sal
/
~
~
~
~
~
~
~
~
~
:wq
```

图 4-23　使用 vi 编辑器对命令进行编辑

```
oracle@AS5:~
文件(F) 编辑(E) 查看(V) 终端(T) 标签(B) 帮助(H)
SQL> get ex.sql
  1  SELECT * FROM scott.emp
  2  WHERE sal>2000
  3  AND sal<3000
  4* ORDER BY sal
SQL> /

     EMPNO ENAME      JOB              MGR HIREDATE         SAL       COMM     DEPTNO
---------- ---------- --------- ---------- --------- ---------- ---------- ----------
      7782 CLARK      MANAGER         7839 09-JUN-81       2450                    10
      7698 BLAKE      MANAGER         7839 01-MAY-81       2850                    30
      7566 JONES      MANAGER         7839 02-APR-81       2975                    20

SQL>
```

图 4-24　读取指定文件中相应 SQL 语句并执行

本 章 小 结

本章主要介绍了 Oracle 自身提供的管理与开发工具——SQL*Plus，详细讲解了 SQL*Plus 的常用内部命令的基本功能与使用方法，以及 SQL*Plus 环境变量的设置方法。

习　　题

1. 选择题

(1) 关于 SQL*Plus 内部命令，下面哪种说法是错误的？(　　)

A. SQL 语句可输入在一行或多行中　B. 必须使用分号(;)结束每条 SQL 语句

C. SQL 语句区分大小写　D. 关键字不能缩写，也不能跨行分开写

(2) 如何删除下面 SQL 语句中第三行的 ORDER BY sal 子句？(　　)

```
SQL>SELECT ename, sal FROM scott.emp
 2  WHERE sal>3000
 3  ORDER BY ename ORDER BY sal;
```

A. DEL ORDER BY sal　B. del 3

C. C/ORDER BY sal/　D. C/ORDER BY sal/null

(3) 如何将执行过的 SQL 语句保存在指定文件中以便下次调用？(　　)

A. SPOOL aaa　B. WRITE aaa　C. APPEND aaa　D. SAVE aaa

(4) SQL>@aaa 命令的作用是(　　)。

A. 读取 aaa.sql 文件中的 SQL 语句

B. 不读取但执行 aaa.sql 文件中的 SQL 语句

C. 读取并执行 aaa.sql 文件中的 SQL 语句

D. 查看 aaa.sql 文件中的 SQL 语句

(5) 如何查看指定表结构？(　　)

A. SELECT * FROM emp;　B. DESC emp

C. GET emp　D. LIST emp

2. 简答题

(1) 简述 GET 命令与 START 命令的区别。

(2) 简述 SQL*Plus 中缓冲区的概念和作用。

(3) 简述 SQL*Plus 命令的规则。

(4) 在 SQL*Plus 中可以执行的 3 类命令都是什么？

(5) 举例说明在 SQL*Plus 中文件读取的方法。

(6) SQL*Plus 中编辑命令有哪些？分别举例说明其用法。

3. 操作题

(1) 启动 SQL*Plus 工具，用 sys 用户连接数据库，同时查看该用户。

(2) 用户 system 分别以 SYSDBA 与 SYSOPER 身份登录，然后分别使用 show user 命令查看当前用户。

(3) 用户 sys 以 SYSDBA 身份登录，并切换到用户 system。

(4) 查询 scott 模式下 emp 表结构，同时显示该表记录信息。

(5) 建立一个文件/u01/app/oracle/ex1.sql，文件内容为显示 emp 表的信息。并运行该文件。

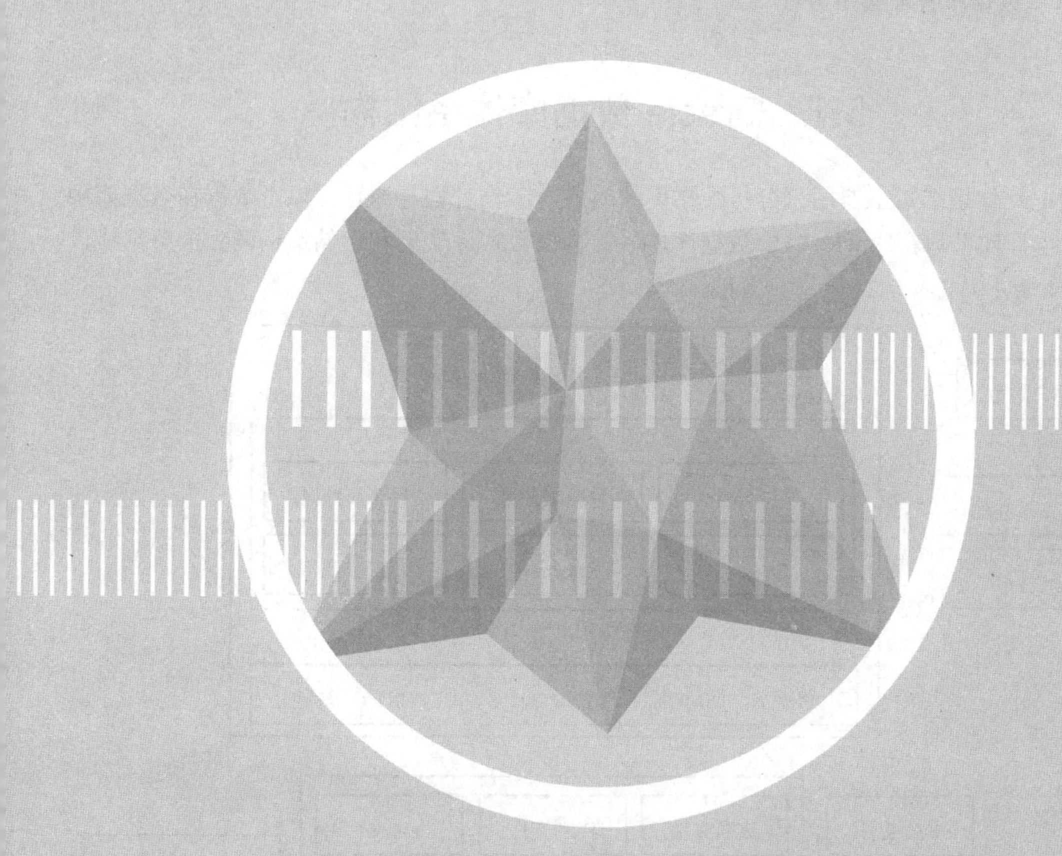

第 5 章

物理存储结构

本章要点：

Oracle 数据库从存储结构上可以分为物理存储结构和逻辑存储结构，这两种存储结构既相互独立又相互联系。物理存储结构描述的是 Oracle 数据库中数据在操作系统中的组织管理，逻辑存储结构描述的是 Oracle 数据库内部数据的组织和管理。本章首先简单介绍 Oracle 数据库体系结构，然后重点介绍 Oracle 物理存储结构及其管理方法，包括数据文件管理、重做日志文件的管理以及归档管理、控制文件。

学习目标：

通过本章学习，可以了解 Oracle 数据库体系结构的基本组成，掌握 Oracle 物理存储结构的概念及其管理，重点掌握数据文件、重做日志文件和控制文件的管理。

5.1 Oracle 数据库体系结构

Oracle 体系结构主要用来分析数据库的组成、工作过程与原理，以及数据在数据库中的组织与管理机制。Oracle 11g 数据库体系结构由数据库实例和存储结构两大部分组成，如图 5-1 所示。

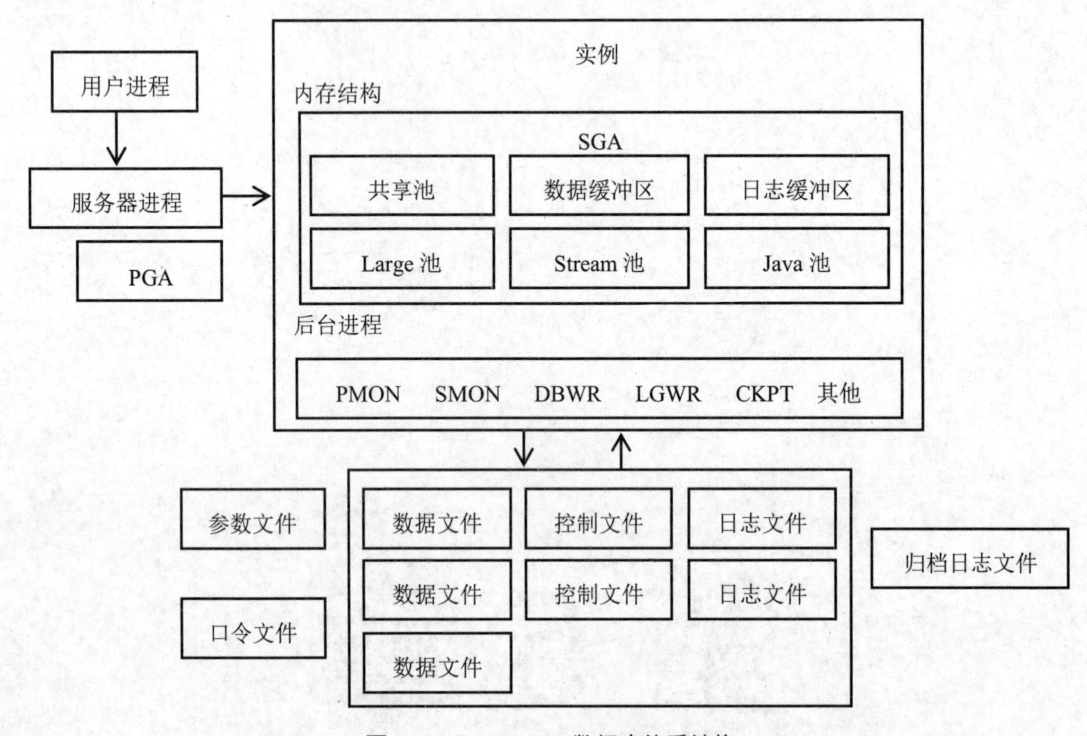

图 5-1 Oracle 11g 数据库体系结构

数据库实例是指一组 Oracle 后台进程以及在服务器中分配的内存区域，存储结构是指数据库存储数据的方式。数据的存储结构分为物理存储结构和逻辑存储结构。

物理存储结构主要用于描述 Oracle 数据库外部数据的存储，即在操作系统中如何组织和管理数据，与具体的操作系统有关；逻辑存储结构主要描述 Oracle 数据库内部数据的组织和管理方式，与操作系统没有关系。物理存储结构是逻辑存储结构在物理上的、可见的、可操作的、具体的体现形式。逻辑存储结构包括表空间、段、区和块。

从物理角度看，数据库由数据文件构成，数据存储在数据文件中；从逻辑角度看，数据库是由表空间构成的，数据存储在表空间中。一个表空间包含一个或多个数据文件，但一个数据文件只能属于一个表空间。Oracle 数据库存储结构如图 5-2 所示。

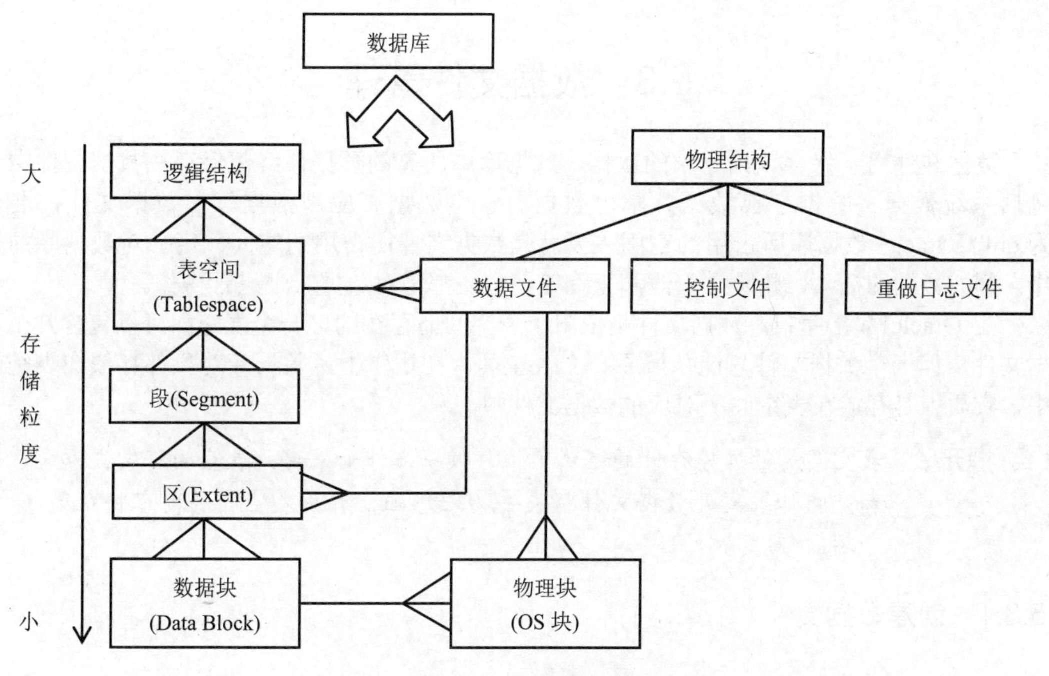

图 5-2 Oracle 11g 数据库存储结构

5.2 Oracle 物理存储结构

Oracle 物理存储结构是由存储在磁盘中的操作系统文件所组成的，Oracle 在运行时需要使用这些文件。这些物理文件包括数据文件、控制文件、重做日志文件、归档文件、初始化参数文件、跟踪文件、口令文件、警告文件、备份文件等。其中主要文件类型和功能如下。

- 数据文件：用于存储数据库中的所有数据。所有数据文件大小之和构成了数据库的大小。
- 控制文件：用于记录和描述数据库的物理存储结构信息，是一个二进制文件，由 Oracle 系统进行读写操作。DBA 不能直接操作控制文件。
- 重做日志文件：用于记录外部程序(用户)对数据库的修改操作。
- 归档文件：用于保存已经写满的重做日志文件，是重做日志文件被覆盖之前备份的副本。
- 初始化参数文件：用于设置数据库启动时的参数初始值。
- 跟踪文件：用于记录用户进程、数据库后台进程等的运行情况。
- 口令文件：用于保存具有 SYSDBA、SYSOPER 权限的用户名和 SYS 用户口令。
- 警告文件：用于记录数据库的重要活动以及发生的错误。
- 备份文件：用于存放数据库备份所产生的文件。

一般提到“数据库物理存储结构”，主要指的是数据文件(*.dbf)、重做日志文件(*.log)、控制文件(*.ctl)。下面分别对这 3 类重要文件的管理进行介绍。

5.3 数据文件管理

数据文件用于保存数据库中的数据，数据库中所有的数据最终都保存在数据文件中，包括系统数据、数据字典数据、临时数据、索引数据、应用数据等，数据文件扩展名为.dbf。Oracle 数据库所占用的空间主要就是数据文件所占用的空间。用户对数据库的操作，例如数据的插入、删除、修改和查询等，本质都是对数据文件进行操作。

在 Oracle 数据库中，数据文件是依附于表空间而存在的。一个表空间可以包含几个数据文件，但一个数据文件只能从属于一个表空间。在逻辑上，数据库对象都存放在表空间中，实质上是存放在表空间所对应的数据文件中。

提示： 表空间是数据库存储的逻辑单位，数据文件如果离开表空间将失去意义，而表空间如果离开数据文件将失去物理基础。有关表空间的内容将在第 6 章介绍。

5.3.1 创建数据文件

创建数据文件实质上就是向表空间添加文件。在创建数据文件时，应根据文件数据量的大小确定文件的大小和文件的增长方式。

在进行数据库运行与维护时，可以创建一般数据文件和临时数据文件。通过指定 ALTER TABLESPACE 可以创建数据文件。

(1) 向表空间添加数据文件，语法格式为：

```
ALTER TABLESPACE tablespace_name ADD DATAFILE datafile_name SIZE nM;
```

(2) 向临时表空间添加临时数据文件，语法格式为：

```
ALTER TABLESPACE temp_tablespace_name ADD TEMPFILE temp_datafile_name
SIZE nM;
```

例题 5-1： 向 ora11 数据库的 users 表空间中添加一个大小为 20MB 的数据文件，命令如下：

```
SQL>ALTER TABLESPACE users ADD DATAFILE
2  '/u01/app/oracle/oradata/ora11/users02.dbf' SIZE 20M;
```

例题 5-2： 向 ora11 数据库的 temp 表空间中添加一个大小为 10MB 的临时数据文件，命令如下：

```
SQL>ALTER TABLESPACE temp ADD TEMPFILE
2  '/u01/app/oracle/oradata/ora11/temp02.dbf' SIZE 10M;
```

5.3.2 修改数据文件的大小

随着数据库中数据容量的变化，可以调整数据文件的大小。改变数据文件大小，可采用如下两种方法。

1．设置数据文件为自动增长方式

如果数据文件是自动增长的，那么当数据文件空间被填满时，系统可以自动扩展数据文件的空间大小。

(1) 在创建数据文件时，可以使用 ALTER TABLESPACE...AUTOEXTEND ON 子句将数据文件设置为自动增长方式。

(2) 如果数据文件已经存在，可以使用 ALTER DATABASE...AUTOEXTEND ON 语句将该数据文件修改为自动增长方式。

例题 5-3：为 ora11 数据库的 users 表空间添加一个自动增长的数据文件，命令如下：

```
SQL>ALTER TABLESPACE users ADD DATAFILE
2  '/u01/app/oracle/oradata/ora11/users03.dbf' SIZE 10M
3  AUTOEXTEND ON NEXT 512K MAXSIZE 50M;
```

其中，NEXT 参数指定数据文件每次自动增长的大小；MAXSIZE 参数指定数据文件的极限大小，如果没有限制，则可以设定为 UNLIMITED。

例题 5-4：修改 ora11 数据库 users 表空间的数据文件 users02.dbf 为自动增长方式，命令如下：

```
SQL>ALTER DATABASE DATAFILE
2  '/u01/app/oracle/oradata/ora11/users02.dbf'
3  AUTOEXTEND ON NEXT 512K MAXSIZE UNLIMITED;
```

例题 5-5：取消 ora11 数据库 users 表空间的数据文件 users02.dbf 的自动增长方式，命令如下：

```
SQL>ALTER DATABASE DATAFILE
2  '/u01/app/oracle/oradata/ora11/users02.dbf' AUTOEXTEND OFF;
```

2．手动改变数据文件的大小

创建数据文件以后，也可以手动修改数据文件的大小。修改数据文件的大小通过使用 ALTER DATABASE 语句实现，语法格式如下：

```
ALTER DATABASE DATAFILE datafile_name RESIZE n;
```

例题 5-6：将 ora11 数据库 users 表空间的数据文件 users02.dbf 大小设置为 8MB。

```
SQL>ALTER DATABASE DATAFILE
2  '/u01/app/oracle/oradata/ora11/users02.dbf' RESIZE 8M;
```

5.3.3　改变数据文件的可用性

如果发生以下几种情况，需要改变数据文件的可用性。

- 要进行数据文件的脱机备份时，需要先将数据文件脱机。
- 需要重命名数据文件或改变数据文件的位置时，需要先将数据文件脱机。
- 如果 Oracle 在写入某个数据文件时发生错误，会自动将该数据文件设置为脱机状态，并且记录在警告文件中；排除故障后，需要以手动方式重新将该数据文件恢复为联机状态。

- 数据文件丢失或损坏，需要在启动数据库之前将数据文件脱机。

用户可以通过将数据文件联机或脱机来改变数据文件的可用性。处于脱机状态的数据文件对数据库来说是不可用的，直到它们被恢复为联机状态。

1. 在归档模式下改变数据文件的可用性

在归档模式下，可以分别使用以下 2 个命令来改变数据文件和临时数据文件的可用性。

(1) 设置数据文件的联机与脱机状态，语法格式为：

```
ALTER DATABASE DATAFILE datafile_name ONLINE | OFFLINE
```

(2) 设置临时数据文件联机与脱机状态，语法格式为：

```
ALTER DATABASE TEMPFILE temp_datafile_name ONLINE | OFFLINE
```

例题 5-7： 将归档模式下的 ora11 数据库 users 表空间的数据文件 users02.dbf 脱机，命令如下：

```
SQL>ALTER DATABASE DATAFILE
2  '/u01/app/oracle/oradata/ora11/users02.dbf' OFFLINE;
```

例题 5-8： 将归档模式下的 ora11 数据库 users 表空间的数据文件 users02.dbf 联机，命令如下：

```
SQL>ALTER DATABASE DATAFILE
2  '/u01/app/oracle/oradata/ora11/users02.dbf' ONLINE;
```

提示： 在归档模式下，将数据文件联机之前，需要进行恢复操作，可以使用 RECOVER DATAFILE 语句进行，例如：

```
SQL>RECOVER DATAFILE
2  '/u01/app/oracle/oradata/ora11/users02.dbf';
```

2. 在非归档模式下数据文件脱机

非归档模式下的数据文件脱机会导致信息的丢失，从而使该数据文件无法再联机，即无法使用了。因此，在非归档模式下，通常不能将数据文件脱机。

3. 改变表空间中所有数据文件的可用性

在归档模式下，可以使用以下命令来改变表空间和临时表空间的所有文件联机或脱机状态。

(1) 将一个表空间中的所有数据文件联机或脱机，语法格式为：

```
ALTER TABLESPACE tablespace_name DATAFILE ONLINE | OFFLINE
```

(2) 将一个临时表空间中的所有临时数据文件联机或脱机，但是不改变表空间本身的可用性，语法格式为：

```
ALTER TABLESPACE temp_tablespace_name TEMPFILE ONLINE | OFFLINE
```

例题 5-9：在归档模式下，将 users 表空间中所有的数据文件脱机，但 users 表空间不脱机；然后将 users 表空间中的所有数据文件联机，命令如下：

```
SQL>ALTER TABLESPACE users DATAFILE OFFLINE;
SQL>RECOVER TABLESPACE users;
SQL>ALTER TABLESPACE users DATAFILE ONLINE;
```

提示： 如果数据库处于打开状态，则不能将 SYSTEM 表空间、UNDO 表空间和默认的临时表空间中所有的数据文件或临时文件同时设置为脱机状态。

5.3.4　改变数据文件的名称或位置

在数据文件建立之后，还可以改变它们的名称或位置。通过重命名或移动数据文件，可以在不改变数据库逻辑存储结构的情况下，对数据库的物理存储结构进行调整。

1. 改变同一个表空间中数据文件的名称和位置

如果要改变的数据文件属于同一个表空间，可以使用 ALTER TABLESPACE 语句实现，语法格式为：

```
ALTER TABLESPACE tablespace_name RENAME DATAFILE old_datafile_name TO
new_datafile_name;
```

例题 5-10：更改 ora11 数据库 users 表空间的 users02.dbf 和 users03.dbf 文件名为 users002.dbf 和 users003.dbf。

(1) 将包含数据文件的表空间置为脱机状态，命令如下：

```
SQL>ALTER TABLESPACE users OFFLINE;
```

(2) 在 Linux 操作系统中，重命名数据文件或移动数据文件到新的位置，分别将 users02.dbf 和 users03.dbf 文件重命名为 users002.dbf 和 users003.dbf。

提示： 改变数据文件的名称或位置时，Oracle 只是改变记录在控制文件和数据字典中的数据文件信息，并没有改变操作系统中数据文件的名称和位置，因此需要 DBA 手动更改操作系统中数据文件的名称和位置。

(3) 使用 ALTER TABLESPACE 语句修改控制文件中的信息，命令如下：

```
SQL>ALTER TABLESPACE users RENAME DATAFILE
2  '/u01/app/oracle/oradata/ora11/users02.dbf',
3  '/u01/app/oracle/oradata/ora11/users03.dbf' TO
4  '/u01/app/oracle/oradata/ora11/users002.dbf',
5  '/u01/app/oracle/oradata/ora11/users003.dbf';
```

(4) 将表空间联机，命令如下：

```
SQL>ALTER TABLESPACE users ONLINE;
```

2. 改变属于多个表空间数据文件的名称和位置

若改变名称和位置的数据文件属于多个表空间，则使用 ALTER DATABASE 语句实现，语法格式为：

```
ALTER DATABASE RENAME DATAFILE old_datafile_name TO new_datafile_name;
```

例题 5-11：更改 ora11 数据库 users 表空间中的 users002.dbf 文件位置并修改 tools 表空间中的 tools01.dbf 文件名。

(1) 关闭数据库，命令如下：

```
SQL>SHUTDOWN IMMEDIATE
```

(2) 在 Linux 操作系统中，将要改动的数据文件复制到新位置或改变它们的名称。将 users 表空间中的 users002.dbf 文件复制到一个新的位置，如/u01/app/oracle/oradata，修改 tools 表空间的数据文件 tools01.dbf 的名称为 tools001.dbf。

(3) 启动数据库到 MOUNT 状态，命令如下：

```
SQL>STARTUP MOUNT
```

(4) 执行 ALTER DATABASE RENAME FILE...TO 语句，更新数据文件名称或位置，命令如下：

```
SQL>ALTER DATABASE RENAME DATAFILE
2  '/u01/app/oracle/oradata/ora11/users002.dbf',
3  '/u01/app/oracle/oradata/ora11/tools01.dbf' TO
4  '/u01/app/oracle/oradata/users002.dbf',
5  '/u01/app/oracle/oradata/ora11/tools001.dbf';
```

(5) 打开数据库，命令如下：

```
SQL>ALTER DATABASE OPEN;
```

5.3.5 删除数据文件

数据文件和临时数据文件都可以使用 ALTER TABLESPACE 语句删除。

(1) 删除某个表空间中的某个空数据文件，语法格式为：

```
ALTER TABLESPACE tablespace_name DROP DATAFILE datafile_name;
```

(2) 删除某个临时表空间中的某个空的临时数据文件，语法格式为：

```
ALTER TABLESPACE temp_tablespace_name DROP TEMPFILE temp_datafile_name;
```

删除数据文件时，要注意以下几个方面的问题。

- 数据库运行在打开状态。
- 数据文件或临时数据文件必须是空的。
- 不能删除表空间的第一个或唯一的一个数据文件或临时数据文件。
- 不能删除只读表空间中的数据文件。
- 不能删除 SYSTEM 表空间的数据文件。
- 不能删除本地管理的处于脱机状态的数据文件。

删除数据文件或临时数据文件的同时，将删除控制文件和数据字典中与该数据文件或临时数据文件相关的信息，同时也将删除操作系统中对应的物理文件。

例题 5-12：删除 users 表空间中的数据文件 users03.dbf，命令如下：

```
SQL>ALTER TABLESPACE users DROP DATAFILE
2  '/u01/app/oracle/oradata/ora11/users03.dbf';
```

例题 5-13：删除 temp 临时表空间中的临时数据文件 temp03.dbf，命令如下：

```
SQL>ALTER TABLESPACE temp DROP TEMPFILE
2  '/u01/app/oracle/oradata/ora11/temp03.dbf';
```

5.3.6　查询数据文件信息

如果要想了解数据文件的信息，可以查询下列几种数据字典视图和动态性能视图，如表 5-1 所示。

表 5-1　与数据文件相关的数据字典和视图

名　称	注　释
dba_data_files	所有数据文件的信息，包括文件编号及所属表空间等
v$datafile	从控制文件获取的所有数据文件信息
dba_temp_files	所有临时文件及其所属表空间信息
v$tempfile	所有临时文件信息

如果要查询数据文件的详细信息，包括数据文件的名称、所属表空间、文件号、大小以及是否自动扩展等，可以查询 dba_data_files 视图，其主要字段及含义如下。

- file_name：数据文件的名称及存放路径。
- file_id：数据文件在数据库中的 ID 号。
- tablespace_name：数据文件对应的表空间名。
- bytes：数据文件的大小。
- blocks：数据文件所占用的数据块数。
- status：数据文件的状态。
- autoextensible：数据文件是否可扩展。

例题 5-14：使用数据字典 dba_data_files 查看表空间 SYSTEM 所对应的数据文件的部分信息，命令如下：

```
SQL>SELECT file_name,tablespace_name,autoextensible
2  FROM dba_data_files
3  WHERE tablespace_name='SYSTEM';
```

查询结果如下：

```
FILE_NAME                                     TABLESPACE_NAME AUTO
--------------------------------------------- --------------- -----
/u01/app/oracle/oradata/ora11/system01.dbf    SYSTEM          YES
```

查询另一个数据字典 v$datafile 可以获取数据库所有数据文件的动态信息，且不同时间的查询结果是不同的。它的主要字段如下。

- file#：数据文件的编号。
- status：数据文件的状态。
- checkpoint_change#：数据文件的同步号，随系统运行自动修改，维持所有数据文件同步。
- bytes：数据文件大小。
- blocks：数据文件所占用的数据块数。
- name：数据文件的名称以及存放路径。

例题 5-15：使用 v$datafile 查询当前数据库所有数据文件的动态信息，命令如下：

```
SQL>SELECT file#,name,checkpoint_change# FROM v$datafile;
```

部分查询结果如下：

```
FILE#  NAME                                          CHECKPOINT_CHANGE#
-----  --------------------------------------------- ------------------
1      /u01/app/oracle/oradata/ora11/system01.dbf               1534143
2      /u01/app/oracle/oradata/ora11/sysaux01.dbf               1534143
3      /u01/app/oracle/oradata/ora11/undotbs01.dbf              1534143
4      /u01/app/oracle/oradata/ora11/users01.dbf                1534143
5      /u01/app/oracle/oradata/ora11/users002.dbf               1534143
6      /u01/d1.dbf                                              1534143
7      /u01/d2.dbf                                              1534143
8      /u01/a.dbf                                               1534143
```

5.4 重做日志文件管理

重做日志文件是记录数据库中所有修改信息的文件，简称日志文件。日志文件以重做记录的形式记录和保存用户对数据库所进行的变更操作，包括用户执行 DDL、DML 语句的操作。如果用户只对数据库进行查询操作，那么该操作不会被记录到日志文件中。重做日志文件的扩展名为.log。

重做日志文件是数据库系统的最重要文件之一，它可以保证数据库的安全。因为重做日志文件是由重做记录构成的，记录了对数据库中某个数据块所做的修改，包括修改对象、修改之前对象的值、修改之后对象的值、该修改操作的事务号码以及该事务是否提交等信息。因此，当数据库出现故障时，利用重做日志文件可以恢复数据库。

在 Oracle 数据库中，当数据库中出现修改信息时，修改后的数据信息首先存储在内存的重做日志缓冲区中，最终由 LGWR 进程写入重做日志文件。当用户提交一个事务时，与该事务相关的所有重做记录被 LGWR 进程写入重做日志文件。

5.4.1 重做日志文件的工作过程

既然重做日志文件这么重要，就需要保证日志文件的安全，所以日志文件不应该唯一存在。即同一批日志信息不应该只保存于一个日志文件中，否则一旦发生意外，这些重做日志信息将全部丢失。在实际应用中，允许对日志文件进行镜像，重做日志文件与镜像文件记录同样的日志信息，它们构成一个重做日志组，同一个组中的日志文件可以存放在不同的磁盘中，这样可以保证一个日志文件受损时，还有其他日志文件可以提供日志信息。

Oracle 中的重做日志文件组是循环使用的，每个数据库至少需要 3 个重做日志文件组，采用循环写的方式进行工作。这样就能保证，当一个重做日志文件组在进行归档时，还有另一个重做日志文件组可用。当一个重做日志文件组被写满后，后台进程 LGWR 开始写入下一个重做日志组文件，即日志切换。当所有的日志文件组都写满后，LGWR 进程再重新写入第一个日志组文件。重做日志文件的工作过程如图 5-3 所示。

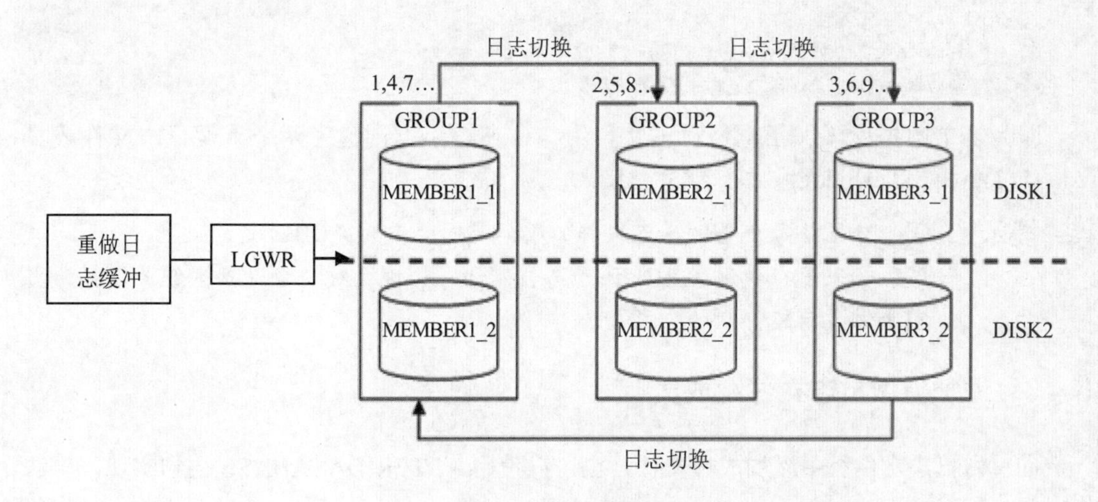

图 5-3　重做日志文件的工作过程

发生日志切换时，日志组中已有的重做日志信息是否被覆盖，取决于数据库的运行模式。如果数据库处于非归档模式，则该重做日志文件中所有重做记录所对应的修改结果必须全部写入数据文件中，日志组文件中的信息直接被覆盖。如果数据库处于归档模式，则该重做日志文件组中所有重做记录所对应的修改结果必须全部写入数据文件中，日志组中的重做日志信息被归档进程(ARCn)写入归档日志文件中。

5.4.2　添加重做日志文件组

在数据库创建的时候，通常会创建几个默认的重做日志文件组。Oracle 11g 默认每个数据库实例建立 3 个日志组，每组一个日志文件，文件名称为 redo01.log、redo02.log 和 redo03.log。数据库运行过程中，可以根据需要为数据库添加重做日志文件组。

为数据库添加重做日志文件组，可以使用 ALTER DATABASE 语句实现，语法格式为：

```
ALTER DATABASE ADD LOGFILE GROUP group_number ( logfile_name [ ,… ] )
SIZE n;
```

例题 5-16： 列出数据库 ora11 中默认的重做日志组，并为其添加一个重做日志文件组。

(1)　显示 ora11 数据库中默认的日志文件组信息，命令如下：

```
SQL>SELECT group#,member FROM v$logfile;
```

查询结果如下：

```
GROUP#     MEMBER
---------- -----------------------------------------------
  3        /u01/app/oracle/oradata/ora11/redo03.log
  2        /u01/app/oracle/oradata/ora11/redo02.log
  1        /u01/app/oracle/oradata/ora11/redo01.log
```

可见系统默认是 3 个日志组，每组一个文件。

(2) 为 ora11 数据库添加一个日志文件组，命令如下：

```
SQL>ALTER DATABASE ADD LOGFILE GROUP 4
2  ('/u01/app/oracle/oradata/ora11/redo04a.log',
3  '/u01/app/oracle/oradata/ora11/redo04b.log') SIZE 4M;
```

即为当前数据库添加了重做日志文件组 4，在该组上创建了两个重做日志文件成员 redo04a.log 和 redo04b.log，大小都为 4MB。

提示： ① 分配给每个重做日志文件的初始空间至少为 4MB。

② 如果没有使用 GROUP 子句指定组号，则系统会自动产生组号，并为当前重做日志文件组的个数加 1。

5.4.3 添加重做日志文件组成员

向重做日志文件组中添加成员文件，也可以使用 ALTER DATABASE 语句实现，语法格式为：

```
ALTER DATABASE ADD LOGFILE MEMBER logfile_name TO GROUP n [ ,... ];
```

例题 5-17：向数据库 ora11 的重做日志组 1 和重做日志组 4 中各添加一个成员。

(1) 添加组成员，命令如下：

```
SQL>ALTER DATABASE ADD LOGFILE MEMBER
2  '/u01/app/oracle/oradata/ora11/redo01c.log' TO GROUP 1,
3  '/u01/app/oracle/oradata/ora11/redo04c.log' TO GROUP 4;
```

(2) 显示添加之后的结果，命令如下：

```
SQL>SELECT group#,member FROM v$logfile;
```

```
GROUP#     MEMBER
---------- -----------------------------------------------
3          /u01/app/oracle/oradata/ora11/redo03.log
2          /u01/app/oracle/oradata/ora11/redo02.log
1          /u01/app/oracle/oradata/ora11/redo01.log
4          /u01/app/oracle/oradata/ora11/redo04a.log
4          /u01/app/oracle/oradata/ora11/redo04b.log
1          /u01/app/oracle/oradata/ora11/redo01c.log
4          /u01/app/oracle/oradata/ora11/redo04c.log
```

提示： ① 同一个重做日志文件组中的成员文件，存储位置应尽量分散。
② 不需要指定文件大小，新成员文件大小默认与组内成员大小相同。

5.4.4　改变重做日志文件组成员文件的名称或位置

使用 ALTER DATABASE 语句，可以改变重做日志文件组成员文件的名称和位置，语法格式为：

```
ALTER DATABASE RENAME FILE old_logfile_name TO new_logfile_name;
```

例题 5-18： 将重做日志文件 redo01c.log 重命名为 redo01b.log，将 redo04c.log 移到/u01/app/oracle/oradata/目录下。

(1) 查看要修改的成员文件所在的日志文件组状态，命令如下：

```
SQL>SELECT group#,status FROM v$log;
```

```
GROUP#      STATUS
---------- --------------------------------
1          INACTIVE
2          CURRENT
3          INACTIVE
4          UNUSED
```

如果要修改的日志文件组不是处于 INACTIVE 或 UNUSED 状态，则需要进行手动日志切换。

(2) 在操作系统中重命名重做日志文件或将重做日志文件移到新位置。打开$ORACLE_BASE/oradata/ora11/文件夹，将 redo01c.log 更名为 redo01b.log，同时将 redo04c.log 移到$ORACLE_BASE/oradata/文件夹下。

(3) 执行 ALTER DATABASE RENAME FILE...TO 语句进行修改，命令如下：

```
SQL>ALTER DATABASE RENAME FILE
2  '/u01/app/oracle/oradata/ora11/redo01c.log',
3  '/u01/app/oracle/oradata/ora11/redo04c.log' TO
4  '/u01/app/oracle/oradata/ora11/redo01b.log',
5  '/u01/app/oracle/oradata/redo04c.log';
```

提示： 只能更改处于 INACTIVE 或 UNUSED 状态的重做日志文件组成员文件的名称或位置。

5.4.5　删除重做日志文件组成员

删除重做日志文件组成员，可以使用 ALTER DATABASE 语句实现，语法格式为：

```
ALTER DATABASE DROP LOGFILE MEMBER logfile_name;
```

例题 5-19： 删除重做日志组成员/u01/app/oracle/oradata/redo4c.log，命令如下：

```
SQL>ALTER DATABASE DROP LOGFILE MEMBER
2  '/u01/app/oracle/oradata/redo4c.log';
```

重做日志文件的状态有以下 3 种。

- VALID：当前可用的重做日志文件。
- INVALID：当前不可用的重做日志文件。
- STALE：产生错误的重做日志文件。

(1) 只能删除状态为 INACTIVE 或 UNUSED 的重做日志文件组中的成员。若要删除状态为 CURRENT 的重做日志文件组中的成员，则需执行一次手动日志切换。

(2) 如果数据库处于归档模式，则在删除重做日志文件之前，要保证该文件所在的重做日志文件组已归档。

(3) 每个重做日志文件组中至少要有一个可用的成员文件，即 VALID 状态的成员文件。如果要删除的重做日志文件是所在组中最后一个可用的成员文件，则无法删除。

(4) 删除重做日志文件的操作并没有将重做日志文件从操作系统磁盘上删除，只是更新了数据库控制文件，从数据库结构中删除了该重做日志文件。在删除重做日志文件之后，应该确认删除操作成功完成，然后再删除操作系统中对应的重做日志文件。

5.4.6 删除重做日志文件组

删除重做日志文件组可以使用 ALTER DATABASE 语句实现，语法格式为：

```
ALTER DATABASE DROP LOGFILE GROUP n;
```

如果删除某个重做日志文件组，则该组中的所有成员文件将被删除。

例题 5-20：删除 ora11 数据库中的重做日志组 4，命令如下：

```
SQL>ALTER DATABASE DROP LOGFILE GROUP 4;
```

重做日志文件组的状态有 4 种。

- CURRENT：当前正在被 LGWR 进程写入的重做日志文件组。
- ACTIVE：当前用于实例恢复的重做日志文件组，如正在归档。
- INACTIVE：当前没有用于实例恢复的重做日志文件组。
- UNUSED：新创建当前还没有使用的重做日志文件组。

(1) 一个数据库至少需要使用两个重做日志文件组。

(2) 如果数据库处于归档模式下，则在删除重做日志文件组之前，必须确定该组已经被归档。

(3) 只能删除处于 INACTIVE 状态或 UNUSED 状态的重做日志文件组。若要删除状态为 CURRENT 的重做日志文件组，则需要执行一次手动日志切换。

(4) 删除重做日志文件组的操作只是更新了数据库控制文件，从数据库结构中删除了该重做日志文件组，并没有将重做日志文件组中的所有成员文件从操作系统磁盘中删除。在删除重做日志文件组之后，应该确认删除操作成功完成，然后从操作系统磁盘中删除对应的重做日志组。

5.4.7 重做日志文件组切换

通常，只有当前的重做日志文件组写满后才发生日志切换。但必要时也可以通过设置

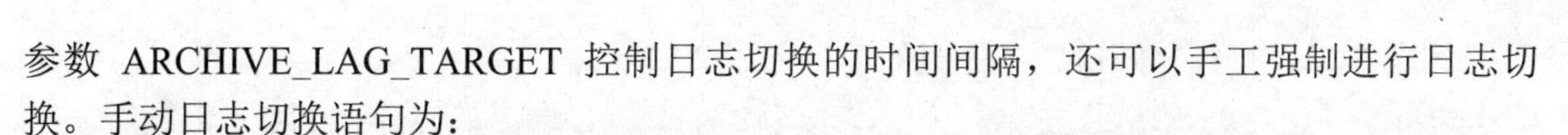

参数 ARCHIVE_LAG_TARGET 控制日志切换的时间间隔，还可以手工强制进行日志切换。手动日志切换语句为：

```
ALTER SYSTEM SWITCH LOGFILE;
```

例题 5-21：手动切换日志文件。

(1) 切换之前，先通过数据字典 v$log 查看当前数据库正使用的日志组，命令如下：

```
SQL>SELECT group#, status FROM v$log;
```

```
GROUP#      STATUS
--------   ------------
  1          CURRENT
  2          INACTIVE
  3          INACTIVE
  4          UNUSED
```

从查询结果可见，数据库当前正在使用的是重做日志文件组 1。

(2) 手动切换重做日志组，命令如下：

```
SQL>ALTER SYSTEM SWITCH LOGFILE;
```

(3) 再次查看切换后当前数据库正在使用的重做日志文件组，命令如下：

```
SQL>SELECT group#, status FROM v$log;
```

```
GROUP#      STATUS
---------  ------------
  1         ACTIVE
  2         CURRENT
  3         INACTIVE
  4         UNUSED
```

当发生日志切换时，系统将为新的重做日志文件生成一个日志序列号，在归档时该日志序列号一同被保存。日志序列号是在线日志文件和归档日志文件的唯一标识。

5.4.8　查看重做日志文件信息

在 Oracle 11g 中，包含重做日志文件信息的视图主要有下面 2 个。

- v$log：包含从控制文件中获取的所有重做日志文件组的基本信息。
- v$logfile：包含重做日志文件组及其成员文件的信息。

(1) 如果要查看重做日志文件组的详细信息，包括每个组的状态、成员数量、日志序列号和是否已经归档等，可以查询 v$log 视图。其主要字段及含义如下。

- group#：重做日志组号。
- sequence#：日志序列号。
- members：成员文件名详细信息。
- status：状态。
- archived：是否归档。

例题 5-22：查询重做日志文件组的信息，命令如下：

```
SQL>SELECT group#,sequence#,members,status,archived FROM v$log;
```

```
GROUP#        SEQUENCE#     MEMBERS STATUS           ARC
---------- ---------- ---------- ---------------- ---
  1           7            2    INACTIVE          NO
  2           8            1    CURRENT           NO
  3           6            1    INACTIVE          NO
  4           0            3    UNUSED            YES
```

(2) 如果要查看数据库所有重做日志文件的名称、状态及是否处于联机状态等信息，可以查询 v$logfile 数据字典视图。其主要字段含义如下。

- group#：重做日志组号。
- type#：日志文件是否处于联机状态。
- member：成员文件名详细信息。

例题 5-23：查询重做日志文件的信息，命令如下：

```
SQL>SELECT group#,type,member FROM v$logfile ORDER BY group#;
```

```
GROUP#  TYPE     MEMBER
------  -------  ----------------------------------------
  1     ONLINE   /u01/app/oracle/oradata/ora11/redo01.log
  2     ONLINE   /u01/app/oracle/oradata/ora11/redo02.log
  3     ONLINE   /u01/app/oracle/oradata/ora11/redo03.log
```

5.5 重做日志文件归档

所谓的归档，就是指将重做日志文件进行归档，持久化成固定的文件保存到硬盘，便于以后的恢复和查询。这些被保存的重做日志文件的集合称为归档重做日志文件，具体的功能由归档进程 ARCn 实现。当然，前提条件是数据库要处于归档模式(ARCHIVELOG)。Oracle 11g 默认为归档日志设定 2 个归档位置，这 2 个归档位置的归档日志内容完全一致，但文件名不同。如果数据库处于非归档模式(NOARCHIVELOG)，则不需要归档。

图 5-4 所示为归档模式下的数据库重做日志文件的归档过程。

在归档模式下，数据库中历史重做日志文件全部被保存，即用户的所有操作都被记录下来。因此在数据库出现故障时，即使是介质故障，利用数据库备份、归档重做日志文件和联机重做日志文件，也可以完全恢复数据库。而在非归档模式下，由于没有保存过去的重做日志文件，数据库只能从实例崩溃中恢复，而无法进行介质恢复。同时，在非归档模式下，不能执行联机表空间备份操作，不能使用联机归档模式下建立的表空间备份进行恢复，而只能使用非归档模式下建立的完全备份来对数据库进行恢复。

此外，在归档模式和非归档模式下进行日志切换的条件也不同。在非归档模式下，日志切换的前提条件是已写满的重做日志文件在被覆盖之前，其所有重做记录所对应的事务修改操作结果全部写入数据文件中。在归档模式下，日志切换的前提条件是已写满的重做日志文件在被覆盖之前，不仅所有重做记录所对应的事务修改操作结果全部写入数据文件中，还需要等待归档进程完成对它的归档操作。

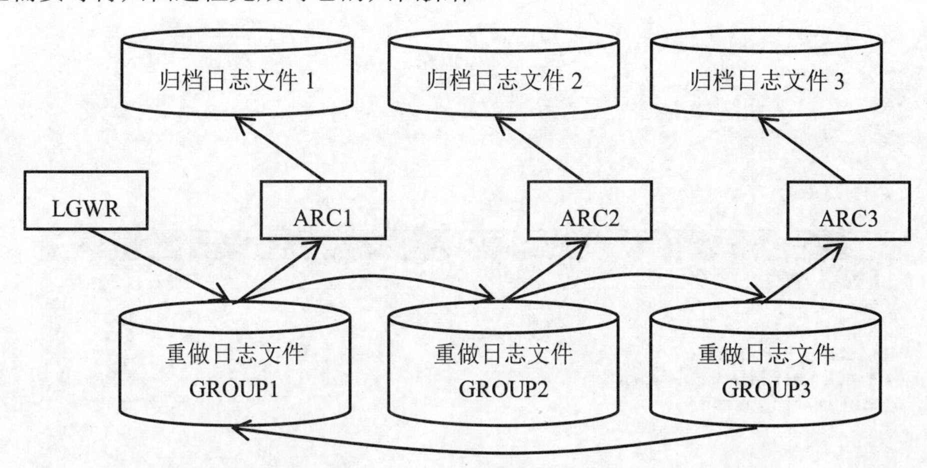

图 5-4　归档模式下的数据库重做日志文件归档过程

5.5.1　设置数据库归档模式

通常在安装 Oracle 11g 时，默认的是非归档模式，为的是可以避免对创建数据库过程中生成的日志进行归档，从而缩短数据库的创建时间。在数据库成功运行后，DBA 可以根据需要修改数据库的运行模式。

修改数据库的运行模式，可以在使用 CREATE DATABASE 语句创建数据库时，指定 ARCHIVELOG/NOARCHIVELOG 子句将数据库的初始模式设置为归档模式/非归档模式。

此外，在数据库运行过程中，也可以通过 ALTER DATABASE 语句实现归档模式与非归档模式的切换，语法格式为：

```
ALTER DATABASE ARCHIVELOG | NOARCHIVELOG
```

提示： 归档/非归档模式的切换只能在 MOUNT 状态下进行。

例题 5-24： 修改 ora11 数据库的归档/非归档模式(以 DBA 身份登录)。

(1) 查看数据库当前是否处于归档状态，命令如下：

```
SQL>ARCHIVE LOG LIST;
```

结果如图 5-5 所示，由图可见，数据库默认为非归档模式(No Archive Mode)状态。

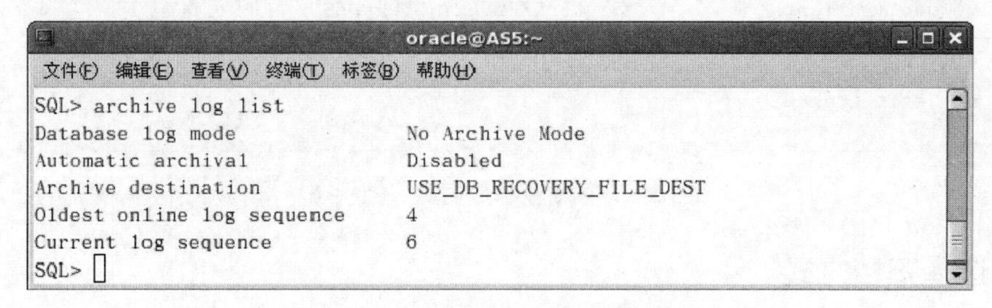

图 5-5　当前数据库的归档状态

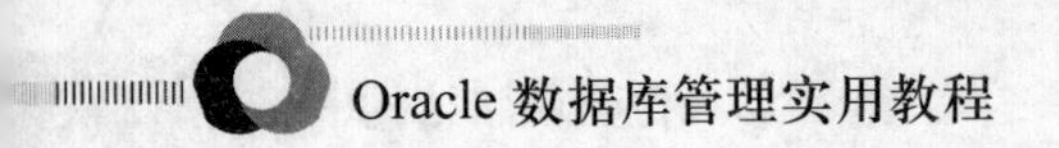

(2) 下面 4 条命令完成到归档模式的转换：

```
SQL>SHUTDOWN IMMEDIATE;
SQL>STARTUP MOUNT;
SQL>ALTER DATABASE ARCHIVELOG;
SQL>ALTER DATABASE OPEN;
```

结果如图 5-6 所示。

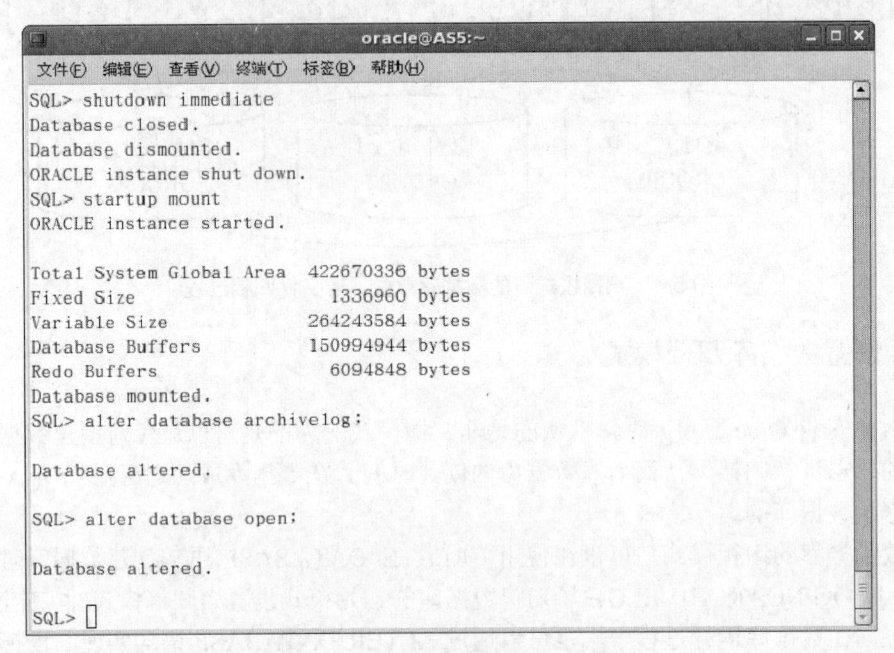

图 5-6 非归档模式转换为归档模式

(3) 重新查看数据库当前是否处于归档状态，命令如下：

```
SQL>ARCHIVE LOG LIST;
```

结果如图 5-7 所示，由图可见，经过修改，数据库已经处于归档模式(Archive Mode)了。

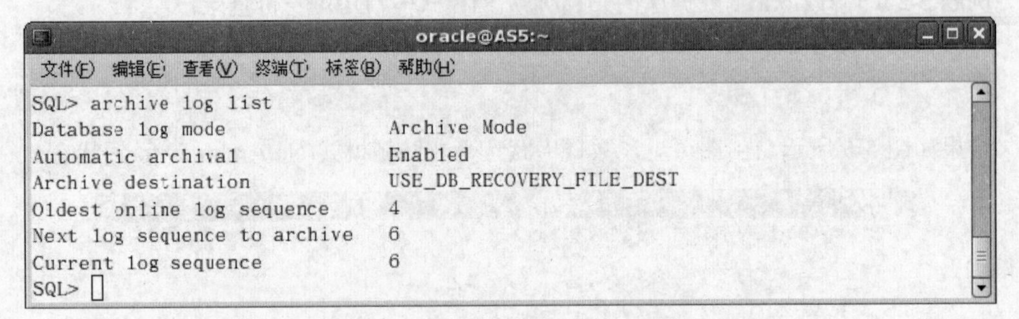

图 5-7 重新查看数据库归档状态

5.5.2 选择归档方式

数据库在归档模式下运行时，可以采用自动或手动两种方式归档重做日志文件。如果

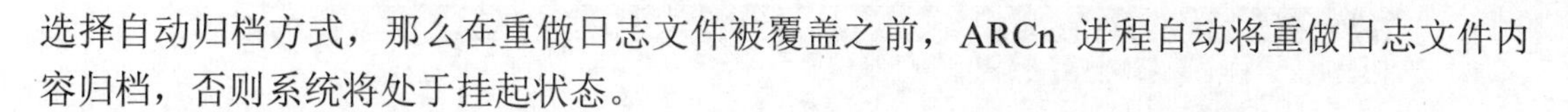

选择自动归档方式，那么在重做日志文件被覆盖之前，ARCn 进程自动将重做日志文件内容归档，否则系统将处于挂起状态。

1. 自动归档方式

在 Oracle 11g 中，只要把数据库设置为归档模式，Oracle 会自动启动归档进程，即进入自动归档方式。

2. 手动归档

如果没有启动归档进程，DBA 必须定时对处于 INACTIVE 状态的已被写满的重做日志文件进行手动归档，否则数据库将处于挂起状态；如果启动了归档进程，那么 DBA 也可以对处于 INACTIVE 状态的已被写满的重做日志文件进行手动归档。

手动归档使用 ALTER SYSTEM ARCHIVE LOG 语句实现。

(1) 对所有已经写满的重做日志文件(组)进行归档，语法格式为：

```
SQL>ALTER SYSTEM ARCHIVE LOG ALL;
```

(2) 对当前的联机日志文件(组)进行归档，语法格式为：

```
SQL>ALTER SYSTEM ARCHIVE LOG CURRENT;
```

5.5.3 设置归档目标

为了将所有的重做日志文件保存下来，需要指定重做日志文件的存储位置，即归档的路径或归档目标。在 Oracle 11g 创建数据库时，默认设置了归档目标，可以通过 db_recovery_file_dest 参数查看。

例题 5-25：在归档模式下验证切换日志是否能对上一个日志文件归档。

(1) 手动切换日志，命令如下：

```
SQL>ALTER SYSTEM SWITCH LOGFILE;
```

(2) 查看归档文件存放的目标位置，命令如下：

```
SQL>SHOW PARAMETER db_recovery_file_dest
```

```
NAME                           TYPE        VALUE
------------------------------ ----------- ------------------------
db_recovery_file_dest          string      /u01/app/oracle/flash_
                                           recovery_area
db_recovery_file_dest_size     big integer 3852M
```

其中 db_recovery_file_dest 表示归档目录，db_recovery_file_dest_size 表示目录大小。

(3) 根据上面显示的文件夹，在 OS 中找到目标位置，查看是否生成归档文件，命令如下：

```
$cd /u01/app/oracle/flash_recovery_area/ora11
$ls -l
```

结果如图 5-8 所示。

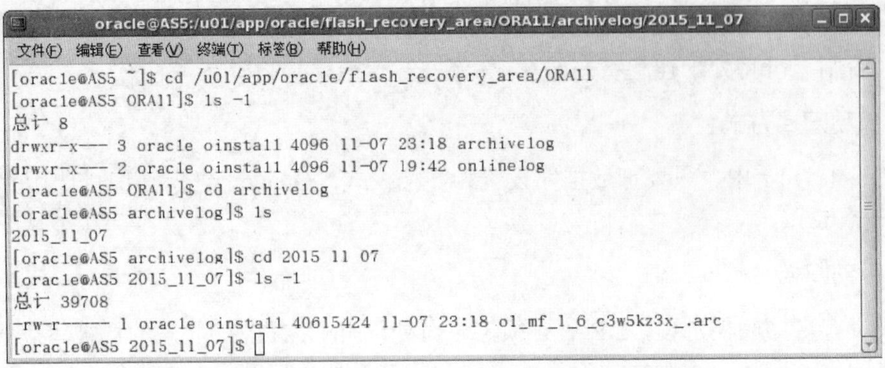

```
oracle@AS5:/u01/app/oracle/flash_recovery_area/ORA11/archivelog/2015_11_07
文件(F) 编辑(E) 查看(V) 终端(T) 标签(B) 帮助(H)
[oracle@AS5 ~]$ cd /u01/app/oracle/flash_recovery_area/ORA11
[oracle@AS5 ORA11]$ ls -l
总计 8
drwxr-x--- 3 oracle oinstall 4096 11-07 23:18 archivelog
drwxr-x--- 2 oracle oinstall 4096 11-07 19:42 onlinelog
[oracle@AS5 ORA11]$ cd archivelog
[oracle@AS5 archivelog]$ ls
2015_11_07
[oracle@AS5 archivelog]$ cd 2015_11_07
[oracle@AS5 2015_11_07]$ ls -l
总计 39708
-rw-r----- 1 oracle oinstall 40615424 11-07 23:18 o1_mf_1_6_c3w5kz3x_.arc
[oracle@AS5 2015_11_07]$ 
```

图 5-8　在 OS 中查看生成的归档文件

DBA 可以通过使用初始化参数 log_archive_dest_N 设置归档目标。其中 N 表示 1～10 的整数，意味着该参数最多可以指定 10 个归档目标。Oracle 在进行归档时，会将重做日志文件组以相同的方式归档到每个归档目标中。其归档目标可以是本地系统的目录，也可以是远程数据库系统的目录。如果在参数设置中使用了 LOCATION 子句，则归档目标为本地系统目录。

例题 5-26： 设置参数 log_archive_dest_1 的值，命令如下：

```
SQL>ALTER SYSTEM SET
2  log_archive_dest_1='LOCATION=/u01/backup/archive';
```

如果在参数设置中使用了 SERVICE 子句，则归档目标为网络服务名所对应的远程备用数据库。

例题 5-27： 设置参数 log_archive_dest_2 的值，命令如下：

```
SQL>ALTER SYSTEM set log_archive_dest_2='SERVICE=STANDBY1';
```

5.5.4　设置可选或强制归档目标

DBA 可以指定哪些归档目标是强制归档目标，哪些归档目标是可选的。

1. 设置最小成功归档目标数

设置参数 LOG_ARCHIVE_MIN_SUCCESS_DEST，可以指定最小成功归档数目。

2. 设置启动最大归档进程数

设置参数 LOG_ARCHIVE_MAX_PROCESSES，可以指定数据库启动时启动归档进程的最大数目，默认值为 2。该参数的默认值一般不需要修改，在系统运行过程中，LGWR 进程会根据需要自动启动归档进程。

如果需要修改，可以通过 ALTER SYSTEM 语句实现。

例题 5-28： 修改参数 LOG_ARCHIVE_MAX_PROCESSES 的值为 3，命令如下：

```
SQL>ALTER SYSTEM SET LOG_ARCHIVE_MAX_PROCESSES=3;
```

3. 设置强制归档目标和可选归档目标

在使用 log_archive_dest_N 参数时，可以通过 OPTIONAL 或 MANDATORY 关键字指定可选或强制归档目标。

例题 5-29：将 log_archive_dest_1 指定为强制性归档目标，log_archive_dest_2 指定为可选归档目标。

```
SQL>ALTER SYSTEM SET log_archive_dest_1
2  ='LOCATION=/u01/BACKUP/ARCHIVE' MANDATORY;
SQL>ALTER SYSTEM SET log_archive_dest_2
2  ='SERVICE=STANDBY1' OPTIONAL;
```

提示： 如果强制归档目标不可用，将导致数据库停止运行；如果可选归档目标不可用，则不会影响数据库的运行。

5.5.5　查询归档信息

如果想查看数据库归档信息，可以执行 ARCHIVE LOG LIST 命令。此外，数据库中也有相应的数据字典视图与动态性能视图供查询。

Oracle 11g 数据库中常用的包含归档信息的数据字典视图和动态性能视图如表 5-2 所示。

表 5-2　与归档信息相关的数据字典和视图

名　称	注　释
v$database	用于查询数据库是否处于归档模式
v$archived_log	包含从控制文件中获取的所有已归档日志的信息
v$archive_dest s	包含所有归档目标信息，如归档目标的位置、状态等
v$archive_processes	包含已启动的 ARCH 进程的状态信息
v$backup_redolog	包含已备份的归档日志信息

例题 5-30：通过 v$database 视图查看数据库的归档信息，命令如下：

```
SQL>SELECT log_mode FROM v$database;
```

查询结果如图 5-9 所示。

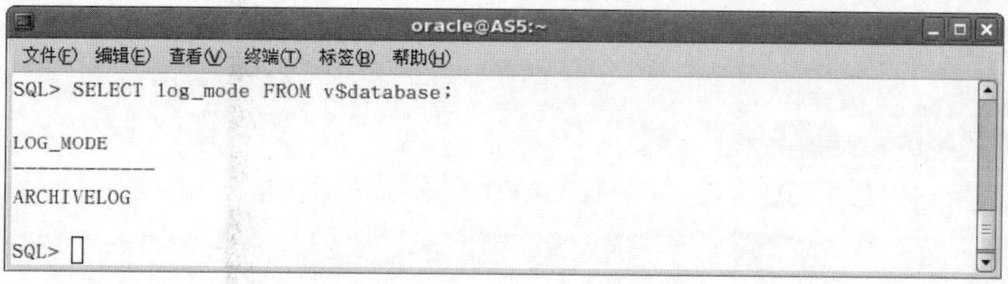

```
oracle@AS5:~
文件(F) 编辑(E) 查看(V) 终端(T) 标签(B) 帮助(H)
SQL> SELECT log_mode FROM v$database;

LOG_MODE
------------
ARCHIVELOG

SQL>
```

图 5-9　数据库归档信息查询

5.6　控制文件管理

每个 Oracle 数据库都有控制文件，是在创建数据库时创建的，用于存放数据库的数据文件和重做日志文件的信息。此外，它还描述了整个数据库的结构信息，主要包括数据库名称和标识、数据库创建的时间、表空间名称、数据文件和重做日志文件的名称与位置、当前重做日志文件序列号、数据库检查点的信息、回退段开始和结束位置、重做日志的归档信息、备份信息以及数据库恢复所需要的同步信息等。

控制文件是一个小的二进制文件，数据库管理员不能直接修改，只能由 Oracle 进程读/写其内容。当数据库的物理结构发生变化时，如增加、删除、修改数据文件或重做日志文件，Oracle 数据库服务器进程会自动更新控制文件并记录数据库结构的变化。LGWR 进程负责将当前的重做日志文件序列号写入控制文件，CKPT 进程负责将检查点信息写入控制文件，ARCn 进程负责将归档信息写入控制文件。因此当数据库打开时，Oracle 数据库服务器必须可以写控制文件。

没有控制文件，数据库将无法装载，恢复数据库也很困难。在实际应用中，由于各种原因可能会导致控制文件受损，因此数据库管理员需要掌握如何管理控制文件，包括创建、备份、恢复和删除控制文件等。

5.6.1　控制文件的创建

在创建数据库时，系统会根据初始化参数文件 control_files 中的设置创建控制文件。可以在 SQL*Plus 中查看 control_files 的值，如图 5-10 所示。

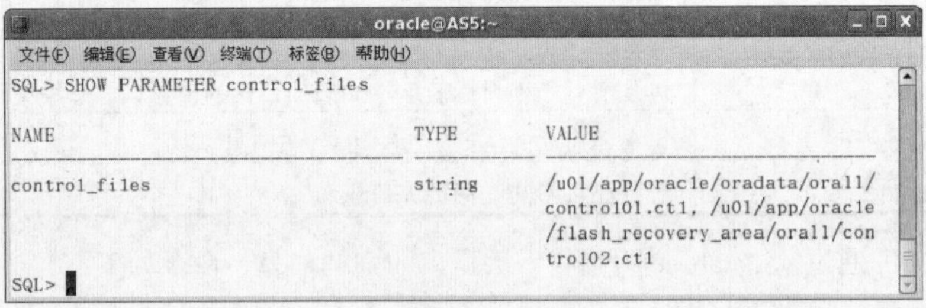

```
SQL> SHOW PARAMETER control_files

NAME                                 TYPE        VALUE
------------------------------------ ----------- ------------------------------
control_files                        string      /u01/app/oracle/oradata/ora11/
                                                 control01.ctl, /u01/app/oracle
                                                 /flash_recovery_area/ora11/con
                                                 trol02.ctl
SQL>
```

图 5-10　查看初始化参数 control_files 的值

从图 5-10 中可见，数据库实例 ora11 有 2 个控制文件，扩展名为.ctl。在数据库创建完成后，如果发生下面的情况，则需要手动创建新的控制文件。

- 控制文件全部丢失或损坏，而且没有对控制文件进行备份。
- 需要修改数据库名称。

创建控制文件使用 CREATE CONTROLFILE 语句，语法格式如下：

```
CREATE CONTROLFILE REUSE DATABASE "database_name"
[ RESETLOGS | NORESETLOGS ]
[ ARCHIVELOG | NOARCHIVELOG ]
MAXLOGFILES number
MAXLOGMEMBERS number
```

```
MAXDATAFILES number
MAXINSTANCES number
MAXLOGHISTORY number
LOGFILE
    GROUP group_number logfile_name [ SIZE number K | M ]
    [ ,… ]
DATAFILE
   Datafile_name [ ,… ];
```

语法说明如下。

- REUSE：如果 control_files 参数指定的控制文件已经存在，则覆盖已有控制文件。如果新建控制文件与原有控制文件大小不一致，则产生错误。
- DATABASE "database_name"：指定数据库名字。
- RESETLOGS | NORESETLOGS：是否清空重做日志。
- ARCHIVELOG | NOARCHIVELOG：数据库启动后，运行于归档模式还是非归档模式。
- MAXLOGFILES：最大重做日志文件组数量。
- MAXLOGMEMBERS：重做日志文件组中最大成员数量。
- MAXDATAFILES：最大数据文件数量。
- MAXINSTANCES：可同时访问的数据库最大实例个数。
- MAXLOGHISTORY：最大历史重做日志文件数量。
- LOGFILE：为控制文件指定日志文件组。
- GROUP group_number：重做日志文件组编号。
- DATAFILE：为控制文件指定数据文件。

例题 5-31：为当前数据库 ora11 创建新的控制文件。

(1) 查询数据字典 v$logfile，了解 ora11 数据库中的重做日志文件信息，命令如下：

```
SQL>SELECT group#,member FROM v$logfile;
```

查询结果如下：

```
GROUP#     MEMBER
---------- --------------------------------------------------
  3        /u01/app/oracle/oradata/ora11/redo03.log
  2        /u01/app/oracle/oradata/ora11/redo02.log
  1        /u01/app/oracle/oradata/ora11/redo01.log
```

(2) 查询数据字典 v$datafile，了解 ora11 数据库中的数据文件信息，命令如下：

```
SQL>SELECT name FROM v$datafile;
```

查询结果如下：

```
NAME
------------------------------------------------------------
/u01/app/oracle/oradata/ora11/system01.dbf
/u01/app/oracle/oradata/ora11/sysaux01.dbf
/u01/app/oracle/oradata/ora11/undotbs01.dbf
```

```
/u01/app/oracle/oradata/ora11/users01.dbf
/u01/app/oracle/oradata/ora11/example01.dbf
```

(3) 如果数据库仍然处于运行状态，则关闭数据库，命令如下：

```
SQL>SHUTDOWN IMMEDIATE
```

(4) 在 Linux 操作系统中，备份所有的数据文件和联机重做日志文件。

(5) 启动数据库到 NOMOUNT 状态。此状态仅启动数据库，不加载数据文件，也不会打开数据库，命令如下：

```
SQL>STARTUP NOMOUNT
```

(6) 利用前两步获得的重做日志文件和数据文件列表，执行 CREATE CONTROLFILE 命令，创建一个新的控制文件。需要注意，如果除控制文件外，还丢失了某些重做日志文件，则需要使用 RESETLOGS 参数；如果数据库重新命名，也需要使用 RESETLOGS 参数；否则使用 NORESETLOGS 参数。该参数的不同选择，决定了后续的不同操作。然后使用 LOGFILE 子句指定与数据库相关的重做日志文件，使用 DATAFILE 子句指定与数据库相关的数据文件，命令如下：

```
SQL>CREATE CONTROLFILE REUSE
2 DATABASE "ora11"
3 NORESETLOGS
4 NOARCHIVELOG
5 MAXLOGFILES 50
6 MAXLOGMEMBERS 3
7 MAXDATAFILES 100
8 MAXINSTANCES 6
9 MAXLOGHISTORY 292
10 LOGFILE
11  GROUP 1 '/u01/app/oracle/oradata/ora11/redo01.log' SIZE 50M,
12  GROUP 2 '/u01/app/oracle/oradata/ora11/redo02.log' SIZE 50M,
13  GROUP 3 '/u01/app/oracle/oradata/ora11/redo03.log' SIZE 50M
14 DATAFILE
15    '/u01/app/oracle/oradata/ora11/system01.dbf',
16    '/u01/app/oracle/oradata/ora11/undotbs01.dbf',
17    '/u01/app/oracle/oradata/ora11/sysaux01.dbf',
18    '/u01/app/oracle/oradata/ora11/users01.dbf',
19    '/u01/app/oracle/oradata/ora11/example01.dbf';
```

(7) 在操作系统中对新建的控制文件进行备份。

(8) 如果数据库重命名，则编辑 DB_NAME 参数来指定新的数据库名称。如果数据库需要恢复，则进行恢复数据库的操作；否则直接进入下一步骤。如果创建控制文件时指定了 NORESTLOGS，则可以完全恢复数据库，如：

```
SQL>RECOVER DATABASE;
```

如果创建控制文件时指定了 RESETLOGS，则必须在恢复时指定 USING BACKUP CONTROLFILE，如：

```
SQL>RECOVER DATABASE USING BACKUP CONTROLFILE;
```

(9) 重新打开数据库。如果数据库不需要恢复或已经对数据库进行了完全恢复，则可以使用下列语句正常打开数据库：

```
SQL>ALTER DATABASE OPEN;
```

如果在创建控制文件时使用了 RESETLOGS 参数，则必须指定以 RESETLOGS 方式打开数据库，命令如下：

```
SQL>ALTER DATABASE OPEN RESETLOGS;
```

5.6.2 控制文件的多路镜像

Oracle 建议最少有 2 个控制文件，通过多路镜像技术，将多个控制文件分散到不同的磁盘中。这样可以避免由于一个控制文件的故障而导致数据库的崩溃。每次对数据库结构进行修改(如添加、修改、删除数据文件，重做日志文件)后，应及时备份控制文件。

这些控制文件的名称和存放位置由初始化参数文件 control_files 中的参数指定。在 Oracle 11g 数据库创建后，可以根据需要为数据库建立多个镜像控制文件。

例题 5-32：假设数据库 ora11 中已有 3 个控制文件，修改初始化文件参数 control_files 的设置，为数据库再添加一个控制文件 control04.ctl。

(1) 编辑初始化文件 control_files，命令如下：

```
SQL>ALTER SYSTEM SET control_files=
2  '/u01/app/oracle/oradata/ora11/control01.ctl',
3  '/u01/app/oracle/oradata/ora11/control02.ctl',
4  '/u01/app/oracle/oradata/ora11/control03.ctl',
5  '/u01/app/oracle/oradata/control04.ctl'
6  SCOPE=SPFILE;
```

(2) 关闭数据库，命令如下：

```
SQL>SHUTDOWN IMMEDIATE
```

(3) 复制一个已有控制文件(例如/u01/app/oracle/oradata/ora11/control01.ctl)到/u01/app/oracle/oradata/目录下，并重命名为 control04.ctl。

(4) 重新启动数据库，命令如下：

```
SQL>STARTUP
```

5.6.3 控制文件的备份

为了防止由于控制文件出现故障而导致数据库系统崩溃，DBA 应经常对控制文件进行备份。根据备份生成的控制文件的类型不同，备份控制文件有两种方法：备份为二进制文件和备份为脚本文件。

备份控制文件后，如果控制文件丢失或损坏，则只需修改 control_files 参数指向备份的控制文件，重新启动数据库即可。

使用 ALTER DATABASE BACKUP CONTROLFILE 语句可备份控制文件。

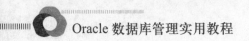

例题 5-33： 将控制文件备份为二进制文件，命令如下：

```
SQL>ALTER DATABASE BACKUP CONTROLFILE TO
2  '/u01/app/oracle/control.bkp';
```

此例在/u01/app/oracle 目录下生成 ora11 数据库的备份文件 control.bkp。

例题 5-34： 将控制文件备份为文本文件，命令如下：

```
SQL>ALTER DATABASE BACKUP CONTROLFILE TO TRACE;
```

此例将控制文件自动备份到系统定义的目录下，此目录由参数 user_dump_dest 指定，通过使用 SHOW PARAMETER 语句可以查询此参数的值，如图 5-11 所示。

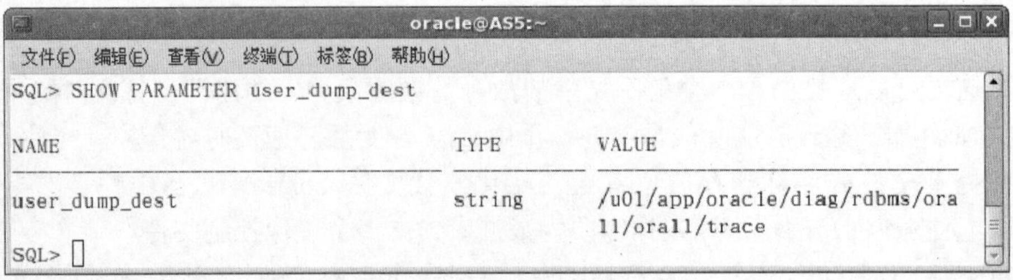

```
oracle@AS5:~
文件(F) 编辑(E) 查看(V) 终端(T) 标签(B) 帮助(H)
SQL> SHOW PARAMETER user_dump_dest

NAME                                 TYPE        VALUE
------------------------------------ ----------- ------------------------------
user_dump_dest                       string      /u01/app/oracle/diag/rdbms/ora
                                                 11/ora11/trace
SQL> 
```

图 5-11　控制文件备份目标目录

系统自动控制文件备份成名为<sid>_ora_<spid>.trc 的脚本文件，其中<sid>表示当前会话的标识号，<spid>表示操作系统进程标识号。因此，本例中生成的脚本文件名为 ora11_ora_5594.trc，可以利用它重建新的控制文件。

5.6.4　控制文件的删除

如果控制文件的位置不合适，或某个控制文件损坏，可以删除该控制文件，步骤如下。

(1) 编辑 control_files 初始化参数，使其不再包含要删除的控制文件。

(2) 关闭数据库。

(3) 在操作系统中删除控制文件。

(4) 重新启动数据库。

5.6.5　查看控制文件信息

如果要获得控制文件信息，可以查询相关的数据字典视图。与控制文件相关的数据字典和视图如表 5-3 所示。

表 5-3　与控制文件相关的数据字典和视图

名　称	注　释
v$database	从控制文件中获取的数据库信息
v$controlfile	包含所有控制文件名称与状态信息
v$controlfile_record_section	包含控制文件中各记录文档段信息
v$parameter	可以获取初始化参数 control_files 的值

例题 5-35：查询当前数据库中所有控制文件信息，命令如下：

```
SQL>SELECT name,status FROM v$controlfile;
```

查询结果如下：

```
NAME                                                STATUS
---------------------------------------------       -----------
/u01/app/oracle/oradata/ora11/control01.ctl
/u01/app/oracle/oradata/ora11/control02.ctl
/u01/app/oracle/oradata/ora11/control03.ctl
/u01/app/oracle/oradata/control04.ctl
```

5.7　小型案例实训

例题 5-36：数据文件管理。

(1)　查看数据库中所有的数据文件及其所属的表空间，结果如图 5-12 所示：

```
SQL>SELECT substr(file_name,1,45),substr(tablespace_name,1,9)
2  from dba_data_files;
```

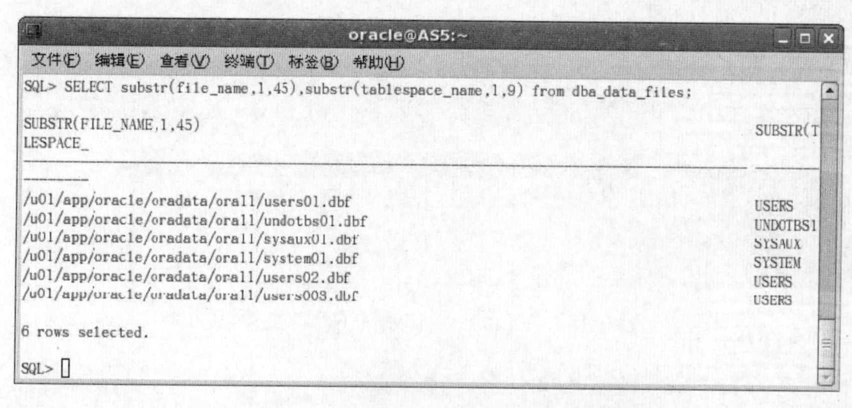

图 5-12　数据文件及其所属的表空间

(2)　使用 SQL 命令创建一个表空间 tbs1，其对应的数据文件大小为 20MB：

```
SQL>create tablespace tbs1 datafile '/u01/tbs_1.dbf' size 20M;
```

(3)　为 tbs1 表空间添加一个数据文件，以改变该表空间的大小，命令如下：

```
SQL>alter tablespace tbs1 add datafile '/u01/tbs_2.dbf' size 10M;
```

(4)　修改 tbs1 表空间中的数据文件 tbs_2.dbf 为自动扩展方式，每次扩展 5MB，最大为 100MB。命令如下：

```
SQL>alter database datafile '/u01/tbs_2.dbf' autoextend
2  on next 5M maxsize 100M;
```

结果如图 5-13 所示。

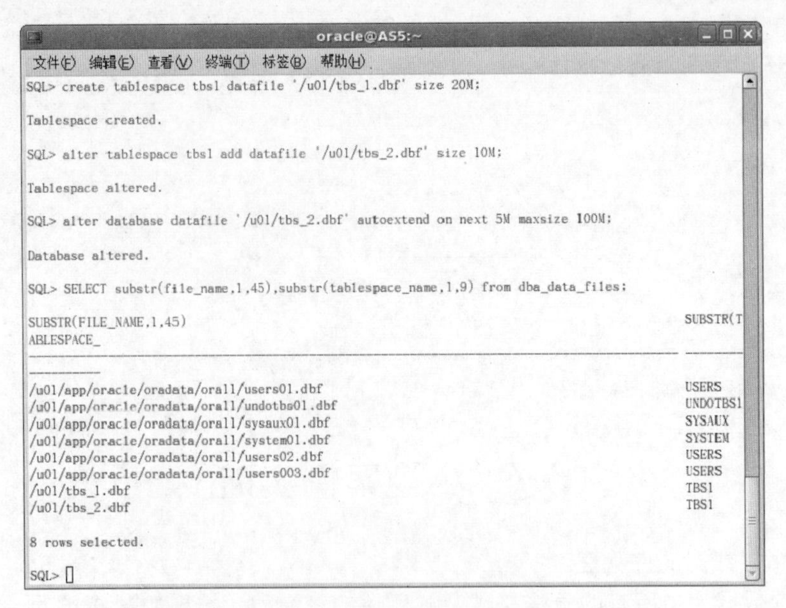

图 5-13　建立新的表空间操作后的数据文件列表

(5) 将 tbs1 表空间中的 tbs_2.dbf 更名为 tbs_002.dbf，步骤如下。

① 将表空间脱机，命令如下：

```
SQL>ALTER TABLESPACE tbs1 OFFLINE;
```

② 在操作系统中将 tbs_2.dbf 文件重命名为 tbs_002.dbf，如图 5-14 所示。

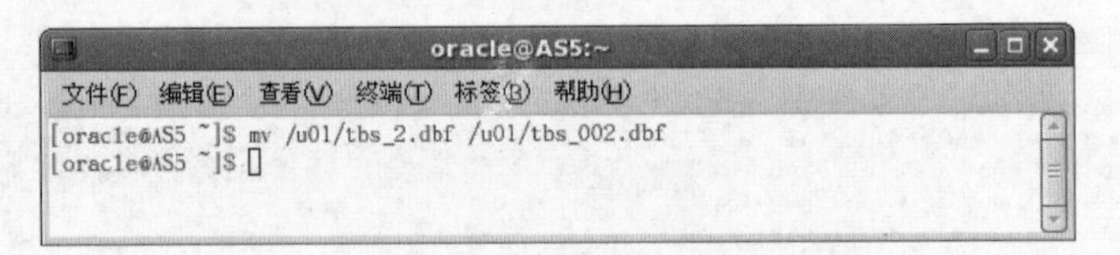

图 5-14　在 Linux 操作系统下修改文件名

③ 利用重命名命令修改数据文件名，命令如下：

```
SQL>alter tablespace tbs1 rename datafile '/u01/tbs_2.dbf'
2  TO '/u01/tbs_002.dbf'    //
```

④ 将表空间联机，命令如下：

```
SQL>ALTER TABLESPACE tbs1 ONLINE;
```

(6) 查看当前数据库中所有的表空间及其对应的数据文件信息，命令如下：

```
SQL>SELECT substr(file_name,1,45),substr(tablespace_name,1,9) from
dba_data_files;
```

操作结果如图 5-15 所示。

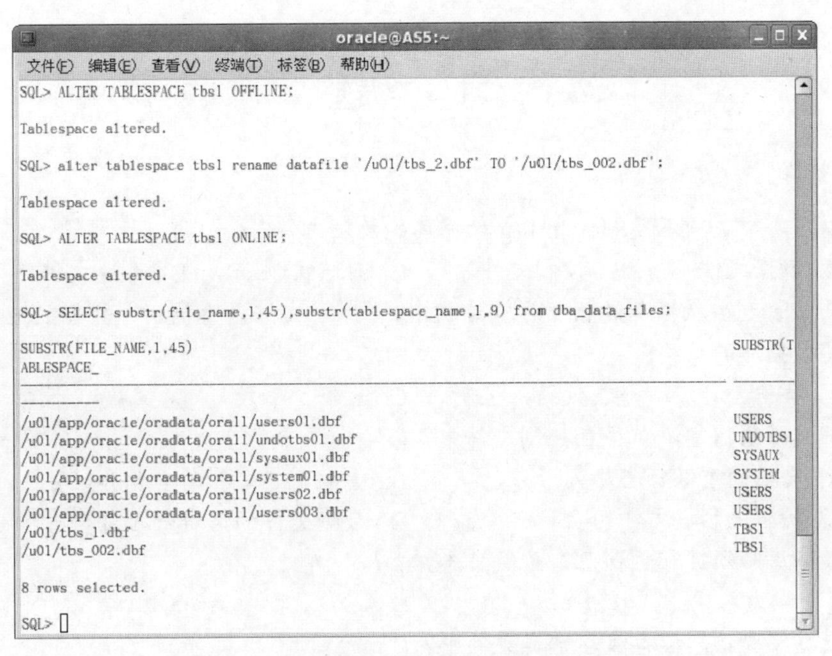

图 5-15　表空间重命名操作后的数据文件列表

本 章 小 结

本章介绍了 Oracle 数据库体系结构的组成以及体系结构中的物理存储结构(即物理文件)及其管理。Oracle 物理文件主要包括数据文件、重做日志文件、控制文件等。

数据文件用于保存数据库中的数据，数据库中所有的数据最终都保存在数据文件中。Oracle 数据库所占用的空间主要就是数据文件所占用的空间。用户对数据库的操作，如数据的插入、删除、修改和查询等，本质都是对数据文件进行操作。

重做日志文件是记录数据库中所有修改信息的文件，以重做日志的形式记录、保存用户对数据库所进行的变更，包括用户执行 DDL、DML 语句的操作。重做日志文件是数据库系统的最重要文件之一，它可以保证数据库安全。在归档模式下，数据库历史重做日志文件全部被保存，因此在数据库出现故障时，即使是介质故障，利用数据库备份、归档重做日志文件和联机重做日志文件也可以完全恢复数据库。而在非归档模式下，由于没有保存过去的重做日志文件，数据库只能从实例崩溃中恢复，而无法进行介质恢复。

控制文件是在创建数据库时创建的，它存放有数据库的数据文件和重做日志文件的信息，此外还描述了整个数据库的结构信息。控制文件是一个小的二进制文件，数据库管理员不能直接修改，只能由 Oracle 进程读/写其内容。当数据库的物理结构发生变化时，如增加、删除、修改数据文件或重做日志文件时，Oracle 数据库服务器进程会自动更新控制文件以及记录数据库结构的变化。因此当数据库打开时，Oracle 数据库服务器必须可以写控制文件。

习　题

1. 选择题

(1) 以下哪个选项不是 Oracle 11g 数据库的物理文件？(　　)

A. 数据文件　　B. 控制文件　　C. 日志文件　　D. 系统文件

(2) Oracle 11g 数据库的物理存储结构中，(　　)文件是存储用户数据的地方，(　　)文件存储了数据库的结构。

A. 备份、日志　　B. 数据、控制　　C. 数据、参数　　D. 备份、控制

(3) 下面哪项信息不保存在控制文件中？(　　)

A. 当前的重做日志序列号　　B. 重做日志文件的名称和位置

C. 初始化参数文件的位置　　D. 数据文件的名称和位置

(4) 数据库必须拥有至少几个重做日志组？(　　)

A. 1　　B. 2　　C. 3　　D. 4

(5) 数据字典信息被存放在哪类文件中？(　　)

A. 数据文件　　B. 控制文件

C. 重做日志文件　　D. 归档日志文件

(6) 关于联机重做日志，以下(　　)是正确的。

A. 所有日志组的所有文件都是同样大小

B. 一组中的所有成员文件都是同样大小

C. 成员文件应置于相同的磁盘

D. 回退段大小决定成员文件大小

(7) 数据库管理员使用(　　)命令可以显示当前归档状态。

A. FROM ARCHIVE LOGS　　B. SELECT * FROM V$THREAD

C. ARCHIVE LOG LIST　　D. SELECT * FROM ARCHIVE_LOG_LIST

(8) 控制文件的建议配置是(　　)。

A. 每数据库一个控制文件　　B. 每磁盘一个控制文件

C. 2 个控制文件置于 2 个磁盘　　D. 2 个控制文件置于一个磁盘

(9) 当创建控制文件时，数据库必须处于(　　)状态。

A. 加载　　B. 未加载

C. 打开　　D. 受限

(10) 数据字典视图(　　)用来显示数据库处于归档状态。

A. V$INSTANCE　　B. V$LOG

C. V$DATABASE　　D. V$THREAD

(11) 把多路镜像控制文件存于不同磁盘最大的好处是(　　)。

A. 数据库性能提高　　B. 防止失败

C. 提高归档速度　　D. 能并发访问，提高控制文件的写入速度

(12) 文件(　　)用于记录数据库的改变，并且用于实例的恢复。

A. Archive log file　　　　B. Redo log file
C. Control file　　　　D. Alert log file

2. 简答题

(1) 简述 Oracle 11g 数据库体系结构的构成及其关系。
(2) 简述 Oracle 11g 数据库物理存储结构的组成。
(3) 简述 Oracle 11g 数据库数据文件的作用。
(4) 简述 Oracle 11g 数据库控制文件的作用及其性质。
(5) 简述采用多路镜像控制文件的必要性及其工作方式。
(6) 简述 Oracle 11g 数据库重做日志文件的作用及其工作方法。
(7) 简述 Oracle 11g 数据库归档的必要性以及如何进行归档设置。

3. 操作题

(1) 为 users 表空间添加一个数据文件，文件名为 users03.dbf，大小为 20MB。
(2) 修改 users 表空间中的 users03.dbf 文件的大小为 50MB。
(3) 修改 users 表空间中的 users03.dbf 文件为自动增长方式，每次增长 5MB，最大为 100MB。
(4) 取消 users 表空间中的 users03.dbf 文件的自动增长方式。
(5) 将 users 表空间中的 users03.dbf 文件更名为 users04.dbf。
(6) 删除 users 表空间中的 users04.dbf 文件。
(7) 将数据库的控制文件以二进制文件的形式备份。
(8) 为数据库添加一个重做日志文件组，组内包含两个成员文件，分别为 redo04a.log 和 redo04b.log，大小分别为 5MB。
(9) 为新建的重做日志文件组添加一个成员文件，名称为 redo04c.log。
(10) 删除上题中添加的重做日志文件组成员文件 redo04c.log。
(11) 将数据库设置为归档模式，并采用自动归档方式。
(12) 设置数据库归档路径为/u01/backup。

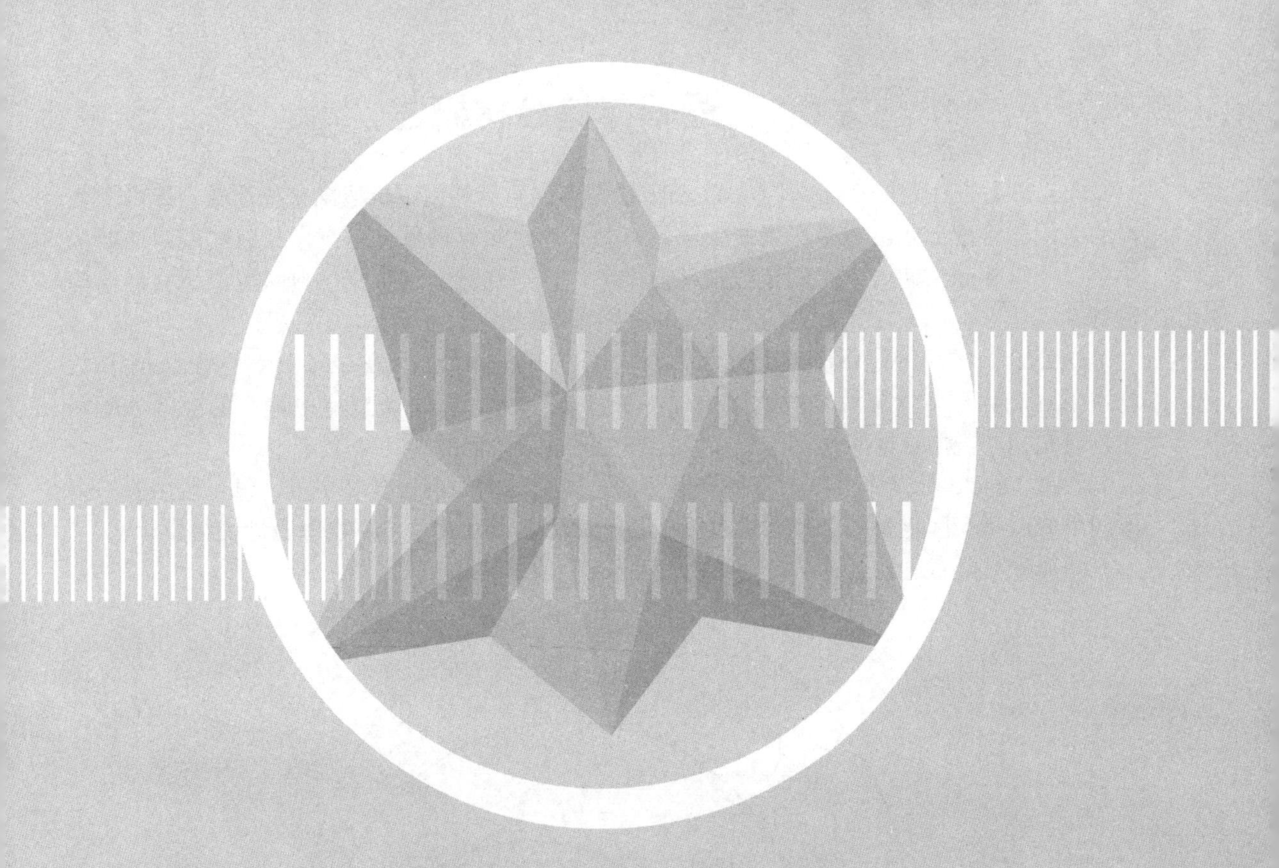

第 6 章

逻辑存储结构

本章要点：

数据库的逻辑存储结构与操作系统平台无关，是由 Oracle 数据库创建和管理的。数据库的逻辑结构是面向用户的，描述了数据库在逻辑上如何组织和存储数据。数据库的逻辑结构支配一个数据库如何使用其物理空间。本章将主要介绍 Oracle 11g 数据库的逻辑存储结构，包括表空间、段、区和数据块的基本概念、组成及其管理。

学习目标：

了解 Oracle 数据库的逻辑存储结构概念和组成，掌握表空间、段、区间和数据块的概念及它们之间的关系，重点掌握这 4 种逻辑结构的管理方式。

6.1 逻辑存储结构概述

Oracle 数据库逻辑存储结构是 Oracle 数据库创建后利用逻辑概念来描述数据库内部数据的组织和管理形式。在操作系统中，没有数据库逻辑存储结构信息，只有物理存储结构信息。逻辑存储结构概念存储在数据字典中，用户可通过查询数据字典获取逻辑存储结构信息。

Oracle 数据库的逻辑存储结构包括表空间(Tablespace)、段(Segment)、区(Extent)和数据块(Block)4 种。数据块是数据库中最小的 I/O 单元，区是数据库中最小的存储分配单元，段是相同类型数据的存储分配区域，表空间是最大的逻辑存储单元。

一个 Oracle 数据库可以拥有多个表空间，每个表空间可包含多个段，每个段由若干个区间组成，每个区包含多个数据块，每个 Oracle 数据块由多个 OS 物理磁盘块组成。

Oracle 数据库逻辑存储结构之间的关系如图 6-1 所示。

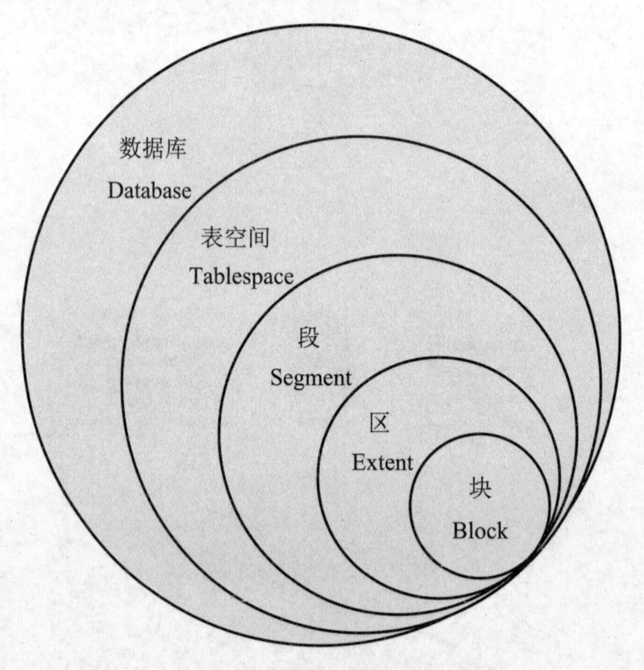

图 6-1　Oracle 数据库逻辑存储结构之间的关系

6.2 表空间管理

表空间的管理主要包括表空间的创建、修改、删除以及表空间内部区的分配、段的管理。下面主要介绍在 Oracle 11g 数据库的本地管理方式中表空间的管理。

6.2.1 表空间概念

数据库可以划分为若干个逻辑存储单元，这些存储单元被称为表空间。数据库的基本对象是表，而表空间是存储对象的容器，因此称为表空间。除了表之外，表空间还可以存放索引、视图等对象。

表空间是 Oracle 数据库中最大的逻辑存储结构，与操作系统中的数据文件相对应，用于存储数据库中用户创建的所有内容。因此，数据库、表空间和数据文件是彼此密切相关的，一个数据库可以包含一个或多个表空间，一个表空间只能属于一个数据库，不同表空间用于存放不同应用的数据，数据库中表空间的存储容量之和就是数据库的存储容量。一个表空间包含一个或多个数据文件，一个数据文件只能属于一个表空间，表空间中数据文件的大小之和就是表空间的存储容量。

Oracle 数据库在逻辑上将数据对象存储在表空间中，在物理上将数据对象存储在数据文件中。一个数据库对象只能存储在一个表空间中(分区表和分区索引除外)，但可以存储在该表空间所对应的一个或多个数据文件中。如果表空间只包含一个数据文件，则表空间中的所有对象都必须保存在该数据文件中；如果表空间包含多个数据文件，则表空间中的对象可以分布于不同的数据文件中。

数据库、表空间、数据文件、数据库对象之间的关系如图 6-2 所示。

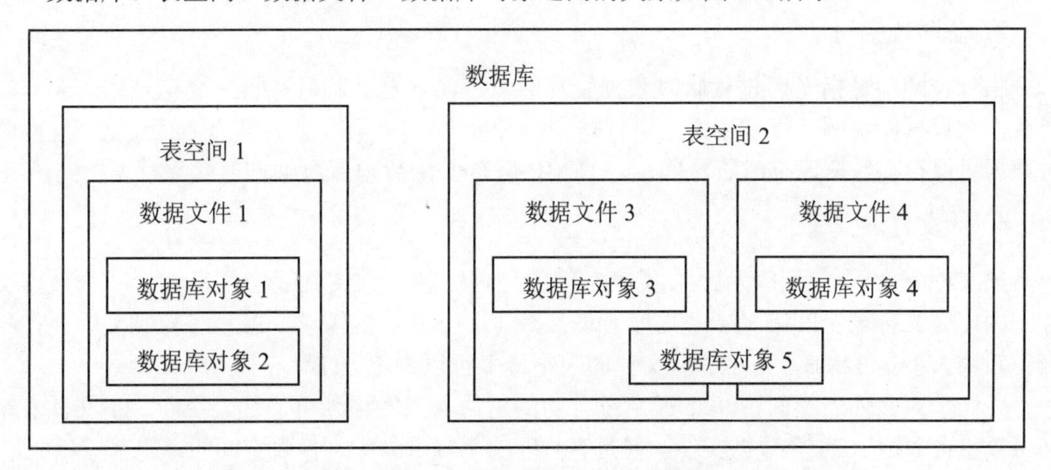

图 6-2　数据库、表空间、数据文件、数据库对象之间的关系

6.2.2　表空间类型

Oracle 数据库中主要的表空间类型有永久表空间、撤销表空间、临时表空间和大文件表空间。

1．永久表空间

永久表空间包含一些段，这些段在超出会话或事务的持续时间后持续存在。SYSTEM 表空间和 SYSAUX 表空间是永久表空间的实例，这两个表空间是在创建数据库时自动创建的。

1)　SYSTEM 表空间

每个 Oracle 数据库必须具有一个默认 SYSTEM 表空间，即系统表空间。SYSTEM 表空间主要存储如下信息：数据库的数据字典和系统管理信息；PL/SQL 程序的源代码和解释代码，包括存储过程、函数、包、触发器等；数据库对象的定义，如表、视图、序列、同义词等。

通常情况下，SYSTEM 表空间被保留用于存放系统信息，用户数据对象不应保存在SYSTEM 表空间中，以免影响数据库的稳定性与执行效率。

2) SYSAUX 表空间

SYSAUX 表空间称为辅助系统表空间，主要用于存储数据库组件等信息，以减小SYSTEM 表空间的负荷。在通常情况下，不允许删除、重命名及传输 SYSAUX 表空间。

2. 撤销表空间

撤销表空间可能有一些段在超出会话或事务末尾后仍然保留，它为访问被修改表的SELECT 语句提供读一致性，同时为数据库的大量闪回特性提供撤销数据。

UNDOTBS1 是 Oracle 自动创建的撤销表空间，Oracle 利用 UNDOTBS1 表空间专门进行回退信息的自动管理。撤销表空间由回退段构成，不能包含其他段信息。每个数据库可以有多个撤销表空间，但每个数据库实例在给定的时间内只有一个撤销表空间可以是活动的。由参数 UNDO_TABLESPACE 设置活动的撤销表空间。

3. 临时表空间

临时表空间是指专门进行临时数据管理的表空间，这些临时数据在会话结束时会自动释放。在数据库实例运行过程中，执行排序等 SQL 语句时会产生大量的临时数据，这些临时数据将保存在数据库临时表空间中。TEMP 是 Oracle 数据库自动创建的临时表空间。

4. 大文件表空间

大文件表空间可用于以上 3 类表空间的任何一种。大文件表空间只包含一个数据文件，因此大文件表空间减轻了数据库管理，减少了 SGA 的需求，减小了控制文件。如果表空间块大小是 32KB，则该数据文件的大小最多可以为 128TB。

相比于大文件表空间，Oracle 系统自动创建的表空间称为小文件表空间。小文件表空间可以包含多达 1024 个数据文件，但是表空间的总容量与大文件表空间的容量基本相似。

6.2.3 创建表空间

在创建数据库时，Oracle 会自动地创建一系列表空间，称为系统表空间，包括 SYSTEM 表空间、SYSAUX 表空间、UNDOTBS1 表空间、TEMP 表空间和 USERS 表空间。用户可以使用这些表空间进行数据操作。但是在实际应用中，如果所有用户都使用系统自动创建的表空间，将会严重影响 I/O 性能。因此需要根据实际情况创建不同的表空间，这样可以减轻系统表空间的负担，又可使得数据库中的数据分布更清晰。

用户必须拥有 CREATE TABLESPACE 的系统权限才可以使用此语句创建表空间。创建表空间可以使用 CREATE TABLESPACE 语句实现，语法格式如下：

```
CREATE [ TEMPORARY | UNDO | BIGFILE ] TABLESPACE tablespace_name
DATAFILE | TEMPFILE file_name SIZE n K | M [ REUSE ]
[ AUTOEXTEND OFF | ON NEXT m K | M MAXSIZE UNLIMITED | maxnum K | M ]
[ ,… ]
[ ONLINE | OFFLINE ]
```

```
[ LOGGING | NOLOGGING ]
[ FORCE LOGGING ]
[ PERMANENT | TEMPORARY ]
[ EXTENT MANAGEMENT DICTIONARY | LOCAL
[ AUTOALLOCATIE | UNIFORM SIZE s K | M ] ]
[ SEGMENT SPACE MANAGEMENT AUTO | MANUAL ];
```

格式说明如下。

(1) TEMPORARY | UNDO | BIGFILE：指定表空间类型，TEMPORARY 表示临时表空间，UNDO 表示撤销表空间，BIGFILE 表示大文件表空间，默认表示永久表空间。

(2) tablespace_name：创建的表空间名称。表空间名称不能超过 30 个字符，必须以字母开头，可以包含字母、数字和一些特殊字符(如#，_，$)等。

(3) DATAFILE | TEMPFILE "file_name"：设定表空间对应的一个或多个数据文件。通常使用 DATAFILE；如果创建临时表空间，则使用 TEMPFILE，file_name 为文件名与路径。可以为表空间指定多个数据文件。

(4) SIZE n：数据文件大小，单位为 KB 或 MB。

(5) AUTOEXTEND OFF | ON：设置数据文件是否可以自动扩展，ON 为自动扩展，OFF 为不自动扩展(默认)。

(6) NEXT m：如果设置为自动扩展，则数据文件每次扩展 mKB 或 mMB。

(7) MAXSIZE UNLIMITED | maxnum：如果为自动扩展，用于指定可扩展的最大值为 maxnum KB 或 MB，如设为 LIMITED，则无限制(默认)。

(8) ONLINE | OFFLINE：表空间是否可用，设为 ONLINE 表示表空间可用(默认)，OFFLINE 表示表空间不可用。

(9) LOGGING | NOLOGGING：指定存储在表空间的数据库对象的任何操作是否都产生日志。LOGGING 表示产生(默认)，NOLOGGING 表示不产生。

(10) EXTENT MANAGEMENT：指定表空间的管理方式，设为 LOCAL(默认)表示本地管理，DICTIONARY 表示字典管理。

① 本地管理的表空间：在表空间中，区的分配和管理信息都存储在表空间的数据文件中，而与数据字典无关。表空间在每个数据文件中维护一个位图结构，用于记录表空间中所有区的分配情况，位图中的每个位都对应于一个块或一组块。每当一个区被使用，或者被释放以供重新使用时，Oracle 服务器通过更改位图值来显示块的新状态，以反映这个变化。

② 字典管理的表空间：表空间使用数据字典来管理存储空间的分配，每当分配或取消分配区后，Oracle 服务器会更新数据字典中的相应表。Oracle 11g 已不支持字典管理方式。

(11) AUTOALLOCATE | UNIFORM：设定区的分配方式。AUTOALLOCATE(默认)表示区由 Oracle 自动分配，UNIFORM 表示区大小相同，都为指定值 sKB 或 sMB。

(12) SEGMENT SPACE MANAGEMENT：设定段的管理方式，设为 AUTO(默认)表示自动管理，设为 MANUAL 表示手动管理。

1．创建永久表空间

例题 6-1：为 ora11 数据库创建一个永久性的表空间 ora11tbs1，大小为 50MB，区自动扩展，段采用自动管理方式，命令如下：

```
SQL>CREATE TABLESPACE ora11tbs1 DATAFILE
2  '/u01/app/oracle/oradata/ora11/ora11tbs1_1.dbf' SIZE 50M;
```

区自动扩展与段的自动管理方式都为默认方式，这里省略。

例题 6-2：为 ora11 数据库创建一个永久性表空间 ora11tbs2，区定制分配，段采用自动管理方式，命令如下：

```
SQL>CREATE TABLESPACE ora11tbs2 DATAFILE
2  '/u01/app/oracle/oradata/ora11/ora11tbs2_1.dbf' SIZE 50M
3  EXTENT MANAGEMENT LOCAL UNIFORM SIZE 512K
4  SEGMENT SPACE MANAGEMENT AUTO;
```

2．创建临时表空间

临时表空间主要用来存储数据库运行过程中排序、汇总等工作产生的临时数据信息。通过临时表空间，Oracle 能够使排序等操作获得更高的执行效率。Oracle 数据库默认的临时表空间为 TEMP 表空间，临时表空间所对应的数据文件称为临时数据文件。

可以通过执行 CREATE TEMPORARY TABLESPACE 语句创建临时表空间，用 TEMPFILE 子句设置临时数据文件。在本地管理方式下的临时表空间中，区的分配方式只能是 UNIFORM，而不能是 AUTOALLOCATE，这样可以避免临时段中产生过多的存储碎片。

例题 6-3：为 ora11 数据库创建一个临时表空间 ora11temp1，命令如下：

```
SQL>CREATE TEMPORARY TABLESPACE ora11temp1
2  TEMPFILE '/u01/app/oracle/oradata/ora11/ora11temp1_1.dbf'
3  SIZE 20M EXTENT MANAGEMENT LOCAL UNIFORM SIZE 16M;
```

在 Oracle 中，允许将多个临时表空间组成一个临时表空间组，这样可以使用一个临时表空间组中的多个临时表空间存储临时数据。临时表空间组不需要特别创建，只需在创建临时表空间时，使用 TABLESPACE GROUP 语句为其指定一个组即可。

例题 6-4：为 ora11 数据库创建临时表空间 ora11temp2 和 ora11temp3，并将它们所在的组指定为 temp_group1，命令如下：

```
SQL>CREATE TEMPORARY TABLESPACE ora11temp2
2  TEMPFILE '/u01/app/oracle/oradata/ora11/ora11temp2.dbf'
3  SIZE 10M TABLESPACE GROUP temp_group1;
SQL>CREATE TEMPORARY TABLESPACE ora11temp3
2  TEMPFILE '/u01/app/oracle/oradata/ora11/ora11temp3.dbf'
3  SIZE 10M TABLESPACE GROUP temp_group1;
```

3．创建撤销表空间

Oracle 使用撤销表空间来管理撤销数据。当用户对数据库中的数据进行 DML 操作时，Oracle 会将修改前的旧数据写入撤销表空间中；当需要进行数据库恢复操作时，用户会根据撤销表空间中存储的这些撤销数据对数据进行恢复，撤销表空间可确保数据的一致性。

Oracle 中使用了撤销表空间的概念，专门用于回退段的自动管理。如果数据库中没有创建撤销表空间，那么将使用 SYSTEM 表空间来管理回退段。在使用 DBCA 创建数据库的同时，会创建一个名为 UNDOTBS1 的撤销表空间。

可以通过执行 CREATE UNDO TABLESPACE 语句创建撤销表空间，但是在该语句中只能指定 DATAFILE 和 EXTENT MANAGEMENT LOCAL 两个子句，而不能指定其他子句。

例题 6-5：为 ora11 数据库创建一个撤销表空间 ora11undo1，命令如下：

```
SQL>CREATE UNDO TABLESPACE ora11undo1
2  DATAFILE '/u01/app/oracle/oradata/ora11/ora11undo1_1.dbf'
3  SIZE 20M;
```

提示： 如果数据库中包含多个撤销表空间，那么一个实例只能使用一个处于活动状态的撤销表空间，这可以通过参数 UNDO_TABLESPACE 来指定；如果数据库中只包含一个撤销表空间，那么数据库实例启动后会自动使用该撤销表空间。如果要使用撤销表空间对数据库回退信息进行自动管理，则必须将初始化参数 UNDO_MANAGEMENT 的值设置为 AUTO。

4. 创建大文件表空间

大文件表空间由唯一的、非常巨大的数据文件组成。普通的小文件表空间可以包含多个数据文件，而大文件表空间只能包含一个数据文件。

例题 6-6：为 ora11 数据库创建一个大文件表空间 ora11bigtbs，数据文件大小为 500MB，命令如下：

```
SQL>CREATE BIGFILE TABLESPACE ora11bigtbs
2  DATAFILE '/u01/app/oracle/oradata/ora11/ora11bigtbs.dbf'
3  SIZE 500M;
```

6.2.4 修改表空间

表空间在创建之后，可以进行修改操作，包括表空间的扩展、可用性的修改、读/写状态的转换、重命名表空间等。但不能将本地管理的永久性表空间转换为本地管理的临时表空间，也不能修改本地管理表空间中段的管理方式。

1. 扩展表空间

数据文件的大小决定了其所在表空间的大小，因此扩展表空间可以通过以下 3 种方式实现：添加新的数据文件、改变数据文件的大小和允许数据文件自动扩展。

(1) 添加新的数据文件。

为表空间添加数据文件，可以通过执行 ALTER TABLESPACE 语句实现。

① 为永久表空间添加数据文件，语法格式为：

```
ALTER TABLESPACE tablespace_name ADD DATAFILE datafile_name SIZE n;
```

② 为临时表空间添加临时数据文件，语法格式为：

```
ALTER TABLESPACE temp_tablespace_name ADD TEMPFILE temp_datafile_name
SIZE n;
```

例题 6-7：为 ora11 数据库的 ora11tbs1 表空间添加一个大小为 10MB 的新数据文件 ora11tbs1_2.dbf，命令如下：

```
SQL>ALTER TABLESPACE ora11tbs1 ADD DATAFILE
2  '/u01/app/oracle/oradata/ora11/ora11tbs1_2.dbf' SIZE 10M;
```

例题 6-8：为 ora11 数据库的 ora11temp1 临时表空间添加一个大小为 10MB 的临时数据文件 ora11temp1_2.dbf，命令如下：

```
SQL>ALTER TABLESPACE ora11temp1 ADD TEMPFILE
2  '/u01/app/oracle/oradata/ora11/ora11temp1_2.dbf' SIZE 10M;
```

(2) 改变数据文件的大小。

通过修改表空间中已有数据文件的大小达到扩展表空间的目的，可以执行 ALTER DATABASE 命令。语法格式为：

```
ALTER DATABASE DATAFILE datafile_name RESIZE n;
```

例题 6-9：将 ora11 数据库的 ora11tbs1 表空间的数据文件 ora11tbs1_2.dbf 大小增加到 20MB，命令如下：

```
SQL>ALTER DATABASE DATAFILE
2  '/u01/app/oracle/oradata/ora11/ora11tbs1_2.dbf' RESIZE 20M;
```

(3) 允许数据文件自动扩展。

将表空间的数据文件设置为自动扩展，即为数据文件指定了 AUTOEXTEND ON 选项，则当数据文件被填满时，数据文件会自动扩展，Oracle 能自动为表空间扩展存储空间，而不需要 DBA 手动修改。如果没有指定 AUTOEXTEND ON 选项，则该文件的大小是固定的。

在创建表空间时，可以设置数据文件的自动扩展属性。在为表空间增加新的数据文件时，也可以设置新数据文件的自动扩展性。而对于已创建的表空间中已有的数据文件，则可以使用 ALTER DATABASE 语句修改其自动扩展性。

例题 6-10：将 ora11 数据库的 ora11tbs1 表空间中数据文件 ora11tbs1_2.dbf 设置为自动扩展，每次扩展 5MB 空间，文件最大为 100MB。

```
SQL>ALTER DATABASE DATAFILE
2  '/u01/app/oracle/oradata/ora11/ora11tbs1_2.dbf'
3  AUTOEXTEND ON NEXT 5M MAXSIZE 100M;
```

2．修改表空间的状态

表空间的状态主要有联机(ONLINE)、脱机(OFFLINE)、只读(READ ONLY)和读/写

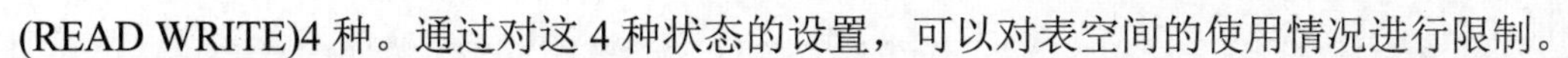
(READ WRITE)4 种。通过对这 4 种状态的设置，可以对表空间的使用情况进行限制。

(1)　修改表空间的可用性。

新建的表空间都处于联机状态，用户可以对其进行访问。但是在某些情况下，如进行表空间备份、数据文件重命名或移植等操作时，需要限制用户对表空间的访问，此时需将表空间设置为脱机状态。当表空间处于脱机状态时，该表空间中的所有数据文件也都处于脱机状态。

执行 ALTER TABLESPACE 语句，可以将表空间设置为脱机或联机状态。语法格式为：

```
ALTER TABLESPACE tablespace_name OFFLINE | ONLINE;
```

例题 6-11：将 ora11 数据库的 ora11tbs1 表空间设置为脱机状态，命令如下：

```
SQL>ALTER TABLESPACE ora11tbs1 OFFLINE;
```

提示：SYSTEM 表空间、存放联机回退信息的撤销表空间和临时表空间必须是联机状态。若表空间在关闭数据库时处于脱机状态，数据库重新打开时它依然保持脱机状态。

(2)　修改表空间的读/写状态。

当表空间处于读写状态时，可以对表空间进行正常访问，包括对表空间中的数据进行查询、更新和删除等操作。当表空间状态为只读时，虽然可以访问表空间的数据，但访问权限仅限于阅读，不能进行更新或删除等操作。表空间默认处于读/写方式。可以通过执行 ALTER TABLESPACE 语句改变表空间的读/写状态，语法格式为：

```
ALTER TABLESPACE tablespace_name READ ONLY | READ WRITE;
```

该语句执行后，不必等待表空间中的所有事务结束即可立即生效。若改变为只读状态，以后任何用户都不能再创建针对该表空间的读/写事务，而当前正在活动的事务则可以继续向表空间中写入数据，直到它们结束。此时，表空间才真正进入只读状态。

提示：如果需要修改表空间状态为 READ WRITE，需要保证表空间处于 ONLINE 状态；不能将系统自定义的 SYSTEM 等表空间的状态设置为 OFFLINE 或 READ ONLY。

3. 设置默认表空间

Oracle 数据库的默认永久性表空间为 USERS 表空间，默认的临时表空间为 TEMP 表空间。Oracle 允许使用非 USERS 表空间作为默认的永久性表空间，使用非 TEMP 表空间作为默认的临时表空间。

设置默认表空间，可以使用 ALTER DATABASE DEFAULT TABLESPACE 语句实现。

例题 6-12：将 ora11tbs1 表空间设置为 ora11 数据库的默认永久表空间，命令如下：

```
SQL>ALTER DATABASE DEFAULT TABLESPACE ora11tbs1;
```

可以通过执行 ALTER DATABASE DEFAULT TEMPORARY TABLESPACE 语句设置数据库的默认临时表空间。

例题 6-13：将 TEMP 表空间设置为 ora11 数据库的默认临时表空间，命令如下：

```
SQL>ALTER DATABASE DEFAULT TEMPORARY TABLESPACE TEMP;
```

也可以为数据库实例指定一个默认的临时表空间组，方法与指定默认临时表空间类似，只需要用临时表空间组名代替临时表空间名即可。

例题 6-14：将临时表空间组 tem_group1 设置为 ora11 数据库的默认临时表空间，命令如下：

```
SQL>ALTER DATABASE DEFAULT TEMPORARY TABLESPACE tem_group1;
```

4. 重命名表空间

若情况需要，可以对表空间名称进行修改。修改表空间名称并不影响表空间中的数据，但是不能修改 SYSTEM 表空间和 SYSAUX 表空间的名称。另外，处于脱机状态或部分数据文件处于脱机状态的表空间的名称也不能修改。重命名表空间语句的语法格式为：

```
ALTER TABLESPACE old_tablespace_name RENAME TO new_tablespace_name;
```

例题 6-15：修改 ora11tbs1 表空间的名称为 ora11tbs2，命令如下：

```
SQL>ALTER TABLESPACE ora11tbs1 RENAME TO ora11tbs2;
```

5. 删除表空间

当表空间中的所有数据都不再需要时，就可以将该表空间从数据库中删除。除了 SYSTEM 表空间和 SYSAUX 表空间外，其他表空间都可以删除。如果表空间中的数据正在被使用，或者表空间中包含未提交事务的回退信息，则该表空间不能删除。

可以通过执行 DROP TABLESPACE 语句删除表空间及其内容，语法格式为：

```
DROP TABLESPACE tablespace_name [ INCLUDING CONTENTS [ AND DATAFILES ] ];
```

语法说明如下。

- INCLUDING CONTENTS：删除表空间的同时，删除表空间所有的数据库对象。
- AND DATAFILES：删除表空间的同时，删除表空间所对应的数据文件。

通常情况下，删除表空间仅仅是把控制文件和数据字典中与表空间和数据文件相关的信息删掉，而不会删除操作系统中相应的数据文件。如果删除表空间的同时，删除操作系统中对应的数据文件，需要使用 INCLUDING CONTENTS AND DATAFILES 子句。

例题 6-16：删除 ora11 数据库表空间 ora11tbs1 及其所有内容，命令如下：

```
SQL>DROP TABLESPACE ora11tbs1 INCLUDING CONTENTS;
```

例题 6-17：删除 ora11 数据库表空间 ora11tbs2，并同时删除该表空间中的所有数据库对象，以及操作系统中与之对应的数据文件，命令如下：

```
SQL>DROP TABLESPACE ora11tbs2 INCLUDING CONTENTS AND DATAFILES;
```

6. 查看表空间信息

为了方便对表空间的管理，Oracle 提供了一系列与表空间和数据文件相关的数据字典。通过这些表空间，数据库管理员可以了解表空间和数据文件的相关信息，如表 6-1 所示。

表 6-1　与表空间相关的数据字典

名　称	注　释
dba_tablespaces	数据库中所有表空间的信息
v$tablespace	从控制文件中获取的表空间名称和编号信息
dba_data_files	数据文件及其所属表空间信息
v$datafile	所有数据文件信息，包括所属表空间的名称和编号
dba_temp_files	临时文件及其所属表空间信息
v$tempfile	所有临时文件信息，包括所属表空间的名称和编号
dba_tablespace_groups	表空间组及其包含的表空间信息
dba_segments	所有表空间中段的信息
dba_extents	所有表空间中区的信息
dba_free_space	所有表空间中空闲区的信息
dba_users	所有用户的默认表空间和临时表空间信息

例题 6-18：通过视图 dba_tablespaces 查看所有表空间的基本信息，命令如下：

```
SQL>SELECT tablespace_name,contents,status FROM dba_tablespaces;
```

查询结果如下：

```
TABLESPACE_NAME                 CONTENTS    STATUS
------------------------------ ---------  -----------
SYSTEM                          PERMANENT   ONLINE
SYSAUX                          PERMANENT   ONLINE
UNDOTBS1                        UNDO        ONLINE
TEMP                            TEMPORARY   ONLINE
USERS                           PERMANENT   ONLINE
ORA11TBS1                       PERMANENT   ONLINE
ORA11TBS2                       PERMANENT   ONLINE
```

例题 6-19：查看视图 v$tablespace 中表空间的内容和数量，命令如下：

```
SQL>SELECT * FROM v$tablespace;
```

查询结果如下：

```
TS#        NAME                INC    BIG    FLA  ENC
--------- ------------------- ----- ------  ---- ----
  0         SYSTEM             YES     NO    YES
  1         SYSAUX             YES     NO    YES
  2         UNDOTBS1           YES     NO    YES
  4         USERS              YES     NO    YES
  3         TEMP               NO      NO    YES
  7         ORA11TBS1          YES     NO    YES
  8         ORA11TBS2          YES     NO    YES
  9         ORA11BIGTBS        YES     YES   YES
```

例题 6-20：查询 DBA_DATA_FILES 视图获取数据库中的文件信息，命令如下：

```
SQL>SELECT file_name,blocks,tablespace_name FROM dba_data_files;
```

查询结果如下：

```
FILE_NAME                                           BLOCKS  TABLESPACE_NAME
--------------------------------------------------- ------- --------------
'/u01/app/oracle/oradata/ora11/USERS01.DBF            640   USERS
'/u01/app/oracle/oradata/ora11/SYSAUX01.DBF          32000  YSAUX
'/u01/app/oracle/oradata/ora11/UNDOTBS01.DBF         4480   UNDOTBS1
'/u01/app/oracle/oradata/ora11/SYSTEM01.DBF          61440  SYSTEM
'/u01/app/oracle/oradata/ora11/EXAMPLE01.DBF         12800  EXAMPLE
```

例题 6-21：查询 DBA_USERS 视图获取，所有用户的默认表空间，命令如下：

```
SQL>SELECT username,default_tablespace FROM dba_users;
```

查询结果如下：

```
USERNAME        DEFAULT_TABLESPACE
-------------   -----------------------------------
MGMT_VIEW        SYSTEM
SYS              SYSTEM
SYSTEM           SYSTEM
DBSNMP           SYSAUX
SYSMAN           SYSAUX
SCOTT            USERS
TY               USERS
OUTLN            SYSTEM
MDSYS            SYSAUX
ORDSYS           SYSAUX
ANONYMOUS        SYSAUX
EXFSYS           SYSAUX
…                …
```

6.3 段

6.3.1 段的种类

段是为某个逻辑结构分配的一组区，由一个或多个连续或不连续的区组成，用于存储特定对象的所有数据。段是表空间的组成单位，代表特定数据类型的存储结构。通常情况下，一个对象只拥有一个段，一个段中至少包含一个区。段不可以跨表空间，一个段只能属于一个表空间。

段是由 Oracle 数据库服务器动态分配。段不是存储空间的分配单位，而是一个独立的逻辑存储结构。

根据段中存储对象的类型，可以把段分为 4 种类型，即数据段(表段)、索引段、回退段和临时段。

(1) 数据段：存放一个表或簇中的所有数据，当使用 CREATE TABLE 语句时自动在表空间上创建数据段。对于分区表，每个分区都有一个数据段。在建立一个表时，Oracle

服务器会自动为该表建立一块空间，用于存放表中的数据，这块空间就叫作段。段的名字通常与表的名字相同。例如，在系统中建立一个表名字为 table1，系统就为 table1 表在磁盘上分配 table1 段这样一块空间，用于存放 table1 表的数据。

(2) 索引段：存放所有索引数据。当使用 CREATE INDEX 语句时，自动在表空间上创建索引段。每个索引都有一个索引段，存储其所有数据。对于分区索引，每个分区都有一个索引段。

(3) 回退段(有时也称撤销段)：存放事务所修改数据的旧值。Oracle DB 会维护用于回退对数据库所做更改的信息，此信息包括事务处理操作的记录。

(4) 临时段：临时段是在 SQL 语句需要临时数据库区域来完成执行时，由 Oracle 数据库服务器创建的。语句完成执行后，临时段中的区将返回给系统，以备将来使用。

如果段的现有区变满，Oracle 数据库服务器将动态分配空间。因为区是根据需要分配的，所以段中的区在磁盘上可能连续，也可能不连续。

6.3.2　段的管理方式

段的管理方式分为手动段空间管理(MSSM)和自动段空间管理(ASSM，Oracle 默认的管理形式)。

1．手动段空间管理(Manual Segment Space Management，MSSM)

系统会在段头建立一个 freelist 列表，有空闲空间的块被放到列表中。当块中的数据量少于 PCTUSED 参数所指定的值时，会插入 freelist 列表，块中空闲空间小于 pctfree 参数所指定的值才会从 freelist 列表中移除)。

然而对列表 freelist 的操作是串行化操作，不可以多个任务同时访问空闲块列表。在只有一个 freelist 的时候，当数据缓冲内的数据块由于被另一个 DML 事务处理锁定而无法使用时，缓冲区忙等待就会发生，解决的方法是将一个空闲列表分为多个空闲列表，满足多个用户对多个空闲块的需求。另一个解决方法就自动段空间管理。

2．自动段空间管理(Auto Segment Space Manage，ASSM)

Oracle 使用位图管理段中空闲块，不访问 freelist 而是访问自己段头的位图，极大地减少了竞争。空闲块列表 freelist 被位图所取代，它是一个二进制的数组，能够快速有效地管理存储扩展和剩余区块，因此能够改善分段存储本质，是更加简单和有效的段空间管理方法。

自动段空间管理的优点是减轻缓冲区忙等待的负担。采用 ASSM 之后，Oracle 提高了 DML 并发操作的性能。因为位图的不同部分可以被同时使用，这样就消除了寻找剩余空间的串行化。根据 Oracle 的测试结果，使用位图会消除所用分段头部的争夺，还能获得超快的并发插入操作。

自动段空间管理的不足是无法控制表空间内部的独立表和索引的存储行为，大型对象不能使用 ASSM，而且必须为包含 LOB 数据类型的表创建分离的表空间。不能使用 ASSM 创建临时表空间，这是由排序时临时分段的短暂特性所决定的。只用本地管理的表空间才能使用位图分段管理，使用超高容量的 DML 时可能会出现性能上的问题。

3．两种段空间的管理方式比较

(1) 相同点：主要是管理已经分配给段的数据块。

(2) 不同点。

① 手工段空间管理方式的 PCTFREE 和 PCTUSED 都有效，无法控制表空间内部的独立表和索引的存储行为。

② 自动段空间管理方式只使用 PCTFREE 来决定是不是空闲块，PCTUSED 被位图的 4 个状态位所取代(如>75%, 50%~75%, 50%~25%, <25%)；可以控制表空间内部的独立表和索引的存储行为。

在 Oracle 11g 中，两种管理方式是共存的，可以从 dba_tablespaces 中查询。

例题 6-22：查询数据库系统中各个表空间的区管理方式和段空间管理方式，命令如下：

```
SQL>SELECT tablespace_name,extent_management,
2  segment_space_management FROM dba_tablespaces;
```

查询结果如下：

```
TABLESPACE_NAME              EXTENT_MAN    SEGMEN
-------------------------- ------------ -------
SYSTEM                         LOCAL        MANUAL
SYSAUX                         LOCAL        AUTO
UNDOTBS1                       LOCAL        MANUAL
TEMP                           LOCAL        MANUAL
USERS                          LOCAL        AUTO
ORA11BIGTBS                    LOCAL        AUTO
ORA11TBS1                      LOCAL        AUTO
ORA11TBS2                      LOCAL        MANUAL
```

从查询结果中可以看到，每个表空间的区的管理方式都是本地管理，因为在 Oracle 11g 中字典管理方式已经不再使用了；而段的管理方式，有的是手工管理方式，有的是自动管理方式。表空间中段的管理方式决定其上面建的表的管理方式。

6.3.3 回退段

1．回退段的作用

回退段用来存放数据修改之前的位置和值。利用回退段中保存的信息，可以实现事务回退、事务恢复、读一致性以及闪回查询。

1) 事务回退

是指撤销未提交事务中 SQL 命令对数据所做的修改，已经提交的事务不能进行回退。当事务修改表中的数据时，该数据的原值会存放在回退段中；当用户回退事务时(ROLLBACK)，Oracle 将会利用回退段中的原值将修改的数据恢复到原来的值。

2) 事务恢复

当事务正在处理的时候，实例失败，回退段的信息保存在重做日志文件中，Oracle 将在下次打开数据库时利用回退段信息来恢复未提交的数据。

3)　读一致性

当一个会话正在修改数据时，其他会话将看不到该会话未提交的修改；同时，当一个语句正在执行时，该语句也看不到该语句开始执行后的未提交修改。当 Oracle 执行 SELECT 语句时，依照当前的系统改变号(SCN)来保证任何前于当前 SCN 的未提交的改变不被该语句处理。例如，当一个长时间的查询正在执行时，若其他会话改变了该查询要查询的某个数据块，Oracle 将利用回退段中的原值来构造一个读一致性视图。

利用回退段，Oracle 除了提供 SQL 语句级的读一致性，也可以通过 SET TRANSACTION READ ONLY 和 SET TRANSACTION SERIALIZABLE 语句提供事务级读一致性。

4)　闪回查询

利用闪回查询，可以查询某个表过去某个时间点的状态。闪回查询技术是利用回退段中的数据原始信息实现的。

2. 回退段的种类

Oracle 的回退段有以下几种类型：SYSTEM 回退段、非 SYSTEM 回退段、延迟回退段。

1)　SYSTEM 回退段

创建 Oracle 数据库的时候，系统自动在 SYSTEM 表空间中创建一个 SYSTEM 系统回退段。该回退段只用于系统事务的回退处理，保存系统表空间中对象的前影像。该回退段不能被删除。Oracle 尽量把 SYSTEM 回退段给特殊的系统事务使用，用户事务使用其他的回退段。

2)　非 SYSTEM 回退段

拥有多个表空间的数据库至少应该有一个非 SYSTEM 回退段，用于存放非系统表空间中对象修改前的值。

非 SYSTEM 回退段又分为私有回退段和公有回退段。其中私有回退段只能被一个实例使用，其数目和名称由 ROLLBACK_SEGMENTS 参数列出，以便实例启动时能够识别，并自动将其联机(ONLINE)。公有回退段可以被多个实例共享使用，其数目由 TRANSACTIONS 和 TRANSACTION_PER_ROLLBACK_SEGMENT 决定，会在实例启动时自动联机。

3)　延迟回退段

当表空间为脱机(OFFLINE)状态时，事务不能立即被回退，这时由系统自动创建延迟回退段。延迟回退段包含不能由表空间使用的回退入口。所以，当表空间变回联机(ONLINE)状态时由系统自动删除，用于存放表空间脱机时产生的回退信息。它总是创建在 SYSTEM 表空间中，由系统自动建立。

3. 回退段管理

1)　创建回退段

回退段只能由 DBA 管理，因此只有拥有 CREATE ROLLBACK SEGMENT 权限的 DBA 才能创建回退段。创建回退段时，表空间必须处于联机状态。

例题 6-23：为 ora11 数据库的 SYSTEM 表空间创建一个回退段，命令如下：

```
SQL>CREATE ROLLBACK SEGMENT redoseg1 TABLESPACE SYSTEM;
```

2) 修改回退段

可以通过执行 ALTER ROLLBACK SEGMENT…ONLINE | OFFLINE 修改回退段的可用性。

可以修改回退段的 OPTIMAL 和 MAXEXTENTS 两个存储参数更改存储设置。

可以通过执行 ALTER ROLLBACK SEGMENT…SHRINK 语句手动缩减回退段。

3) 删除回退段

如果某个回退段中碎片太多或者需要将回退段移到其他表空间，需要先删除该回退段，然后再重建回退段。删除一个回退段时，必须先将该回退段切换到联机状态，然后使用 DROP ROLLBACK SEGMENT 语句进行删除操作。

4) 撤销回退段

(1) 自动撤销。

如果将初始化参数 UNDO_MANAGEMENT 设置为 AUTO，则启动自动撤销管理方式。DBA 只需要将 UNDO_TABLESPACE 参数设置为创建的撤销表空间，数据库运行时的回退信息就会由撤销表空间自动管理。

(2) 手动撤销。

如果将数据库初始化参数 UNDO_MANAGEMENT 设置为 MANUAL，则需要手动进行撤销管理。手动撤销管理增加了 DBA 的管理负担，正逐渐被 Oracle 淘汰。

6.3.4 段信息查询

在 Oracle 数据库中，段信息主要来源于数据字典 dba_segments。dba_segments 记录了系统里面所有段的属性，主要包括以下字段。

- segment_name：段的名称。
- segment_type：段的类型。
- tablespace_name：段所属的表空间。
- bytes：段的大小。

事实上，要统计一个表的大小，并不是统计表的逻辑结构大小，而是统计表段的大小。因此，若想统计 table1 表的大小，统计 dba_segments 中 table1 段的大小即可。

例题 6-24：查看系统中所有段名称、类型、所属表空间及段的大小，命令如下：

```
SQL>SELECT segment_name,segment_type,tablespace_name,
2  bytes FROM dba_segments;
```

查询结果如下：

```
SEGMENT_NAME               SEGMENT_TYPE     TABLESPACE_NAME      BYTES
------------------------ --------------- ---------------- --------
_SYSSMU10_4131489474        TYPE2 UNDO       UNDOTBS1           1245184
_SYSSMU9_1735643689$        TYPE2 UNDO       UNDOTBS1           2228224
_SYSSMU8_3901294357$        TYPE2 UNDO       UNDOTBS1           2228224
_SYSSMU7_3517345427$        TYPE2 UNDO       UNDOTBS1           1179648
_SYSSMU6_2897970769$        TYPE2 UNDO       UNDOTBS1           2228224
```

```
_SYSSMU5_538557934$        TYPE2 UNDO      UNDOTBS1          1179648
_SYSSMU4_1003442803$       TYPE2 UNDO      UNDOTBS1          2228224
_SYSSMU3_1204390606$       TYPE2 UNDO      UNDOTBS1           983040
_SYSSMU2_967517682$        TYPE2 UNDO      UNDOTBS1          3276800
_SYSSMU1_592353410$        TYPE2 UNDO      UNDOTBS1          2228224
…                          …               …                 …
```

例题 6-25：在表空间 ora11tbs1 中新建表 table1，表中数据来自 dba_objects 表，然后查看 table1 表的大小及其他属性，命令如下：

```
SQL>CREATE TABLE table1 TABLESPACE ora11tbs1 AS
2  SELECT * FROM dba_objects;
SQL>SELECT segment_name,segment_type,tablespace_name,bytes
2  FROM dba_segments  WHERE segment_name='TABLE1';
```

查询结果如下：

```
SEGMENT_NAME        SEGMENT_TYPE         TABLESPACE_NAME     BYTES
------------------- -------------------- ------------------- ---------
TABLE1              TABLE                ORA11TBS1             9437184
```

例题 6-26：查询系统中所有段的类型，命令如下：

```
SQL>SELECT distinct segment_type FROM dba_segments;
```

查询结果如下：

```
SEGMENT_TYPE
-------------------
LOBINDEX
INDEX PARTITION
NESTED TABLE
TABLE PARTITION
ROLLBACK
LOB PARTITION
LOBSEGMENT
TABLE
INDEX
CLUSTER
TYPE2 UNDO
```

由上面结果可见，除了前面提到的 4 种常用段外，系统还有许多不常用的段也会列出来。

在 Oracle 数据库中，可以通过表 6-2 中的数据字典和动态性能视图查询回退段信息。

表 6-2　查询回退段信息的数据字典和视图

名　称	注　释
dba_rollback_segs	所有回退段信息，包括回退段的名称、所属表空间
dba_segments	数据库中所有段的信息
v$rollname	所有联机回退段的名称
v$rollstat	回退段的性能统计信息

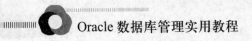

续表

名 称	注 释
v$undostat	撤销表空间的性能统计信息
v$transaction	事务所使用的回退段的信息

例题 6-27：从 dba_rollback_segs 中查询当前数据库中所有回退段的信息，命令如下：

```
SQL>SELECT segment_name,tablespace_name,status
2  FROM dba_rollback_segs;
```

查询结果如下：

```
SEGMENT_NAME                TABLESPACE_NAME              STATUS
------------------------    ---------------------------  ----------
SYSTEM                      SYSTEM                       ONLINE
_SYSSMU10_4131489474$       UNDOTBS1                     ONLINE
_SYSSMU9_1735643689$        UNDOTBS1                     ONLINE
_SYSSMU8_3901294357$        UNDOTBS1                     ONLINE
_SYSSMU7_3517345427$        UNDOTBS1                     ONLINE
_SYSSMU6_2897970769$        UNDOTBS1                     ONLINE
_SYSSMU5_538557934$         UNDOTBS1                     ONLINE
_SYSSMU4_1003442803$        UNDOTBS1                     ONLINE
_SYSSMU3_1204390606$        UNDOTBS1                     ONLINE
_SYSSMU2_967517682$         UNDOTBS1                     ONLINE
_SYSSMU1_592353410$         UNDOTBS1                     ONLINE
```

6.4 区

6.4.1 区的概念

区是 Oracle 数据库的最小存储分配单元，是由一系列的连续数据块组成的空间，每一次系统分配和回收空间都是以区为单位进行的。创建一个数据库对象时，Oracle 会为该对象分配若干个区，由这些区所构成的段用来为对象提供初始的存储空间。当一个段中所有的区都写满后，Oracle 会为该段分配一个新区。当数据库对象被删除时，其所占用的区将被释放，数据库服务器负责回收这些区，并在适当的时候将这些空闲区分配给其他数据库对象。

6.4.2 区的分配

1. 自动分配 AUTOALLOCATE

自动分配是由 Oracle 自动管理所分配区的大小。Oracle 将选择最佳大小的区分配给段，从每个区 64KB 开始，随着段的增长，后分配的区将增长到每个区 1MB、8MB……直到 64MB 大小。所分配区的大小动态变化有助于节省空间，但也可能产生空间碎片问题。通常对于小表或管理简单的表选择自动分配空间方式。

2. 平均分配 UNIFORM

平均分配是指为所分配的区指定一个固定不变的平均大小，单位可以是 KB 或 MB，默认每个区为 1MB 大小。使用平均分配区的大小，可减少空间碎片的产生，提高性能。

例题 6-28：定义 2 个表空间 ora11tbs3 和 ora11tbs4，区的分配分别采用自动分配和平均分配；然后查看分配的区的情况。命令如下：

```
SQL>CREATE TABLESPACE ora11tbs3 DATAFILE '/u01/a.dbf'
2  SIZE 20M;
SQL>CREATE TABLESPACE ora11tbs4 DATAFILE '/u01/b.dbf'
2  SIZE 20M UNIFORM SIZE 2M;
SQL>SELECT SUBSTR(tablespace_name,1,9),initial_extent,
2  next_extent,min_extents,max_extents
3  FROM dba_tablespaces;
```

查询结果如下：

```
SUBSTR(TABLESPACE_   INITIAL_EXTENT  NEXT_EXTENT  MIN_EXTENTS  MAX_EXTENTS
-------------------  --------------  -----------  -----------  ------------
SYSTEM                   65536                         1        2147483645
SYSAUX                   65536                         1        2147483645
UNDOTBS1                 65536                         1        2147483645
TEMP                     1048576         1048576       1
USERS                    65536                         1        2147483645
ORA11BIGT                65536                         1        2147483645
ORA11TBS1                1048576         1048576       1        2147483645
ORA11TBS2                65536                         1        2147483645
ORA11TBS3                65536                         1        2147483645
ORA11TBS4                2097152         2097152       1        2147483645
```

例题 6-29：在表空间 ora11tbs3 上创建空表 table2，然后向 table2 中插入数据，分别查看插入数据前后 table2 上区的分配情况。

(1) 未插入数据之前区的分配情况，命令如下：

```
SQL>CREATE TABLE table2 TABLESPACE ora11tbs3
2  AS SELECT * FROM dba_objects WHERE 1=2;
SQL>SELECT extent_id,SUBSTR(segment_name,1,8),tablespace_name,
2 bytes FROM dba_extents WHERE segment_name='TABLE2';
```

查询结果如下：

```
EXTENT_ID SUBSTR(SEGMENT_N TABLESPACE_NAME               BYTES
--------- ---------------- ----------------------------- --------
 0         TABLE2           ORA11TBS3                      65536
```

(2) 插入数据后区的分配情况，命令如下：

```
SQL>INSERT INTO table2 SELECT * FROM dba_objects;
SQL>SELECT extent_id,SUBSTR(segment_name,1,8),tablespace_name,
2  bytes FROM dba_extents WHERE segment_name='TABLE2';
```

查询结果如下：

```
EXTENT_ID  SUBSTR(SEGMENT_N TABLESPACE_NAME               BYTES
---------- ---------------- ------------------------- --------
  0          TABLE2           ORA11TBS3                 65536
  1          TABLE2           ORA11TBS3                 65536
  2          TABLE2           ORA11TBS3                 65536
  3          TABLE2           ORA11TBS3                 65536
  4          TABLE2           ORA11TBS3                 65536
  5          TABLE2           ORA11TBS3                 65536
  6          TABLE2           ORA11TBS3                 65536
  7          TABLE2           ORA11TBS3                 65536
  8          TABLE2           ORA11TBS3                 65536
  9          TABLE2           ORA11TBS3                 65536
  10         TABLE2           ORA11TBS3                 65536
  11         TABLE2           ORA11TBS3                 65536
  12         TABLE2           ORA11TBS3                 65536
  13         TABLE2           ORA11TBS3                 65536
  14         TABLE2           ORA11TBS3                 65536
  15         TABLE2           ORA11TBS3                 65536
  16         TABLE2           ORA11TBS3                 1048576
  17         TABLE2           ORA11TBS3                 1048576
  18         TABLE2           ORA11TBS3                 1048576
  19         TABLE2           ORA11TBS3                 1048576
  20         TABLE2           ORA11TBS3                 1048576
  21         TABLE2           ORA11TBS3                 1048576
  22         TABLE2           ORA11TBS3                 1048576
  23         TABLE2           ORA11TBS3                 1048576
```

table2 表中数据来源于 dba_objects 表，大小为 9MB 左右。从上面的结果对比可见，在自动分配区的表空间上创建的新表，即使没有数据，系统也为其分配了一个初始分区，大小是 64KB。随着表中数据的增加，分得的区越来越多。ID 号 0～15 共 16 个区是每个区 64KB，从 ID 号 16 开始的连续 8 个区大小是 1MB。这是因为系统认为分给 16 个 64KB 的区还需扩充，说明以后这个表继续扩充的可能性极大，因此系统就不再进行小块区的空间分配，而是进行大块区的空间分配。随着表数据量的增大，这可使得整个表段分得的区个数不至于太多，管理起来开销不至于过大。

例题 6-30： 在表空间 ora11tbs4 新建表 table3 并查看区的分配情况，命令如下：

```
SQL>CREATE TABLE table3 TABLESPACE ora11tbs4 AS
2  SELECT * FROM dba_objects;
SQL>SELECT extent_id,SUBSTR(segment_name,1,8),tablespace_name,
2  bytes FROM dba_extents WHERE segment_name='TABLE3';
```

查询结果如下：

```
EXTENT_ID SUBSTR(SEGMENT_N TABLESPACE_NAME                BYTES
--------- ---------------- --------------------------- --------
  0         TABLE3           ORA11TBS4                    2097152
  1         TABLE3           ORA11TBS4                    2097152
  2         TABLE3           ORA11TBS4                    2097152
```

```
3        TABLE3        ORA11TBS4                2097152
4        TABLE3        ORA11TBS4                2097152
```

本例中表空间 ora11tbs4 区的分配方式是平均分配，每个区的大小是 2MB。从结果可见，同样 9MB 大小的表，在本例中被分配了 5 个 2MB 的区来存放。

6.4.3 区的回收

一般情况下，从段中删除数据时，数据所占用的空间并没有释放，除非数据库对象被删除。在以下几种情况下会进行区的回收：一个对象被删除；对表进行整理；对索引进行重建或者合并；在表上执行 TRUNCATE 命令；手动执行命令，释放段中 HWM 以下未使用的空间。

6.5 数 据 块

6.5.1 数据块的概念

数据块也称为 Oracle 块(Block)，是 Oracle 进行逻辑管理的最基本单元，数据库进行读/写都是以块为单位进行的，由一个或者多个 OS 磁盘块构成。数据块的尺寸是 OS 磁盘块大小的整数倍，如 2/4/8/16/32/64KB。Oracle 中的数据块分为标准块和非标准块两种，标准数据块的大小可以在初始化参数文件的 db_block_size 中进行设置。OS 每次执行 I/O 操作时，是以 OS 的块为单位；Oracle 每次执行 I/O 操作时，是以 Oracle 块为单位。

数据块由块头部、空闲区、数据构成，结构如图 6-3 所示。

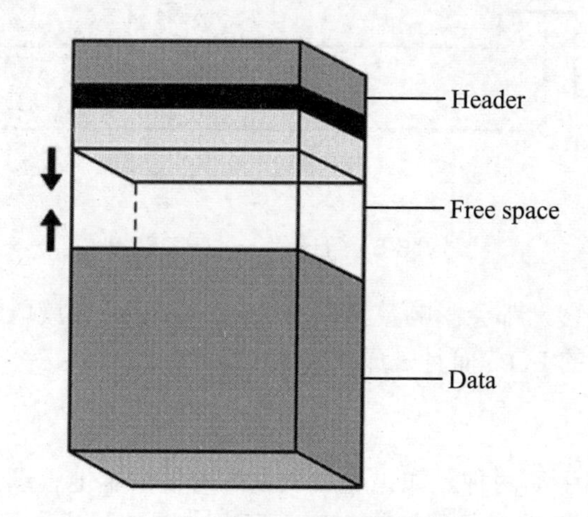

图 6-3　数据块的结构

- 头部：保存数据块的地址、表目录、行目录以及为事务保留的空间。
- 空闲区：在数据块中间，用于以后的数据更新。
- 数据：在数据块的底部。
- 数据块这种结构设计方案，是以空间换取时间，改善系统性能。

6.5.2 数据块的管理

对数据块的管理，主要是对块中可用存储空间的管理，确定保留多少空闲空间，避免产生行链接、行迁移而影响数据的查询效率。

1. 行链接和行迁移

当向表格中插入数据时，如果行的长度大于块的大小，行的信息无法存放在一个块中，就需要使用多个块存放行信息，这称为行链接，如图 6-4 所示。

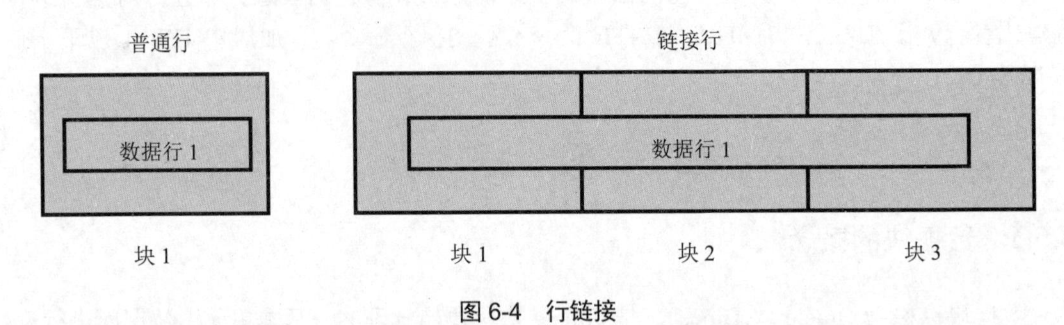

图 6-4 行链接

当表格数据被更新时，如果更新后的数据长度大于块长度，Oracle 会将整行的数据从原数据块迁移到新的数据块中，只在原数据块中留下一个指针指向新数据块，这称为行迁移，如图 6-5 所示。

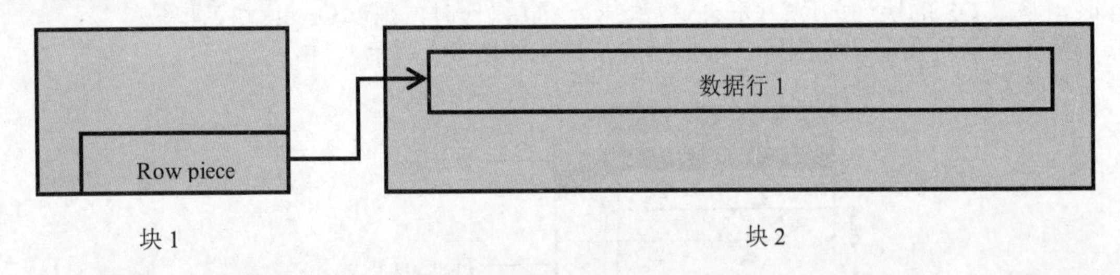

图 6-5 行迁移

无论是行链接还是行迁移，都会影响数据库的性能。Oracle 在读取这样的记录时，会扫描多个数据块，执行更多的 I/O，而且是成倍加大 I/O。

2. 块的管理方式

对块的管理分为自动和手动两种。如果建立表空间时使用本地管理方式，并且将段的管理方式设置为 AUTO，则采用自动方式管理块。否则，DBA 可以采用手动管理方式，通过为段设置 PCTFREE 和 PCTUSED 两个参数来控制数据块中空闲空间的使用。

1) PCTFREE 参数

PCTFREE 参数用来指定块中必须保留的最小空闲空间比例。当数据块的自由空间百分率低于 PCTFREE 时，此数据块被标志为 USED，此时在数据块中只可以进行更新操作，而不可以进行插入操作。该参数默认为 10。如果执行 UPDATE 操作时没有空余空间，Oracle 就会分配一个新的块，这会产生行迁移。

2)　PCTUSED 参数

PCTUSED 参数用来指定可以向块中插入数据时块已使用的最大空间比例。当数据块使用空间低于 PCTUSED 时，此块标志为 FREE，可以对数据块中数据进行插入操作；反之，如果使用空间高于 PCTUSED，则不可以进行插入操作。该参数默认为 10。

PCTFREE 和 PCTUSED 参数的使用如图 6-6 所示。

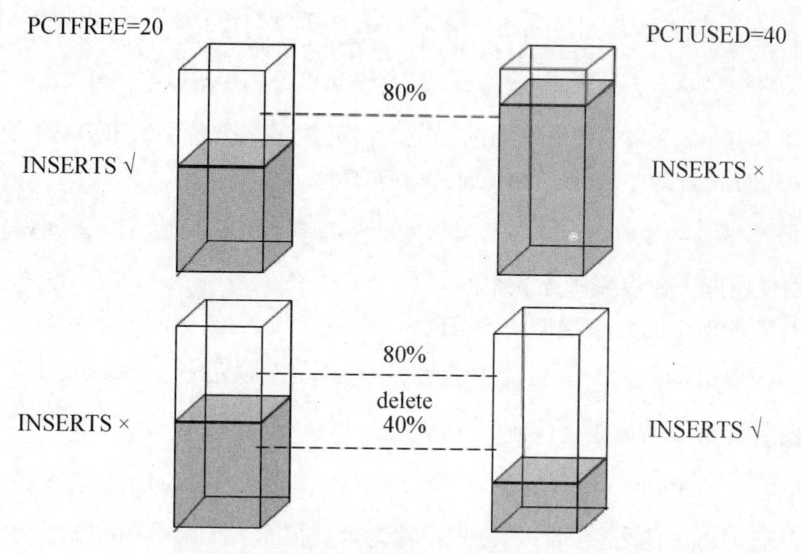

图 6-6　设置 PCTFREE 和 PCTUSED 参数

通常情况下，在对数据块进行管理时，还会对 INITRANS 和 MAXTRANS 两个参数进行设置。其中 INITRANS 用来设置同时对数据块进行 DML 操作的事务个数；而 MAXTRANS 用来设置同时对数据块进行 DML 操作的最多事务个数。

3)　数据块与数据文件关系

在数据库中，任何一个行都有物理地址 ROWID，记录有关存储信息，由 18 位十六进制数组成。其中各位的含义如下。

- 1～6：数据对象编号。
- 7～9：数据文件编号。
- 10～15：数据块编号。
- 最后 3 位：块中行编号。

例题 6-31：查看表 table4 中第一条记录的 ROWID 地址，命令如下：

```
SQL>SELECT rowid,x,y FROM table4 WHERE rownum=1;
```

执行结果如下：

```
ROWID                       X        Y
------------------ ---------- ----------------------------------------
AAASA7AABAAAVPCAGU          1       aaaaaaaaaaa
```

6.6 小型案例实训

例 6-32：表空间基本操作测试。

(1) 使用简单的 SQL 命令来查看表空间：

```
SQL>select * from dba_tablespaces; //查看所有的表空间以及其他的属性
SQL>select * from dba_data_files; //查看所有数据文件所对应的系统表空间
SQL>select * from dba_temp_files; //查看临时表空间以及其所对应数据文件
```

(2) 使用 SQL 命令来创建一个新的表空间。创建了一个名称为 tbs1 的表空间，大小是 20MB，对应的数据文件是/u01/tbs1.dat，命令如下：

```
SQL>create tablespace tbs1 datafile '/u01/tbs1_1.dat' size 20M;
```

(3) 分别使用如下命令来扩充表空间。

① 将表空间 tbs1 的大小增加了 5MB：

```
SQL>alter tablespace tbs1 add datafile '/u01/b.dat' size 5M;
```

② 将表空间 tbs1 的大小变化到了 10MB：

```
SQL> alter database datafile '/u01/a.dat' resize 10M;
```

③ 将表空间 tbs1 的表空间管理方式设置为自动扩充，上限是 50MB：

```
SQL>alter database datafile '/u01/a.dat'
2 autoextend on maxsize 50M;
```

(4) 查找表空间的属性包括名字、第一个区的大小、下一个区的大小、最小区数量、最大区数量以及增长比例，命令如下：

```
SQL>select substr(tablespace_name,1,8),initial_extent,
2 next_extent,min_extents,max_extents,pct_increase
3 from dba_tablespaces;
```

(5) 在 tbs1 表空间上建一个如同 dba_objects 表结构的 t2 空表，命令如下：

```
SQL>create table t1 tablespace tb2 as select * from dba_objects
2 where 1=2;
```

(6) 查找 t1 表的区 ID、段名称、所属的表空间，表大小，命令如下：

```
SQL>select extent_id,substr(segment_name,1,8),tablespace_name,
2 bytes from dba_extents where segment_name='T1';
```

(7) 向 t1 表中插入 dba_objects 中的内容，命令如下：

```
SQL>insert into t1 select * from dba_objects;
```

(8) 再次查找 t1 表的区 ID、段名称、所属的表空间、表大小，命令如下：

```
SQL>select extent_id,substr(segment_name,1,8),tablespace_name,
2 bytes from dba_extents where segment_name='T1';
```

(9) 删除表空间，并且将属于它的数据文件也一同删掉，命令如下：

```
SQL>drop tablespace tbs1 including contents and datafiles;
```

例题 6-33：产生和查看表中的行迁移情况。

(1) 新建两个表 table4 和 table5，表结构相同，PCTFREE 参数分别设置如下：

```
SQL>CREATE TABLE table4(x int,y varchar2(200)) PCTFREE 0;
SQL>CREATE TABLE table5(x int,y varchar2(200)) PCTFREE 20;
```

(2) 用下面方法向两个表中分别插入 4000 条相同的记录数据：

```
SQL>BEGIN
2   FOR i IN 1..4000
3   LOOP
4   INSERT INTO table4 VALUES(i,'aaaaaaaaaa');
5   INSERT INTO table5 VALUES(i,'aaaaaaaaaa');
6   END LOOP;
7   COMMIT;
8   END;
9   /
```

(3) 计算两个表的统计信息，命令如下：

```
SQL>ANALYZE TABLE table4 COMPUTE STATISTICS;
SQL>ANALYZE TABLE table5 COMPUTE STATISTICS;
```

(4) 查看两个表产生的行迁移数目，命令如下：

```
SQL>SELECT chain_cnt FROM dba_tables WHERE table_name='TABLE4';
SQL>SELECT chain_cnt FROM dba_tables WHERE table_name='TABLE5';
```

两个表的查询结果都为 0，说明没有产生行迁移。

(5) 按如下方式更新两个表的数据，命令如下：

```
SQL>UPDATE table4 SET y='aaaaaaaaaaa';
SQL>UPDATE table5 SET y='aaaaaaaaaaa';
SQL>COMMIT;
```

(6) 重新计算两个表的统计信息，命令如下：

```
SQL>ANALYZE TABLE table4 COMPUTE STATISTICS;
SQL>ANALYZE TABLE table5 COMPUTE STATISTICS;
```

(7) 重新查看两个表产生的行迁移数目，命令如下：

```
SQL>SELECT chain_cnt FROM dba_tables WHERE table_name='TABLE4';
SQL>SELECT chain_cnt FROM dba_tables WHERE table_name='TABLE5';
```

结果 table4 产生的行迁移数目是 354，而 table5 产生的行迁移数依然是 0。原因在于表 table4 的 PCTFREE 参数设置为 0，在执行 UPDATE 操作之前每个块中已经没有空闲空间，因此再对表中数据进行 UPDATE 操作时，行的长度大于块的长度，因此产生行迁移。table5 表的 PCTFREE 参数设置为 20，因而进行 UPDATE 操作没有产生行迁移。

本 章 小 结

数据库的逻辑结构是面向用户的，描述了数据库在逻辑上如何组织和存储数据。数据库的逻辑结构支配一个数据库如何使用其物理空间。本章主要介绍了 Oracle 11g 数据库的逻辑存储结构，包括表空间、段、区和数据块的基本概念、组成及其管理。

数据块是数据库中最小的 I/O 单元，区是数据库中最小的存储分配单元，段是相同类型数据的存储分配区域，表空间是最大的逻辑存储单元。

习　　题

1．选择题

(1) 以下关于表空间的描述，不正确的是(　　)。

A. 只能属于一个数据库　　B. 包括一个或多个数据文件

C. 可进一步划分为逻辑存储单元　　D. 可以属于多个数据库

(2) 表空间的管理方式有哪些？(　　)

A. 字典管理方式　　B. 本地管理方式

C. 自动段管理方式　　D. A 和 B

(3) 关于字典管理的表空间，以下描述正确的是(　　)。

A. 空闲区是在数据字典中管理的　　B. 使用位图记录空闲区

C. 空闲区是在表空间中管理的　　D. 以上都是

(4) 关于本地管理的表空间，以下描述正确的是(　　)。

A. 空闲区是在表空间中管理的　　B. 使用位图记录空闲区

C. 位值指示空闲区或占用区　　D. 以上都是

(5) 段的管理方式有哪些？(　　)

A. ASMM 和 MSSM　　B. MSSM 和 ASSM

C. ASSM 和 MSMM　　D. ASSM 和 ASMM

(6) 区的管理方式有哪些？(　　)

A. 自动分配和平均分配　　B. 平均分配和本地管理

C. 本地管理和字典管理　　D. 字典管理和自动分配

(7) 关于区的自动分配，以下说法正确的是(　　)。

A. 每个区的大小都是固定不变的

B. 产生了过多的空间碎片

C. 每个区的大小都是系统自动分配最佳的大小

D. B 和 C

(8) 关于区的平均分配，说法正确的是(　　)。

A. 每个区的大小都是固定不变的

B. 产生了过多的空间碎片

C. 每个区的大小都是系统自动分配最佳的大小
D. 默认每个区是 2MB

(9) 以下说法正确的是(　　)。
A. Oracle 是以区为最小 I/O 读写单元
B. 每个数据块总是对应着操作系统的每个块
C. Oracle 是以数据块为最小 I/O 读写单元
D. 以上说法都错误

(10) 以下关于 PCTFREE 参数的说法正确的是(　　)。
A. 默认值是 10
B. 只能被用于 UPDATE
C. 是一个数据库可不可以被插入数据的衡量参数
D. 以上说法都对

2．简答题

(1) 简述数据库逻辑存储结构的组成和相互关系。

(2) 简述数据库表空间的种类及不同类型表空间的作用。

(3) 数据库表空间的管理方式有几种？各有什么特点？

(4) 数据库中常用的段有哪几种？分别起什么作用？

(5) 简述回退段的作用及回退段的管理方式。

3．操作题

(1) 创建一个永久性的表空间 tbs1，大小为 100MB，区自动扩展，段采用自动管理方式。

(2) 为 tbs1 表空间添加一个大小为 20MB 的数据文件 tbs1_2.dbf。

(3) 将 tbs1 表空间的数据文件 tbs1_2.dbf 大小增加到 50MB。

(4) 将 tbs1 表空间中数据文件 tbs1_2.dbf 设置为自动扩展，每次扩展 10MB 空间，文件最大为 100MB。

(5) 将 tbs1 表空间设置为数据库的默认永久表空间。

(6) 修改 tbs1 表空间的名称为 tbs2。

(7) 查询当前数据库中所有的表空间及其对应的数据文件信息。

(8) 删除表空间 tbs2，并同时删除该表空间中的所有数据库对象，以及对应的数据文件。

(9) 在表空间 tbs1 中新建表 t1，表中数据来自 dba_objects 表，然后查看 t1 表的大小及其他属性。

(10) 查看当前数据库中所有段的名称、类型、所属表空间及段的大小。

(11) 查看(9)题中 t1 表段中区的分配情况，包括 extent_id、segment_name、tablespace_name、bytes 等信息。

(12) 删除空间 tbs1，并且将属于它的数据文件也一同删掉。

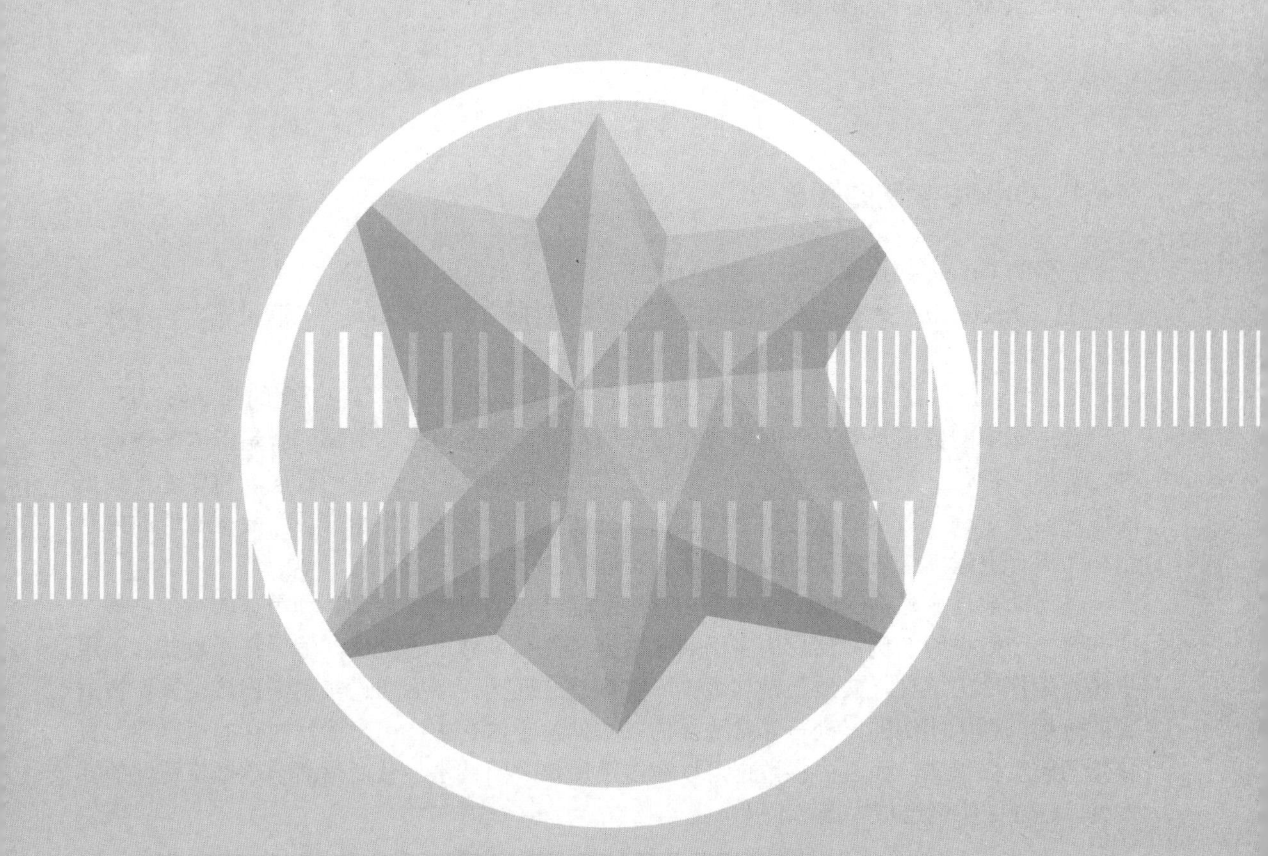

第 7 章

数据库实例

本章要点：

数据库实例是用于和操作系统进行联系的标识，即数据库和操作系统之间是使用数据库实例进行交互的。数据库实例由一系列内存结构和后台进程组成。本章将介绍 Oracle 数据库实例的构成及其工作方式。

学习目标：

了解 Oracle 数据库实例的概念，掌握 Oracle 的内存结构和 Oracle 的进程结构，着重掌握全局系统区(SGA)和 Oracle 后台进程。

7.1 实 例 概 述

7.1.1 Oracle 实例的概念

完整的 Oracle 数据库通常由两部分组成：Oracle 数据库和数据库实例。

(1) Oracle 数据库是一系列物理文件的集合(数据文件、控制文件、联机日志、参数文件等)。

(2) Oracle 数据库实例则是一组 Oracle 后台进程以及在服务器中分配的共享内存区。

数据库中的数据是以文件的形式存储在磁盘上，通常所说的数据库就是指这些数据文件。数据文件是一个静态的概念，而对数据库的访问则是一个动态的过程，需要通过数据库服务器来进行。数据库服务器不仅包括数据文件，还包括一组用来访问数据文件的内存结构和后台进程，这些内存结构和后台进程叫作实例。

在启动数据库时，Oracle 首先在内存中获取一定的空间，启动各种用途的后台进程，即创建一个数据库实例；然后由实例装载数据文件和重做日志文件，最后打开数据库。用户操作数据库的过程，实质上是与数据库实例建立连接，然后通过实例来连接、操作数据库的过程。引入实例的好处是非常明显的：数据位于内存中，用户读写内存的速度要比直接读写磁盘快得多，而且内存数据可以在多个用户之间共享，从而提高了数据库访问的并发性。Oracle 实例组成如图 7-1 所示。

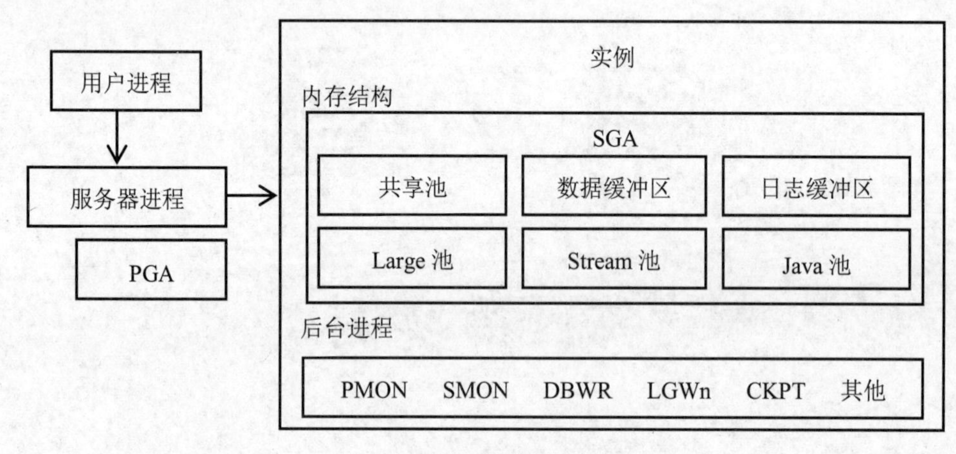

图 7-1 Oracle 实例组成

单机版的数据库没有实例的概念，用户对数据的访问是通过直接访问数据文件来完成的，而且多个用户无法同时访问数据，这样的访问方式效率较低。在一个大型的应用系统中，如果同时有批量用户同时访问数据库，采用效率较低的数据库的结果可想而知。所以，Oracle 的实例对于数据库的性能是很重要的。

因此可以总结为：Oracle 实例由内存结构和后台进程组成，其中内存结构又分为系统全局区(SGA)和程序全局区(PGA)。启动 Oracle 实例的过程为分配内存、启动后台进程，当启动实例的时候分配 SGA，当服务器进程建立时分配 PGA。

7.1.2　数据库与实例的关系

数据库是数据集合，Oracle 是一种关系型的数据库管理系统。通常情况下所说的数据库，并不仅指物理的数据集合，还包含物理数据、数据库管理系统，即数据库是物理数据、内存、操作系统进程的组合体。

实例是访问 Oracle 数据库所需的一部分计算机内存和辅助处理后台进程，是由进程和这些进程所使用的内存(SGA)所构成一个集合，它只存在于内存中。

用户访问 Oracle 就是访问一个实例，实例名指的是用于响应某个数据库操作的数据库管理系统的名称，同时也叫 SID。实例名是由参数 instance_name 决定的，用于对外部连接。在操作系统中要取得与数据库的联系，必须使用数据库实例名。

通常情况下，数据库与实例是一一对应的关系，即一个数据库对应一个实例。在并行 Oracle 数据库服务器结构中，数据库与实例是一对多的关系，即一个数据库对应多个实例。多个实例同时驱动一个数据库的架构称作集群。在同一时间，一个用户只能与一个实例联系，当某一个实例出现故障时，其他实例照常运行，从而保证数据库的安全运行。

例题 7-1：分别查看 Oracle 数据库名和数据库实例名，命令如下：

```
SQL>SELECT name FROM v$database;
SQL>SELECT instance_name,status FROM v$instance;
```

7.2　Oracle 内存结构

当实例启动时，系统为实例分配了一段内存空间，用来存储执行的程序代码、连接会话信息以及程序执行期间所需要的数据和共享信息等。根据内存中信息使用范围的不同，分为系统全局区(System Global Area, SGA)和程序全局区(Program Global Area, PGA)。

(1)　SGA 是 Oracle 存放系统信息的一块内存区间，包含一个数据库实例和控制信息。SGA 由所有服务器和后台进程共享，连接一个实例的所有用户都可以使用 SGA。用户对数据库的各种操作主要在 SGA 中进行。该内存区随数据库实例的创建而分配，随实例的终止而释放。

(2)　PGA 是用户进程连接数据库、创建一个会话时，由 Oracle 为用户分配的内存区域，保存当前用户私有的数据和控制信息，又称为私有全局区(Private Global Area)。服务器进程对 PGA 的访问是互斥的，每个服务器进程和后台进程都具有自己的 PGA，每个服务器进程只能访问自己的 PGA，所有服务器进程的 PGA 总和即为实例的 PGA 大小。

7.2.1　系统全局区(SGA)

SGA 是一组包含着一个 Oracle 实例的数据和控制信息的共享内存结构，主要包括 6 类缓存：数据高速缓冲区(db_buffer_cache)、共享池(shared_pool)、重做日志缓冲区(redo_log_buffer)、大型池(large_pool)、Java 池(java_pool)、流池(streams_pool)。SGA 组件描述如图 7-2 所示。

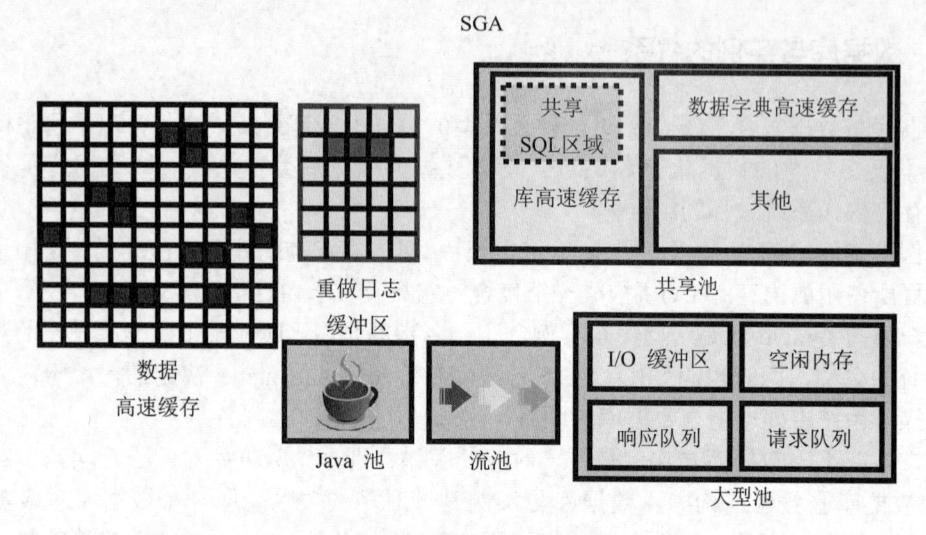

图 7-2　SGA 组件描述

1．数据高速缓冲区(db_buffer_cache)

(1)　功能。

数据高速缓冲区是 SGA 的一部分，存储了最近从数据文件读入的数据块信息或者用户更改后需要写回数据库的数据信息。这些用户更改后没有写回数据库的数据称为脏数据。用户进程进行查询操作时，如果该进程在数据高速缓冲区中找到数据(称为高速缓存命中)，则直接从内存中读取数据；如果进程在数据高速缓冲区中找不到数据(称为高速缓存未命中)，则在访问数据之前，必须先将磁盘上数据文件中的数据块复制到数据高速缓冲区中再进行操作。高速缓存命中时访问数据要比未命中时访问数据的速度快，这在很大程度上提高了获取和更新数据的性能。数据高速缓冲区的工作过程如图 7-3 所示。

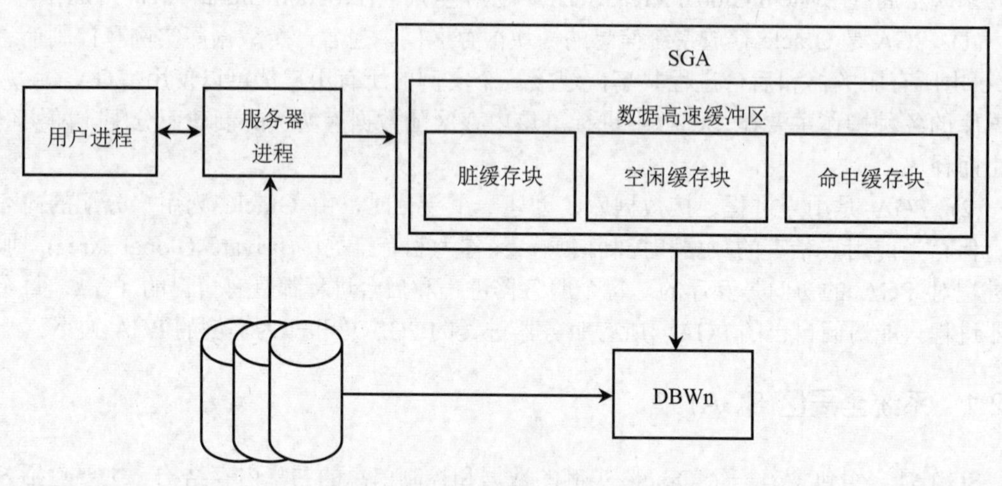

图 7-3　数据高速缓冲区的工作过程

(2)　缓存块的类型。

数据高速缓冲区由许多大小相等的缓存块组成。根据缓冲块的使用情况，分为脏缓存块(Dirty Buffers)、空闲缓存块(Free Buffers)和命中缓存块(Pinned Buffers)3 类。

① 脏缓存块：脏缓存块中保存的是被修改过的数据。当用户执行了修改操作后，这个缓存块就被标记为脏缓存块。这些缓存块最后会由 DBWn 进程写入数据文件，以永久性地保存修改结果。

② 空闲缓存块：空闲缓存块中不包含任何数据，它们等待数据的写入。当 Oracle 从数据文件中读取数据时，会寻找空闲缓存块将数据写入其中。

③ 命中缓存块：命中缓存块是那些正被使用或者被显式地声明为保留的缓存块。这些缓存块始终保留在数据高速缓冲区中，不会被换出内存。

例题 7-2：数据高速缓存功能测试。

① 查看数据高速缓存 db_buffer_cache 的大小，命令如下：

```
SQL>SELECT name,current_size FROM v$buffer_pool;
```

② 清空数据高速缓存 db_buffer_cache 里面原来的所有数据，命令如下：

```
SQL>ALTER SYSTEM FLUSH buffer_cache;
```

③ 新建表 T1，数据来自 dba_objects，命令如下：

```
SQL>CREATE TABLE T1 AS SELECT * FROM dba_objects;
```

④ 设置自动跟踪统计信息。每次执行 SQL 语句，除了反馈结果外，还会将这条 SQL 语句进行了多少次内存读、是否有磁盘访问、产生多少日志等信息自动统计出来，命令如下：

```
SQL>SET AUTOTRACE ON STATISTICS
```

⑤ 查询 T1 表的记录数，因为 T1 表没被访问过，因此这次统计 T1 表的全部数据时应该从磁盘读取，命令如下：

```
SQL>SELECT count(*) FROM T1;
```

查询结果如图 7-4 所示。

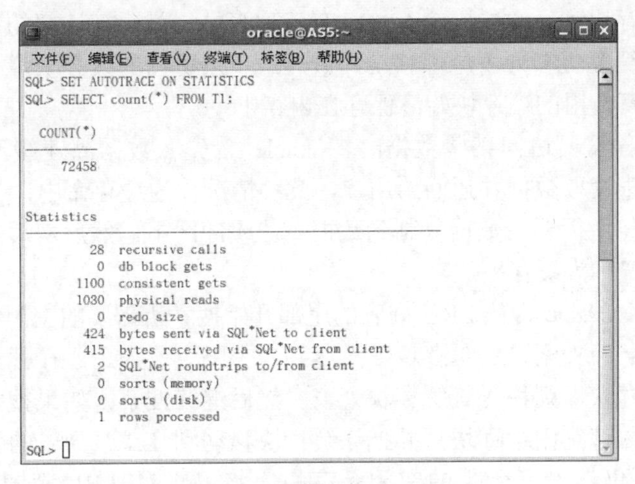

图 7-4　初次查询统计信息

⑥ 再次统计 T1 表的记录数，命令如下：

```
SQL>SELECT count(*)FROM T1;
```

查询结果如图 7-5 所示。

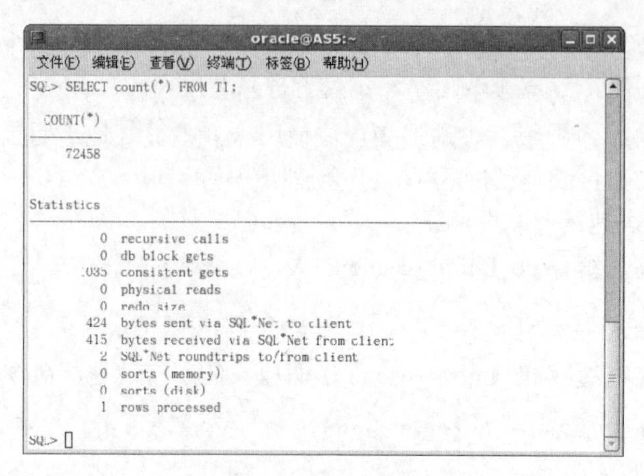

图 7-5　再次查询统计信息

理论上，因为 T1 表已经被访问过，因此 T1 表的数据已经被读到内存的 db_buffer_cache 里面，因此再次统计时从内存读取，不需要访问磁盘。

从图 7-4 和图 7-5 两次访问 T1 的统计信息可以看到，第一次访问 T1 表时，数据是从磁盘读出，共有 1030 次(1030 physical reads)磁盘读，即从磁盘读出 1030 个磁盘块放到了内存。而第二次再访问 T1 表时，内存的高速缓存里面已经有了 T1 表的数据，所以不需要读磁盘(0 physical reads)，所有数据都是从内存读出的。

(3) 缓存块的管理。

Oracle 数据库采用脏缓存块列表和 LRU 列表来管理数据高速缓冲区中的缓存块。

① 脏缓存块列表：包含那些已经被修改但还没有写入数据文件的脏缓存块。

② LRU 列表(Least Recently Used)：包含所有的空闲缓存块、命中缓存块和那些还没有来得及移入脏缓存块列表中的脏缓存块。在该列表中，最近被访问的缓存块被移动到列表的头部，而其他缓存块向列表尾部移动，最近最少被访问的缓存块最先被移出 LRU 列表，从而保证最频繁使用的缓存块始终保存在内存中。

③ 当用户进程需要访问某些数据时，Oracle 首先在数据高速缓冲区中寻找，若存在，则直接从内存中读取数据并返回给用户，此种情况称为缓存命中；否则，Oracle 就需要先从数据文件中将所需要的数据复制到数据高速缓冲区中，然后从缓冲区中读取它并返回给用户，这种情况称为缓存失败。

当缓存失败时，Oracle 将从 LRU 列表的尾部开始搜索所需要的空闲缓存，直到找到所需的空闲缓存块或已经搜索过的缓存块数量达到一个限定值为止。在搜索过程中，如果搜索到的是一个脏缓存块，则移入脏缓存块列表，然后继续搜索；如果搜索到合适的空闲缓存块，则将数据写入该空闲缓存块，并把该缓存块移动到 LRU 列表的头部；如果搜索一定数目的缓存块后仍然没有所需的空闲缓存块，将停止对 LRU 列表搜索，然后激活 DBWR 进程，开始将脏缓存块列表中的脏缓存块写入数据文件，同时脏缓存块将恢复为空

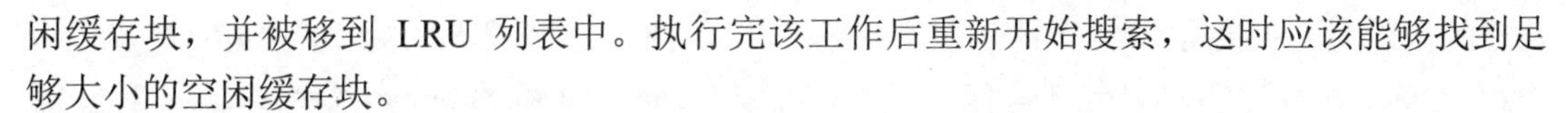

闲缓存块，并被移到 LRU 列表中。执行完该工作后重新开始搜索，这时应该能够找到足够大小的空闲缓存块。

(4) 数据高速缓冲区大小。

数据高速缓冲区越大，用户需要的数据在内存中的可能性就越大，即缓存命中率越高，从而减少了 Oracle 访问硬盘数据的次数，提高了数据库系统执行的效率。然而，如果数据高速缓冲区的值太大，Oracle 就不得不在内存中寻找更多的块来定位所需要的数据，反而降低了系统性能。显然需要确定一个合理的数据高速缓冲区大小。

可以通过执行 ALTER SYSTEM 语句动态调整数据高速缓冲区的大小。

例题 7-3：调整数据高速缓冲区的大小，命令如下：

```
SQL>ALTER SYSTEM SET DB_CACHE_SIZE=500M;
```

(5) 调整数据高速缓存。

如果内存足够大到可以容纳所有的数据，则访问任何数据都可以从内存中直接获得，那么效率肯定是最高的。但在实际应用中，经常是数据库的大小达到了几百 GB 甚至是几 TB，数据高速缓存的大小却有限，即数据库中表的大小远远大于数据高速缓存的大小，数据库中所有数据都读到数据高速缓存中来，db_buffer_cache 肯定是无法容纳的。如果缓存中的数据已经满了，就把最久没被访问的那块数据从 db_buffer_cache 里清除，把空间让给最新访问的数据，因为最近被访问的数据随后被访问的概率是最高的而最久没被访问的数据随后被访问的概率很低。

另外，db_buffer_cache 是数据库里所有表共同使用的，任何被访问的表数据都会被读到 db_buffer_cache 中。但是表的访问频率是不同的，有的表经常被访问，有的表访问频度一般，有的表不经常被访问。理论上，经常访问的表应该让它在内存的时间更长，不经常访问的表应该让它在内存的机会更少。如何来实现这个目的呢？Oracle 采用的方法是调整高速缓存，划分专用缓存区，即从 db_buffer_cache 中划分出 Keep Buffer Pool 和 Recycle Buffer Pool，再把性质不同的表分离到不同的数据缓冲区，以提高命中率，优化数据库高速缓存的性能。

① Keep Buffer Pool。

Keep Buffer Pool 的作用是缓存那些需要经常访问但又容易被默认缓冲区置换出去的热点表，相当于给热点表一块专门的内存结构，不用和其他普通表去共同竞争数据高速缓存区中的默认池 Default Buffer Pool。为 Keep Buffer Pool 设置合理的大小，使其存储的对象在被查询时不引起磁盘 I/O 操作，可极大地提高查询性能。

默认情况下，db_keep_cache_size 参数值为 0，处于未启用状态。如果想要启用，需要手工设置 db_keep_cache_size 参数值。设置这个参数值之后，db_cache_size 参数值会减少。

进行 Keep Buffer Pool 设置之后，并不代表着热点表就一定能够缓存到 Keep Buffer Pool 中。当 Keep Buffer Pool 不够用的时候，最先缓存到其中的对象会被挤出。在 Keep Buffer Pool 中，对象永远是先进先出。

② Recycle Buffer Pool。

Recycle Buffer Pool 的作用和 Keep Buffer Pool 正好相反，Recycle Buffer Pool 用于存储临时使用的、不被经常使用的较大的对象。这些对象放置在 Default Buffer Pool 显然是不

合适的，因为它们会导致过量的缓冲区刷新输出。要把这些对象与 Default Buffer Pool 和 Keep Buffer Pool 中的对象分开，这样就不会导致 Default Buffer Pool 和 Keep Buffer Pool 中的对象因老化而退出缓存。在使用过程中，可以通过 db_recycle_cache_size 参数进行设置。

③ Default Buffer Pool。

在默认情况下，Oracle 安装好之后，数据高速缓存区只有一个 Default Buffer Pool，其他两块专用内存是没有的。正是为了区分系统里面 3 种不同访问频度的表，才从高速缓存默认的 Default Buffer Pool 内专门划分出一块 Keep Buffer Pool 以绑定使用频度高的热点表，划分出一块 Recycle Buffer Pool 以专门绑定那些访问频度不高的冷表，使得访问频度不同的表各自有自己的专用缓存，不会共同竞争 Default Buffer Pool。对于 Keep Buffer Pool，应该设置大一些；对于 Recycle Buffer Pool，应该设置小一些。

在没有设置 Keep Buffer Pool 和 Recycle Buffer Pool 时，所有表都是用 Default Buffer Pool，它的大小就是缓冲区 Buffer Cache 的大小，由初始化参数 db_cache_size 来决定。

提示： Keep Buffer Pool 和 Recycle Buffer Pool 中的内存不是 Default Buffer Pool 的子集。它们之间的关系分布如图 7-6 所示。

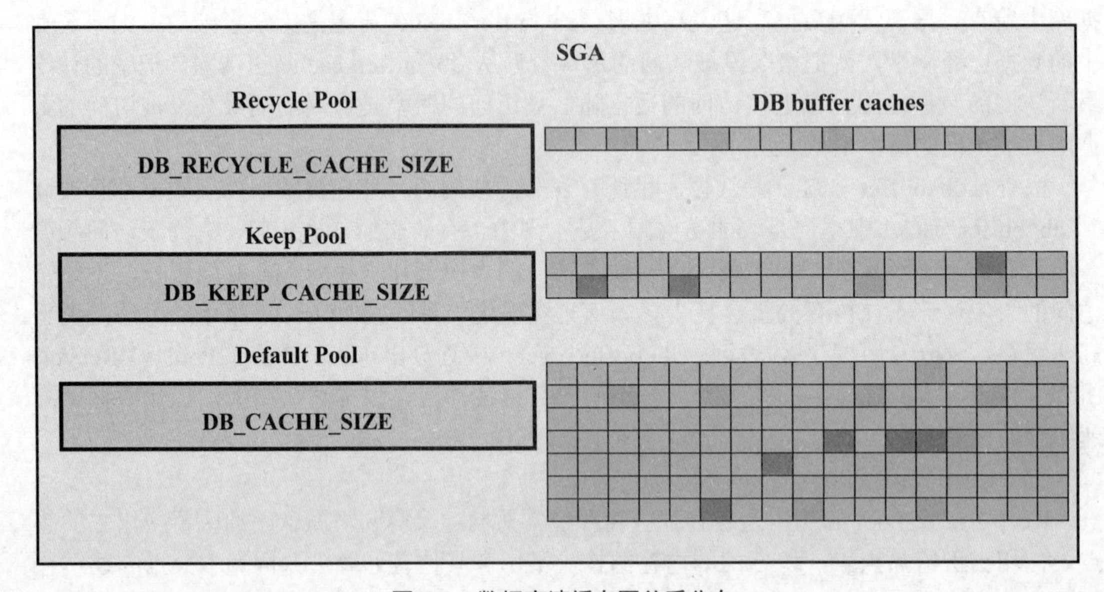

图 7-6　数据高速缓存区关系分布

例题 7-4： 数据高速缓存调整功能测试，手工划出 Keep Buffer Pool 和 Recycle Buffer Pool 两块内存。

① 查看总的 db_buffer_cache 大小，命令如下：

```
SQL>SELECT name,current_size FROM v$buffer_pool;
```

查询结果如下：

```
NAME                 CURRENT_SIZE
-------------------- --------------------
DEFAULT              272
```

结果中的 DEFAULT 就是 db_buffer_cache 里面的 Default Buffer Pool，可见系统默认的 db_buffer_cache 总的大小为 272MB。现在要从中划出 Keep Buffer Pool 和 Recycle Buffer Pool 两块内存，就可以通过参数 db_keep_cache_size 和 db_recycle_cache_size 来设置。默认的这两个参数的值为 0，从上面结果也看出其值是 0，因为只有 default 没有 keep 和 recycle。

② 使用下面命令查看参数 db_keep_cache_size 和 db_recycle_cache_size 的值：

```
SQL>SHOW PARAMETER db_keep_cache;
```

```
NAME                            TYPE                  VALUE
------------------------------ ----------- --------------------
db_keep_cache_size             big integer                0
```

```
SQL>SHOW PARAMETER db_recycle_cache;
```

```
NAME                            TYPE                  VALUE
------------------------------ ----------- --------------------
db_recycle_cache_size          big integer                0
```

③ 分别设置参数 db_keep_cache_size 和 db_recycle_cache_size 的值，命令如下：

```
SQL>ALTER SYSTEM SET db_keep_cache_size=12M;
SQL>ALTER SYSTEM SET db_recycle_cache_size=7M;
```

④ 重新查看总的 db_buffer_cache 大小，命令如下：

```
SQL>SELECT name,current_size FROM v$buffer_pool;
```

查询结果如下：

```
NAME               CURRENT_SIZE
----------------   ----------------------
KEEP                  12
RECYCLE                8
DEFAULT              252
```

可见，db_buffer_cache 被分成了 3 部分，Keep Pool 和 Recycle Pool 这两块内存结构被创建出来了。这两块内存结构共 20MB，是从 Default Pool 里面划分出来的。但是结果中看出 Recycle Pool 设置为 7MB，结果却分配了 8MB，原因是系统给这些组件分配内存时都是按 4 的整数倍分配。3 块内存总的大小还是 272MB。

3 块内存划出之后，如何指定热表使用 Keep Pool，冷表使用 Recycle Pool 呢？对于已建好的表，修改其存储参数 buffer_pool 为 keep，以后表的数据读到内存时就直接到 Keep Pool 中存储。对于新建表，可以直接指定存储参数 buffer_pool 的值，如果不指定 buffer_pool 的值，默认使用的就是 Default Pool。

⑤ 设置 T1 表为热表，使用 Keep Pool；T2 表为冷表，使用 Recycle Pool，命令如下：

```
SQL>ALTER TABLE T1 STORAGE(buffer_pool keep);
SQL>CREATE TABLE T2(i number) STORAGE(buffer_pool recycle);
```

⑥ 查看 T1 表和 T2 表分别使用的 buffer_pool，命令如下：

```
SQL>SELECT table_name,buffer_pool FROM dba_tables
2 WHERE table_name IN('T1','T2');
```

查询结果如下：

```
TABLE_NAME                      BUFFER_POOL
------------------------------- -----------
T1                              KEEP
T2                              RECYCLE
```

也可以通过查询动态性能视图 v$sga_dynamic_components 查看数据高速缓冲区的构成情况。

例题 7-5：查看数据高速缓冲区的构成情况，命令如下：

```
SQL>SELECT component,current_size FROM
2 v$sga_dynamic_components;
```

查询结果如下：

```
COMPONENT                                          CURRENT_SIZE
-------------------------------------------------- ------------
shared pool                                           218103808
large pool                                              4194304
java pool                                               4194304
streams pool                                            4194304
DEFAULT buffer cache                                  264241152
KEEP buffer cache                                      12582912
RECYCLE buffer cache                                    8388608
```

2. 共享池(shared_pool)

共享池用于缓存最近执行过的 SQL 语句、PL/SQL 程序和数据字典信息，是对 SQL 语句、PL/SQL 程序进行语法分析、编译、执行的区域。共享池由库高速缓存(Library Cache)和数据字典缓存(Data Dictionary Cache)组成，如图 7-7 所示。

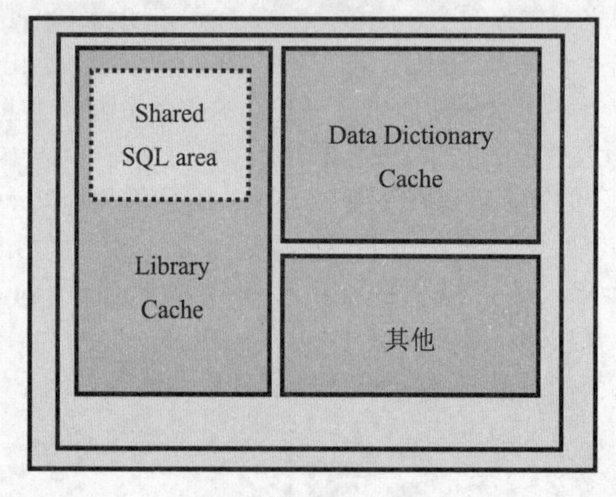

图 7-7 共享池的构成

(1) 库高速缓存。

Oracle 执行用户提交的 SQL 语句或 PL/SQL 程序之前，先要对其进行语法分析、对象确认、权限检查、执行优化等一系列操作，并生成执行计划。这一系列操作会占用一定的系统资源。其中解析代码是最耗费时间的，执行一条 SQL 语句时，70%时间都花在解析代码和生成执行计划上。如果多次执行相同的 SQL 语句、PL/SQL 程序都要进行如此操作，将浪费很多系统资源。

因此 Oracle 数据库是这样做的：第一次执行一条 SQL 语句，生成了解析代码和执行计划，这个过程叫作硬解析；硬解析后，会把命令文本、解析代码和执行计划等都存放在库高速缓存里面。这样下次再执行相同的 SQL 语句时就不用再次硬解析，只需软解析即可，即直接从库高速缓存中把上次执行的相同 SQL 语句的解析代码和执行计划调出来执行，从而提高系统的效率。

因此当执行 SQL 语句或 PL/SQL 程序时，Oracle 首先在共享池的库缓存中搜索，查看相同的 SQL 语句或 PL/SQL 程序是否已经被分析、解析、执行并缓存过。如果有，Oracle 将利用缓存中的分析结果和执行计划来执行该语句，而不必重新对它进行硬解析，从而大大提高了系统的执行速度。

(2) 数据字典缓存。

数据字典缓存中存储经常使用的数据字典信息，如数据库对象信息、账户信息、数据库结构信息等。当用户访问数据库时，可以从数据字典缓存中获得对象是否存在、用户是否有操作权限等信息，提高执行效率。

(3) 共享池的大小。

共享池的大小可以通过设置初始化参数文件中的 shared_pool_size 参数进行指定，也可以在数据库运行过程中通过执行 ALTER SYSTEM 语句修改共享池大小。

设置大小适合的共享池，让编译过的程序代码常驻内存，降低重复执行相同 SQL 语句、PL/SQL 程序的系统开销，可以提高数据库的性能。

例题 7-6：共享池中库缓存功能测试。

① 查看共享池的大小，命令如下：

```
SQL>SELECT pool,sum(bytes) FROM v$sgastat GROUP BY pool;
```

查询结果如下：

```
POOL                      SUM(BYTES)
------------------ ------------------
                       292370864
java pool                4194304
streams pool             4194304
shared pool            218108500
large pool               4194304
```

可以看出 shared_pool 大小为 218MB，是仅次于 db_buffer_cache 的第二大部分。

② 设置 TIMING ON 参数，目的是后面可以列出执行每条 SQL 语句的时间开销，命令如下：

```
SQL>SET TIMING ON
```

③ 把 shared_pool 里面原来的数据全部清除，以前解析过的代码都不存在了，命令如下：

```
SQL>ALTER SYSTEM FLUSH shared_pool;
```

④ 执行上面命令后，库缓存内容被清空，然后执行两次相同的 select 语句：

```
SQL>SELECT count(*) FROM dba_objects;
SQL>SELECT count(*) FROM dba_objects;
```

执行结果如图 7-8 所示。

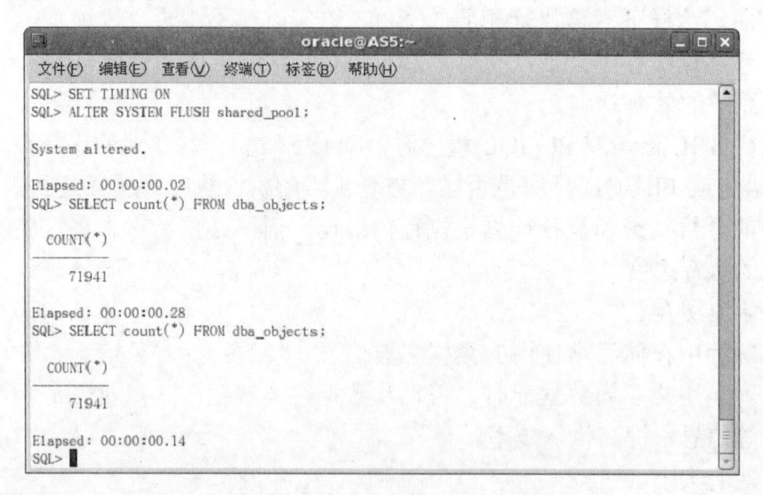

图 7-8 两条 select 语句执行结果

由图 7-8 可见，执行第一条 select 语句需要硬解析，时间比较长，花费 0.28 秒。第二条同样语句的执行只需软解析，时间明显会短些，只需要 0.14 秒。

⑤ 可以通过下面语句查看共享池中库缓存的大小：

```
SQL>SELECT sum(sharable_mem) FROM v$db_object_cache;
```

例题 7-7：共享池中数据字典缓存功能测试。

① 设置自动跟踪统计信息功能，此命令可以简写如下：

```
SQL>SET AUTOT ON STAT
```

② 执行两次如下 select 语句，查看从磁盘上读取数据字典的指标 recursive calls 的值：

```
SQL>SELECT count(*) FROM scott.emp;
SQL>SELECT count(*) FROM scott.emp;
```

结果分别如图 7-9 和图 7-10 所示。

第一次执行 select 语句，要访问的数据字典都是从磁盘上读出来，所以访问磁盘数据字典的次数很高。而再次执行同一条 select 语句时，所要访问的数据都已经保存在字典高速缓存里面了，不需要从磁盘上读，因此从磁盘读数据字典的次数就为 0 了。从图 7-9 和图 7-10 中的 recursive calls 参数能够明显地看出数据字典高速缓存的作用。

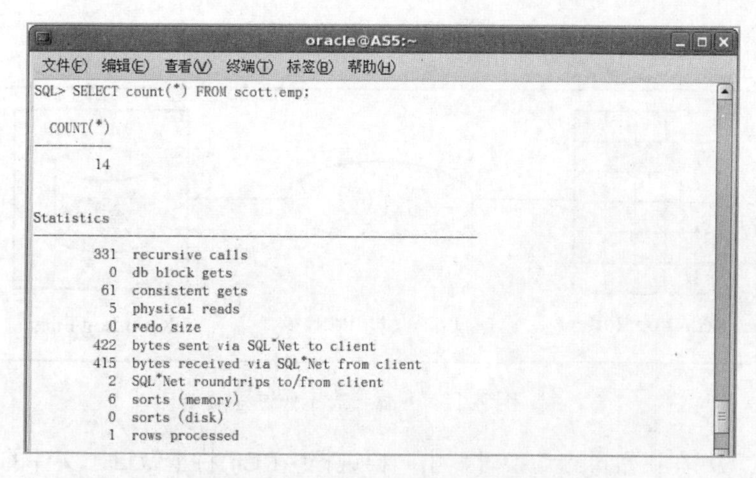

图 7-9　首次执行 select 语句的统计信息

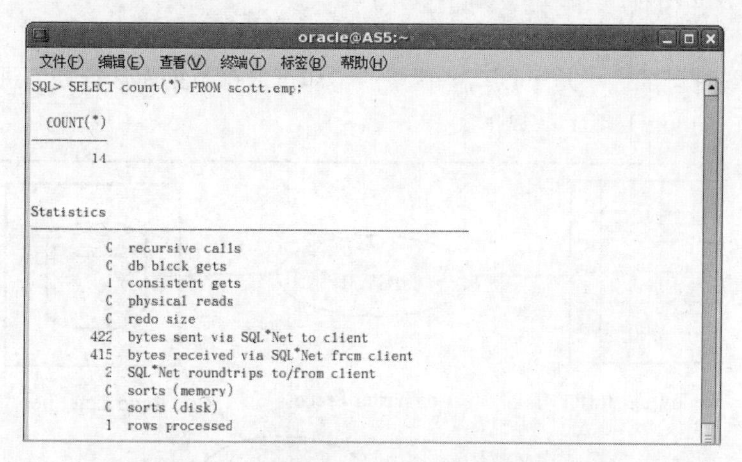

图 7-10　再次执行 select 语句的统计信息

③　可以通过下面语句查看共享池中数据字典缓存的大小：

```
SQL>SELECT sum(sharable_mem) FROM v$sqlarea;
```

例题 7-8：修改共享池区的大小，命令如下：

```
SQL>ALTER SYSTEM SET shared_pool_size=200M;
```

3．重做日志缓冲区(redo_log_buffer)

(1)　功能。

重做日志缓冲区是 SGA 中的循环缓冲区(从顶端向底端写入数据，然后返回到顶端循环写入)，用于存放用户对数据库所做更改的信息，此信息存储在重做记录中。重做记录包含重建(或重做)由 DML、DDL 或内部操作对数据库进行更改所需的信息。如果需要，将使用重做记录进行数据库恢复。

为了提高工作效率，重做记录并不是直接写入磁盘的重做日志文件中，而是先写入 SGA 中的重做日志缓冲区，重做记录占用缓冲区中连续的顺序空间。在一定条件下，LGWR 后台进程再将重做日志缓冲区的内容写到磁盘上的活动重做日志文件(或文件组)

中。重做日志工作过程如图 7-11 所示。

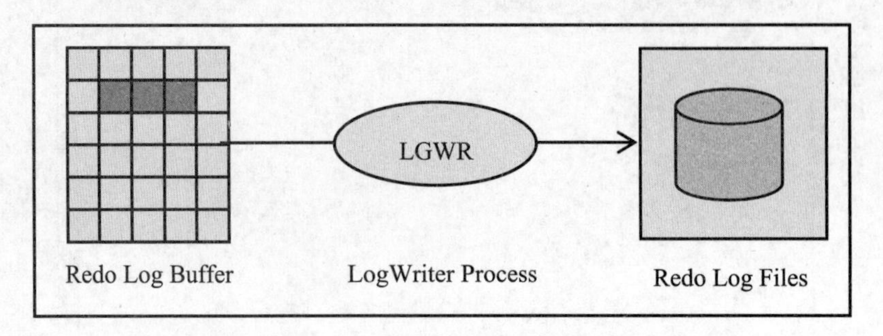

图 7-11　重做日志工作过程

归档模式下，在重做日志切换时，由归档进程(ARCn)将重做日志文件的内容写入归档文件中，如图 7-12 所示。

(2)　重做日志缓冲区的大小。

重做日志缓冲区的大小是可以动态调整的，即可以在数据库运行期间进行调整，可以通过参数文件中的 log_buffer 参数指定。

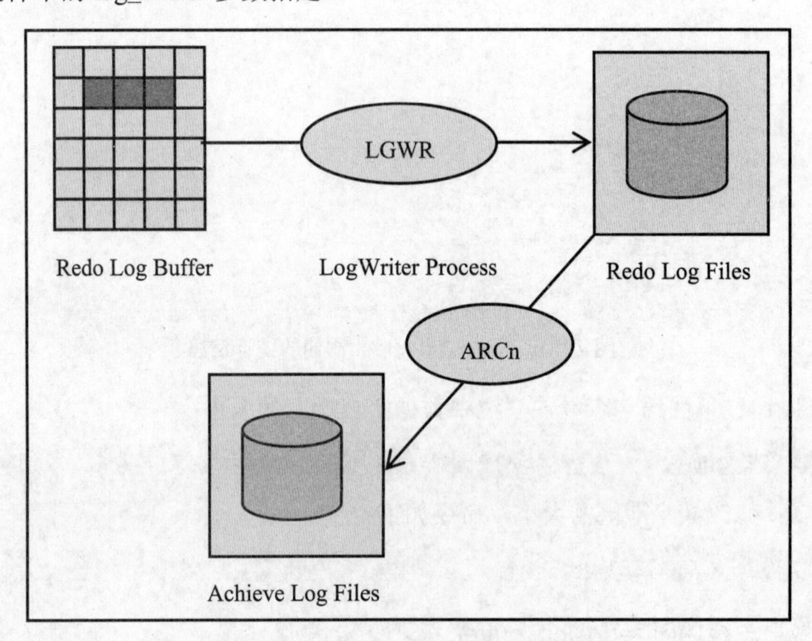

图 7-12　归档模式下重做日志过程

例题 7-9：调整重做日志缓冲区的大小。

①　通过 log_buffer 参数查看重做日志缓冲区的大小，命令如下：

```
SQL>SHOW PARAMETER log_buffer;
```

显示结果如下：

```
NAME                                TYPE        VALUE
----------------------------------- ----------- ------------------------------
log_buffer                          integer     5627904
```

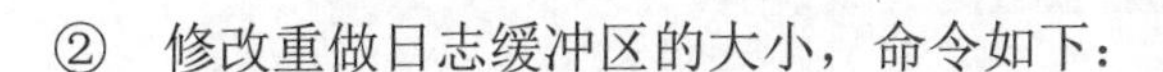

② 修改重做日志缓冲区的大小，命令如下：

```
SQL>ALTER SYSTEM SET log_buffer=7000000 SCOPE=SPFILE;
```

③ 修改后重启数据库，命令如下：

```
SQL>SHUTDOWN IMMEDIATE
SQL>STARTUP
```

因为 log_buffer 是一个需要重启生效的参数，所以修改完毕需重启数据库。

重做日志缓冲区的大小对数据库性能有较大的影响。较大的重做日志缓冲区，可以减少对重做日志文件写的次数，适合长时间运行的、产生大量重做记录的事务。

4．大型池

大型池是 SGA 的一段可选内存区，数据库管理员可以配置大型池的可选内存区，以便为以下对象提供大型内存分配：共享服务器的会话内存和 Oracle XA 接口(在事务处理与多个数据库交互时使用)；I/O 服务器进程；Oracle DB 备份和还原操作。如果没有在 SGA 中创建大型池，那么上述操作所需要的缓存空间将在共享池或 PGA 中分配，因而会影响共享池或 PGA 的使用效率。大型池结构如图 7-13 所示。

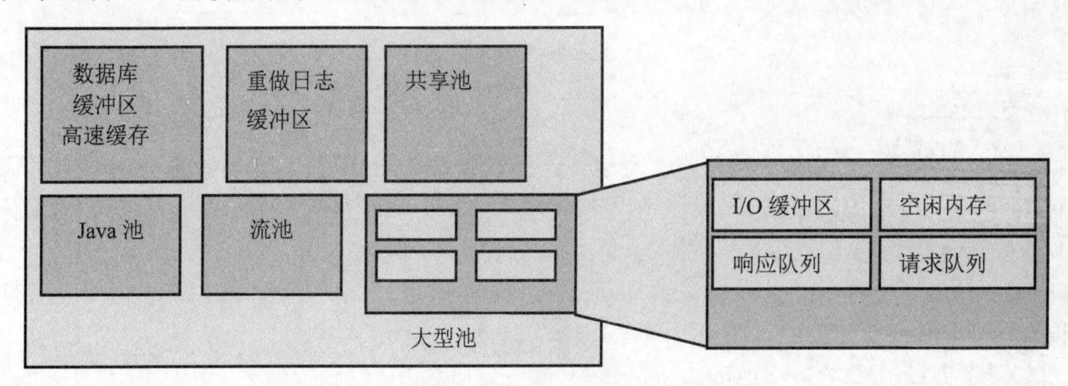

图 7-13　大型池结构

大型池的作用非常广泛，主要是为 Oracle 其他程序、功能和服务提供内存分配，使得这些程序、功能和服务不要去前面介绍的 3 块内存里面去分空间。

大型池的大小可以通过设置参数 large_pool_size 指定。在数据库运行期间，可以使用 ALTER SYSTEM 语句修改大型池的大小。

例题 7-10：查看并修改大型池的大小。

① 查看大型池的大小，命令如下：

```
SQL>SELECT pool,sum(bytes) FROM v$sgastat GROUP BY pool;
```

结果如图 7-14 所示，默认是 4MB。

② 修改大型池的大小，命令如下：

```
SQL>ALTER SYSTEM SET large_pool_size=12M;
```

重新查看结果，如图 7-15 所示。

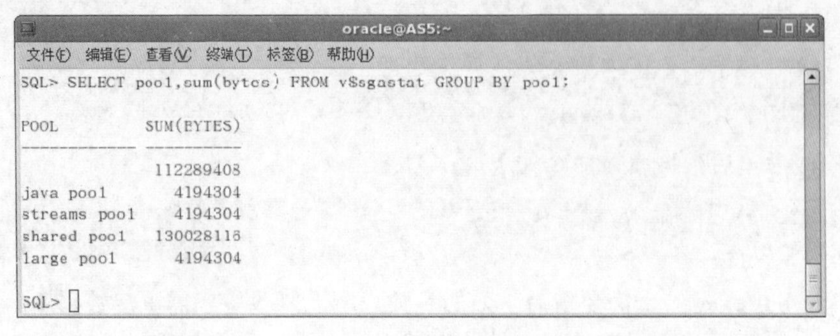

图 7-14 查看大型池的大小

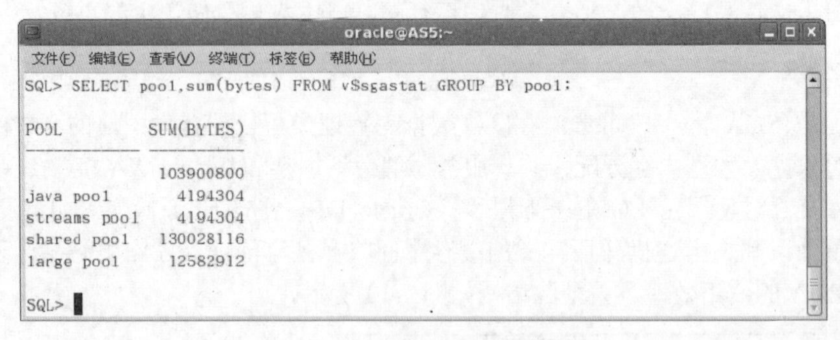

图 7-15 查看修改后大型池的大小

5. Java 池

Java 池也是 SGA 的一段可选内存区，但是在安装 Java 或者使用 Java 程序时，必须设置 Java 池。Java 池提供对 Java 程序设计的支持，用于存储 Java 代码、Java 语句的语法分析表、Java 语句的执行方案和进行 Java 程序开发等。

Java 池大小可以通过设置参数 java_pool_size 指定，默认是 4MB。在数据库运行期间，可以使用 ALTER SYSTEM 语句进行修改。

例题 7-11：修改 Java 池的大小，命令如下：

```
SQL>ALTER SYSTEM SET java_pool_size=50M;
```

6. 流池

流池是一个可选的内存配置项，是为 Oracle 流专用的内存池。除非对流池进行专门配置，否则其大小从零开始。当使用 Oracle 流时，池大小会根据需要动态增长。

流池大小可以通过设置参数 streams_pool_size 指定。在数据库运行期间，可以使用 ALTER SYSTEM 语句进行修改。

例题 7-12：修改流池的大小，命令如下：

```
SQL>ALTER SYSTEM SET streams_pool_size=80M;
```

7.2.2 程序全局区(PGA)

PGA 是包含与某个特定服务器进程相关的数据和控制信息的一块非共享内存区域，它是在服务器进程启动时由 Oracle 创建的。一个 Oracle 进程拥有一个 PGA 内存区，一个 PGA 也只能被拥有它的那个服务进程所访问。PGA 结构如图 7-16 所示。

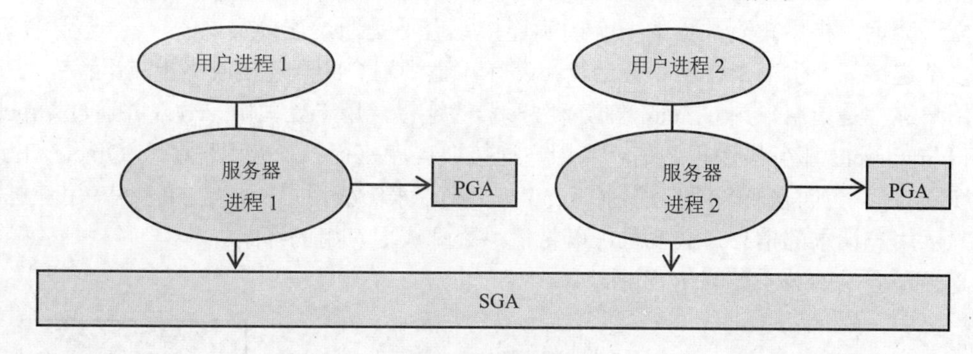

图 7-16　PGA 结构

Oracle 总的内存结构就是由 SGA 和若干 PGA 组成的。

7.3　Oracle 进程结构

7.3.1　Oracle 进程种类

Oracle 数据库系统中的进程主要分为如下两类。

- 运行应用程序或 Oracle 工具代码的用户进程。
- 运行 Oracle 数据库服务器代码的 Oracle 数据库进程(包括服务器进程和后台进程)。

Oracle 的进程关系如图 7-17 所示。

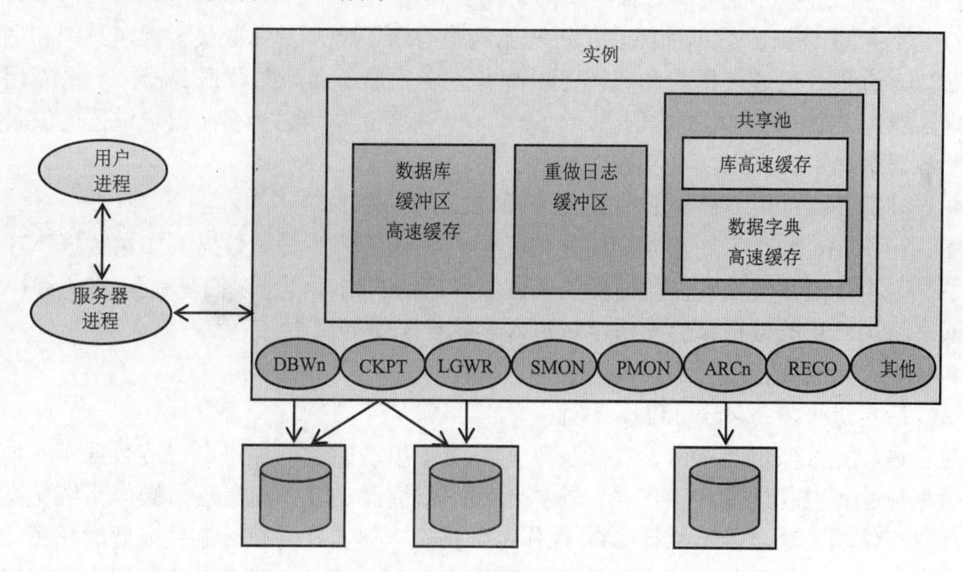

图 7-17　Oracle 进程关系描述

1．用户进程

在 Oracle 数据库中，有两个与用户进程相关的概念：连接和会话。

(1) 连接：指用户进程与数据库服务器之间的通信路径。该路径由硬件线路、网络协议和操作系统进程通信机制共同构成。

(2) 会话：指用户到数据的一个明确连接。会话是通过连接实现的，同一个用户可以创建多个连接来产生多个会话。会话始终存在，直到用户断开连接或终止应用程序为止。

用户进程是指用户到 Oracle 数据库服务器的连接，用于处理用户输入并通过 Oracle 程序接口与 Oracle 服务器进行通信。当用户连接数据库执行一个应用程序或 Oracle 工具(如 SQL*Plus)时，会创建一个用户进程(User Process)，来完成用户所指定的任务。用户进程还负责显示用户请求的信息，必要时可以将信息处理成更有用的形式。

连接与会话的关系如图 7-18 所示。

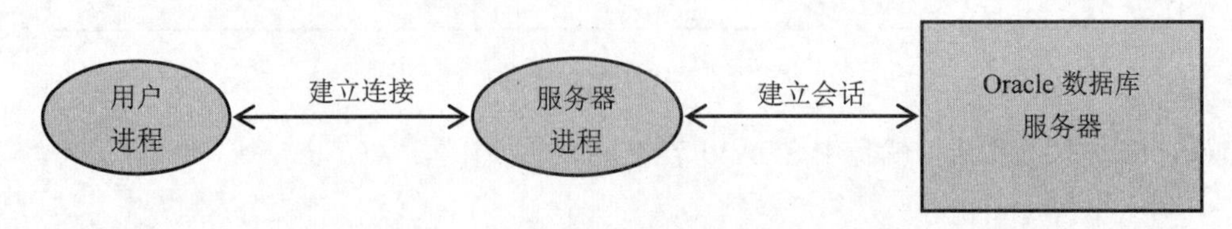

图 7-18　连接与会话

2. 数据库进程

(1) 服务器进程(Server Process)。

当用户进程访问数据库时，数据库服务器会启动一个与用户进程相对应的服务器进程，以执行该用户进程发出的命令。服务器进程就像是用户进程的代理，代替用户进程向数据库服务器发出各种请求，并把从数据库服务器获得的数据返回给用户进程。用户进程只有通过服务器进程才能实现对数据库的访问和操作。

对于不同的 Oracle 数据库配置，进程结构也有所不同，具体取决于操作系统和选择的 Oracle DB 选件。已连接用户的代码可以配置为专用服务器或共享服务器。一个专用服务器进程只能为一个用户进程提供服务，一个共享服务器进程可以为多个用户进程提供服务。

服务器进程主要完成以下任务。

- 解析并执行用户提交的 SQL 语句和 PL/SQL 程序。
- 在 SGA 的数据高速缓冲区中搜索用户进程所要访问的数据，如果数据不在缓冲区中，则需要从硬盘数据文件中读取所需的数据，再将它们复制到缓冲区中。
- 将用户更改数据库的操作信息写入重做日志缓冲区中。
- 将查询或执行后的结果返回给用户进程。

(2) 后台进程(Background Process)。

后台进程是在实例启动时，在数据库服务器端启动的管理程序，它使数据库的内存结构和数据库物理结构之间协调工作。这些进程不仅彼此交互，而且还与操作系统交互，以便管理内存结构，通过异步执行 I/O 操作将数据写入磁盘，并执行其他需要的任务。后台进程主要完成以下任务：在内存与磁盘之间进行 I/O 操作；监视各个服务器进程状态；协调各个服务器进程的任务；维护系统性能和可靠性等。

Oracle 的后台进程包括数据库写进程(DBWn)、日志写进程(LGWR)、检查点进程(CKPT)、系统监控进程(SMON)、进程监控进程(PMON)、归档进程(ARCn)、恢复进程

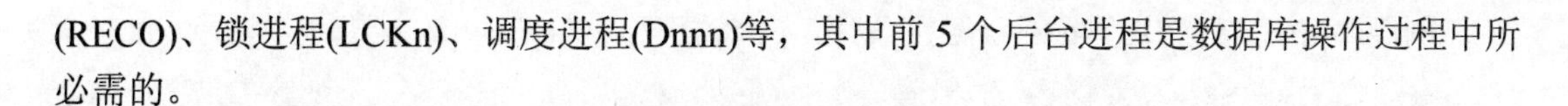

(RECO)、锁进程(LCKn)、调度进程(Dnnn)等，其中前 5 个后台进程是数据库操作过程中所必需的。

7.3.2　Oracle 后台进程

数据库的后台进程随数据库实例的启动而自动启动，用来维护内存中数据和磁盘数据的一致性，保证数据库正常运行。它们协调服务器进程的工作，优化系统的性能。可以通过初始化参数文件中参数的设置来确定启动后台进程的数量。

1. 数据库写进程(DBWn)

数据库写进程是数据库中最重要的一个后台进程，它负责把数据高速缓冲区(db_buffer_cache)中已经被修改过的数据(脏缓存块)写到数据文件中保存，使数据高速缓冲区有更多的空闲缓存块，保证服务器进程将所需要的数据从数据文件中读取到数据高速缓冲区中，提高缓存命中率。

虽然对于大多数系统来说，一个数据库写进程(DBW0)已经足够，但如果系统需要频繁修改数据，则可以配置附加进程(DBW1～DBW9 以及 DBWa～DBWj)以改进写性能。这些附加 DBWn 进程在单处理器系统中没有用。

DBWn 进程是在执行其他处理时异步执行的，即启动的时间与用户提交事务的时间完全无关。实际上，数据库是把要写入磁盘的数据缓存在 db_buffer_cache 里面，由 DBWn 在合适的条件满足时将一批脏块一次性写回磁盘。

除了 DBWn 进程触发时会将脏数据写入磁盘，另外一个后台进程检查点进程触发时，也会命令 DBWn 进程将脏数据写入磁盘。检查点进程会在后台定期执行。

数据库写进程工作方式如图 7-19 所示。

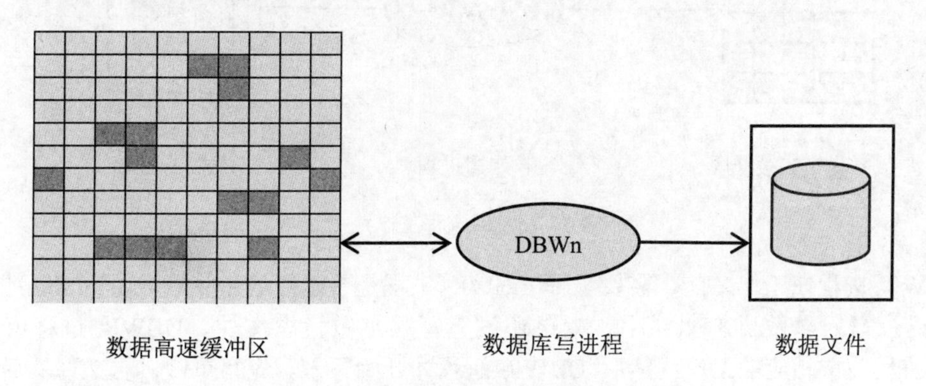

图 7-19　数据库写进程工作方式

当下列某个事件发生时，会触发 DBWn 进程把脏数据写到数据库的数据文件中。

- 内存块中 25%的脏块限额达到时。
- Checkpoint(检查点)触发时。
- 数据高速缓冲区中 LRU 列表(空闲块列表)上有 40%块都不可用时。
- 每隔 300s 定时触发一次。

例题 7-13：查看 DBWn 部分触发条件，命令如下：

```
SQL>SELECT kvittag,kvitval,kvitdsc FROM x$kvit
2  WHERE kvittag IN('kcbldq','kcbfsp');
```

查询结果如下：

```
KVITTAG        KVITVAL  KVITDSC
-------------- -------- ----------------------------------------
kcbldq         25       large dirty queue if kcbclw reaches this
kcbfsp         40       Max percentage of LRU list foreground can
                        scan for free
```

可以看出 25%的脏块限额和 40%的长度都列出来了，后面也列出了关于这两个指标的文字描述。

2. 日志写进程(LGWR)

日志写进程(LGWR)负责管理重做日志缓冲区，就是将重做日志缓冲区记录写入磁盘上的重做日志文件中。LGWR 会把自上次写入以后重做日志缓冲区中的记录写到磁盘的重做日志文件中。

重做日志缓冲区是循环缓冲区。当 LGWR 把重做日志缓冲区中的重做记录写入重做日志文件后，服务器进程就可以在已写入磁盘的重做记录位置上记载新的重做记录。LGWR 的写入速度要足够快，以确保缓冲区中始终有空间可供新的重做记录使用。

日志写进程工作方式如图 7-20 所示。

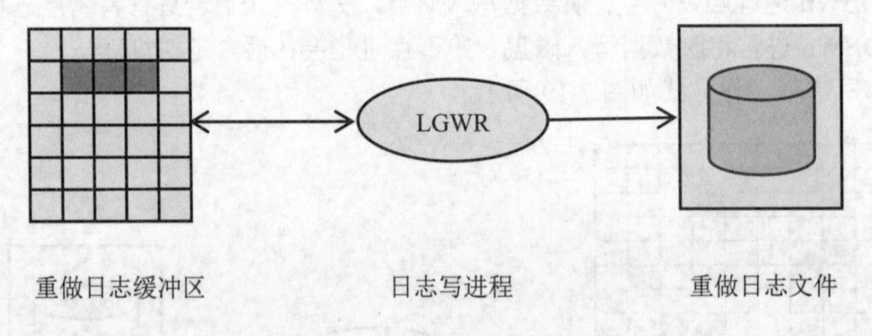

图 7-20　日志写进程工作方式

DBWR 进程在工作之前，需要了解 LGWR 进程是否已经把相关的重做日志缓冲区中的重做记录写入重做日志文件中。如果还没有写入重做日志文件，DBWR 进程将通知 LGWR 进程完成相应的工作，然后 DBWR 进程才开始写入。先写重做日志文件，后写数据文件。

当下列某个事件发生时，会触发 LGWR 进程将重做日志缓冲区中的重做记录写入重做日志文件。

- 用户进程提交事务处理。
- 重做日志缓冲区的 1/3 已满。
- 在 DBWn 进程将脏缓冲区写到数据文件之前，LGWR 先写日志后写数据。
- 每隔 3s。

3. 检查点进程(CKPT)

检查点是一个事件，在执行了一个检查点事件后，数据库完成更新，处于一个完整状态。在发生数据库崩溃后，只需要将数据库恢复到上一个检查点执行时刻即可。缩短检查点执行的时间间隔，可以缩短数据库恢复所需的时间。

CKPT 进程的作用就是执行检查点，主要完成下列两个操作：更新控制文件与数据文件的头部，使其同步，即将时间点信息写入控制文件和每一个数据文件的头部；触发 DBWn 进程，将脏缓存块写入数据文件，即推动 DBWn 和 LGWR 工作。

检查点进程 CKPT 的触发条件如下。

- 数据库关闭。
- 手动执行 ALTER SYSTEM CHECKPOINT 语句。
- 日志文件切换。
- 达到参数 log_checkpoint_interval 设定的值。log_checkpoint_interval 用于设置执行检查点之前，必须写入重做日志文件的系统操作块的数量。比如，将参数值设置为 1000，表示上一个检查点触发之后如果又产生了 1000 个日志块，则触发下一个检查点。此参数就是两个检查点之间日志块的数量。
- 达到参数 log_checkpoint_timeout 设定的值。log_checkpoint_timeout 用于设置执行一次检查点的时间间隔，以秒为单位。比如，将参数设置为 1800，表示每隔 1800s 执行一次检查点；如果为 0，表示将禁止使用基于时间的检查点。

例题 7-14：查看检查点信息。

① 查看当前数据库当前的时间点，即查系统当前的 SCN 号，命令如下：

```
SQL>SELECT current_scn FROM v$database;
```

结果如图 7-21 所示。

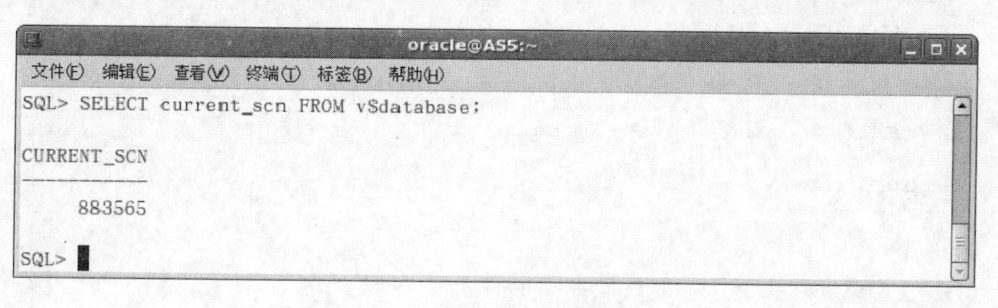

图 7-21　当前系统最新检查点

SCN(System Change Number)为 Oracle 内部的时间号，是一串不断递增的数字，以此来区分所有操作的先后顺序。

② 查看被记录在控制文件中以及所有数据文件头部的检查点信息，命令如下：

```
SQL>SELECT checkpoint_change# FROM v$database;
SQL>SELECT checkpoint_change# FROM v$datafile_header;
```

结果如图 7-22 所示。

```
oracle@AS5:~
文件(F) 编辑(E) 查看(V) 终端(T) 标签(B) 帮助(H)
SQL> SELECT checkpoint_change# FROM v$database;

CHECKPOINT_CHANGE#
------------------
            880425

SQL> SELECT checkpoint_change# FROM v$datafile_header;

CHECKPOINT_CHANGE#
------------------
            880425
            880425
            880425
            880425
            880425
```

图 7-22　控制文件及数据文件头部检查点信息

图 7-21 是最新的检查点信息，而图 7-22 是上一次检查点触发的时间。显然当前时间要比上一次记录的更新。由于数据文件有多个，每个数据文件头部都要保存检查点信息，因此有多条记录。

③　手动触发检查点，命令如下：

```
SQL>ALTER SYSTEM CHECKPOINT;
```

④　再一次查看被记录在控制文件中以及所有数据文件头部的检查点信息，命令如下：

```
SQL>SELECT checkpoint_change# FROM v$database;
SQL>SELECT checkpoint_change# FROM v$datafile_header;
```

结果如图 7-23 所示。

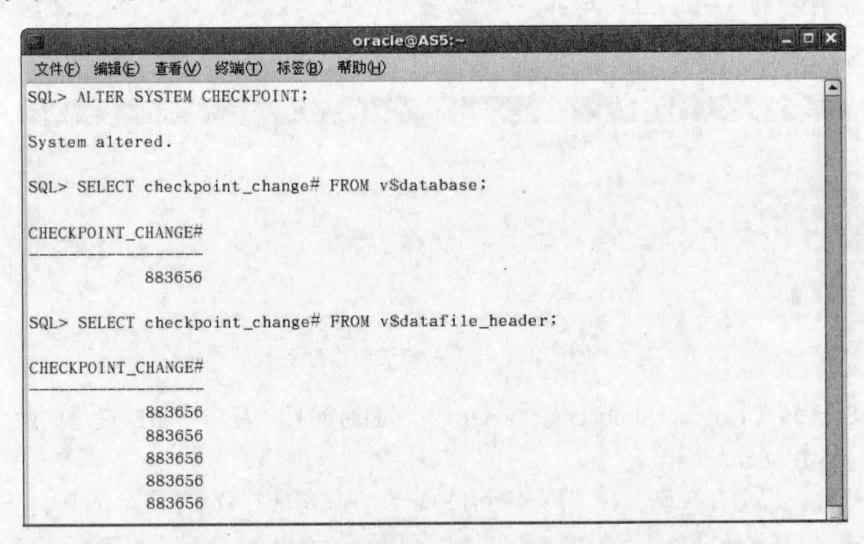

```
oracle@AS5:~
文件(F) 编辑(E) 查看(V) 终端(T) 标签(B) 帮助(H)
SQL> ALTER SYSTEM CHECKPOINT;

System altered.

SQL> SELECT checkpoint_change# FROM v$database;

CHECKPOINT_CHANGE#
------------------
            883656

SQL> SELECT checkpoint_change# FROM v$datafile_header;

CHECKPOINT_CHANGE#
------------------
            883656
            883656
            883656
            883656
            883656
```

图 7-23　手动触发检查点后控制文件和数据文件头部检查点信息改变

由图 7-23 可见，在手动触发检查点后，控制文件和数据文件头部记录的检查点信息都被更新，标志着这点之前的数据都已保存在磁盘上。

4. 归档进程(ARCn)

归档进程(ARCn)是可选进程，仅当数据库处于 ARCHIVELOG 模式且已启用自动归档时，才会存在 ARCn 进程。发生日志切换之后，ARCn 进程会将重做日志文件复制到指定的存储设备，以防止写满的重做日志文件被覆盖。如果没有启动归档进程，当重做日志文件全部被写满后，数据库将被挂起，等待 DBA 进行手动归档。

一个 Oracle 实例中最多可以运行 10 个 ARCn 进程(ARC0～ARC9)。如果当前的 ARCn 进程还不能满足工作负载的需要，LGWR 进程将启动新的 ARCn 进程。当 LGWR 启动新的 ARCn 时，alert 文件会记录下来。

在默认情况下，一个实例只会启动一个 ARCn 进程。如果归档的工作负荷很重，则可以使用 LOG_ARCHIVE_MAX_PROCESSES 初始化参数增加最大归档进程数。可以通过执行 ALTER SYSTEM 语句动态更改该参数的值，以增加或减少 ARCn 进程数。

5. 系统监控进程(SMON)

系统监控进程(SMON)的主要作用就是数据库实例恢复。当数据库发生故障时(如操作系统重启)，实例 SGA 中所有没有写到数据文件中的信息都会丢失。当数据库重新启动后，SMON 进程自动恢复实例。SMON 进程还负责清除不再使用的临时段。

SMON 进程除了在实例启动时执行一次外，在实例运行期间也会被定期唤醒，检查是否有工作需要它来完成。如果有其他任何进程需要使用 SMON 进程的功能，它们将随时唤醒 SMON 进程。

6. 进程监控进程(PMON)

进程监控进程(PMON)负责监控其他后台进程是否在正常工作。比如，某个用户进程失败，则 PMON 进程负责执行进程恢复，方法是清除数据库缓冲区高速缓存并释放该用户进程使用的资源。

PMON 进程还会监视会话是否发生空闲会话超时，清除非正常中断的用户留下的孤儿会话，回退未提交的事务，释放会话所占用的资源。PMON 进程定期检查分派程序和服务器进程的状态，并重新启动任何已停止运行(但并非 Oracle 数据库故意终止)的分派程序和服务器进程。PMON 还将有关实例和分派程序进程的信息注册到网络监听程序。

与 SMON 一样，PMON 定期检查是否有工作需要它来完成；如果其他进程检测到需要该进程，也可以调用它。

7.4 小型案例实训

例题 7-15：调整数据库高速缓存测试。

① 查看 db_keep_cache 参数大小，命令如下：

```
SQL>show parameter db_keep_cache_size;
```

② 查看 db_recycle_cache 参数大小，命令如下：

```
SQL>show parameter db_recycle_cache_size;
```

③ 设置 db_keep_cache 大小为 7MB，命令如下：

```
SQL>alter system set db_keep_cache_size=7M;
```

④ 设置 db_recycle_cache 大小为 10MB，命令如下：

```
SQL>alter system set db_recycle_cache_size=10M;
```

⑤ 从 v$buffer_pool 中查看缓冲池名称、大小，命令如下：

```
SQL>select name,current_size from v$buffer_pool;
```

⑥ 将表 t1 放到 keep 池中，命令如下：

```
SQL>alter table t1 storage (buffer_pool keep);
```

⑦ 创建表 t2，I 列放数字，并将 t2 放入 recycle 池中，命令如下：

```
SQL>create table t2 (I number) storage (buffer_pool recycle);
```

⑧ 从 dba_tables 中查看表名叫 T1、T2 的表名，缓冲池，命令如下：

```
SQL>select table_name,buffer_pool from dba_tables
where table_name in ('T1', 'T2');
```

上述操作结果如图 7-24 所示。

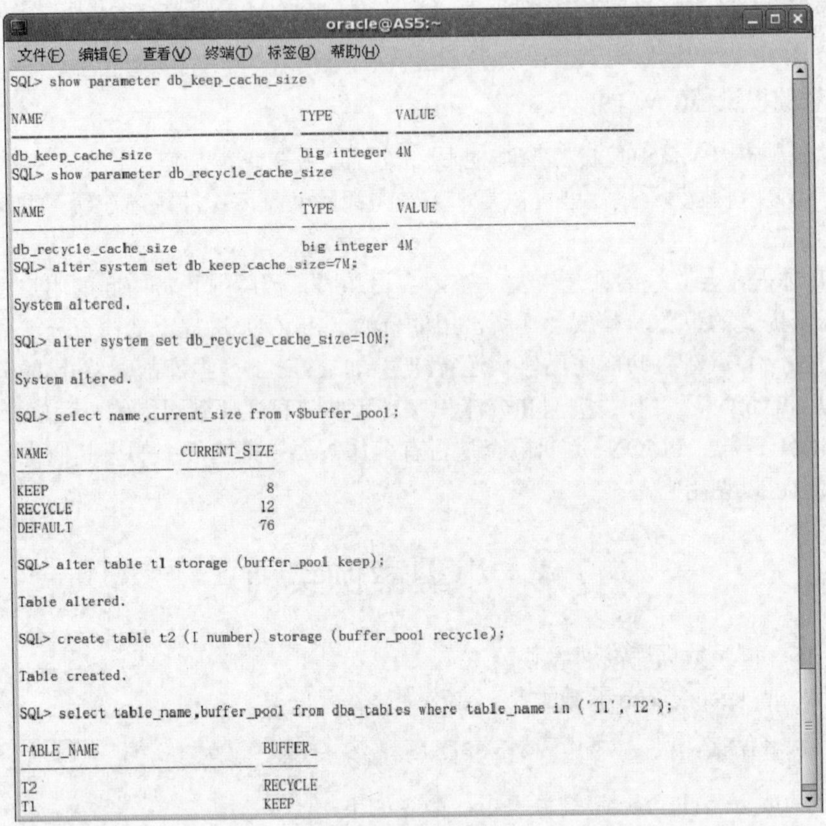

```
oracle@AS5:~
文件(F) 编辑(E) 查看(V) 终端(T) 标签(B) 帮助(H)
SQL> show parameter db_keep_cache_size

NAME                                 TYPE        VALUE
------------------------------------ ----------- ------------------------------
db_keep_cache_size                   big integer 4M
SQL> show parameter db_recycle_cache_size

NAME                                 TYPE        VALUE
------------------------------------ ----------- ------------------------------
db_recycle_cache_size                big integer 4M
SQL> alter system set db_keep_cache_size=7M;

System altered.

SQL> alter system set db_recycle_cache_size=10M;

System altered.

SQL> select name,current_size from v$buffer_pool;

NAME                 CURRENT_SIZE
-------------------- ------------
KEEP                            8
RECYCLE                        12
DEFAULT                        76

SQL> alter table t1 storage (buffer_pool keep);

Table altered.

SQL> create table t2 (I number) storage (buffer_pool recycle);

Table created.

SQL> select table_name,buffer_pool from dba_tables where table_name in ('T1','T2');

TABLE_NAME                     BUFFER_
------------------------------ -------
T2                             RECYCLE
T1                             KEEP
```

图 7-24 调整数据库高速缓存测试结果

本 章 小 结

Oracle 数据库通常由 Oracle 数据库和数据库实例组成。Oracle 数据库是一系列物理文件的集合(数据文件，控制文件等)；数据库实例则是一组 Oracle 后台进程以及在服务器分配的共享内存区。本章系统介绍了 Oracle 内存结构的组成和后台进程，重点介绍了共享内存区中的数据高速缓存、共享池和重做日志缓存的工作原理和设置方法，以及 Oracle 后台进程的数据写进程、日志写进程和检查点进程。

习　　题

1. 选择题

(1) Oracle 共享内存结构里面包含(　　)。

A. db_buffer_cache　　B. shared_pool

C. PGA　　D. A 和 B

(2) 内存结构中的 Shared Pool 是用来存储(　　)。

A. 存放命令文本、解析代码、执行计划等

B. 存放有关对数据库所做更改的信息

C. Oracle DB 备份和还原操作

D. 存储 Java 代码和数据

(3) 用来执行数据库备份与还原操作的是(　　)。

A. Java Pool　　B. Shared Pool　　C. Large Pool　　D. Streams Pool

(4) 以下关于 PGA 的描述，不正确的是(　　)。

A. 一个 Oracle 进程拥有一个 PGA 内存区

B. 专用服务器模式下，PGA 只能被拥有它的那个服务进程所访问

C. PGA 服务于进程，包含的是进程的信息

D. 是一组包含着一个 Oracle 实例的数据和控制信息的共享内存结构

(5) 以下关于重做日志缓存的描述，不正确的是(　　)。

A. 它是 SGA 中的循环缓冲区

B. 存放有关对数据库所做更改的信息

C. 包含重做条目，这些条目包含由 DML 和 DDL 等操作进行的重做更改的相关信息

D. 高级队列内存表存储

(6) 数据库进程包括(　　)。

A. 用户进程和服务器进程　　B. 服务器进程和后台进程

C. 后台进程和前台进程　　D. 用户进程和前台进程

(7) (　　)不是数据库写进程触发的条件。

A. 25%的脏块限额达到　　B. 检查点触发时

C. 每 300s 定时触发　　D. 用户进程提交事务处理时

(8) (　　)进程的作用是将脏块写到数据文件中。

A. DBWn　　B. CKPT　　C. LGWR　　D. ARCn

(9) 检查点信息记录在(　　)。

A. 数据文件和每个数据文件头　　B. 控制文件和每个数据文件头

C. 参数文件和每个数据文件头　　D. 每个数据文件头

(10) 以下关于系统监控进程 SMON 的说法，正确的是(　　)。

A. 保证脏块写到数据文件中

B. 在实例启动时执行实例恢复，清除不使用的临时段

C. 记录数据库中所做的变化

D. 清除使用的临时段

2. 简答题

(1) 说明数据库实例的概念及其结构。

(2) 简述 Oracle 数据库 SGA 中重做日志缓冲区、数据高速缓冲区及共享池的功能。

(3) 说明数据库内存结构中 SGA 和 PGA 的组成，以及这两个内存区存放信息的区别。

(4) Oracle 数据库进程的类型有哪些？分别完成什么任务？

(5) Oracle 数据库后台进程有哪些？其功能是什么？

3. 操作题

(1) 查看当前数据库中所有的数据字典表(dictionary)和动态性能视图(v$fixed_table)，并查询实例的名称和状态(v$instance)。

(2) 使用简单命令查看 Oracle 内存信息，包括查看 Java 池的大小，查看当前缓冲池的大小，查看各个缓冲区的大小。

(3) 使用命令查看 Oracle 检查点信息，包括查看当前的 SCN 号；然后制作一个检查点后再重新查看。

(4) 查看 db_buffer_cache 的大小，分别设置参数 db_keep_cache_size 和 db_recycle_cache_size 的值为 12MB 和 8MB，然后重新查看。

(5) 调整数据高速缓存大小为 800MB。

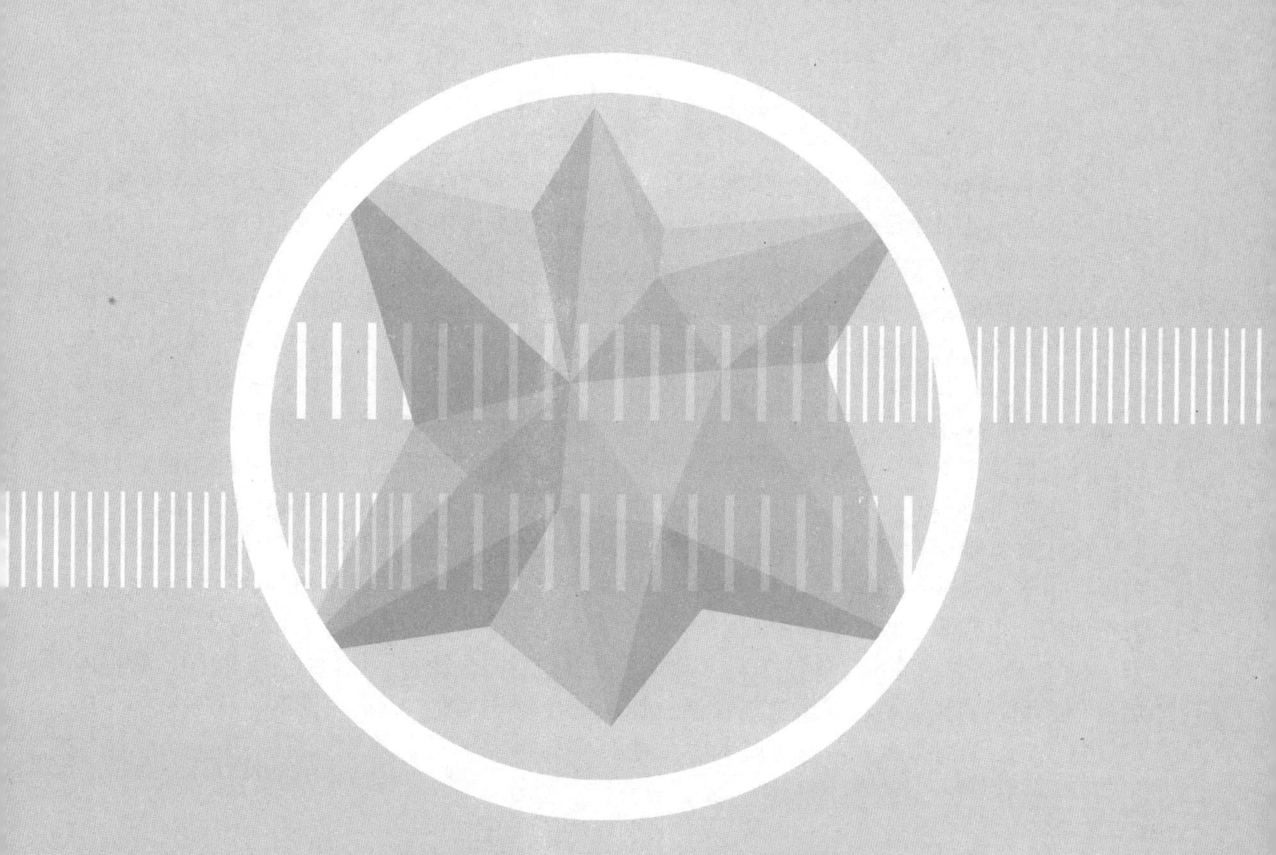

第 8 章

模式对象管理

本章要点：

模式对象就是存储在用户模式中的数据库对象，Oracle 数据库中的模式对象包括表、索引、视图、序列和同义词等。本章将主要介绍表、表的完整性约束及分区表，对索引、视图等也作了较为详尽的讲解。

学习目标：

掌握模式概念及 Oracle 中模式对象的类型，重点掌握表的管理、视图的管理及索引的类型和管理方式，同时了解分区表和分区索引、序列及同义词的管理。

8.1 模式对象

模式(schema)指数据库中全体数据的逻辑结构和特征的描述，一个模式对应一个数据库用户，并且名字和数据库用户名相同。在 Oracle 数据库中，数据对象是以模式为单位进行组织和管理的。

在通常情况下，用户所创建的数据库对象都保存在与自己同名的模式中。每个用户都有一个单独的模式。模式对象可以通过 SQL 创建(DDL)和操作(DML)。在同一模式中，数据库对象的名称必须唯一，而在不同模式中的数据库对象可以同名，如数据库用户 user_a 和 user_b 都可以在数据库中创建一个名为 test 的表。在默认情况下，用户引用的对象是与自己同名模式中的对象，如果要引用其他模式中的对象，则需要在该对象名前指明对象所属模式，如用户 user_a 要引用 user_b 模式中的 test 表，则须使用 user_b.test 形式来表示。

模式对象是一种逻辑数据结构。模式对象与磁盘上保存信息的物理文件并是一一对应关系。由于 Oracle 系统将模式对象存储在表空间中，因此一个模式对象的数据物理保存在表空间的一个或多个数据文件中。

在 Oracle 中，模式对象包括表、索引、索引化表、分区表、物化视图、视图、数据库连接、序列、同义词、存储函数与存储过程、Java 类与其他 Java 资源等。而表空间、用户、角色、目录等数据库对象不属于模式对象。

8.2 表管理

表是数据库中最常用的模式对象，用户的数据在数据库中是以表的形式存储的。表的行称为记录，列称为属性。许多数据库对象(如索引、视图)都以表为基础。表管理主要包括表的创建、表约束、表参数设置、表修改和表删除等。

8.2.1 创建表

创建表使用 CREATE TABLE 语句，其语法格式为：

```
CREATE TABLE [schema.]table_name
(column_name datatype [column_level_constraint]
[,column_name datatype [column_level_constraint]…]
[,table_level_constraint])
[TABLESPACE tablespace_name]
[parameter_list];
```

语法说明如下。

- schema：指定表所属的用户模式名称。
- table_name：创建的表名。
- column_name：表中的列名，可以有多个列，列之间用逗号隔开。
- datatype：列的数据类型。
- column_level_constraint：列级约束。在 Oracle 数据库中，对列的约束包括主键约束、唯一性约束、检查约束、外键约束和空/非空约束 5 种。

- table_level_constraint：表级约束。
- TABLESPACE tablespace_name：为表指定表空间，如不使用则使用默认表空间存储新建表。
- parameter_list：参数列表。在定义表时，可以通过参数设置存储空间分配等。

例题 8-1：在当前模式下创建一个名为 student1 的表，语句如下：

```
SQL>CREATE TABLE student1(
   stuid NUMBER(6) PRIMARY KEY,
   stuname VARCHAR2(20),
   sex NUMBER(1),
   birdate DATE,
   grade NUMBER(2) DEFAULT 1,
   class NUMBER(4)
);
TABLESPACE users
PCTFREE 10 PCTUSED 40
STORAGE(INITIAL 50K NEXT 50K MAXEXTENTS 10 PCTINCREASE 25);
```

8.2.2 数据类型

在创建表时，不仅要指明表名、列名，还要根据应用需要指明每个列的数据类型(datatype)。Oracle 系统提供了功能非常完善的数据类型，可以使用数据库中内置的数据类型，也可以使用用户自定义的数据类型。Oracle 数据库的内置数据类型分为字符类型、数值类型、日期类型、LOB 类型和二进制类型等。

1. 字符类型

- CHAR[(n[BYTE|CHAR])]：用于存储固定长度的字符串。参数 n 规定了字符串的最大长度，可选关键字 BYTE 或 CHAR 表示其长度单位是字节或字符，默认值为 BYTE，即字符串最长为 n 字节。允许最大长度为 2000 字节，最小长度为 1 字节。
- VARCHAR2[(n[BYTE|CHAR])]：用于存储可变长度的字符串。参数含义与 CHAR 类型的参数一样，但是允许字符串的最大长度为 4000 字节。与 CHAR 类型不同，当在 VARCHAR2 类型的列中实际保存的字符串长度小于 n 时，将按字符串实际长度分配空间。
- NCHAR[(n[BYTE|CHAR])]：类似于 CHAR 类型，但它用于存储 Unicode 类型字符串。
- NVARCHAR2[(n[BYTE|CHAR])]：类似于 VARCHAR2 类型，但它用于存储 Unicode 类型字符串。

2. 数值类型

- NUMBER[(m,n)]：用于存储整数和实数。m 表示数值的总位数(精度)，取值范围为 1～38，默认为 38；n 表示小数位数，若为负数则表示把数据向小数点左边舍入，默认值为 0。
- INT、INTEGER、SMALLINT：NUMBER 的子类型，38 位精度的整数。

- BINARY_FLOAT：32 位浮点数。
- BINARY_DOUBLE：64 位浮点数。

3. 日期类型

- DATE：用于存储日期和时间。可以存储的日期范围为公元前 4712 年 1 月 1 日到公元 4712 年 1 月 1 日，由世纪、年份(4 位)、月、日、时(24 小时格式)、分和秒组成。可以在用户当前会话中使用参数 NLS_DATE_FORMAT 指定日期和时间的格式，或者使用 TO_DATE 函数将表示日期和时间的字符串按特定格式转换成日期和时间。
- TIMESTAMP[(n)]：表示时间戳，是 DATE 数据类型的扩展，允许存储小数形式的秒值。n 表示秒的小数位数，取值范围为 0～9，默认值为 6。默认格式由参数 NLS_DATE_FORMAT 指定。

4. LOB 类型

- CLOB：用于存储可变长度的字符数据，如文本文件等，最大数据量为 128TB。
- NCLOB：用于存储可变长度的 Unicode 字符数据，最大数据量为 128TB。
- BLOB：用于存储大型的、未被结构化的、可变长度的二进制数据(如二进制文件、图片文件、音频和视频等非文本文件)，最大数据量为 128TB。
- BFILE：用于存储指向二进制格式文件的定位器，该二进制文件保存在数据库外部的操作系统中，文件最大为 128TB。

5. 二进制类型

- RAW(n)：用于存储可变长度的二进制数据，n 表示数据长度，取值范围为 1～2000 字节。
- LONG RAW：用于存储可变长度的二进制数据，最大存储数据量为 2GB。

8.2.3 表的完整性约束

为表中的列增加完整性约束条件，目的是防止用户向该列传递不符合要求的数据，维护数据库的完整性。

1. 约束的类型

在 Oracle 数据库中，根据约束的用途，将表的完整性约束分为如表 8-1 所示的 5 类。

表 8-1 表约束类型

约束名称	说 明
PRIMARY KEY	主键约束，由一列或多列构成，唯一标识表的一行
UNIQUE	唯一约束，定义约束的一列或多列组合的取值必须唯一
CHECK	检查约束，定义约束的一列或多列组合必须满足某些条件
FOREIGN KEY	外键约束，定义约束的列取值必须是主表参照列的值
NOT NULL	非空约束，定义约束的列取值不为空

1)　PRIMARY KEY 约束

PRIMARY KEY 约束意为主键约束，用于唯一标识表的一行记录。定义为主键的列，取值即不能为 NULL，也不能重复；而且一个表中只能定义一个主键约束。PRIMARY KEY 约束既可以定义列级约束，也可以定义表级约束。

2)　UNIQUE 约束

UNIQUE 约束意为唯一性约束，用于约束表中列不许出现重复的值。如果某一列或多个列仅定义唯一性约束，而没有定义 NOT NULL 约束，则该约束列可以包含多个空值；UNIQUE 约束既可以定义列级约束，也可以是表级约束。

3)　CHECK 约束

CHECK 约束意为检查约束，用来限制列值所允许的取值范围，对插入到约束列的值进行检查，不符合约束条件的数据会提示错误，不能赋值。一个列可以定义多个 CHECK 约束；CHECK 约束既可以定义列级约束，也可以定义表级约束。

4)　FOREIGN KEY 约束

FOREIGN KEY 约束意为外键约束，定义为 FOREIGN KEY 约束的列取值要么是主表参照列的值，要么为空；而且外键列的定义只能参照于主表中的 PRIMARY KEY 约束列或 UNIQUE 约束列；可以在一列或多列组合上定义 FOREIGN KEY 约束；FOREIGN KEY 约束既可以定义列级约束，也可以定义表级约束。

5)　NOT NULL 约束

NOT NULL 约束意为非空约束，定义该约束的列取值不能为空值，否则出现错误。在同一个表中可以定义多个 NOT NULL 约束；NOT NULL 约束只能定义列级约束。

2．表级约束与列级约束

1)　表级约束

表级约束对应于表，不包括在列定义中。通常用于对多个列一起进行约束，与列定义之间用逗号分隔。定义表级约束时，必须指出要约束的那些列的名称。

定义表级约束的语法为：

```
[CONSTRAINT constrain_name]
constraint_type ([column1_name,column2_name, …] | [condition] ) ;
```

2)　列级约束

列级约束对应于表中的一列，是对某一个特定列的约束，包含在列的定义中，直接跟在该列的其他定义之后，用空格分隔，不必指定列名。

定义列级约束的语法为：

```
[CONSTRAINT constraint_name] constraint_type [conditioin];
```

提示： 在 Oracle 中，可以通过 CONSTRAINT 关键字为约束命名。如果定义约束时没有为约束命名，Oracle 将自动为约束命名。

例题 8-2：在当前模式下创建一个名为 student 的表，其中学号(stu_no)列定义为 PRIMARY KEY，姓名(stu_name)列定义为 NOT NULL，性别(stu_sex)列取值只能为 M 或

F，为年龄(stu_age)列定义一个表级 CHECK 约束，取值在 18～60 之间。命令如下：

```
SQL>CREATE TABLE student (
stu_no  NUMBER(6)  CONSTRAINT stu_pk PRIMARY KEY,
stu_name VARCHAR2 (10)  NOT NULL,
stu_sex  CHAR(2) CONSTRAINT stu_ckl  CHECK(stu_sex in('M','F')),
stu_age  NUMBER(2),
CONSTRAINT stu_ck2 CHECK(stu_age BETWEEN 18 AND 60)
);
```

例题 8-3：在当前模式下创建一个名为 course 的表，其中课程号(cou_no)定义为 PRIMARY KEY，课程名称(cou_name)定义为 UNIQUE 约束，学分(cou_credit)列定义为 NOT NULL 约束。命令如下：

```
SQL>CREATE TABLE course(
cou_no NUMBER(6) PRIMARY KEY,
cou_name CHAR(20) UNIQUE,
cou_credit NUMBER(3,1) NOT NULL
);
```

例题 8-4：在当前模式下创建一个名为 stu_cou 的表，其中学号(stu_no)列定义为 FOREIGN KEY，取值参照 student 表的 stu_no 列，课程号(cou_no)列定义为 FOREIGN KEY，取值参照 course 表的 cou_no 列，stu_no 和 cou_no 列联合定义 PRIMARY KEY，为表级约束，命名为 sc_pk。命令如下：

```
SQL>CREATE TABLE stu_cou(
stu_no NUMBER(6) REFERENCES student(stu_no),
cou_no NUMBER(6) REFERENCES course(cou_no),
grade NUMBER(5,2),
CONSTRAINT sc_pk PRIMARY KEY(stu_no,cou_no)
);
```

3. 添加约束

除了在创建表时定义约束外，还可以为已创建的表添加约束，使用 ALTER TABLE 语句完成。语法格式为：

```
ALTER TABLE table_name
ADD [CONSTRAINT constraint-name]
Constraint_type (column_name,column2_name,…)[ condition ];
```

例题 8-5：当前模式下有 teacher 表，定义如下：

```
SQL>CREATE TABLE teacher(
tea_no    NUMBER(6),
tea_name  VARCHAR2(10),
tea_age    NUMBER (3),
tea_sex    CHAR(2),
tea_address VARCHAR2(100)
);
```

分别为 tea_no 列添加 PRIMARY KEY 约束，为 tea_name 列添加 UNIQUE 约束，为

tea_sex 列添加 CHECK 约束(值只能为 M 或 F)，为 tea_address 列添加 NOT NULL 约束。

(1) 添加 PRIMARY KEY 约束，命令如下：

```
SQL>ALTER TABLE teacher ADD CONSTRAINT t_pk PRIMARY KEY(tea_no);
```

(2) 添加 UNIQUE 约束，命令如下：

```
SQL>ALTER TABLE teacher ADD CONSTRAINT t_uk UNIQUE(tea_name);
```

(3) 添加 CHECK 约束，命令如下：

```
SQL>ALTER TABLE teacher ADD CONSTRAINT t_ck CHECK(tea_sex IN('M', 'F'));
```

(4) 添加 NOT NULL 约束。为表列添加非空约束时，必须使用 MODIFY 子句代替 ADD 子句，命令如下：

```
SQL>ALTER TABLE teacher MODIFY tea_address NOT NULL;
```

4. 删除约束

通过使用 ALTER TABLE...DROP 语句可以删除约束。

例题 8-6：删除例题 8-5 中表的约束。

(1) 删除指定内容的约束：删除 tea_name 列上的约束，命令如下：

```
SQL>ALTER TABLE teacher DROP UNIQUE(tea_name);
```

(2) 删除指定名称的约束：删除约束 t_ck，命令如下：

```
SQL>ALTER TABLE teacher DROP CONSTRAINT t_ck;
```

(3) 删除指定名称的约束：删除约束 t_uk，命令如下：

```
SQL>ALTER TABLE teacher DROP CONSTRAINT t_uk KEEP INDEX;
```

在删除 PRIMARY KEY 约束或 UNIQUE 约束的同时，将删除唯一性索引。如果要在删除约束时保留唯一性索引，则必须在 ALTER TABLE...DROP 语句中指定 KEEP INDEX 子句。

(4) 删除指定名称的约束：删除约束 t_pk，命令如下：

```
SQL>ALTER TABLE teacher DROP CONSTRAINT t_pk CASCADE;
```

如果要在删除约束的同时，删除引用该约束的其他约束(如子表的 FOREIGN KEY 约束引用了主表的 PRIMARY KEY 约束)，则需要在 ALTER TABLE...DROP 语句中指定 CASCADE 关键字。

5. 设置约束状态

1) 约束状态

在添加约束时和添加约束后，都可以设置约束的状态。约束有以下的两种状态。

- 激活(ENABLE)状态：约束处于激活状态时，约束将对表的插入或更新操作进行检查，与约束规则冲突的操作将被回退。
- 禁用(DISABLE)状态：约束处于禁用状态时，约束不起作用，与约束规则冲突的插入或更新操作也能够成功执行。

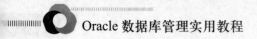

一般情况下，表的约束应该处于激活状态。但对于如下一些特殊操作，会暂时将约束设置为禁用状态。

- 利用 SQL*Loader 从外部数据源提取大量数据到数据库中时。
- 进行数据库中数据的大量导入和导出操作时。
- 针对表执行一项包含大量数据操作的批处理工作时。

2) 修改约束状态

定义约束时，默认为激活状态。可以将约束设置为禁用状态，也可以在约束创建后，将约束状态修改为禁用状态或激活状态。

(1) 创建表时设置约束为禁用或激活状态，语法格式如下：

```
CREATE TABLE table_name (
    column_name datatype, […,]
     [CONSTRAINT constraint_name] constraint_type DISABLE | ENABLE
     [, …]
    )
```

(2) 表已存在，利用 ALTER TABLE 语句禁用或激活约束，语法格式如下：

```
SQL>ALTER TABLE table_name ENALBE | DISABLE CONSTRAINT constraint_name;
```

或：

```
SQL>ALTER TABLE table_name MODIFY CONSTRAINT constraint_name ENALBE |
DISABLE;
```

提示： 禁用 PRIMARY KEY 约束或 UNIQUE 约束时，会删除其对应的唯一性索引，而在重新激活时，Oracle 会为它们重建唯一性索引。若要在禁用约束时，保留对应的唯一性索引，可使用 ALTER TABLE...DISABLE...KEEP INDEX 语句。若当前 PRIMARY KEY 约束或 UNIQUE 约束列被引用，则需要使用 ALTER TABLE...DISABLE...CASCADE 语句，同时禁用引用该约束的约束。即按如下方法使用：

```
SQL>ALTER TABLE table_name DISABLE PRIMARY KEY CASCADE;
```

6. 约束信息查询

数据字典视图 all_constraints、user_constraints 和 dba_constraints 包含了表中约束的详细信息，如约束名称、类型、状态等，可以查询表中所有约束的相关信息。

数据字典视图 all_cons_columns、user_cons_columns 和 dba_cons_columns 包含了定义约束的列信息，可以查询约束所作用列的信息。

例题 8-7：查看 student 表中的所有约束，命令如下：

```
SQL>SELECT constraint_name,constraint_type,deferred,status
2  FROM user_constraints WHERE table_name='student';
```

例题 8-8：查看 student 表中各个约束所作用的列，命令如下：

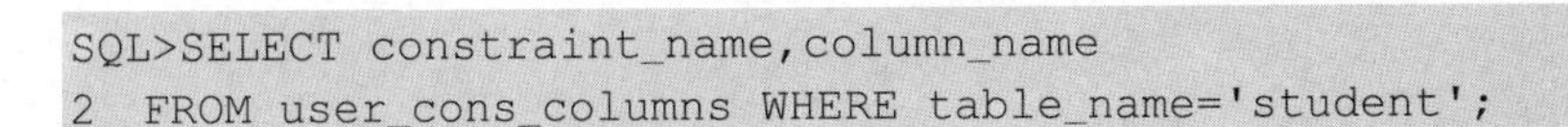

```
SQL>SELECT constraint_name,column_name
2  FROM user_cons_columns WHERE table_name='student';
```

8.2.4　表参数设置

在使用 CREATE TABLE 创建表时，还可以通过 parameter_list 项来设置表的其他一些参数。

1．存储参数

设置表的存储参数可以通过 STORAGE 子句指定。在 STORAGE 子句中可以设置的存储参数包括 INITIAL、NEXT、CTINCREASE、MINEXTENTS、MAXEXTENTS 和 BUFFER_POOL 等。若不指定，则继承表空间的存储参数设置，规则如下。

- 若表空间管理方式为 EXTENT MANAGEMENT LOCAL AUTOALLOCATE，则在 STORAGE 中只能指定 INITIAL、NEXT 和 MINEXTENTS 三个参数。
- 若表空间管理方式为 EXTENT MANAGEMENT LOCAL UNIFORM，则不能指定任何 STORAGE 子句。

2．数据块管理参数

主要有 4 个参数与数据块相关，即 PCTFREE、PCTUSED、INITRANS 和 MAXTRANS。

8.2.5　利用子查询创建表

利用子查询来创建新表，可以不需要为新表定义列。语法格式为：

```
CREATE [GLOBAL TEMPORARY] TABLE table_name (
    column_name [column_level_constraint]
     [,column_name [column_level_constraint]…]
[, table_level_constraint])
[ON COMMITE DELETE | PRESERVER ROWS]
[parameter_list]
AS subquery;
```

提示： (1)　利用子查询创建表，可以修改表列的名称，但是不能修改列的数据类型和长度。

(2)　源表中的约束条件(除非空约束)和列的默认值都不会复制到新表中。

(3)　子查询中不能包含 LOB 类型列。

(4)　当子查询条件为真时，新表中包含查询到的数据；当子查询条件为假时，则创建一个空表。

例题 8-9： 当前模式下创建一个 emp_select 表，内容为 scott 模式下 emp 表中工资高于 2000 的员工的员工号、员工名和所在部门号。命令如下：

```
SQL>CREATE TABLE emp_select(emp_no,emp_name,dept_no)
2  AS
3  SELECT empno,ename,deptno FROM scott.emp WHERE sal>2000;
```

8.2.6 修改表

表创建完成后，根据需要可以对表进行修改，包括列的添加、删除、修改，表重命名，以及为表和列添加注释。

1．列的管理

1) 添加列

为表添加列使用 ALTER TABLE...ADD 语句，语法格式为：

```
ALTER TABLE table_name
ADD ( new_column_name datatype[DEFAULT value] [NOT NULL] );
```

为表添加列时应该注意：如果表中已经有数据，那么新列不能用 NOT NULL 约束，除非为新列设置默认值。在默认情况下，新插入列的值为 NULL。

例题 8-10：为 teacher 表添加一列电话号码 phone。

(1) 使用 DESC 命令查看修改前列的信息，命令如下：

```
SQL>DESC teacher
```

查询结果如下：

```
Name                            Null?    Type
------------------------------- -------- -----------------------
TEA_NO                          NOT NULL NUMBER(6)
TEA_NAME                                 VARCHAR2(10)
TEA_AGE                                  NUMBER(3)
TEA_SEX                                  CHAR(2)
TEA_ADDRESS                              NOT NULL VARCHAR2(100)
```

(2) 添加电话号码 phone 列，并重新查看，命令如下：

```
SQL>ALTER TABLE teacher ADD(phone VARCHAR2(13));
SQL>DESC teacher
```

查询结果如下：

```
Name                            Null?    Type
------------------------------- -------- -----------------------
TEA_NO                          NOT NULL NUMBER(6)
TEA_NAME                                 VARCHAR2(10)
TEA_AGE                                  NUMBER(3)
TEA_SEX                                  CHAR(2)
TEA_ADDRESS                              NOT NULL VARCHAR2(100)
PHONE                                    VARCHAR2(13)
```

2) 修改列类型

修改列的类型使用 ALTER TABLE...MODIFY 语句，语法格式为：

```
ALTER TABLE table_name MODIFY column_name  new _datatype;
```

修改表中列的类型时，必须注意下列事项。

- 可以增大字符类型列的长度和数值类型列的精度。
- 如果字符类型列、数值类型列中的数据满足新的长度、精度，则可以缩小类型的长度、精度。
- 如果不改变字符串的长度，则可以将 VARCHAR2 类型和 CHAR 类型转换。
- 如果更改数据类型为另一种非同系列类型，则列中数据必须为 NULL。

例题 8-11：修改 teacher 表中 tea_name 和 phone 两列的数据类型。

(1) 使用 DESC 命令查看修改前列的信息，命令如下：

```
SQL>DESC teacher
```

结果如例 8-10 所示。

(2) 修改列的类型，并重新查看，命令如下：

```
SQL>ALTER TABLE teacher MODIFY tea_name CHAR(20);
SQL>ALTER TABLE teacher MODIFY phone NUMBER;
SQL>DESC teacher
```

查询结果如下：

```
Name                             Null?    Type
-------------------------------- -------- ----------------------
TEA_NO                           NOT NULL NUMBER(6)
TEA_NAME                                  CHAR(20)
TEA_AGE                                   NUMBER(3)
TEA_SEX                                   CHAR(2)
TEA_ADDRESS                               NOT NULL VARCHAR2(100)
PHONE                                     NUMBER
```

3) 修改列名

修改列的名称使用 ALTER TABLE...RENAME 语句，语法格式为：

```
ALTER TABLE table_name RENAME COLUMN oldname TO newname;
```

例题 8-12：修改 teacher 表中 tea_name 列的名称为 teacher_name。

(1) 使用 DESC 命令查看修改前列的信息，命令如下：

```
SQL>DESC teacher
```

结果如例 8-11 所示。

(2) 修改列的名称，并重新查看，命令如下：

```
SQL>ALTER TABLE teacher RENAME COLUMN tea_name TO teacher_name;
SQL>DESC teacher
```

查询结果如下：

```
Name                             Null?    Type
-------------------------------- -------- ----------------------
TEA_NO                           NOT NULL NUMBER(6)
TEACHER_NAME                              CHAR(20)
TEA_AGE                                   NUMBER(3)
```

```
TEA_SEX                                   CHAR(2)
TEA_ADDRESS                               NOT NULL VARCHAR2(100)
PHONE                                     NUMBER
```

4) 删除列

删除列的方法有两种：一是直接删除；二是将列先标记为 UNUSED，然后再删除。

(1) 直接删除：使用 ALTER TABLE...DROP COLUMN 语句直接删除列，语法格式为：

```
ALTER TABLE table_ name
DROP [ COLUMN column_name ] | [ (column1_name,column2_name,…) ]
[ CASCADE CONSTRAINTS ];
```

直接删除可以删除一列或多列，同时删除与列相关的索引和约束。如果删除的列是一个多列约束的组成部分，则必须使用 CASCADE CONSTRAINTS 选项。

例题 8-13：删除 stu_cou 表中的 cou_no 列，命令如下：

```
SQL>ALTER TABLE stu_cou DROP COLUMN cou_no CASCADE CONSTRAINTS;
```

例题 8-14：删除 teacher 表中的 tea_no，phone 列，命令如下：

```
SQL>ALTER TABLE teacher DROP(tea_no,phone);
```

上两例可见，删除一列时需用 COLUMN 关键字，而删除多列时不用。

(2) 标记列为 UNUSED 状态：如果要删除一个大表中的列，由于需要对每个记录进行处理，并写入重做日志文件，则需要很长的处理时间。为了避免在数据库使用高峰期间由于删除列的操作而占用过多的资源，可以暂时将列置为 UNUSED 状态。使用 ALTER TABLE…SET UNUSED 语句可以将列标记为 UNUSED 状态，语法格式为：

```
ALTER TABLE table_name
SET UNUSED [COLUMN column_name] | [(column1_name,column2_name,…)]
[CASCADE CONSTRAINTS];
```

标记为 UNUSED 状态的列无法查到，好像被删除了，但实际上仍然存在，仍然占用存储空间。在数据库空闲时，可以使用 ALTER TABLE...DROP UNUSED COLUMNS 语句删除处于 UNUSED 状态的所有列。

例题 8-15：将 teacher 表中的 tea_age 和 tea_address 列标记为 UNUSED 状态，然后删除。命令如下：

```
SQL>ALTER TABLE teacher SET UNUSED(tea_age,tea_address);
SQL>ALTER TABLE teacher DROP UNUSED COLUMNS;
```

提示： 不能将表中所有列删除。

2. 表重命名

表重命名可以使用 ALTER TABLE…RENAME TO 语句实现，或者直接执行 RENAME...TO 语句。语法格式为：

```
ALTER TABLE table_old_name RENAME TO table_new_name;
```

或：

```
RENAME table_old_name TO table_new_name;
```

表重命名后，Oracle 会自动将旧表上的对象权限、约束条件等转换到新表上，但是所有与旧表相关联的对象都会失效，需要重新编译。

3. 为表和列添加注释

添加注释能够充分说明表或列的作用及其内容描述。添加注释可以使用 COMMENT ON 语句实现，语法格式为：

```
COMMENT ON TABLE table_name IS…;
COMMENT ON COLUMN table_name.column_name IS…;
```

例题 8-16：为 teacher 表和 tea_name 列添加注释，命令如下：

```
SQL>COMMENT ON TABLE teacher IS '教师信息表';
SQL>COMMENT ON COLUMN employee.tea_name IS '教师姓名';
```

8.2.7 移动表

移动表意为将表从一个表空间移动到另一个表空间。移动表可以使用 ALTER TABLE…MOVE TABLESPACE…语句实现，语法格式为：

```
ALTER TABLE table_name MOVE TABLESPACE tablespace_name;
```

例题 8-17：移动 teacher 表。

(1) 查看 teacher 表所属的表空间，命令如下：

```
SQL>SELECT table_name,tablespace_name FROM user_tables
2  WHERE table_name='TEACHER';
```

查询结果如下：

```
TABLE_NAME                     TABLESPACE_NAME
------------------------------ ------------------------------
TEACHER                        SYSTEM
```

由结果可见，teacher 表属于 system 表空间。

(2) 移动 teacher 表到 users 表空间，命令如下：

```
SQL>ALTER TABLE teacher MOVE TABLESPACE users;
```

(3) 再次查看即可知道是否移动成功，命令如下：

```
SQL>SELECT table_name,tablespace_name FROM user_tables
2  WHERE table_name='TEACHER';
```

查询结果如下：

```
TABLE_NAME                     TABLESPACE_NAME
------------------------------ ------------------------------
TEACHER                        USERS
```

8.2.8 删除表

删除表可以使用 DROP TABLE 语句实现，语法格式为：

```
DROP TABLE table_name [ CASCADE CONSTRAINTS ][ PURGE ];
```

使用 DROP TABLE 语句删除表后，该表中所有数据也被删除；同时从数据字典中删除该表定义并删除与该表相关的所有索引和触发器；最后回收为该表分配的存储空间。

- CASCADE CONSTRAINTS：如果要删除的表中包含有被其他表外键引用的 PRIMARY KEY 列或 UNIQUE 约束列，并且希望在删除该表的同时删除其他表中相关的 FOREIGN KEY 约束，则需要使用该子句。
- PURGE：如果不使用 PURGE 子句，则表删除后不会马上被 Oracle 从数据库中彻底清除，而是被保存在 Oracle 的回收站中，通过闪回技术还可以还原该表。因此如果想彻底删除表而不放到回收站中，就使用 PURGE 子句。

8.3 视图管理

视图是一个虚拟的表，它在物理上并不存在。视图的数据来自定义视图的子查询语句中所引用的表，这些表通常也称为视图的基表。视图可以建立在一个或多个表(或其他视图)上，它不占实际的存储空间，只是在数据字典中保存它的定义信息。可以将视图看成是一个移动的窗口，通过它可以看到感兴趣的数据。

视图看上去非常像数据库的物理表，对它的操作同任何其他表一样。当通过视图修改数据时，实际上是在改变基表中的数据；相反地，基表数据的改变也会自动反映在由基表产生的视图中。由于逻辑上的原因，有些视图可以修改对应的基表，而有些则不能。

视图可以简化数据操作。那些被经常使用的查询可以被定义为视图，从而使得用户不必为以后的操作每次指定全部的条件。另外，通过视图，用户只能查询和修改他们所能见到的数据。数据库授权命令可以使每个用户对数据库的检索限制到特定的数据库对象上，但不能授权到数据库特定行和特定列上。通过视图，用户可以被限制在数据的不同子集上，相当于为表提供附加的完全性。

8.3.1 创建视图

视图的创建使用 CREATE VIEW 语句实现，语法格式为：

```
CREATE [OR REPLACE] [FORCE | NOFORCE] VIEW [schema.] view_name
 [(column1, column2, …)]
AS subquery
[WITH CHECK OPTION [CONSTRAINT constraint]]
[WITH READ ONLY];
```

语法说明如下。

- OR REPLACE：如果视图已经存在，使用此选项可以替换视图。

- FORCE | NOFORCE：FORCE 表示不管基表是否存在都创建视图；NOFORCE 表示仅当基表存在时才创建视图(默认)。
- view_name：创建的视图名称。
- subquery：子查询，决定了视图中数据的来源。
- WITH CHECK OPTION：默认情况下，行通过视图进行更新，当其不再符合定义视图的查询条件时，它们即从视图范围中消失。如果使用该子句，修改行时需考虑到不让它在修改完后从视图中消失。任何可能导致行消失的修改都会被取消，并显示错误信息。
- CONSTRAINT：为使用 WITH CHECK OPTION 选项时指定的约束命名。
- WITH READ ONLY：指明该视图为只读视图，不能做 DML 操作。

1．创建简单视图

简单视图是指数据来源于一个表，并且子查询中不包含连接、组函数等。

例题 8-18：在当前模式下创建一个基于 scott 模式下 emp 表的视图，并对该视图进行查询操作。

(1) 创建视图，命令如下：

```
SQL>CREATE VIEW emp_view1
2  AS
3  SELECT empno,ename,sal,job,deptno FROM scott.emp
4  WHERE sal>2000;
```

(2) 对该视图进行查询，命令如下：

```
SQL>SELECT empno,ename,sal,deptno FROM emp_view1;
```

查询结果如下：

```
 EMPNO      ENAME            SAL        DEPTNO
---------- ---------------- ---------- ----------
 7566       JONES            2975       20
 7698       BLAKE            2850       30
 7782       CLARK            2450       10
 7788       SCOTT            3000       20
 7839       KING             5000       10
 7902       FORD             3000       20
```

如果子查询中包含条件，创建视图时可以使用 WITH CHECK OPTION 选项。所以本例也可以写成如下命令：

```
SQL>CREATE VIEW emp_view1
2  AS
3  SELECT empno,ename,sal,job,deptno FROM scott.emp
4  WHERE sal>2000 WITH CHECK OPTION;
```

2．创建复杂视图

复杂视图是指数据来源于一个或多个表，也可以是经过运算得到的数据。

例题 8-19：在当前模式下创建一个基于 scott 模式下 emp 表的视图，并对子查询中检索的 sal 列进行计算，查询工资上涨 20%以后工资大于 2000 的员工信息。

```
SQL>CREATE VIEW emp_view2
2  AS
3  SELECT deptno,ename,sal*1.2 new_sal FROM scott.emp
4  WHERE sal*1.2>2000;
```

提示： 如果对列进行了函数或数学计算，需为该列定义别名。

例题 8-20：在当前模式下创建一个基于 scott 模式下 emp 表和 dept 表的视图，在该视图的子查询中检索员工基本信息的同时显示其所在的部门名称，命令如下：

```
SQL>CREATE VIEW emp_view3
2  AS
3  SELECT empno,ename,dname FROM scott.emp,scott.dept
4  WHERE emp.deptno=dept.deptno;
```

查询结果如下：

```
   EMPNO      ENAME        DNAME
---------- ---------- --------------------
    7782      CLARK       ACCOUNTING
    7839      KING        ACCOUNTING
    7934      MILLER      ACCOUNTING
    7566      JONES       RESEARCH
    7902      FORD        RESEARCH
    7876      ADAMS       RESEARCH
    7369      SMITH       RESEARCH
    7788      SCOTT       RESEARCH
    7521      WARD        SALES
    7844      TURNER      SALES
    7499      ALLEN       SALES
    7900      JAMES       SALES
    7698      BLAKE       SALES
    7654      MARTIN      SALES
```

8.3.2 视图 DML 操作

视图创建后，就可以对其进行操作。对视图操作，实质上就是对视图的基表进行操作。对视图的查询和对标准表查询一样，但是对视图执行 DML 操作时需要注意差别。一般来说，简单视图的所有列都支持 DML 操作；对于复杂视图来讲，如果视图定义包括下列任何一项，则不可直接对视图进行 DML 操作，需要通过触发器来实现。

- 集合操作符(UNION，UNION ALL，MINUS，INTERSECT)。
- 聚集函数(SUM，AVG 等)。
- GROUP BY，CONNECT BY 或 START WITH 子句。
- DISTINCT 操作符。
- 由表达式定义的列。

- 伪列 ROWNUM。

1．查看视图中的列是否支持 DML 操作

对视图进行 DML 操作之前，应先了解该视图中的列是否支持 DML 操作。可以通过数据字典 user_updatable_columns 进行查询。

例题 8-21：查看视图 emp_view2 中各列是否支持 DML 操作。

```
SQL>SELECT column_name,insertable,updateable,deletable
2  FROM user_updatable_columns
3  WHERE table_name='emp_view2';
```

查询结果如下：

```
COLUMN_NAME                     INSERT   UPDATE  DELETE
------------------------------- -------- ------- -------
DEPTNO                          YES      YES     YES
ENAME                           YES      YES     YES
NEWSAL                          NO       NO      NO
```

可见，emp_view2 视图中的 newsal 列不支持 DML 操作。

2．对视图进行 DML 操作

对支持 DML 操作视图的所有列执行 DML 操作，结果将直接反映到基表中。

例题 8-22：使用 INSERT INTO 语句，向 emp_view2 视图中支持 DML 操作的列插入新数据，命令如下：

```
SQL>INSERT INTO emp_view2(empno,ename) VALUES(7777,'sunny');
```

如果对不支持 DML 操作的列执行 DML 操作，Oracle 会提示错误信息，操作会被禁止。

在创建视图时，如果使用 WITH CHECK OPTION 子句，可以限制对视图执行 DML 操作，要求 DML 操作必须满足视图中子查询的条件。

前面例题 8-18 中我们采用两种方案创建了视图 emp_view1，其 where 子句的检索条件是 sal>2000，即视图 emp_view1 只能获取 emp 表中 sal>2000 的记录行。如果不使用 WITH CHECK OPTION 子句，可以通过 emp_view1 视图对 emp 表进行 UPDATE、INSERT 和 DELETE 操作，不受 WHERE 子句限制。但如果使用了 WITH CHECK OPTION 子句，则通过 emp_view1 视图对 emp 表进行 UPDATE、INSERT 和 DELETE 操作时必须满足 sal>2000 这个条件的约束。

例题 8-23：对 emp_view1 的两种形式，分别执行如下的插入一条记录的操作：

```
SQL>INSERT INTO emp_view1(empno,ename,sal,deptno)
2  VALUES(9999,'JAMES',1000,20);
```

如果未使用 WITH CHECK OPTION 子句，结果如下，记录正常插入 emp 表：

```
EMPNO      ENAME          SAL       JOB          DEPTNO
---------- ---------- --------- --------- ----------
  7369     SMITH          800       CLERK            20
```

```
 7499    ALLEN     1600   SALESMAN     30
 7521    WARD      1250   SALESMAN     30
 7566    JONES     2975   MANAGER      20
 7654    MARTIN    1250   SALESMAN     30
 7698    BLAKE     2850   MANAGER      30
 7782    CLARK     2450   MANAGER      10
 7788    SCOTT     3000   ANALYST      20
 7839    KING      5000   PRESIDENT    10
 7844    TURNER    1500   SALESMAN     30
 7876    ADAMS     1100   CLERK        20
 7900    JAMES      950   CLERK        30
 7902    FORD      3000   ANALYST      20
 7934    MILLER    1300   CLERK        10
 9999    JAMES     1000                20
```

如果使用 WITH CHECK OPTION 子句，会提示如下错误：

```
ERROR at line 1:
ORA-01402: view WITH CHECK OPTION where-clause violation
```

8.3.3 修改和删除视图

修改视图可以采用 CREATE OR REPLACE VIEW 语句实现，相当于是重建该视图并将原来视图删除，但是会保留该视图上授予的各种权限。

例题 8-24：修改视图 emp_view1，添加员工的雇佣日期信息，命令如下：

```
SQL>CREATE OR REPLACE VIEW emp_view1
2  AS
3  SELECT empno,ename,sal,dname, hiredate FROM scott.emp
4  WHERE sal>2000;
```

删除视图可以使用 DROP VIEW 语句实现。删除视图后，该视图的定义也从数据字典中删除，同时该视图上的权限被回收，但是对该视图的基表没有任何影响。

例题 8-25：删除 emp_view1 视图，命令如下；

```
SQL>DROP VIEW emp_view1;
```

8.4 索 引 管 理

8.4.1 索引概述

1. 索引

索引是建立在表列上的数据库对象，它是对表的一列或多列进行排序的结构，用于提高数据的查询效率。如果对表创建了索引，则在进行有条件查询时，系统先对索引进行查询，利用索引可以迅速查询到符合条件的数据。如果一个表没有创建索引，则对该表进行查询时需要进行全表扫描。

利用索引之所以能够提高查询效率，是因为在索引结构中保存了索引值及其相应记录的物理地址，即 ROWID，并且按照索引值进行排序。当查询数据时，系统根据查询条件中的索引值信息，利用特定的排序算法，在索引结构中很快查询到相应的索引值及其对应ROWID，根据 ROWID 可以在数据表中很快查询到符合条件的记录。

在一个表上是否创建索引、创建多少索引和创建什么类型的索引，都不会影响对表的使用方式，而只是影响表中数据的查询效率。

创建索引需要占用许多存储空间，而且向表中添加和删除记录时，数据库需花费额外的开销来更新索引，因此在实际应用中要确保索引能得到有效的利用。

2. 索引分类

1) B 树索引

B 树索引是按平衡树算法来组织索引的，在树的叶子节点中保存了索引值及其 ROWID。在 Oracle 数据库中创建的索引默认为 B 树索引。B 树索引包括唯一性索引、非唯一性索引、反键索引、单列索引、复合索引等多种。B 树索引占用空间多，适合索引值基数高、重复率低的应用。

2) 函数索引

函数索引也是 B 树索引，只不过它存储的不是数据本身，而是经过函数处理后的数据。在函数索引的表达式中，可以使用各种算术运算符、PL/SQL 函数和内置 SQL 函数。如果检索数据时需要对字符大小写或数据类型进行转换，则使用这种索引能够提高效率。

3) 位图索引

位图(位映像)索引是为每一个索引值建立一个位图，在这个位图中使用一个位来对应一条记录的 ROWID。如果该位为 1，则表明与该位对应的 ROWID 是一个包含该位图索引值的记录。位到 ROWID 的映像是通过位图索引中的映像函数来实现的。位图索引实际上是一个二维数组，列数由索引值的基数决定，行数由表中记录个数决定。位图索引占用空间小，适合索引值基数少、重复率高的应用。

8.4.2 创建索引

创建索引使用 CREATE INDEX 语句，语法格式为：

```
CREATE [UNIQUE] | [BITMAP] INDEX index_name
ON table_name ( [column_name [ASC | DESC] ,…] | [expression] )
[REVERSE]
[parameter_list];
```

语法说明如下。

- UNIQUE：要求索引列中的值必须唯一。如果该列已经定义了 UNIQUE 约束，则不需要在该列建唯一索引，因为 Oracle 会自动为其创建唯一索引。
- BITMAP：表示建立的索引类型为位图索引；默认表示 B 树索引。
- ASC | DESC：用于指定索引值的排列顺序，ASC 表示按升序排列，DESC 表示按降序排列，默认值为 ASC。
- REVERSE：表示建立反键索引。

- Parameter_list：用于指定索引的存放位置、存储空间分配和数据块参数设置。

1．创建 B 树索引

用户在自己的模式中创建索引，必须具有 CREATE INDEX 系统权限；如果想在其他模式中创建索引；必须具有 CREATE ANY INDEX 系统权限。

当用户为表定义主键时，系统默认自动为该列创建一个 B 树索引，因此用户不能再为该主键创建 B 树索引。

例题 8-26：为 scott 模式下 emp 表的 ename 列创建一个索引，命令如下：

```
SQL>CREATE INDEX emp_ename ON scott.emp(ename)
2  TABLESPACE users STORAGE(INITIAL 20K NEXT 20K PCTINCREASE 75);
```

如果不指明表空间，则采用用户默认表空间；如果不指明存储参数，索引将继承所处表空间的存储参数设置。

2．创建函数索引

为了提高在查询条件中使用函数和表达式查询语句的执行速度，可以创建函数索引。在创建函数索引时，Oracle 首先对包含索引列的函数值或表达式进行求值，然后对求值后的结果进行排序，最后存储到索引结构中。

例题 8-27：为 scott 模式下 emp 表的 ename 列创建一个函数索引，命令如下：

```
SQL>CREATE INDEX emp_upper_ename ON scotte.emp(UPPER(ename));
```

3．创建位图索引

位图索引适用于表中具有较小基数的列。创建位图索引时，必须在 CREATE INDEX 语句中显式地指定 BITMAP 关键字。

例题 8-28：在当前模式下 student 表的 stu_sex 列上创建一个位图索引，命令如下：

```
SQL>CREATE BITMAP INDEX student_sex ON student(stu_sex);
```

student 表的 stu_sex 列只有两个取值：M 和 F，所以该列不适合建 B 树索引。B 树索引主要用于对大量不同的数据进行细分。

8.4.3 修改索引

对于已创建的索引，可以使用 ALTER INDEX 语句对索引进行修改，包括合并索引、重新创建索引、重命名索引以及监视索引等。

1．合并索引

在实际应用中对表中数据不断地进行更新操作，会导致表的索引中产生越来越多的存储碎片，这些碎片会影响索引的使用效率，通过合并索引可以清理存储碎片。

合并索引使用 ALTER INDEX...COALESCE 语句完成，语法格式为：

```
ALTER INDEX index_name COALESCE [ DEALLOCATE UNUSED ];
```

其中 COALESCE 表示合并索引，DEALLOCATE UNUSED 表示合并索引的同时释放

合并后的多余空间。

对索引进行合并操作，只是简单地将 B 树叶节点中的存储碎片合并在一起，并不会改变索引的物理组织结构(包括存储空间参数和表空间参数等)。图 8-1 所示为 B 树索引合并后的效果图。

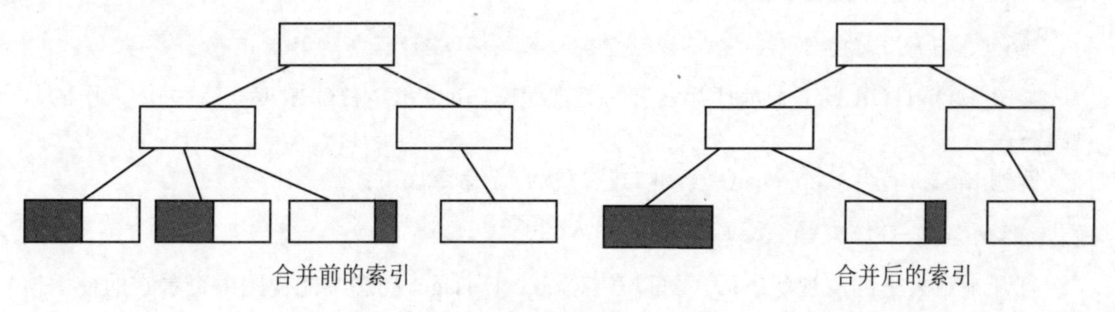

图 8-1　索引合并

例题 8-29： 合并 emp_ename 索引的存储碎片，命令如下：

```
SQL>ALTER INDEX emp_ename COALESCE;
```

2. 重建索引

重建索引也可以清除索引中的存储碎片。重建索引的实质是在指定的表空间中重新建立一个新的索引，然后删除原来的索引，这样不仅能够消除存储碎片，还可以改变索引的存储参数设置，并且将索引移到其他的表空间中。

重建索引使用 ALTER INDEX...REBUILD 语句实现，语法格式为：

```
ALTER [UNIQUE] INDEX index_name REBUILD
[INITRANS n]
[MAXTRANS n]
[PCTFREE n]
[STORAGE storage]
[TABLESPACE tablespace_name];
```

例题 8-30： 重建 emp_ename 索引，命令如下：

```
SQL>ALTER INDEX emp_ename REBUILD INITRANS 5 MAXTRANS 10 TABLESPACE
users;
```

合并索引与重建索引都可以清除索引碎片，但是重建索引需要代价较高，需重建整个 B 树，需要额外的存储空间。

3. 重命名索引

索引重命名可以使用 ALTER INDEX…RENAME TO 语句实现，语法格式为：

```
ALTER INDEX index_name RENAME TO new_index_name;
```

例题 8-31： 将 em_ename 索引重命名为 emp_new_ename，命令如下：

```
SQL>ALTER INDEX emp_ename RENAME To emp_new_ename;
```

4. 监视索引

监视索引要查看某个指定索引的使用情况，以确保索引得到有效的利用。要监视某索引，可打开该索引的监视状态；不需要监视时，可关闭索引的监视状态。监视索引使用ALTER INDEX 语句实现，语法格式为：

```
ALTER INDEX index_name MONITORING | NOMONITORING USAGE;
```

其中 MONITORING 表示打开索引的监视状态，NOMONITORING 表示关闭索引的监视状态。

例题 8-32：打开 emp_ename 索引的监视状态，命令如下：

```
SQL>ALTER INDEX em_ename MONITORING USAGE;
```

打开指定索引的监视状态后，可以在 v$object_usage 动态性能视图中查看它的使用情况。若 USED 列值为 YES，表示索引正被引用；若索引没有在使用，则 USED 列值为 NO。

8.4.4 删除索引

不必要的索引会影响表的使用效率，应及时删除。用户只可以删除自己模式中的索引，如果要删除其他模式中的索引，必须有 DROP ANY INDEX 系统权限。索引被删除后，它所占用的所有盘区都将返回给包含它的表空间。

出现下面几种情况下，可以考虑删除索引。

- 该索引不再使用。
- 监视发现几乎没有查询或只有极少数查询使用该索引。
- 索引中包含损坏的数据块或包含过多的存储碎片，可以考虑重建索引。
- 由于移动了表数据而导致索引失效。

删除索引可以使用 DROP INDEX 语句实现，语法格式为：

```
DROP INDEX index_name;
```

例题 8-33：删除 emp_ename 索引，命令如下：

```
SQL>DROP INDEX emp_ename;
```

提示： 如果索引是定义约束时自动建立的，则在禁用约束或删除约束时会自动删除对应的索引。此外，在删除表时会自动删除与其相关的所有索引。

8.5 分区表与分区索引管理

分区(Partitioning Option)技术是 Oracle 数据库对巨型表或巨型索引进行管理和维护的重要技术。分区指的是将一个巨型表或巨型索引分成若干个独立的组成部分进行存储和管理，每一个相对小的、可以独立管理的部分，称为原来表或索引的分区。每个分区都具有相同的逻辑属性，但物理属性可以不同，如具有相同列、数据类型、约束，但可以具有不同的存储参数、位于不同的表空间。分区后，表中每个记录或索引条目将根据分区条件分散存储到不同分区中。

分区是一种“分而治之”的技术，通过将大表和索引分成可以管理的小块，从而避免了将每个表作为一个大的、单独的对象进行管理。分区通过将操作分配给更小的存储单元，减少了需要管理操作的时间，并通过增强的并行处理提高了性能，通过屏蔽故障数据的分区，还增加了可用性。对巨型表进行分区后，既可以对整个表进行操作，也可以针对特定的分区进行操作，从而简化了对表的管理和维护。对表进行分区后，可以将对应的索引进行分区。但是未分区的表可以具有分区的索引，而分区的表也可以具有未分区的索引。

一般情况下，当出现下列的情况时，可以考虑对表进行分区。

- 表的大小超过 1.5～2GB 或 OLTP 系统中表的记录超过 1000 万时，考虑分区。
- 要对一个表进行并行 DML 操作时，必须对表进行分区。
- 为了平衡硬盘的 I/O 操作，需要将一个表分散存储在不同的表空间中，必须对表进行分区。
- 需要将表一部分设置为只读，另一部分设置为可更新时，必须对表进行分区。

8.5.1　创建分区表

Oracle 通常可以创建 4 种类型的分区表和分区索引，即范围分区、列表分区、散列分区和组合分区。对于表而言，上述分区形式都可以应用，只不过当表中包含有 LONG 或 LONG RAW 类型的列时，则不能对表进行分区。每个表的分区或子分区数的总数不能超过 1023 个。

Oracle 11g 分区表功能有所加强，新增了虚拟列分区、系统分区、INTERVAL 分区，参考分区等功能。

1. 范围(RANGE)分区

范围分区是应用比较广泛的一种分区方式，是按照分区列值的范围来作为分区的条件。因此在创建范围分区时，需要指定基于的列，以及分区的范围值。

例题 8-34：创建一个分区表 emp_range，将员工信息根据其工资进行分区。命令如下：

```
SQL>CREATE TABLE emp_range(
  emp_no      NUMBER(4) PRIMARY KEY,
  emp_name    VARCHAR2(10),
  hireday     DATE,
  sal         NUMBER(7,2),
  job       VARCHAR2(10)
)
PARTITION BY RANGE(sal)
(
  PARTITION p1 VALUES LESS THAN
   ( 2000 ) TABLESPACE ora11tbs1,
  PARTITION p2 VALUES LESS THAN
   ( 5000 ) TABLESPACE ora11tbs2,
  PARTITION p3 VALUES LESS THAN(MAXVALUE) TABLESPACE ora11tbs3
 );
```

语句中根据 PARTITION BY RANGE 子句后括号中的列进行分区，每个分区以 PARTITION 关键字开头后跟分区名。VALUES LESS THAN 子句后跟分区列值的范围。还可以对每个分区的存储进行设置，也可以对所有分区采用默认的存储设置。

本例中将工资低于 2000 的员工信息保存在 ora11tbsl 表空间中，将工资高于 2000 并且低于 5000 的员工信息保存在 ora11tbs2 表空间中，将工资高于 5000 的员工信息保存在 ora11tbs3 表空间中。

2．列表(LIST)分区

有时候用来进行分区的列值并不能划分范围，而且分区列的取值范围只是一个包含很少数值的集合，满足这两个条件则可以对表进行列表分区，如按地区、性别、部门号等分区。

例题 8-35： 创建一个分区表，将员工信息根据其部门编号进行分区。命令如下：

```
SQL>CREATE TABLE emp_list(
  emp_no      NUMBER(4) PRIMARY KEY,
  emp_name    VARCHAR2(10),
  dept_no     NUMBER(2),
  sal         NUMBER(7,2),
  job         VARCHAR2(10)
)
PARTITION BY LIST(dept_no)
(
  PARTITION p1 VALUES(10) TABLESPACE ora11tbs1,
  PARTITION p2 VALUES(20) TABLESPACE ora11tbs2,
  PARTITION p3 VALUES(30) TABLESPACE ora11tbs3,
  PARTITION p4 VALUES(40) TABLESPACE ora11tbs4
);
```

语句根据 PARTITION BY LIST 后括号中的列值进行分区。每个分区以 PARTITION 关键字开头后跟分区名。VALUES 子句用于设置分区所对应的分区列取值。

3．散列(HASH)分区

上述两种分区方法无法对各个分区中可能具有的记录数量进行预测，因此可能导致数据在各个分区中分布不均衡。而采用散列分区方法，可在指定数量的分区中均等地分配数据。

为了创建散列分区，需要指定分区列、分区数量或单独的分区描述。

例题 8-36： 创建一个分区表，根据学号将学生信息均匀分布到 ora11tbsl 和 ora11tbs2 两个表空间中。命令如下：

```
SQL>CREATE TABLE emp_hash(
  emp_no      NUMBER(4) PRIMARY KEY,
  emp_name    VARCHAR2(10),
  age         INT
)
PARTITION BY HASH(emp_no)
(
  PARTITION p1 TABLESPACE ora11tbs1,
```

```
  PARTITION p2 TABLESPACE ora11tbs2
);
```

语句根据 PARTITION BY HASH 后括号中的列值进行分区。使用 PARTITION 子句指定每个分区名称和其存储空间。

4．组合分区

组合分区就是同时使用两种方法对表进行分区。组合分区除了原来支持的范围-列表和范围-散列组合分区，Oracle 11g 中新增了 4 种组合，分别为范围-范围、列表-范围、列表-散列和列表-列表。

创建组合分区时，需要指定分区方法(PARTITION BY RANGE)、分区列、子分区方法(SUBPARTITION BY HASH，SUBPARTITION BY LIST)、子分区列、每个分区中子分区数量或子分区的描述。

本小节以范围-列表组合分区为例讲解组合分区的使用方法，其他组合分区的使用方法与此类似。

范围-列表复合分区先对表进行范围分区，然后对每个分区进行列表分区，即在一个范围分区中创建多个列表子分区。

例题 8-37：创建一个范围-列表复合分区表。命令如下：

```
SQL>CREATE TABLE emp_range_list(
  emp_no     NUMBER(4) PRIMARY KEY,
  emp_name   VARCHAR2(10),
  dept_no    NUMBER(2),
  sal        NUMBER(7,2),
  job        VARCHAR2(10)
)
PARTITION BY RANGE(sal)
SUBPARTITION BY LIST(dept_no)
(
  PARTITION p1 VALUES LESS THAN( 5000 )
  (
    SUBPARTITION p1_sub1 VALUES(10) TABLESPACE ora11tbs1,
    SUBPARTITION p1_sub2 VALUES(20) TABLESPACE ora11tbs2,
    SUBPARTITION p1_sub3 VALUES(30) TABLESPACE ora11tbs3,
    SUBPARTITION p1_sub4 VALUES(40) TABLESPACE ora11tbs4
  ),
  PARTITION p2 VALUES LESS THAN( MAXVALUE )
  (
    SUBPARTITION p2_sub1 VALUES(10) TABLESPACE ora11tbs5,
SUBPARTITION p2_sub2 VALUES(20) TABLESPACE ora11tbs6,
    SUBPARTITION p2_sub3 VALUES(30) TABLESPACE ora11tbs7,
SUBPARTITION p2_sub4 VALUES(40) TABLESPACE ora11tbs8
  )
);
```

本例按工资分区，再在工资分区中按部门分成子分区。将工资低于 5000 的 10 号部门员工数据存放在 ora11tbs1 表空间，将工资低于 5000 的 20 号部门员工数据存放在

ora11tbs2 表空间，将工资低于 5000 的 30 号部门员工数据存放在 ora11tbs3 表空间，将工资低于 5000 的 40 号部门员工数据存放在 ora11tbs4 表空间；将工资高于 5000 的 10 号部门员工数据存放在 ora11tbs5 表空间，将工资高于 5000 的 20 号部门员工数据存放在 ora11tbs6 表空间，将工资高于 5000 的 30 号部门员工数据存放在 ora11tbs7 表空间，将工资高于 5000 的 40 号部门员工数据存放在 ora11tbs8 表空间。

8.5.2 创建分区索引

1. 分区索引类型

分区索引就是为分区表创建索引。分区表的索引包括两类：本地索引和全局索引。

1) 本地索引

本地索引是指为分区表中的各个分区单独建立索引分区，每个索引分区之间是相互独立的。本地索引与分区表是一一对应关系。为分区表建立本地索引后，Oracle 会自动对表的分区和索引的分区进行同步维护。如果为分区表添加了新的分区，Oracle 就会自动为新分区建立新的索引分区。相反，如果表的分区依然存在，用户将不能删除它所对应的索引分区。只有在删除表的分区时，才会自动删除所对应的索引分区。

本地索引维护起来比较方便，但是对查询性能稍有影响。

2) 全局索引

全局索引是指先对整个分区表建立索引，然后再对索引进行分区。各个索引分区之间不是相互独立的，索引分区与表分区之间也不是一一对应的关系。

2. 创建分区索引

1) 创建本地索引

分区表创建后，可以对分区表创建本地索引。

例题 8-38： 在 emp_range 分区表的 emp_name 列上创建本地索引。命令如下：

```
SQL>CREATE INDEX emp_range_local ON emp_range(emp_name) LOCAL;
```

使用 LOCAL 关键字标识本地索引。

2) 创建全局索引

例题 8-39： 为分区表 emp_range 的 sal 列建立基于范围的全局索引。

```
SQL>CREATE INDEX emp_range_global ON emp_range(sal)
  GLOBAL PARTITION BY RANGE(sal)
  (
    PARTITION p1 VALUES LESS THAN(5000) TABLESPACE ora11tbs1,
    PARTITION p2 VALUES LESS THAN(MAXVALUE) TABLESPACE ora11tbs2
);
```

使用 GLOBAL 关键字标识全局索引。

8.5.3 查询分区表和分区索引信息

通过查询数据字典视图可以获取分区表或分区索引的信息。表 8-2 列出了几种包含分区表或分区索引信息的数据字典视图。

表 8-2　与分区表和分区索引相关的数据字典视图

名　称	注　释
dba_part_tables, all_part_tables	分区表的信息
dba_tab_partitions, all_tab_partitions	分区层次、分区存储、分区统计等信息
dba_tab_subpartitions, all_tab_subpartitions	子分区层次、存储、统计等信息
dba_part_key_columns, all_part_key_columns	分区列信息
dba_part_indexes, all_part_indexes	分区索引的分区信息
dba_ind_partitions, all_ind_partitions,	索引分区的层次、存储、统计等信息
dba_ind_subpartitions, all_ind_subpartitions	索引子分区的层次、存储、统计等信息

例题 8-40：查询所有表名以 emp 开头的分区表信息，主要显示表名、分区类型、分区个数等信息。命令如下：

```
SQL>SELECT owner,table_name,partitioning_type,partition_count
2  FROM dba_part_tables WHERE table_name like '%EMP%';
```

查询结果如下：

```
OWNER          TABLE_NAME            PARTITION_TYPE  PARTITION_C
-------------  --------------------- --------------- -----------
SYS            EMP_HASH              HASH            2
SYS            EMP_LIST              LIST            3
SYS            EMP_RANGE             RANGE           3
SYS            EMP_RANGE_LIST        RANGE           2
```

例题 8-41：查询范围分区表 emp_range 的分区信息，主要包括表名、各分区名、表空间名等信息。

```
SQL>SELECT table_name,partition_name,high_value,tablespace_name
2  FROM dba_tab_partitions WHERE table_name='EMP_RANGE';
```

查询结果如下：

```
TABLE_NAME      PARTITION_NAME HIGH_VALUE  TABLESPACE_NAME
--------------- -------------- ----------  ----------------------
EMP_RANGE       P1              2000        ORA11TBS1
EMP_RANGE       P2              5000        ORA11TBS2
EMP_RANGE       P3              MAXVALUE    ORA11TBS3
```

8.6　序　　列

序列是能够产生唯一序号的数据库对象。序列是一种共享式的对象，可以为多个数据库用户依次生成不重复的连续整数。一般使用序列自动生成表中的主键值，这样可以避免在向表中添加数据时，手工指定主键值。

8.6.1 创建序列

创建序列可以使用 CREATE SEQUENCE 语句实现，语法格式为：

```
CREATE SEQUENCE sequence_name
    [INCREMENT BY n]
    [START WITH n]
    [MAXVALUE n | NOMAXVALUE]
    [MINVALUE n | NOMINVALUE]
    [CYCLE | NOCYCLE]
    [CACHE n | NOCACHE];
```

语法说明如下。

- sequence_name：创建的序列名称。
- INCREMENT BY：是序列的增量，如 n 为正数表示创建递增序列；如果 n 为负数表示创建递减序列。默认值为 1。
- START WITH：设置序列初始值。如是递增序列，初值为 MAXVALUE 参数值；如是递减的，初值是 MINVALUE 参数值。
- MAXVALUE | NOMAXVALUE：如果指定为 MAXVALUE，则设置序列最大值为 n；如果指定为 NOMAXVALUE，则表示递增序列最大值为 10^{27}，递减序列的最大值为-1。默认为 NOMAXVALUE。
- MINVALUE | NOMINVALUE：如果指定为 MINVALUE，设置序列最小值为 n；如果指定为 NOMINVALUE，则表示递增序列最小值为-1，递减序列的最小值为 -10^{26}。默认为 NOMINVALUE。
- CYCLE | NOCYCLE：指定当序列达到其最大值或最小值后，是否循环生成值，NOCYCLE 是默认选项。
- CACHE | NOCACHE：指定为 CACHE，则设置在内存中预存储的序列号的个数。默认情况下，Oracle 服务器高速缓存中有 20 个值。如果系统崩溃，这些值将丢失。下次连接数据库后，内存中的序列号就会出现跳号现象。如果指定为 NOCACHE 则表示不缓存序列号，这样数据库就不会给序列分配值，避免序列号跳号现象。

例题 8-42：创建一个名为 stu_seq 的序列，初始值为 1，最大值为 99，增量为 1。命令如下：

```
SQL>CREATE SEQUENCE stu_seq INCREMENT BY 1
2  START WITH 1 MAXVALUE 99;
```

8.6.2 使用序列

序列不占用实际的存储空间，可以提高访问效率，在数据字典中只存储序列的定义描述。使用序列，实质上是使用序列的下列两个属性。

- currval：返回序列当前值。

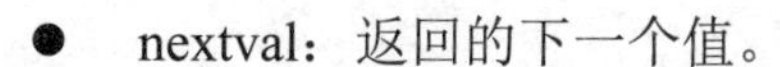

- nextval：返回的下一个值。

只有在发出至少一个 nextval 之后才可以使用 currval 属性。

序列值可以应用于查询的选择列表、INSERT 语句的 VALUES 子句、UPDATE 语句的 SET 子句，但不能应用在 WHERE 子句或 PL/SQL 过程性语句中。

例题 8-43：序列的使用综合例子。

(1) 创建一个表 stu，命令如下：

```
SQL>CREATE TABLE stu(
  sno     NUMBER(2)     PRIMARY KEY,
  sname   VARCHAR2(10)  NOT NULL
);
```

(2) 向表中添加如下记录，其中 sno 字段的值使用例题 8-42 中创建的序列自动生成：

```
SQL>INSERT INTO stu(sno,sname) VALUES(stu_seq.nextval,'Zhang li');
SQL>INSERT INTO stu(sno,sname) VALUES(stu_seq.nextval,'Wang hong');
SQL>INSERT INTO stu(sno,sname) VALUES(stu_seq.nextval,'Chen dong');
```

(3) 查询表 stu 中的值，命令如下：

```
SQL>SELECT * FROM stu;
```

结果如图 8-2 所示。

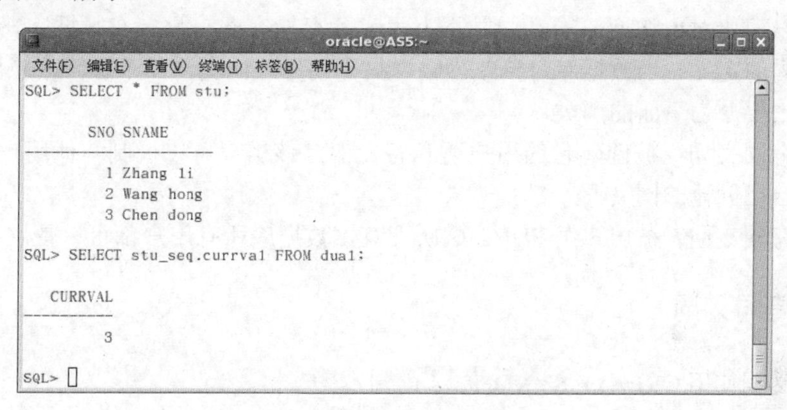

图 8-2　通过序列赋值后结果

可见 sno 的值通过序列自动赋予。其中下面的 SELECT 语句查询序列的当前值。

8.6.3　修改与删除序列

修改序列通常就是调整序列的参数。除了不能修改序列起始值外，序列其他任何子句和参数都可以进行修改。如果要修改 MAXVALUE 参数值，需要保证修改后的最大值大于序列的当前值。此外，序列的修改只影响以后生成的序列号。修改序列可以使用 ALTER SEQUENCE 语句实现，语法格式为：

```
ALTER SEQUENCE sequence_name
    [INCREMENT BY n]
    [MAXVALUE n|NOMAXVALUE]
```

```
    [MINVALUE n|NOMINVALUE]
    [CYCLE|NOCYCLE]
    [CACHE|NOCACHE]
```

例题 8-44：修改序列 stu_seq 的设置，命令如下：

```
SQL>ALTER SEQUENCE stu_seq INCREMENT BY 2 MAXVALUE 1000;
```

删除序列使用 DROP SEQUENCE 语句实现，语法格式为：

```
DROP SEQUENCE sequence_name;
```

例题 8-45：删除序列 stu_seq，命令如下：

```
SQL>DROP SEQUENCE stu_seq;
```

8.7 同 义 词

同义词是数据库中表、索引、视图或其他模式对象的别名。使用同义词，主要有以下两方面意义。

- 可以隐藏对象的实际名称和所有者信息，或隐藏分布式数据库中远程对象的位置信息，这样可以提高对象访问安全性。
- 可以简化对象访问。同义词并不占用实际存储空间，只有在数据字典中保存了同义词的定义。当数据库对象改变时，只需要修改同义词而不必修改应用程序。

同义词主要分为下面的两类。

- 私有同义词：被创建它的用户所私有，但是该用户可以控制其他用户是否有权使用自己创建的同义词。
- 公有同义词：被用户组 PUBLIC 所拥有，数据库所有用户都可以使用。

8.7.1 创建同义词

创建同义词使用 CREATE SYNONYM 语句，语法格式为：

```
CREATE [ PUBLIC ] SYNONYM synonym_name FOR object_name;
```

语法说明如下。

- synonym_name：创建的同义词名称。
- PUBLIC：创建的同义词为共有，如缺省则默认创建的同义词为私有同义词。
- object_name：同义词所代表的对象名称。

例题 8-46：当前模式下为 scott 用户的 emp 表创建一个公有同义词，名称为 scottemp，并使用同义词对 emp 进行操作。

(1) 为 scott 下的 emp 表创建一个同义词，命令如下：

```
SQL>CREATE PUBLIC SYNONYM scottemp FOR scott.emp;
```

(2) 在当前模式下，可以利用同义词 scottemp 实现对 scott 模式下的 emp 表的操作，命令如下：

```
SQL>SELECT ename,job,sal,deptno FROM scottemp WHERE sal>2500;
```

结果如下。

```
ENAME        JOB        SAL          DEPTNO
----------- --------- ------------ --------------
JONES        MANAGER    2975         20
BLAKE        MANAGER    2850         30
SCOTT        ANALYST    3000         20
KING         PRESIDENT  5000         10
FORD         ANALYST    3000         20
```

8.7.2　删除同义词

删除同义词可以使用 DROP SYNONYM 语句实现，语法格式为：

```
DROP [ PUBLIC ] SYNONYM synonym_name;
```

8.8　小型案例实训

例题 8-47：下面案例实现对模式对象的应用。

(1)　在当前模式下创建一个名为 stu 的表，字段定义如下。

- 学号(stu_no)列定义为 PRIMARY KEY。
- 姓名(stu_name)列定义为 NOT NULL。
- 性别(stu_sex)列取值只能为 M 或 F。
- 年龄(stu_age)，为年龄列定义一个表级 CHECK 约束，取值为 18～30。

命令如下：

```
SQL>CREATE TABLE stu (
2  stu_no  NUMBER(6)  CONSTRAINT stu_pk PRIMARY KEY,
3  stu_name VARCHAR2 (10)  NOT NULL,
4  stu_sex  CHAR(2) CONSTRAINT stu_ckl  CHECK(stu_sex in('M','F')),
5  stu_age  NUMBER(2),
6  CONSTRAINT stu_ck2 CHECK(stu_age BETWEEN 18 AND 60)
7  );
```

(2)　查看表的约束信息，命令如下：

```
SQL>SELECT constraint_name,constraint_type,table_name FROM
2  user_constraints WHERE table_name LIKE 'STU';
```

结果如图 8-3 所示。

```
oracle@AS5:~
文件(F)  编辑(E)  查看(V)  终端(T)  标签(B)  帮助(H)
SQL> CREATE TABLE stu(
  2  stu_no  NUMBER(6)  CONSTRAINT stu_pk PRIMARY KEY,
  3  stu_name CHAR(10) NOT NULL,
  4  stu_sex CHAR(2) CONSTRAINT stu_ck1 CHECK(stu_sex in('M','F')),
  5  stu_age NUMBER(2),
  6  CONSTRAINT stu_ck2 CHECK(stu_age BETWEEN 18 AND 30)
  7  );

Table created.

SQL> SELECT constraint_name,constraint_type,table_name FROM
  2  user_constraints WHERE table_name LIKE 'STU';

CONSTRAINT_NAME                C TABLE_NAME
------------------------------ - ------------------------------
SYS_C0010808                   C STU
STU_CK1                        C STU
STU_CK2                        C STU
STU_PK                         P STU

SQL>
```

图 8-3　查看表的约束结果

(3)　测试约束是否有效。

①　输入非空的值，测试主键列不能有重复值，命令如下：

```
SQL>INSERT INTO stu VALUES(100001,'Tian','F',23);
SQL>INSERT INTO stu VALUES(100001,'Zhang','F',25);
```

②　输入 null 值，测试主键列不能插入空值，命令如下：

```
SQL>INSERT INTO stu VALUES(100002,'','M',25);
```

③　添加如下数据进行测试，查看 check 约束是否有效，命令如下：

```
SQL>INSERT INTO stu VALUES(100003,'wang','M',34);
```

测试结果如图 8-4 所示。

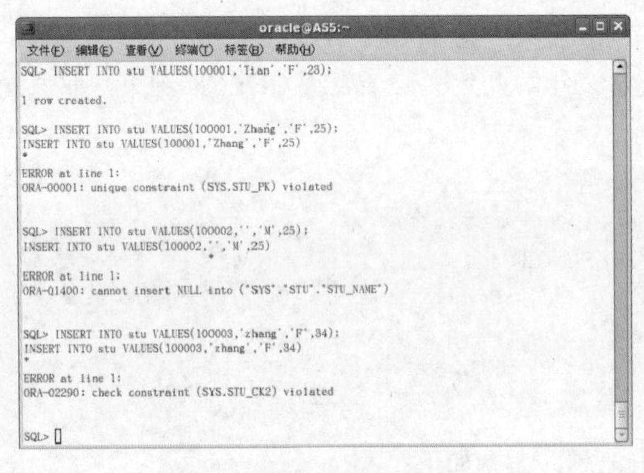

图 8-4　表的约束检查测试

④　创建如下视图，并对该视图进行查询，查看年龄不小于 20 岁的所有学生的信息：

```
   SQL>CREATE VIEW stu_view1
2  AS
3  SELECT stu_no,stu_name,stu_age FROM stu
4  WHERE stu_age>=20;
SQL>SELECT stu_no,stu_name,stu_age FROM stu_view1;
```

结果如图 8-5 所示。

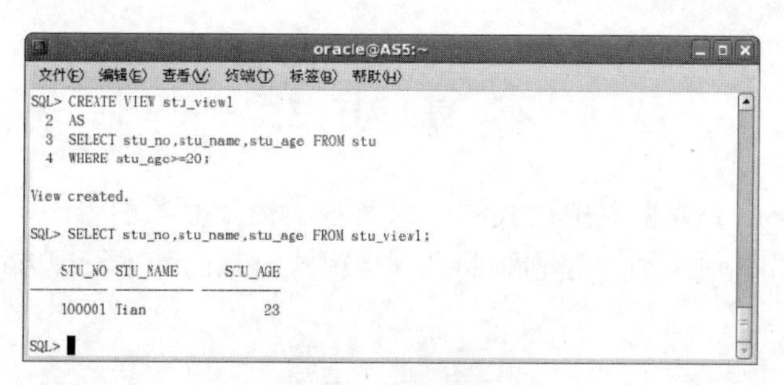

图 8-5　视图测试结果

⑤　在 stu_no 上添加索引，命令如下：

```
SQL>CREATE INDEX index_stu ON stu(stu_name);
```

⑥　查看索引的信息，命令如下：

```
SQL>SELECT index_name,index_type,table_name,uniqueness FROM
2  user_indexes WHERE table_name='STU';
```

⑦　查看表的大小和索引的大小，命令如下：

```
SQL>SELECT segment_name,bytes FROM user_segments WHERE
2  segment_name IN ('STU','INDEX_STU');
```

⑧　修改索引。

a)　删除索引，命令如下：

```
SQL>DROP INDEX index_stu;
```

b)　重建索引，命令如下：

```
SQL>CREATE INDEX index_stu ON stu(stu_no,stu_name,stu_age);
```

结果如图 8-6 所示。

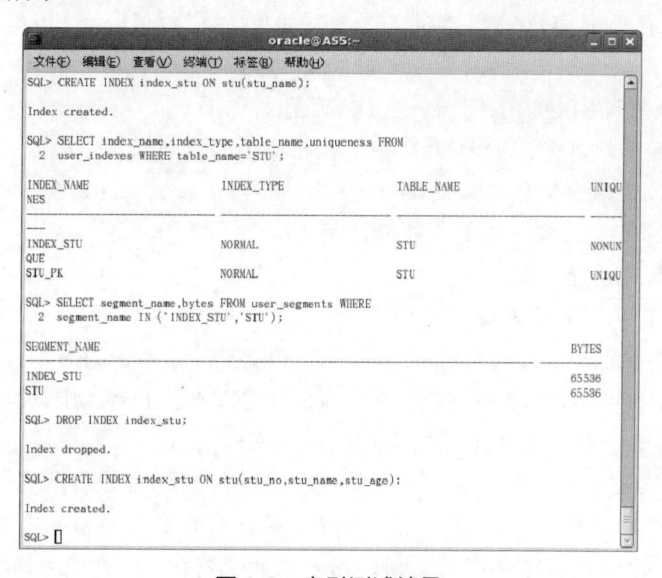

图 8-6　索引测试结果

本章小结

本章介绍了 Oracle 数据库中模式的概念及各类模式对象的管理，主要讲解了表、视图、索引、分区表和分区索引、序列和同义词等模式对象的基本管理方法。

习　题

1．选择题

(1) 在 Oracle 中，一个用户拥有的所有数据库对象统称为(　　)。
A. 数据库　　B. 模式　　C. 表空间　　D. 实例

(2) 下面关于 UNIQUE 描述错误的是(　　)。
A. 设置了 UNIQUE 的字段的值必须唯一
B. 设置了 UNIQUE 的字段一定有索引
C. 设置了 PRIMARY KEY 字段一定有设置 UNIQUE 属性
D. 设置了 UNIQUE 的字段的值不能为 NULL

(3) SQL 语句中修改表结构的命令是(　　)。
A. MODIFY TABLE　　B. MODIFY STRUCTURE
C. ALTER TABLE　　D. ALTER STRUCTURE

(4) 带有错误的视图可使用(　　)选项来创建。
A. FORCE　　B. WITH CHECK OPTION
C. CREATE VIEW WITH ERROR　　D. CREATE ERROR VIEW

(5) (　　)分区允许用户明确地控制无序行到分区的映射。
A. 散列　　B. 范围　　C. 列表　　D. 组合

(6) 在列的取值重复率比较高的列上，适合创建(　　)索引。
A. 标准　　B. 唯一　　C. 分区　　D. 位图

(7) 以下关于序列 SEQUENCE 描述正确的是(　　)。
A. 序列可以缓冲到客户机的内存，从而提高访问速度
B. 总能从序列中得到连续的编号
C. 序列创建后，起始值是不能修改的
D. 序列只适用于主键

(8) 可以使用(　　)属性来访问序列。
A. CURRVAL 和 NEXTVAL　　B. NEXTVAL 和 PREVAL
C. CACHE 和 NOCACHE　　D. MAXVALUE 和 MINVALUE

(9) 下列选项中，哪个选项不是同义词的用途？(　　)
A. 简化 SQL 语句　　B. 隐藏对象的名称和所有者
C. 提供对象的公共访问　　D. 显示对象的名称和所有者

(10) 要以自身的模式创建私有同义词，用户必须拥有(　　)系统权限。

A. CREATE PRIVATE SYNONYM　B. CREATE PUBLIC SYNONYM
C. CREATE SYNONYM　D. CREATE ANY SYNONYM

2．简答题

(1) 简述表约束的种类和作用。
(2) 简述视图的作用及创建方法。
(3) 简述索引的作用以及索引的类型，并介绍在 Oracle 中如何创建各种类型索引。
(4) 简述分区表的种类和作用。
(5) 简述序列的概念及其应用。

3．操作题

(1) 创建一个名为 student 的表，要求：sno CHAR(6) NOT NULL, sname CHAR(10) NOT NULL, ssex CHAR(2) NOT NULL, birthday DATETIME NOT NULL, polity CHAR(20)，其中表中字段满足：sno 设置为主键，sname 字段设置唯一性约束。

(2) 为 student 表的 ssex 设置检查性约束，要求 ssex 只能为 M 或 F，polity 字段设置默认约束，值为“群众”。

(3) 创建一个名为 course 的表(字段 cno, cname, teacher, class)。

(4) 创建一个学生选课表 sc(字段 sno char(6) not null,cno char(10) not null,grade real)。将 sc 表创建外键约束，把 sc 表的 sno 和 student 表的 sno 关联起来，在这两个表之间创建一种制约关系。

(5) 利用 INSERT 语句向 student 表中插入一条记录('0007', '张三', 'F', '1982-3-21', '团员', '计算机系')。

(6) 利用 UPDATE 语句将编号为 0004 的学生 polity 改为“党员”。

(7) 创建一个 student_list 表(列、类型与 student 表的列、类型相同)，按学生性别分为两个区。

(8) 针对 student 表查询女同学的信息和女同学的人数。为 scott 模式下的 emp 表创建一个公有同义词，名称为 employee。

(9) 创建一个视图，包含数据为软件工程系学生的考试成绩。

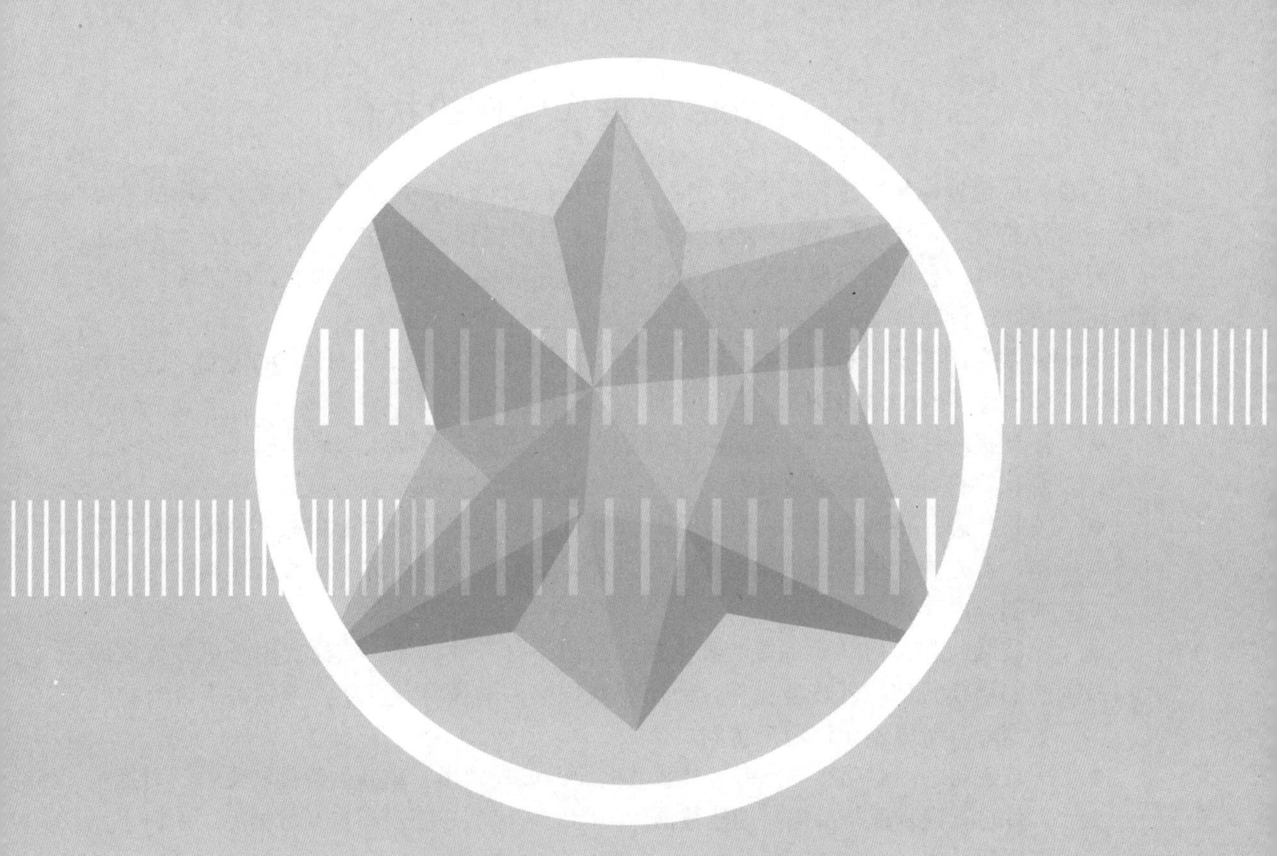

第 9 章

启动与关闭数据库

本章要点：

本章将主要介绍在 Linux 平台下利用 SQL*Plus 如何启动和关闭数据库，以及数据库在不同状态之间如何转换。此外，还将介绍数据库的启动过程、关闭过程和不同状态下的特点。

学习目标：

掌握 Oracle 数据库的启动流程、在 SQL*Plus 中启动数据库的方法及在不同启动状态之间的切换；掌握 Oracle 数据库的关闭过程以及一致性关闭数据库和非一致性关闭数据库的不同。

9.1 Oracle 数据库实例的状态

在 Oracle 数据库用户连接数据库之前，必须先启动 Oracle 数据库，创建数据库的软件实例与服务进程，同时加载并打开数据文件、重做日志文件。当 DBA 对 Oracle 数据库进行管理与维护时，会根据需要对数据库进行状态转换或关闭数据库。因此，数据库的启动和关闭是数据库管理与维护的基础。

Oracle 数据库实例支持 4 种状态，分别是打开(OPEN)、关闭(SHUTDOWN)、已装载(MOUNT)和不装载(NOMOUNT)。

- 打开状态：启动例程，装载并打开数据库。该状态是默认的启动模式。它允许任何有效的用户连接到数据库，并可以执行典型的数据库访问操作。
- 关闭状态：将数据库实例从允许访问数据库的状态转为休止状态。关闭数据库操作，首先中止用户访问数据库所需进程，然后释放计算机中供数据库运行使用的那部分内存。
- 已装载状态：启动实例并装载数据库，但不打开数据库。该模式用于更改数据库的归档模式或执行恢复操作，还用于数据文件的恢复。因此，该状态下没有打开数据库，所以不允许用户访问。
- 不装载状态：启动实例，但不装载数据库。该模式用于重新创建控制文件、对控制文件进行恢复或从头重新创建数据库。因此，该状态下没有打开数据库，所以不允许用户访问。

9.2 启动数据库实例

9.2.1 数据库的启动过程

Oracle 数据库的启动与关闭都是分步骤进行的。Oracle 数据库的启动分 3 个步骤进行，对应数据库的 3 个状态，在不同状态下可以进行不同的管理操作，如图 9-1 所示。下面按启动步骤分别介绍。

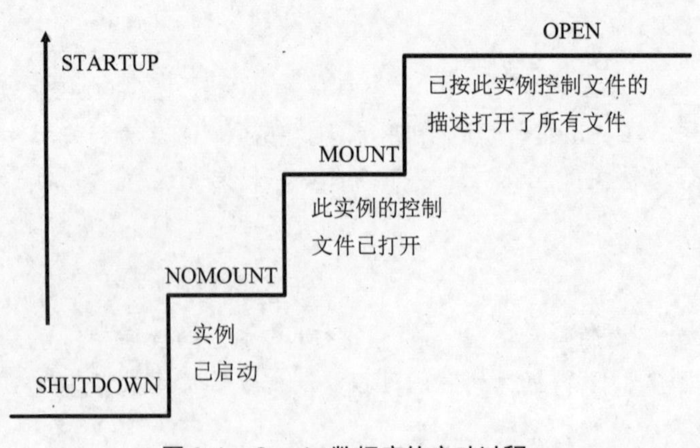

图 9-1 Oracle 数据库的启动过程

1．创建并启动实例

根据数据库初始化参数文件，为数据库创建实例，启动一系列后台进程和服务进程，并创建 SGA 区等内存结构。对应数据库启动的第 1 个步骤，启动到 NOMOUNT 模式。

启动到 NOMOUNT 模式执行以下任务。

(1) 顺序搜索$ORACLE_HOME/dbs 中具有以下特定名称的初始化参数文件。

- 搜索 spfile<SID>.ora。
- 如果未找到 spfile<SID>.ora，则搜索 spfile.ora。
- 如果未找到 spfile.ora，则搜索 init<SID>.ora。

(2) 创建 SGA 等内存结构。

(3) 启动后台进程。

(4) 打开 alert_<SID>.log 文件和跟踪文件。

提示： SID 用于标识实例的系统 ID(如 ora11)。

如果 DBA 要执行下列操作，则必须将数据库启动到 NOMOUNT 模式下进行。

(1) 创建一个新的数据库。

(2) 维护数据库的控制文件，移动、改名或重建控制文件。

(3) 执行某些备份和恢复方案。

2．装载数据库

装载数据库是实例打开数据库的控制文件，从中获取数据库名称、数据文件和重做日志文件的位置与名称等数据库物理结构信息，为打开数据库做好准备。如果控制文件损坏，实例将无法装载数据库。对应数据库启动的第 2 个步骤，启动到 MOUNT 模式。

数据库装载过程执行以下任务。

(1) 将数据库与以前启动的实例关联。

(2) 定位并打开参数文件中指定的控制文件。

(3) 通过读取控制文件来获取数据文件和联机重做日志文件的名称与状态(在此阶段并没有打开数据文件和重做日志文件)。要执行特定的维护操作，请启动实例，然后装载数据库，但不打开该数据库。

提示： 即使发出了 OPEN 请求，数据库仍可能处于 MOUNT 模式下。这是因为可能需要以某种方式恢复数据库。如果在 MOUNT 状态下执行恢复，将打开重做日志文件进行读取，并打开数据文件读取需要恢复的块，以及在恢复期间根据需要写入块。

如果 DBA 要执行下列操作，则必须将数据库启动到 MOUNT 模式下进行。

(1) 重命名数据文件(打开数据库时，可重命名脱机表空间的数据文件)。

(2) 添加、删除或重命名重做日志文件。

(3) 改变数据库的归档模式。

(4) 执行数据库完全恢复操作。

3．打开数据库

在此阶段，实例将打开所有处于联机状态的数据文件和重做日志文件。如果任何一个数据文件或重做日志文件无法正常打开，数据库将返回错误信息，这时数据库需要恢复。对应数据库启动的第 3 个步骤，启动到 OPEN 模式。

打开数据库过程执行以下任务。

(1) 打开数据文件。

(2) 打开联机重做日志文件。

(3) 如果尝试打开数据库时任一数据文件或联机重做日志文件不存在，则 Oracle 服务器返回错误。

在最后这个阶段，Oracle 服务器会验证是否可以打开所有数据文件和联机重做日志文件，还会检查数据库的一致性。如有必要，系统监视器(SMON)后台进程将启动实例恢复。可以在受限模式下启动数据库实例，以便只让有管理权限的用户使用该实例。

DBA 可以根据要执行的管理操作任务的不同，将数据库启动到特定的模式。执行完管理任务后，可以通过 ALTER DATABASE 语句将数据库转换为更高的模式，直到打开数据库为止。

9.2.2 在 SQL*Plus 中启动数据库

在 SQL*Plus 中启动或关闭数据库，需要启动 SQL*Plus，并以 SYSDBA 或 SYSOPER 身份连接到 Oracle。启动数据库的基本语法为：

```
STARTUP [NOMOUNT | MOUNT | OPEN][FORCE] [RESTRICT] [PFILE=filename]
```

下面介绍上面启动格式中常用的启动状态。

1．STARTUP NOMOUNT

Oracle 读取数据库的初始化参数文件，启动后台进程并分配 SGA。用户可以访问与 SGA 区相关的数据字典视图，但是不能使用数据库中的任何文件。

启动到 NOMOUNT 状态，可以查询后台进程和实例信息，如：

```
SQL>SELECT * FROM v$bgporcess;
SQL>SELECT * FROM v$instance;
```

此外，还有 v$parameter、v$sga、v$process、v$session 等数据字典视图可以使用。

2．STARTUP MOUNT

Oracle 创建并启动实例后，将数据库与以前启动的实例关联，根据初始化参数文件中的 control_files 参数找到数据库的控制文件，读取控制文件以获取数据库的物理结构信息，包括数据文件、重做日志文件的位置与名称等，但是，这时不会执行检查来验证是否存在数据文件和联机重做日志文件，实现数据库的装载。此时，用户不仅可以访问与 SGA 区相关的数据字典视图，还可以访问与控制文件相关的数据字典视图。

启动到 MOUNT 状态，可以执行以下的命令：

```
SQL>SELECT * FROM v$tablespace;
SQL>SELECT * FROM v$datafile;
SQL>SELECT * FROM v$database;
```

v$controlfile、v$database、v$datafile、v$logfile 等数据字典视图都是可以访问的。

3．STARTUP OPEN

以正常方式打开数据库，意味着实例已启动、数据库已装载且已打开，就是完全打开的状态。此时任何具有 CREATE SESSION 权限的用户都可以连接到数据库，可以进行权限范围内的所有操作。

4．STARTUP FORCE

该命令用于当各种启动模式都无法成功启动数据库时强制启动数据库。STARTUP FORCE 命令实质上是先执行 SHUTDOWN ABORT 命令异常关闭数据库，然后再执行 STARTUP OPEN 命令重新启动数据库，并进行完全介质恢复。也可以执行 STARTUP NOMOUNT FORCE 或 STARTUP MOUNT FORCE 命令，将数据库启动到相应的模式。

在下列两种情况下，需要使用 STARTUP FORCE 命令启动数据库。

- 无法使用 SHUTDOWN NORMAL、SHUTDOWN IMMEDIATE 或 SHUTDOWN TRANSACTIONAL 语句关闭数据库实例。
- 在启动实例时出现无法恢复的错误。

5．数据库启动模式间转换

数据库启动过程中，可以从 NOMOUNT 状态转换为 MOUNT 状态，或从 MOUNT 状态转换为 OPEN 状态。使用 ALTER DATABASE 语句可以实现状态间的转换。

例题 9-1：启动数据库到 NOMOUNT 状态，然后转换为 MOUNT 状态，再转换为 OPEN 状态。查看数据库的启动过程。

(1) 启动到 NOMOUNT 状态，命令如下：

```
SQL>STARTUP NOMOUNT;
```

结果如图 9-2 所示。

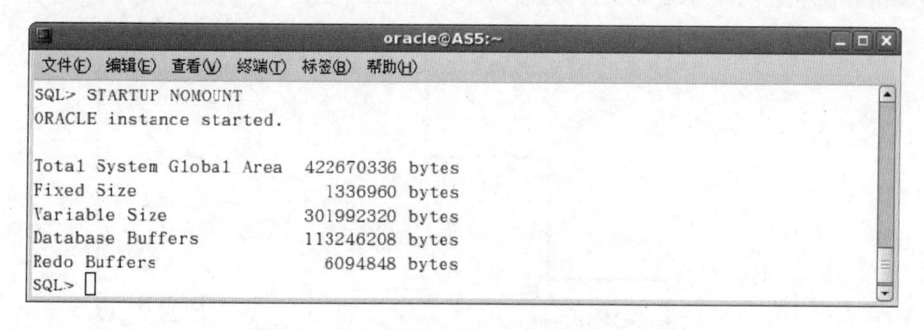

图 9-2　STARTUP NOMOUNT 状态结果

从图 9-2 可以看出，内存已经分配了，后台进程也已经启动。可以在 Linux 通过以下命令查看后台进程的启动，结果如图 9-3 所示。

```
oracle@AS5:~
文件(F)  编辑(E)  查看(V)  终端(T)  标签(B)  帮助(H)
[oracle@AS5 ~]$ ps -ef|grep ora_
oracle    9074     1  0 08:28 ?        00:00:00 ora_pmon_orall
oracle    9076     1  0 08:28 ?        00:00:00 ora_vktm_orall
oracle    9080     1  0 08:28 ?        00:00:00 ora_gen0_orall
oracle    9082     1  0 08:28 ?        00:00:00 ora_diag_orall
oracle    9084     1  0 08:28 ?        00:00:00 ora_dbrm_orall
oracle    9086     1  0 08:28 ?        00:00:00 ora_psp0_orall
oracle    9088     1  0 08:28 ?        00:00:00 ora_dia0_orall
oracle    9090     1  0 08:28 ?        00:00:00 ora_mman_orall
oracle    9093     1  0 08:28 ?        00:00:00 ora_dbw0_orall
oracle    9095     1  0 08:28 ?        00:00:00 ora_lgwr_orall
oracle    9097     1  0 08:28 ?        00:00:00 ora_ckpt_orall
oracle    9099     1  0 08:28 ?        00:00:00 ora_smon_orall
oracle    9101     1  0 08:28 ?        00:00:00 ora_reco_orall
oracle    9103     1  0 08:28 ?        00:00:00 ora_mmon_orall
oracle    9105     1  0 08:28 ?        00:00:00 ora_mmnl_orall
oracle    9107     1  0 08:28 ?        00:00:00 ora_d000_orall
oracle    9109     1  0 08:28 ?        00:00:00 ora_s000_orall
oracle    9352  9290  0 08:30 pts/2    00:00:00 grep ora_
[oracle@AS5 ~]$
```

图 9-3　在 OS 下查看已经启动的 Oracle 后台进程

(2)　继续启动到 MOUNT 状态，命令如下：

```
SQL>ALTER DATABASE MOUNT;
```

(3)　继续启动到 OPEN 状态，命令如下：

```
SQL>ALTER DATABASE OPEN;
```

9.3　关闭数据库

9.3.1　数据库关闭过程

Oracle 数据库关闭的过程与数据库启动的过程是互逆的，如图 9-4 所示。首先关闭数据库，即关闭数据文件和重做日志文件；然后卸载数据库，关闭控制文件；最后关闭实例，释放内存结构，停止数据库后台进程和服务进程的运行。

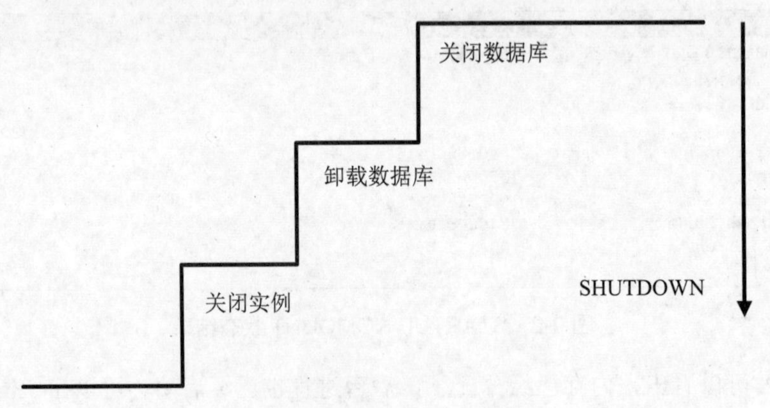

图 9-4　Oracle 数据库关闭过程

关闭数据库也分 3 个步骤。

1. 关闭数据库

Oracle 将重做日志缓冲区内容写入重做日志文件中，并且将数据高速缓存中的脏缓存块写入数据文件，然后关闭所有数据文件和重做日志文件。

2. 卸载数据库

数据库关闭后，实例卸载数据库，关闭控制文件。

3. 关闭实例

卸载数据库后，终止所有的后台进程和服务器进程，回收内存空间。

9.3.2　在 SQL*Plus 中关闭数据库

关闭数据库的基本语法为：

```
SHUTDOWN [NORMAL | TRANSACTIONAL | IMMEDIATE | ABORT]
```

其中 NORMAL、TRANSACTIONAL、IMMEDIATE、ABORT 表示数据关闭的 4 种模式，4 种关闭模式对当前活动的适用性按以下顺序逐渐增强。

- ABORT：在关闭之前执行的任务最少。由于此模式需要在启动之前进行恢复，因此只在需要时才使用此模式。当启动实例时出现了问题，或者因紧急情况(如通知在数秒内断电)而需要立即关闭时，如果其他关闭方式都不起作用，通常选择使用此模式。
- IMMEDIATE：这是最常用选项。选择此模式，会回退未提交的事务处理。
- TRANSACTIONAL：允许事务处理完成。
- NORMAL：等待当前会话断开。

表 9-1 简单列出了 4 种关闭模式对当前活动的适用性。

表 9-1　4 种关闭模式对当前活动的适用性

关闭模式 / 活动	ABORT	IMMEDIATE	TRANSACTIONAL	NORMAL
允许新连接	否	否	否	否
等待当前会话结束	否	否	否	是
等待当前事务处理结束	否	否	是	是
强制选择检查点并关闭文件	否	是	是	是

如果考虑执行关闭所花费的时间，则会发现 ABORT 的关闭速度最快，而 NORMAL 的关闭速度最慢。NORMAL 和 TRANSACTIONAL 花费的时间较长，具体取决于会话和事务处理的数目。

1. SHUTDOWN NORMAL

NORMAL 是使用 SQL*Plus 时的默认关闭模式。正常关闭数据库时会发生以下情况。

- 不可以建立新连接。
- Oracle 服务器待所有用户断开连接后再完成关闭。
- 数据库和重做日志缓冲区被写入磁盘。
- 后台进程终止，并从内存中删除 SGA。
- Oracle 服务器在关闭并断开数据库后关闭实例。
- 下一次启动不需要进行实例恢复。

2．SHUTDOWN TRANSACTIONAL

采用 TRANSACTIONAL 关闭方式，可防止客户机丢失数据，其中包括客户机当前活动的结果。执行事务处理数据库关闭时会发生以下情况。

- 任何客户机都不能利用这个特定实例启动新事务处理。
- 会在客户机结束正在进行的事务处理后断开客户机。
- 完成所有事务处理后立即执行关闭。
- 下一次启动不需要进行实例恢复。

3．SHUTDOWN IMMEDIATE

IMMEDIATE 是使用 Enterprise Manager 时的默认关闭模式。当采用 SHUTDOWN IMMEDIATE 关闭模式，会出现以下情况。

- 阻止任何用户建立新的连接，也不允许当前连接用户启动任何新的事务。
- Oracle DB 正在处理的当前 SQL 语句不会完成。
- Oracle 服务器不会等待当前连接到数据库的用户断开连接。
- Oracle 服务器会回退活动的事务处理，而且会断开所有连接用户。
- Oracle 服务器在关闭并断开数据库后关闭实例。
- 数据库下一次启动时不需要任何实例的恢复过程。

4．SHUTDOWN ABORT

如果 NORMAL、TRANSACTIONAL 和 IMMEDIATE 关闭模式都不起作用，则可以中止当前的数据库实例，即使用 SHUTDOWN ABORT 命令来关闭数据库，此时会丢失一部分数据信息，对数据库完整性造成损害。当采用 SHUTDOWN ABORT 模式时，会发生以下情况。

- 阻止任何用户建立新的连接，同时阻止当前连接用户开始任何新的事务。
- Oracle DB 正在处理的当前 SQL 语句会立即终止。
- Oracle 服务器不会等待当前连接到数据库的用户断开连接。
- 数据库和重做缓冲区未写入磁盘。
- 不回退未提交的事务处理。
- 实例终止，但未关闭文件。
- 数据库未关闭或未卸载。
- 下一次启动时需要进行实例恢复，实例恢复是自动进行的。

9.3.3　一致性关闭和非一致性关闭

4 种关闭模式可以分为两大类：一致性关闭和非一致性关闭。

1．一致性关闭

如果关闭数据库时采用的是 SHUTDOWN NORMAL、SHUTDOWN TRANSACTIONAL 和 SHUTDOWN IMMEDIATE 三种关闭模式，则为一致性关闭。

因为在这 3 种关闭模式下，关闭数据库时做如下工作。

- 执行 IMMEDIATE 时，会回退未提交的更改。
- 数据库高速缓冲区的缓存数据，会写入数据文件。
- 会释放资源。

因此数据库中的数据要么全部修改，要么全部回退，数据是一致的。下次启动时不需要恢复数据。

2．非一致性关闭

如果关闭数据库时采用的是 SHUTDOWN ABORT、STARTUP FORCE 或者实例错误(如断电关闭等)3 种关闭模式，则为非一致性关闭。

在这 3 种关闭模式下。

- 内存缓冲区所做的修改未写入数据文件。
- 不回退未提交的更改。

在这几种关闭模式下，为了节省关闭时间，应该存盘的数据没有存盘，应该回退的信息也没有回退，因此数据库中数据是不一致的。所以在启动时需要做如下工作来恢复数据。

- 使用联机重做日志文件重新应用更新。
- 使用还原段回退未提交的更改；
- 会释放资源。

9.4　小型案例实训

例题 9-2： 数据库启动流程测试。

(1)　以 sys 用户通过 SQL*Plus 连接上 Oracle 数据库，命令如下：

```
$sqlplus / as sysdba
```

(2)　构建简单的 SQL 语句。

①　使用 startup nomount 来启动数据库。

②　使用 select status from v$instance 来查看数据库目前启动到的阶段。

③　使用 alter database mount 将数据库启动到 mount 阶段。

④　使用 select status from v$instance 来查看数据库目前启动到的阶段。

⑤　使用 alter database open 将数据库启动到 open 阶段。

⑥　使用 select status from v$instance 来查看数据库目前启动到的阶段。

结果如图 9-5 所示。

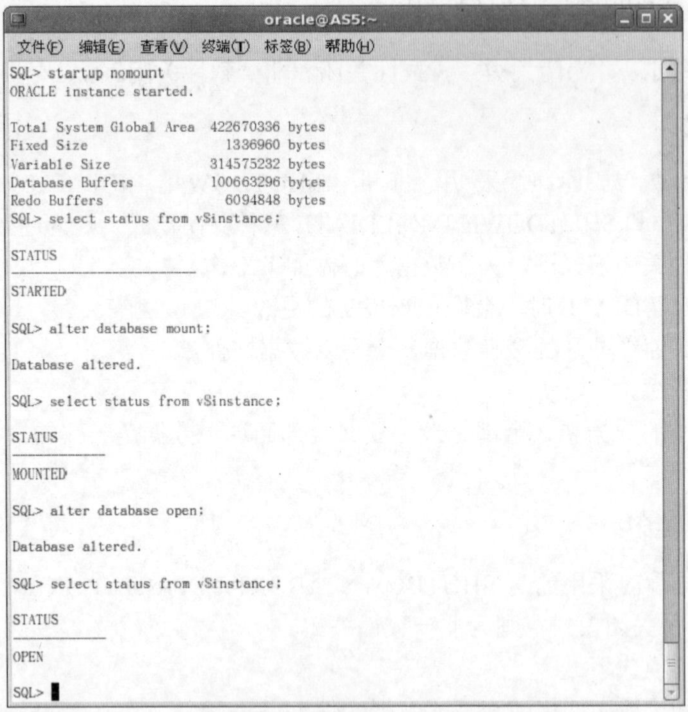

```
SQL> startup nomount
ORACLE instance started.

Total System Global Area  422670336 bytes
Fixed Size                  1336960 bytes
Variable Size             314575232 bytes
Database Buffers          100663296 bytes
Redo Buffers                6094848 bytes
SQL> select status from v$instance;

STATUS
------------------------
STARTED

SQL> alter database mount;

Database altered.

SQL> select status from v$instance;

STATUS
------------
MOUNTED

SQL> alter database open;

Database altered.

SQL> select status from v$instance;

STATUS
------------
OPEN

SQL>
```

图 9-5　Oracle 数据库启动流程测试结果

本 章 小 结

本章主要介绍了 Oracle 数据库的启动流程和关闭过程，以及在 SQL*Plus 中实现数据库的启动和关闭的方法，还介绍各种不同启动模式之间的转换和不同关闭数据库参数之间的差别，以及一致性关闭和非一致性关闭数据库对数据库的影响。

习　　题

1. 选择题

(1) 实例启动时数据库所处的状态是(　　)。

A. MOUNT　　B. OPEN　　C. NOMOUNT　　D. None

(2) 数据库启动时，如果一个数据文件或日志文件不可用，会出现什么结果？(　　)

A. Oracle 返回警告信息并打开数据库

B. Oracle 返回警告信息，不打开数据库

C. Oracle 返回警告信息并进行数据库恢复

D. Oracle 忽略不可用的文件

(3) 启动数据库时，如果一个或多个 control_files 参数指定的文件不存在或不可用，会出现什么样的结果？(　　)

A. Oracle 返回警告信息，但不 mount 数据库
B. Oracle 返回警告信息，并 mount 数据库
C. Oracle 忽略不可用的控制文件
D. Oracle 返回警告信息，并进行数据库恢复

(4) Tom 发出启动数据库的命令，实例和数据库经过怎样的过程最终打开？(　　)

A. OPEN, NOMOUNT, MOUNT　　B. NOMOUNT, MOUNT, OPEN
C. NOMOUNT, OPEN, MOUNT　　D. MOUNT, OPEN, NOMOUNT

(5) 数据库启动过程中哪一步读取初始化参数文件？(　　)

A. 数据库打开　　B. 数据库加载　　C. 实例启动　　D. 每个阶段

2．简答题

(1) 简述数据库启动的过程。

(2) 简述数据库关闭的步骤。

(3) 简述数据库启动和关闭的过程中，初始化参数文件、控制文件、重做日志文件的作用。

(4) 在 SQL*Plus 环境中，数据库启动模式有哪些？分别适合哪些管理操作？

(5) 在 SQL*Plus 环境中，数据库关闭有哪些方法？分别有什么特点？

(6) 简述数据库在 STARTUP NOMOUNT，STARTUP MOUNT 模式下可以进行的管理操作。

3．操作题

(1) 对数据库启动过程中的 3 个阶段进行操作与熟悉。首先启动到 NOMOUNT 状态，然后启动到 MOUNT 状态，最后启动到 OPEN 状态，并在每步的启动后对实例的状态进行查看。

(2) 通过下面的操作了解数据库关闭命令中的 4 个不同参数。首先打开几个终端窗口，对表做一些常规的增删改操作；然后使用 4 种不同的参数来关闭数据库，并且观察每个参数在关闭的时候所需时间的长短；使用不同的参数关闭数据库之后，再启动数据库认真观察每个参数所对应开机时间的长短。

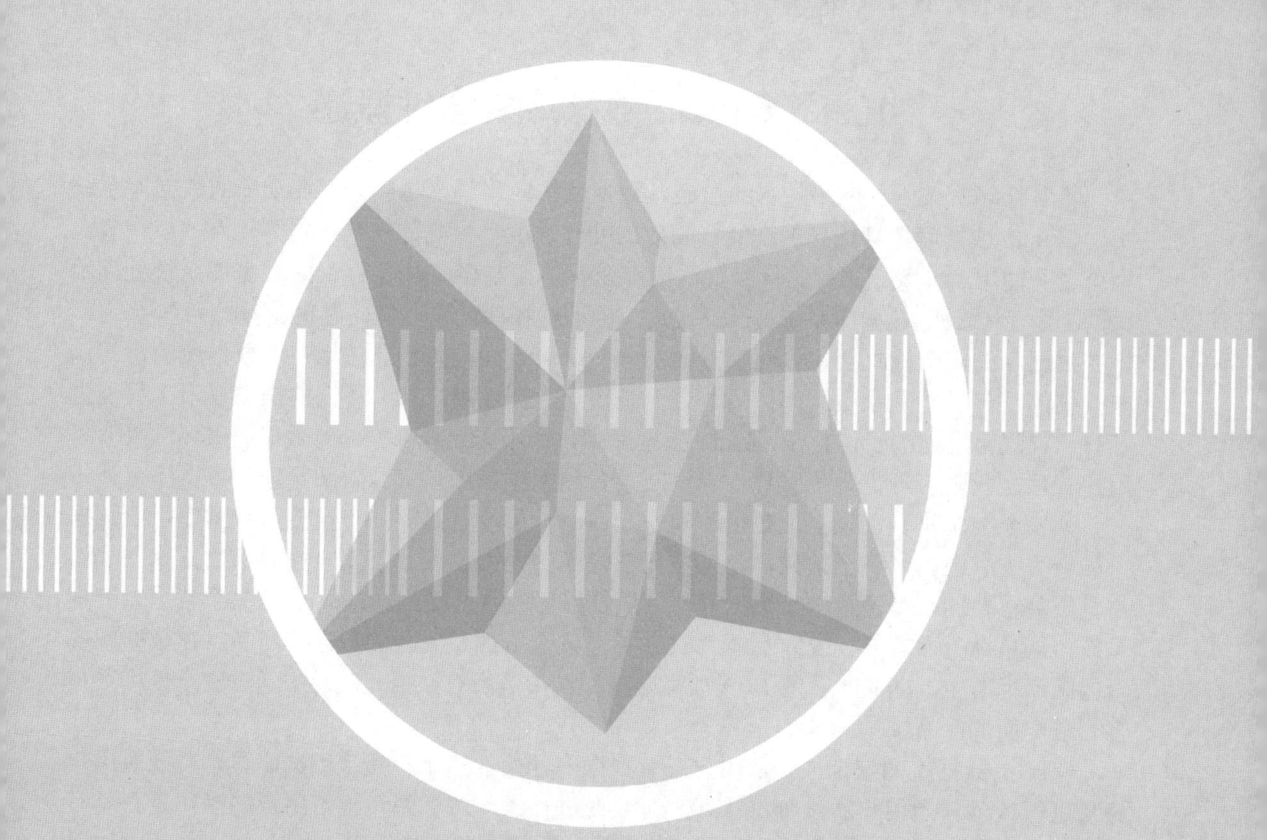

第 10 章

安全管理

本章要点：

数据共享是数据库的主要特点之一，特别是基于网络的数据库，所以保证数据安全非常重要。数据库的安全性是指保护数据库以防止不合法使用所造成的数据泄露、更改或破坏。本章将主要介绍 Oracle 数据库的用户管理、权限管理、角色管理、概要文件管理等内容。

学习目标：

了解 Oracle 数据库的安全性概念。掌握 Oracle 数据库的认证方法、用户管理、权限管理、角色管理、概要文件管理等，重点掌握用户管理、权限管理、概要文件管理。

10.1 Oracle 数据库安全性概述

随着计算机技术和网络技术的发展，数据库的应用越来越广泛。在众多的数据库系统中，Oracle 数据库以其优异的性能、高效的处理速度、极高的安全级别等优点，被许多大型公司所使用。如我国银行、保险、通信等企业，大多都是采用 Oracle 数据库系统处理数据的。由于 Oracle 数据库系统被广泛应用，因而数据库的安全性问题也变得尤为重要。

数据库的安全性主要包含两个方面的含义：一方面是防止非法用户对数据库的访问，未授权的用户不能登录数据库；另一方面是每个数据库用户都有不同的操作权限，只能进行自己权限范围内的操作。在 Oracle 数据库中，为了防止外部操作对数据的破坏，采取了用户管理、权限管理、角色管理、表空间设置和配额、用户资源限制管理、数据库审计等一系列安全控制机制，以保证数据库的安全性。如果没有足够的安全性，数据库中的数据可能会丢失、泄露，甚至被破坏，造成无法挽回的损失，因此，安全性对于数据库系统而言是至关重要的，是衡量一个数据库产品质量好坏的重要指标。Oracle 是关系数据库管理系统，从总体上而言，Oracle 数据库在业界是安全方面最完备的数据库产品。在数据库安全的国际标准中，Oracle 通过了 14 项标准的测试，是所有数据库产品中通过安全性标准最多、最全面的产品。

Oracle 数据库的安全性是从用户登录数据库开始的。用户登录数据库时，系统对用户身份进行认证。当用户通过身份认证，对数据进行操作时，系统检查用户的操作是否具有相应的权限，同时，还要限制用户对存储空间、系统资源等的使用。虽然 Oracle 数据库系统有着极高的安全级别，但依然存在被破坏的可能性，如计算机软硬件故障、非法入侵、感染病毒等，都有可能致使数据库系统不能正常运行，造成大量数据信息丢失，甚至出现数据库系统崩溃等情况。同时，数据库中重要数据、敏感数据被泄露、篡改或破坏等一系列安全性问题，会很大程度上影响到一个企业，甚至是国家的利益。因此，如何提高数据库的安全，防止数据库中数据被窃取、篡改或者删除，已经成为各界人士所关注的问题。

10.2 用 户 管 理

10.2.1 用户管理概述

用户是数据库的使用者和管理者，用户要访问数据库，必须获取有效的数据库用户账户。Oracle 数据库通过设置用户及其安全参数来控制用户对数据库的访问和操作。用户管理是 Oracle 数据库的安全管理核心和基础。

1. 用户属性

每个数据库用户都有一个唯一的数据库账户，Oracle 建议采用这种做法，是为了避免潜在的安全漏洞，并为特定的审计活动提供有意义的数据。每个数据库用户都包括以下属性。

- 唯一的用户名：用户名不能超过 30 个字节，不能包含特殊字符，而且必须以字母开头。

- 用户身份认证方法：最常见的验证方法是口令，但是 Oracle 11g 支持其他多种验证方法，包括生物统计学验证、证书验证和标记验证等。
- 默认表空间：如果没有为用户指定默认表空间，则系统将数据库的默认表空间作为用户的默认表空间。注意，进入默认表空间并不意味着用户在该表空间具有创建对象的权限，也不意味着用户在该表空间中具有用于创建对象的空间限额。这两项需要另外单独授权。
- 临时表空间：用户创建临时对象(如排序和临时表)的位置。临时表空间没有限额。系统一般将数据库的默认临时表空间作为用户的临时表空间。
- 表空间配额：表空间配额限制用户在永久表空间中可以分配的最大存储空间，默认情况下，新建用户没有配额限制。
- 概要文件：每个用户都必须有一个概要文件，限制用户对数据库和系统资源的使用，同时还可以对用户口令进行管理。如果没有为用户指定概要文件，Oracle 将为用户自动指定 DEFAULT 概要文件。
- 账户状态：在创建用户的同时，可以设定用户口令是否过期、账户是否锁定等初始状态。常用的账户状态如表 10-1 所示。如果用户口令过期，则需要重新为用户指定新口令；账户锁定后，用户就不能与 Oracle 数据库建立连接，必须为账户解锁后才允许用户访问数据库。

表 10-1　常用的账户状态说明

序　号	账户状态	说　明
1	OPEN	当前账户是开放的用户，可以自由登录
2	EXPIRED	当前账户已经过期，用户必须在修改口令以后才可以登录系统，在登录的时候，系统会提示修改口令
3	EXPIRED(GRACE)	这是由 password_grace_time 定义的一个时间段，在用户口令过期以后的第一次登录，系统会提示用户，口令在指定的时间段以后会过期，需要及时修改系统口令
4	LOCKED(TIMED)	这是一个有条件的账户锁定日期，由 password_lock_time 进行控制，在 lock_date 加上 password_lock_time 的日期以后，账户会自动解锁
5	LOCKED	账户是锁定的，用户不可以登录，必须由安全管理员将账户解锁，用户才可以登录

例题 10-1：查询账号的状态，命令如下：

```
SQL>SELECT * FROM user_astatus_map;
```

查询结果如下：

```
STATUS#           STATUS
----------------- -------------------------------------
    0              OPEN
    1              EXPIRED
    2              EXPIRED(GRACE)
```

```
    4              LOCKED(TIMED)
    5              LOCKED
    …              …
```

Oracle 数据库规定每个用户口令是有一定期限，要求定期更换口令。每个用户账号状态是不同的。

例题 10-2：查询每个用户的账号状态，命令如下：

```
SQL>SELECT username,account_status FROM dba_users;
```

查询结果如下：

```
USERNAME                    ACCOUNT_STATUS
----------------------      ---------------------------
SYS                          OPEN
SYSTEM                       OPEN
DBSNMP                       OPEN
SYSMAN                       OPEN
SCOTT                        EXPIRED & LOCKED
MY_USER                      OPEN
…                            …
```

2. Oracle 认证方法

认证是指对需要使用数据、资源或应用程序的用户进行身份确认。用户成功通过认证后，才能连接数据库，这可以为用户后面的数据库操作提供一种可靠的连接关系。Oracle 提供了多种身份认证方式，包括操作系统身份认证、口令文件身份认证、Oracle 数据库身份认证、多层身份认证和管理员身份认证等，下面介绍几种常用的认证方法。

1) 操作系统身份认证(OS Authentication)

操作系统身份认证可以很方便地连接到 Oracle，不需要再输入用户名和密码。如果采用操作系统身份认证的方式，则 Oracle 就不需要保存和管理用户密码了，它只需要将用户名保存到数据库中即可。当在服务器本地使用 sysdba 身份登录数据库时，默认使用操作系统验证，即仅验证发起连接的操作系统用户是否属于 dba 组，如果是 dba 组，则允许登录，否则不允许，而与登录时所使用的数据库用户名和口令无关。过程如下所示：

```
$id oracle
$sqlplus sys/errpasswd as sysdba
$sqlplus erruser/errpasswd as sysdba
$sqlplus / as sysdba
```

以上登录方式虽然使用了错误的口令或者错误的用户名，甚至用户名和口令都不写，依然可以正确登录 SQL*Plus。

```
SQL>SHUTDOWN IMMEDIATE
```

提示： 任何用户只要拥有 sysdba 权限，在登录时使用 sysdba 身份，该用户就可使用操作系统认证方式。不管是否是 sys 用户，或者口令是否正确，用户都能登录系统，所以这种方式存在安全隐患。

在 Linux 默认情况下，sqlnet.ora 文件中的 SQLNET.AUTHENTICATION_SERVICES 的值设置为 ALL 或者不设置，OS 认证就能成功，设置为其他任何值都不能使用 OS 认证。如果把 sqlnet.ora 文件中的 SQLNET.AUTHENTICATION_SERVICES 设置为 NONE，则关闭操作系统认证。命令如下：

```
#vi /u01/app/oracle/product/11.2.0/db_1/network/admin/sqlnet.ora
SQLNET.AUTHENTICATION_SERVICES=(NONE)
```

再使用以下方式登录 SQL*Plus 将不能通过认证，必须使用正确的用户名与其对应的口令。

```
$sqlplus sys/errpasswd as sysdba
$sqlplus erruser/errpasswd as sysdba
$sqlplus / as sysdba
```

提示： 关闭操作系统认证后，用户认证方法是基于 Oracle 的密码验证。此时即使用户拥有 sysdba 权限，也不能登录，只有正确的 sys 用户名与口令才能登录系统。

2)　口令文件身份认证(Password file Authentication)

当用户通过网络以 as sysdba 身份登录数据库时，或在禁用操作系统身份认证后，服务器本地使用 as sysdba 身份登录数据库时将使用口令文件身份认证，即验证发起连接的数据库用户和口令与口令文件是否一致，核对一致才允许登录，否则不允许登录。命令如下：

```
$ls -l /u01/app/oracle/product/11.2.0/db_1/dbs/orapwora11
SQL>SELECT * FROM v$pwfile_users;
$sqlplus system/lnsystem as sysdba
```

提示： 只有 sys 用户拥有 sysdba 权限，system 用户没有 sysdba 权限，所以 system 用户不能登录。因操作系统身份认证优先于口令文件身份认证，只有关闭操作系统身份认证，口令文件身份认证才能生效。

3)　Oracle 数据库身份认证(Database Authentication)

Oracle 数据库使用存储在数据库中的信息对试图连接数据库的用户进行身份认证。为了建立数据库身份验证机制，在创建用户时，需要指定相应的用户口令。当通过网络不使用 sysdba 身份连接数据库，或在服务器本地不使用 sysdba 身份登录数据库时，默认使用数据库验证，即到数据库中验证该数据库用户名及口令是否正确，只有提供匹配的用户名和口令，才能够登录到 Oracle 数据库；否则，不允许登录数据库。Oracle 数据库以加密格式将口令存储在数据字典中，其他用户不能查看口令数据，但用户可以随时修改自己的口令。

3. Oracle 数据库初始用户

在创建 Oracle 数据库时，会自动创建一些用户，这些用户大多数是用于管理的账户。由于其口令是公开的，所以创建后大多数都处于封锁状态，需要管理员对其进行解锁并重新设定口令。在这些用户中，有下列 4 个比较特殊的用户。

- sys：被授予 DBA 角色和 sysdba 权限，是数据库中具有最高权限的数据库管理员，可以启动、关闭数据库，启用某些维护命令需要使用的账户，拥有数据字典。
- system：被授予 sysoper 权限，是一个辅助的数据库管理员，不能启动和关闭数据库，但可以创建用户、删除用户等。
- scott：是一个用于测试网络连接的用户，其口令为 tiger。
- public：是包括数据库中所有用户的一个用户组。要为数据库中每个用户都授予某个权限，只需把权限授予 public 就可以了。

10.2.2 创建用户

在 Oracle 数据库中，创建用户操作一般由 DBA 用户来完成；如果以其他用户身份创建用户，要求该用户具有 CREATE USER 的系统权限。创建一个用户后，将同时在数据库中创建一个同名模式，该用户拥有的所有数据库对象都在该同名模式中。创建用户的基本语法格式如下：

```
CREATE USER <username> IDENTIFIED BY <pwd>
[DEFAULT TABLESPACE tablespace_name]
[TEMPORARY TABLESPACE temp_tablesapce_name]
[QUOTA n K | M | UNLIMITED ON tablespace_name]
[PROFILE profile_name]
[PASSWORD EXPIRE]
[ACCOUNT LOCK | UNLOCK];
```

语法说明如下。

- username：所创建用户名。
- pwd：指定用户口令。
- DEFAULT TABLESPACE：指定用户默认的表空间，如果没有指定，Oracle 将数据库默认表空间作为用户的默认表空间。
- TEMPORARY TABLESPACE：指定用户临时表空间。
- QUOTA：指定表空间配额，用来设置用户对象在表空间上可占用的最大空间。
- PROFILE：为用户指定概要文件，默认的概要文件为 DEFAULT。
- PASSWORD EXPIRE：指定口令到期后，强制用户在登录时修改口令。
- ACCOUNT LOCK(UNLOCK)：设置用户初始状态为锁定(不锁定)，默认为不锁定。

例题 10-3：在 ora11 数据库中创建名为 my_user1 的用户账户，用户口令为 user123，命令如下：

```
SQL>CONN / AS sysdba
SQL>CREATE USER my_user1 IDENTIFIED BY user123;
```

创建用户命令如图 10-1 所示。

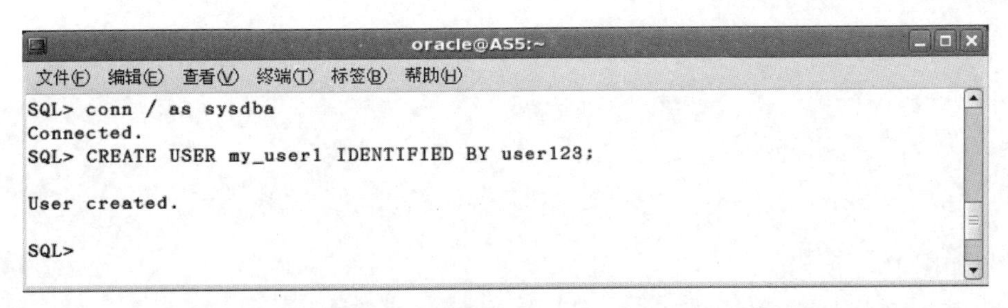

图 10-1 创建 my_user1 用户

提示： (1) 初始创建的用户没有任何权限，不能执行任何数据库操作。必须为用户授予适当的权限，用户才可以进行相应的数据库操作。例如，授予用户 CREATE SESSION 权限后，用户才可以连接到数据库。

(2) 如果不指定 DEFAULT TABLESPACE，Oracle 会将数据库默认表空间作为用户的默认表空间。

(3) 如果不指定 TEMPORARY TABLESPACE，Oracle 会将数据库默认临时表空间作为用户的临时表空间。

例题 10-4：创建一个用户 my_user2，口令为 user2，默认表空间为 USERS，在该表空间的配额为 8MB，初始状态为锁定。命令如下：

```
SQL>CREATE USER my_user2 IDENTIFIED BY user2
2  DEFAULT TABLESPACE USERS QUOTA 8M ON USERS ACCOUNT LOCK;
```

例题 10-5：创建一个用户 user3，口令为 user3，默认表空间为 USERS，在该表空间的配额为 10MB。口令设置为过期状态。概要文件为 my_profile(假设该概要文件已经创建)。命令如下：

```
SQL>CREATE USER user3 IDENTIFIED BY user3 DEFAULT TABLESPACE USERS
2  QUOTA 10M ON USERS PROFILE my_profile PASSWORD EXPIRE;
```

10.2.3 修改用户

在管理数据库时，创建用户后，数据库管理员可以根据需要对用户口令、认证方式、默认表空间、临时表空间、表空间配额、概要文件和用户状态等信息进行修改。比如，Oracle 系统在数据库安装期间就创建了大量的用户账户，默认情况下，许多账户是锁定的。DBA 可以根据需要取消锁定某些用户账户。修改数据库用户使用 ALTER USER 语句实现，语句格式参考建立用户命令 CREATE USER 语句格式。

例题 10-6：将用户 scott 解锁，口令修改失效，修改口令为 tiger。命令如下：

```
SQL>ALTER USER scott ACCOUNT UNLOCK;
SQL>ALTER USER scott PASSWORD EXPIRE;
SQL>ALTER USER scott IDENTIFIED BY tiger;
```

例题 10-7：将用户 my_user2 的口令修改为 user23，同时将该用户解锁。命令如下：

```
SQL>ALTER USER my_user2 IDENTIFIED BY user23 ACCOUNT UNLOCK;
```

例题 10-8：将用户 scott 加锁，再连接 scott 账户，命令如下：

```
SQL>ALTER USER scott ACCOUNT LOCK;
SQL>CONN scott/tiger
ERROR:
ORA-28000: 账户已被锁定
```

效果如图 10-2 所示。

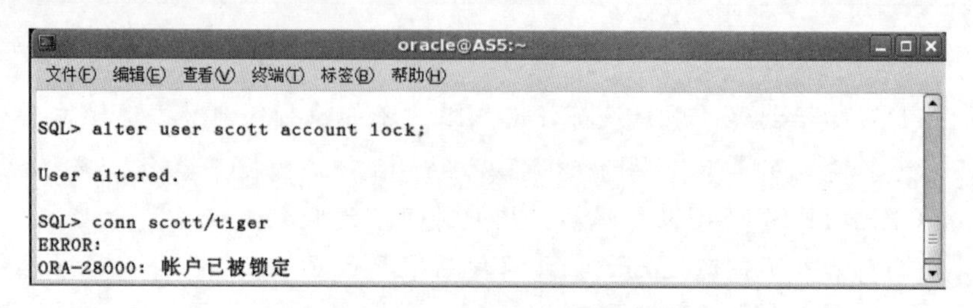

图 10-2 为 scott 用户加锁

例题 10-9：修改用户 user3 的默认表空间为 ora11tbs1，在该表空间的配额为 10MB，在 USERS 表空间的配额为 8MB。命令如下：

```
SQL>ALTER USER user3 DEFAULT TABLESPACE ora11tbs1 QUOTA 10M
2  ON ora11tbs1 QUOTA 8M ON USERS;
```

10.2.4 删除用户

删除用户操作一般由 DBA 用户来完成，如果以其他用户身份删除用户，要求该用户具有 DROP USER 的系统权限。当一个用户被删除时，其所拥有的所有对象也随之被删除。DROP USER 语句的基本语法为：

```
DROP USER username [ CASCADE ];
```

其中 CASCADE 用来删除包含数据库对象的用户。

例题 10-10：删除用户 my_user1，命令如下：

```
SQL>DROP USER my_user1;
```

结果如图 10-3 所示。

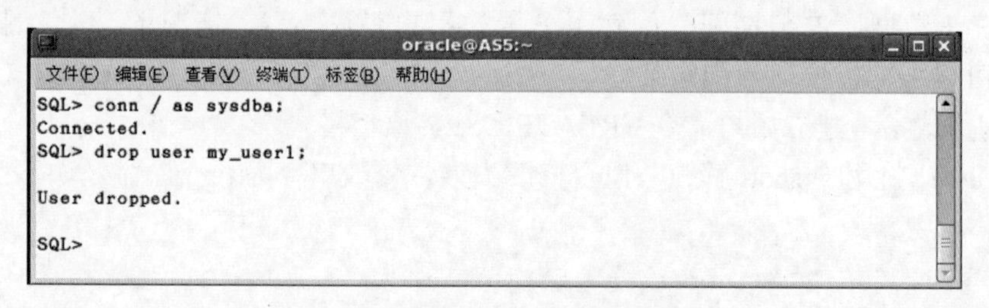

图 10-3 删除用户 my_user1

提示：当前正在连接的用户是不能删除的。如果确定要删除该用户，首先应终止用户会话，再进行删除。

10.2.5　查询用户信息

可以通过查询数据字典视图或动态性能视图来获取用户创建时间、用户账号状态、所在的默认表空间、用户的登录时间、用户会话号等信息。

例题 10-11：查看数据库所有用户名、账号状态及其默认表空间，命令如下：

```
SQL>SELECT username,account_status,default_tablespace
2  FROM dba_users;
```

查询结果如图 10-4 所示。

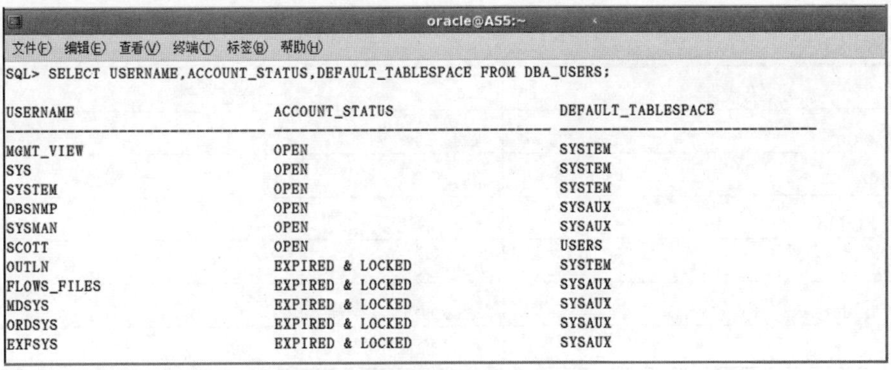

```
oracle@AS5:~
文件(F) 编辑(E) 查看(V) 终端(T) 标签(B) 帮助(H)
SQL> SELECT USERNAME,ACCOUNT_STATUS,DEFAULT_TABLESPACE FROM DBA_USERS;

USERNAME                       ACCOUNT_STATUS                   DEFAULT_TABLESPACE
------------------------------ -------------------------------- ------------------------------
MGMT_VIEW                      OPEN                             SYSTEM
SYS                            OPEN                             SYSTEM
SYSTEM                         OPEN                             SYSTEM
DBSNMP                         OPEN                             SYSAUX
SYSMAN                         OPEN                             SYSAUX
SCOTT                          OPEN                             USERS
OUTLN                          EXPIRED & LOCKED                 SYSTEM
FLOWS_FILES                    EXPIRED & LOCKED                 SYSAUX
MDSYS                          EXPIRED & LOCKED                 SYSAUX
ORDSYS                         EXPIRED & LOCKED                 SYSAUX
EXFSYS                         EXPIRED & LOCKED                 SYSAUX
```

图 10-4　查询用户信息

提示： Oracle 中静态数据字典视图可以分为 3 大类，其前缀分别为：user_、all_和 dba_。含义分别为：

- user_：包含当前数据库用户所拥有的所有模式对象的信息。
- all_：包含当前数据库用户可以访问的所有模式对象的信息。
- dba_：包含所有数据库对象信息，只有具有 DBA 角色的用户才能够访问这些视图。

例如，all_users 包含当前用户可以访问的数据库中所有用户的用户名、用户 ID 和用户创建时间等信息；dba_users 包含数据库所有用户的详细信息；user_users 包含当前用户所拥有的详细信息。

例题 10-12：查看数据库中各用户的登录 ID 号、登录时间、用户名。命令如下：

```
SQL>SELECT sid,logon_time,username FROM v$session;
```

10.3　权 限 管 理

权限(Privilege)是用户对某一数据对象的操作权力。Oracle 数据库使用权限来控制用户对数据的访问和用户所能执行的操作。在创建用户时，用户没有任何权限，也不能执行任何数据库操作。如果用户要执行特定的操作，必须授予其一定的权限。在 Oracle 数据库中，用户权限有两种：系统权限和对象权限。

10.3.1 系统权限

系统权限是指在数据库级别执行某种操作的权限，或针对某一类对象执行某种操作的权限。系统权限是 Oracle 里已经规定好的权限，这些权限是不能自己去扩展的，如 CREATE SESSION 权限、CREATE ANY TABLE 权限。Oracle 提供了多种系统权限，可以将系统权限授予用户、角色、PUBLIC 用户组。由于系统权限有较大的数据库操作能力，因此，应该将系统权限合理地授予不同管理层次的用户。可以通过 DBA_SYS_PRIVS 查看所有的系统权限。常用的系统权限如表 10-2 所示。

表 10-2 常用的系统权限

系统权限	描　述
create session	连接到数据库
create table	创建表
create any table	在任何方案中创建表
drop table	删除表
drop any table	删除任何方案中的表
create view	创建视图
create procedure	创建存储过程
execute any procedure	执行任何方案中的存储过程
create trigger	创建触发器
create sequence	创建序列
create synonym	创建同义词
create user	创建用户
drop user	删除用户

要根据用户不同的身份，授予相应的系统权限，如数据库管理员具有对数据库任何模式中的对象进行创建、删除、修改等管理的权限，而数据库开发人员应该具有在自己模式下创建表、视图、索引、序列、同义词等的权限。在 Oracle 数据库中，已经获得某种权限的用户，可以将他们的权限或其中一部分权限再授予其他用户。Oracle 数据库权限管理的过程就是权限授予和回收的过程。

1. 系统权限的授予

在 Oracle 数据库系统中，定义存取权限称为授权(Authorization)。系统权限操作一般由 DBA 用户来完成，如果以其他用户身份操作，要求该用户具有相应的系统权限。在 Oracle 数据库中，系统权限的授予使用 GRANT 语句，基本语法格式如下：

```
GRANT system_privilege TO username | rolename | PUBLIC [ WITH ADMIN
OPTION ];
```

语法说明如下。

- system_privilege：表示系统权限，多个权限时以逗号分隔。

- username：表示用户，多个用户时以逗号分隔。
- rolename：表示角色，多个角色时以逗号分隔；
- PUBLIC：表示对系统中所有用户授权。PUBLIC 是创建数据库时自动创建的一个特殊的用户组，数据库中所有用户都属于该用户组。如果将某个权限授予 PUBLIC 用户组，则数据库中所有用户都具有该权限。
- WITH ADMIN OPTION：表示被授权的用户、角色可以将相应的系统权限授予其他用户或角色，即系统权限的传递性。

提示： 给用户授予系统权限时，只有 DBA 才应当拥有 ALTER DATABASE 系统权限；普通用户一般只具有 CREATE SESSION 系统权限；应用程序开发者一般需要拥有 CREATE TABLE、CREATE VIEW 和 CREATE INDEX 等系统权限。

例题 10-13： 以 sys 用户登录，创建名为 my_user 的用户账户，并授予该用户 CREATE SESSION 和 CREATE TABLE 系统权限。命令如下：

```
SQL>CONN / AS sysdba
SQL>CREATE USER my_user IDENTIFIED BY aaa;
SQL>GRANT create session,create table TO my_user;
```

运行过程如图 10-5 所示。

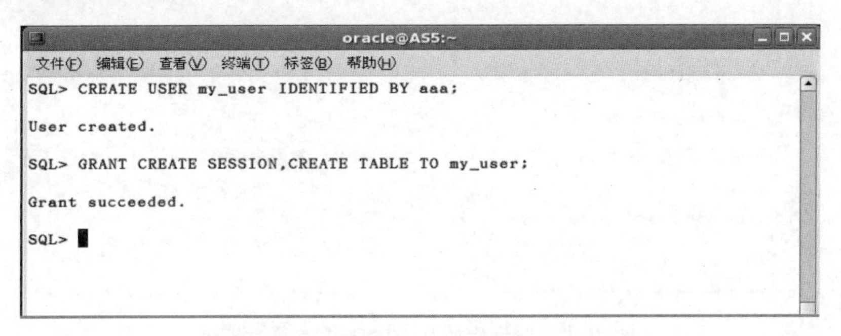

图 10-5　为 my_user 用户授予系统权限

提示： 用户 my_user 创建之后，如果没授予 CREATE SESSION 权限，用户 my_user 是不能登录的。只有授予 CREATE SESSION 权限，用户 my_user 才能登录。用户 my_user 登录后，不能把 CREATE SESSION、CREATE TABLE 权限授予其他用户，因为在对 my_user 授权时没有使用 WITH ADMIN OPTION 选项。

例题 10-14： 创建用户 user2，为用户 user2 授予 CREATE SESSION、CREATE TABLE、CREATE VIEW 系统权限。命令如下：

```
SQL>CREATE USER user2 IDENTIFIED BY user123;
SQL>GRANT create session,create table,create view TO user2;
```

例题 10-15： 创建用户 Jeff，为用户 Jeff 授予 CREATE SESSION、CREATE TABLE、CREATE VIEW 系统权限。Jeff 获得权限后，为用户 Emi 授予 create table 权限。命令如下：

```
SQL>CONNECT / AS sysdba;
SQL>CREATE USER Jeff IDENTIFIED BY Jeff;
SQL>CREATE USER Emi IDENTIFIED BY Emi;
SQL>GRANT create session,create table,create view TO Jeff
2  WITH ADMIN OPTION;
SQL>CONNECT Jeff/Jeff
SQL>GRANT create table TO Emi;
```

2. 系统权限的回收

收回权限就是取消已经赋予用户的某些权限。收回用户不必要的权限，可以在一定程度上保证系统的安全性。数据库管理员或系统权限传递用户可以将用户所获得的系统权限回收。系统权限回收使用 REVOKE 语句，基本语法为：

```
REVOKE system_privilege FROM username | role | PUBLIC;
```

例题 10-16：撤销用户 my_user 的连接数据库的权限，并进行测试。命令如下：

```
SQL>REVOKE create session FROM my_user;
SQL>CONN my_user/aaa;
```

运行结果如图 10-6 所示。

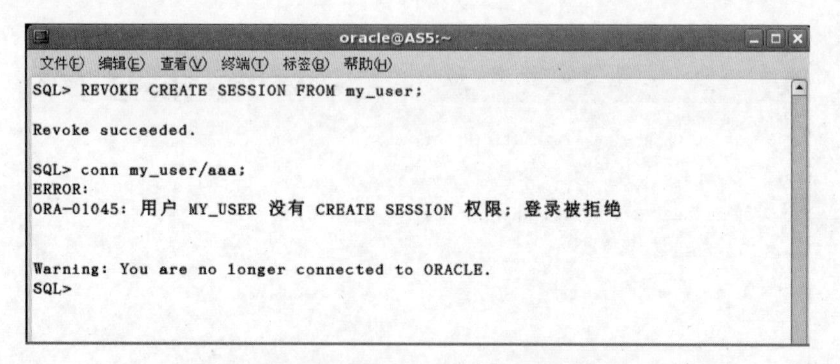

图 10-6　撤销用户 my_user 的权限并测试

例题 10-17：sys 用户和 system 用户分别给 my_user1 用户授予 CREATE TABLE 系统权限，当 sys 用户回收 my_user1 用户的 CREATE TABLE 系统权限后，用户 my_userl 不再具有 create table 系统权限。命令如下：

```
SQL>CONNECT sys/ty123456 AS sysdba
SQL>GRANT create table TO my_userl;
SQL>CONNECT system/manager;
SQL>GRANT create table TO my_userl;
SQL>CONNECT my_userl/userl
SQL>CREATE TABLE test1(sno NUMBER,sname CHAR(10));
SQL>CONNECT sys/ty123456 AS SYSDBA
SQL>REVOKE create table FROM my_userl;
SQL>CONNECT my_user1/userl
SQL>CREATE TABLE test2(sno NUMBER,sname CHAR(10));
```

执行结果如下：

```
ORA-01031：权限不足
```

在上面例题中，说明了多个管理员授予用户同一个系统权限后，其中一个管理员回收其授予该用户的系统权限时，该用户将不再拥有相应的系统权限。

例题 10-18：在例题 10-15 中，为了终止 Jeff 用户将获得的 CREATE SESSION，CREATE TABLE，CREATE VIEW 系统权限再授予其他用户，需要先回收 Jeff 用户的相应系统权限，然后再给 Jeff 用户重新授权，这里不使用 WITH ADMIN OPTION 子句。命令如下：

```
SQL>CONNECT / AS sysdba;
SQL>REVOKE create session,create table,create view FROM Jeff;
SQL>GRANT create session,create table,create view TO Jeff;
```

例题 10-19：从例题 10-15 可知，用户 Jeff 被授予 create table 系统权限。Jeff 获得权限后，为用户 Emi 授予 CREATE TABLE 权限。当sys 用户回收 Jeff 的 CREATE TABLE 权限后，用户 Emi 仍然具有 CREATE TABLE 权限。命令如下：

```
SQL>CONNECT / AS sysdba
SQL>REVOKE create table FROM JEFF;
SQL>CONNECT Emi/Emi
SQL>CREATE TABLE test(sno NUMBER,sname CHAR(10));
```

当sys 用户回收 Jeff 的 create table 权限后，并不影响 Emi 用户从 Jeff 用户处获得的 create table 权限。如果该用户的系统权限被回收，并不会级联收回其他用户相同的系统权限。系统权限回收的关系如图 10-7 所示。

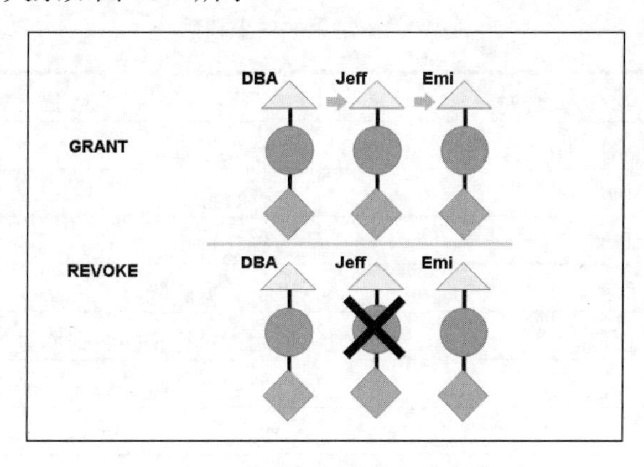

图 10-7　系统权限回收的关联关系

提示：(1)　给某一个用户授权时若使用了 WITH ADMIN OPTION 子句，则该用户获得的系统权限具有传递性，能给其他用户授权。如果该用户的系统权限被回收，其他用户的系统权限并不受影响。

(2)　系统权限无级联，即 A 授予 B 权限，B 授予 C 权限，如果 A 收回 B 的权限，C 的权限不受影响；系统权限可以跨用户回收，即 A 可以直接收回 C 用户的权限。

例题 10-20：执行下面命令，查看 mary 与 test 用户是否具有 CREATE TABLE 权限。

```
SQL>SELECT name FROM system_privilege_map;
SQL>GRANT create any table TO mary WITH ADMIN OPTION;
SQL>SELECT * FROM dba_sys_privs WHERE grantee='MARY';
SQL>CONNECT mary/mary123
SQL>CREATE TABLE scott.ttt(i NUMBER);
SQL>GRANT create any table TO test;
SQL>CONNECT / AS sysdba
SQL>SELECT * FROM dba_sys_privs WHERE grantee='TEST';
SQL>REVOKE create any table FROM mary;
SQL>SELECT * FROM dba_sys_privs WHERE grantee='MARY';
SQL>SELECT * FROM dba_sys_privs WHERE grantee='TEST';
```

执行上述命令，mary 的 CREATE TABLE 权限被收回了，不具有 CREATE TABLE 权限，但 test 用户仍然具有 CREATE TABLE 权限。

10.3.2 对象权限

1. 对象权限分类

对象权限是指对某个特定的数据库对象(如表和视图)执行某种操作的权限，如对特定表的插入、删除、修改、查询的权限。对象权限的管理实际上是对象所有者对其他用户操作该对象的权限管理。在 Oracle 数据库中，不同类型的模式对象有不同的对象权限；而有的对象并没有对象权限，只能通过系统权限进行控制，如簇、索引、触发器等。常用的对象权限如表 10-3 所示。

表 10-3　常用的对象权限

对象权限	适合对象	描　述
SELECT	表、视图、序列	进行数据查询
INSERT	表、视图	进行数据插入
UPDATE	表、视图	进行数据更新
DELETE	表、视图	进行数据删除
EXECUTE	存储过程、函数、包	调用或执行相关数据库对象，如包、存储过程等
ALTER	表、序列	修改相关数据库对象，如表、序列等
READ	目录	读取目录
INDEX	表	建立索引的权限
ALL	具有对象权限的所有模式对象	所有对象权限

2. 对象权限的授权

在 Oracle 数据库中，为用户授予某个数据库对象权限的语法为：

```
GRANT object_privilege | ALL ON [ schema.] object TO username | rolename
[ WITH GRANT OPTION ];
```

语法说明如下。

- object_privilege：表示对象权限列表，以逗号分隔。
- [schema.]object：表示指定的模式对象，默认为当前模式中的对象。
- username：表示用户列表，以逗号分隔。
- rolename：表示角色列表，以逗号分隔。
- WITH GRANT OPTION：表示允许对象权限接收者把此对象权限授予其他用户。

例题 10-21：将 scott 模式下 emp 表的 SELECT、INSERT、UPDATE 权限授予 userl 用户。命令如下：

```
SQL>CONNECT / AS SYSDBA
SQL>GRANT select,insert,update on scott.emp TO userl;
```

例题 10-22：将 scott 模式下 emp 表的 SELECT、INSERT、UPDATE 权限授予 user2 用户。user2 用户再将 emp 表的 SELECT、UPDATE 权限授予 user3 用户。命令如下：

```
SQL>CONNECT / AS SYSDBA
SQL>GRANT select,insert,update on scott.emp TO user2
2  WITH GRANT OPTION;
SQL>CONNECT user2/user2
SQL>GRANT select,update on scott.emp TO user3;
```

3. 对象权限回收

在 Oracle 数据库中，对象权限回收的基本语法为：

```
REVOKE object_privilege | ALL ON [schema.]object FROM username |
rolename;
```

例题 10-23：回收 userl 用户在 scott 模式下 emp 表上的 SELEC 和 UPDATE 权限。命令如下：

```
SQL>REVOKE select,update on scott.emp FROM userl;
```

例题 10-24：将例题 10-14 中 user2 用户在 scott 模式下 emp 表的 SELECT 和 UPDATE 权限收回。命令如下：

```
SQL>REVOKE select,update on scott.emp FROM user2;
```

虽然只收回了 user2 用户在 scott 模式下 emp 表的 SELECT 和 UPDATE 权限收回，同时系统也自动收回了 user3 用户在 scott 模式下相应的权限。

提示： 若给某一个用户授权时使用了 WITH GRANT OPTION 子句，该用户获得的对象权限具有传递性，并且给其他用户授权。如果该用户的对象权限被回收，其他用户的对象权限也被回收。例如，当 sys 用户回收 Jeff 用户在 scott.emp 表上的 SELECT、INSERT 对象权限后，Emi 用户从 Jeff 用户获得的 scott.emp 表上的 SELECT、INSERT 对象权限也被回收。对象权限回收的级联关系如图 10-8 所示。

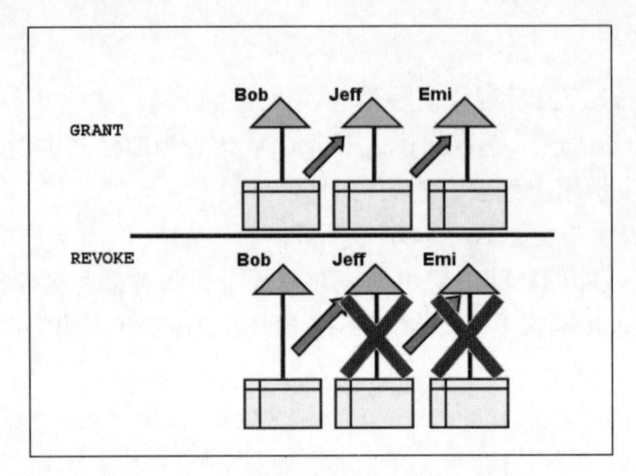

图 10-8　对象权限回收的关联关系

例题 10-25：执行下面命令，查看 mary 与 test 用户是否具有 scott.emp 表上的 SELECT 权限：

```
SQL>GRANT select on scott.dept TO mary WITH GRANT OPTION;
SQL>SELECT * FROM dba_tab_privs WHERE grantee='MARY';
SQL>CONNECT mary/mary123
SQL>SELECT * FROM scott.dept;
SQL>GRANT select on scott.dept TO test;
SQL>CONNECT / as sysdba
SQL>SELECT * FROM dba_tab_privs WHERE grantee='TEST';
SQL>REVOKE select on scott.dept FROM mary;
SQL>SELECT * FROM dba_tab_privs WHERE grantee='MARY';
SQL>SELECT * FROM dba_tab_privs WHERE grantee='TEST';
```

执行上述命令，mary 的在 scott.emp 表上的 select 权限被收回了，不具有在 scott.emp 表上的 SELECT 权限，但 test 用户在 scott.emp 表上的相应 SELECT 权限被收回。

4．查询权限信息

通过数据字典视图 dba_tab_privs，可以查看所有用户或角色拥有的对象权限；通过数据字典视图 user_tab_privs，可以显示当前用户拥有的对象权限。

例题 10-26：查询当前用户所具有的系统权限。命令如下：

```
SQL>SELECT * FROM user_sys_privs;
```

查询结果如图 10-9 所示。

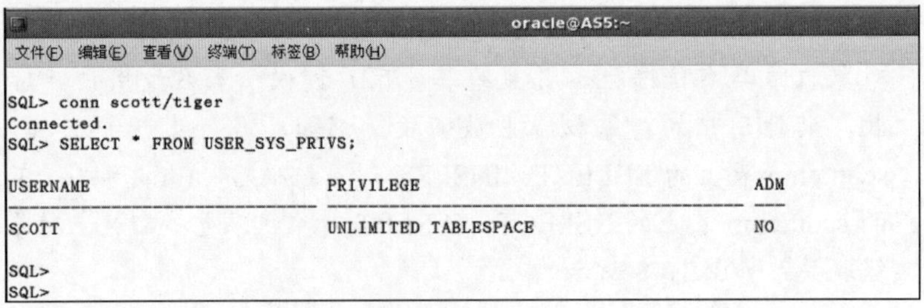

```
oracle@AS5:~
文件(F) 编辑(E) 查看(V) 终端(T) 标签(B) 帮助(H)

SQL> conn scott/tiger
Connected.
SQL> SELECT * FROM USER_SYS_PRIVS;

USERNAME                       PRIVILEGE                                ADM
------------------------------ ---------------------------------------- ---
SCOTT                          UNLIMITED TABLESPACE                     NO

SQL>
SQL>
```

图 10-9　查看当前用户的系统权限

10.4 角色管理

10.4.1 Oracle 数据库角色概述

角色就是一系列相关权限的集合。可以将要授权相同身份用户的所有权限先授予角色，然后再将角色授予用户，这样用户就得到了该角色所具有的所有权限，从而简化了权限的管理。角色权限的授予与回收和用户权限的授予与回收完全相同，所有可以授予用户的权限也可以授予角色。通过角色向用户授权的过程，实际上是一个间接的授权过程。

角色特性如下。

- 角色就像用户，可以授予角色权限或撤销角色权限。
- 角色就像系统权限一样，可以将其授予给用户或其他角色，也可以将其从用户或其他角色撤销。
- 角色可以由系统权限和对象权限组成。
- 对授予了某一角色的每个用户启用或禁用该角色，也可设置口令启用角色。
- 角色不归任何用户拥有，也不属于任何方案。

角色是对用户的一种分类管理方法，类似于在业务系统中经常提到的“建岗授权”一样，不同权限的用户可以分为不同的角色。如 DBA 角色是 Oracle 创建的时候自动生成的角色，它包含大多数数据库的操作权限，因此只有系统管理员才能够被授予 DBA 角色。例如，在某单位人事管理系统中，有 HR_MGR 与 HR_CLERK 两个角色，权限、角色、用户之间的关系如图 10-10 所示。向 HR_CLERK 角色授予对职工表(emp)表的 SELECT 和 UPDATE 权限以及 CREATE SESSION 系统权限，向 HR_MGR 角色授予对职工表(emp)的 DELETE 和 INSERT 权限以及 HR_CLERK 角色。管理员被授予了 HR_MGR 角色后，就具有查询、删除、插入和更新职工表(emp)的权限。

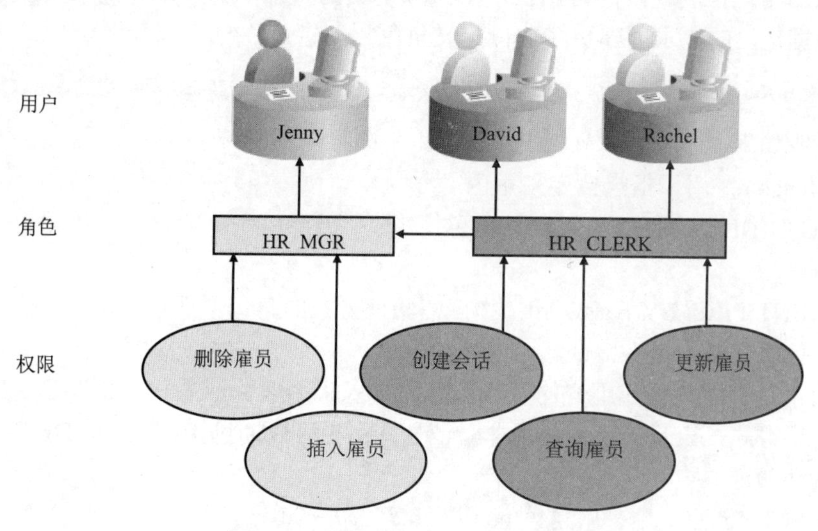

图 10-10 权限、角色、用户之间的关系

在 Oracle 数据库中，角色分系统预定义角色和用户自定义角色两类。系统预定义角色

由指在 Oracle 数据库创建时由系统自动创建的一些常用的角色，这些角色已经由系统授予了相应的权限。Oracle 数据库允许用户自定义角色，并对自定义角色进行权限的授予与回收；同时允许对自定义的角色进行修改、删除和使角色生效或失效。

为了方便管理用户权限，Oracle 提供了一系列的预定义系统角色，DBA 可以直接利用预定义角色为用户授权，也可以修改预定义角色的权限。也就是说，如果没有特殊的需要，DBA 可以不用自定义角色，使用系统提供的角色就足够了。表 10-4 列出了几个常用的预定义角色及其具有的系统权限。

表 10-4　常用的 Oracle 系统预定义角色

系统预定义角色	描　述
CONNECT	具有 CREATE (ALTER) SESSION、CREATE TABLE、CREATE VIEW、CREATE SEQUENCE 等权限
RESOURCE	具有 CREATE TABLE、CREATE SEQUENCE、CREATE PROCEDURE、CREATE TRIGGER 等权限
DBA	具有所有的系统权限和 WITH ADMIN OPTION 选项
EXP_FULL_DATABASE	具有执行数据库导出操作的权限
IMP_FULL_DATABASE	具有执行数据库导入操作的权限

10.4.2　自定义角色

1. 创建角色

自定义角色是在建立数据库后由 DBA 用户创建的角色。该类角色初始没有任何权限，为了使角色起作用，可以为其授予相应的权限。角色不仅可以简化权限管理，可以通过禁止或激活角色控制权限的可用性。如果预定义的角色不符合用户的需要，数据库管理员还可以根据自己的需求创建更多的自定义角色。创建角色的基本语法如下：

```
CREATE ROLE rolename [ NOT IDENTIFIED ] | [ IDENTIFIED BY password ];
```

语法说明如下。

- rolename：用于指定自定义角色名称。
- NOT IDENTIFIED：指定该角色生效时不需要口令，适合于公用角色或用户默认角色。
- IDENTIFIED BY password：指创建验证方式的角色，适合于用户私有角色。激活角色时，必须提供口令。

如果角色是公用角色或用户的默认角色，可以采用非验证方式。建立角色时，如果不指定任何验证方式，表示该角色使用非验证方式；也可以通过指定 NOT IDENTIFIED 选项指定角色为非验证方式。

例题 10-27：创建一个公用角色 public_role，命令如下：

```
SQL>CONN SYSTEM/***
SQL>CREATE ROLE public_role;
```

或：

```
SQL>CREATE ROLE public_role NOT IDENTIFIED;
```

创建公用角色效果如图 10-11 所示。

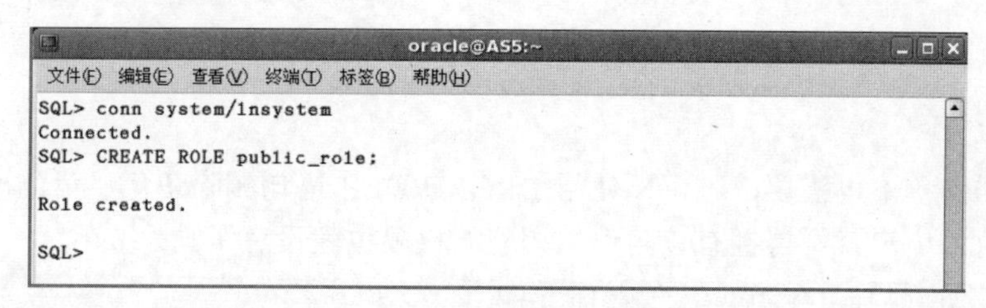

图 10-11　创建公用角色 public_role

例题 10-28：对于用户所需的私有角色而言，建立角色时应为其提供密码。创建一个私有角色 low_role，命令如下：

```
SQL>CREATE ROLE low_role IDENTIFIED BY lowrole;
```

2．角色权限的授予与回收

创建一个角色后，如果不给角色授权，那么角色是空的，没有任何权限。因此，在创建角色后，需要给角色授予适当的系统权限、对象权限或已有角色。角色权限的授予与回收和用户权限的授予与回收的语法基本一致，可参见 10.3 节。但是需要注意，系统权限 UNLIMITED TABLESPACE 和对象权限的 WITH GRANT OPTION 选项不能授予角色；而且不能用一条 GRANT 语句同时授予系统权限和对象权限。

例题 10-29：为公用角色 public_role 授权，命令如下：

```
SQL>GRANT create session TO public_role WITH ADMIN OPTION;
SQL>GRANT select,insert,update on scott.emp TO public_role;
```

为公用角色授权效果如图 10-12 所示。

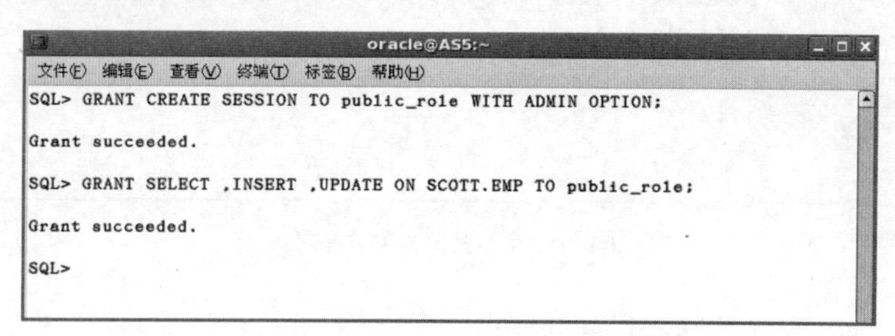

图 10-12　为公用角色 public_role 授权

例题 10-30：收回公用角色 public_role 授权对 student 表的 INSERT、UPDATE 权限，命令如下：

```
SQL>REVOKE insert,update ON student FROM public_role;
```

3．修改角色

修改角色是指为角色添加口令、取消角色口令的认证方式。修改角色的语法为：

```
ALTER ROLE role_name [ NOT IDENTIFIED ] | [ IDENTIFIED BY password ];
```

例题 10-31：为 high_role 角色添加口令，取消 low_role 角色口令，命令如下：

```
SQL>ALTER ROLE high_role IDENTIFIED BY highrole;
SQL>ALTER ROLE low_role NOT IDENTIFIED;
```

4．删除角色

如果某个角色不再需要，则可以使用 DROP ROLE 语句删除角色。角色被删除后，原来拥有该角色的用户就不再拥有该角色，相应的权限也就没有了。

例题 10-32：删除 low_role 角色，命令如下：

```
SQL>DROP ROLE low_role;
```

5．给用户或角色分配或回收角色

角色由系统权限和对象权限组成，就像系统权限和对象权限一样，可以将其分配给用户或其他角色，也可以将其从用户或其他角色撤销。授予角色基本语法如下：

```
GRANT role_name TO user | role_name [ WITH ADMIN OPTION ];
```

回收角色基本语法如下：

```
REVOKE role_name FROM user
```

例题 10-33：将角色 public_role 分配给用户 my_user，然后再回收。

(1) 为用户分配角色，命令如下：

```
SQL>GRANT public_role TO my_user;
```

效果如图 10-13 所示。

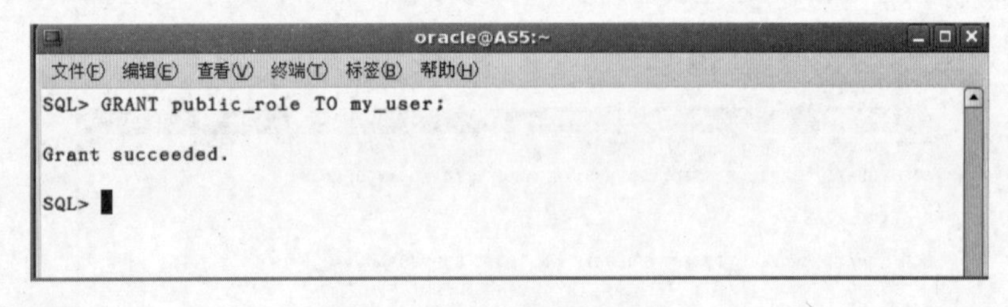

图 10-13 为用户分配角色

(2) 从用户 my_user 回收角色 high_role，命令如下：

```
SQL>REVOKE high_role FROM my_user;
```

10.4.3 查询角色信息

可以通过数据字典视图或动态性能视图获取数据库角色相关信息。

- dba_roles：包含数据库中所有角色及其描述。
- dba_role_privs：包含为数据库中所有用户和角色授予的角色信息。

- role_sys_privs：为角色授予的系统权限信息。
- role_tab_privs：为角色授予的对象权限信息。
- session_privs：当前会话所具有的系统权限信息。
- session_roles：当前会话所具有的角色信息。

可以通过数据字典视图 dba_roles 查询当前数据库中所有的预定义角色，通过数据字典视图 dba_sys_privs 查询各个预定义角色所具有的系统权限。

例题 10-34：查询当前数据库的所有预定义角色，命令如下：

```
SQL>SELECT * FROM dba_roles;
```

查询结果如图 10-14 所示。

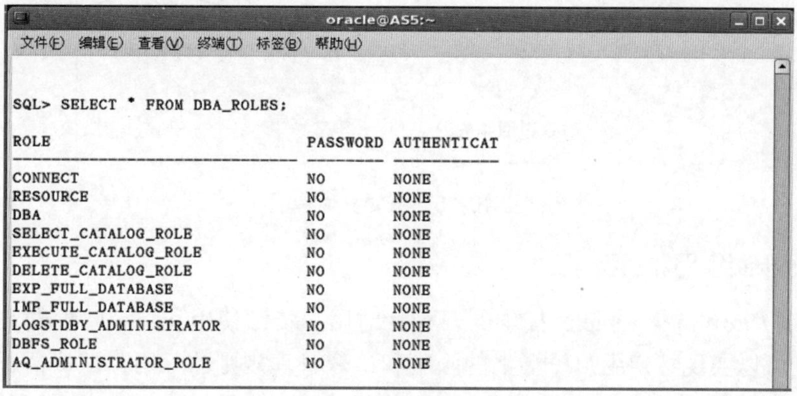

```
oracle@AS5:~
文件(F) 编辑(E) 查看(V) 终端(T) 标签(B) 帮助(H)

SQL> SELECT * FROM DBA_ROLES;

ROLE                           PASSWORD AUTHENTICAT
------------------------------ -------- -----------
CONNECT                        NO       NONE
RESOURCE                       NO       NONE
DBA                            NO       NONE
SELECT_CATALOG_ROLE            NO       NONE
EXECUTE_CATALOG_ROLE           NO       NONE
DELETE_CATALOG_ROLE            NO       NONE
EXP_FULL_DATABASE              NO       NONE
IMP_FULL_DATABASE              NO       NONE
LOGSTDBY_ADMINISTRATOR         NO       NONE
DBFS_ROLE                      NO       NONE
AQ_ADMINISTRATOR_ROLE          NO       NONE
```

图 10-14　查询数据库角色信息

例题 10-35：查询角色 connect 所具有的系统权限信息，命令如下：

```
SQL>SELECT * FROM role_sys_privs WHERE role='CONNECT';
```

查询结果如图 10-15 所示。

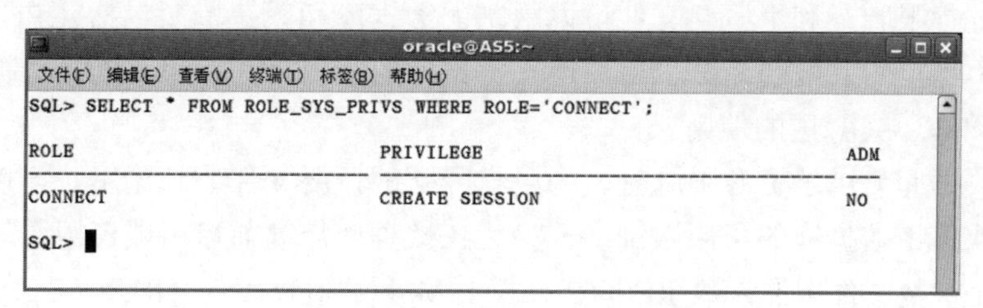

图 10-15　查询角色 connect 的系统权限

10.5　概要文件管理

10.5.1　概要文件概述

1．概要文件的作用

概要文件(Profile)是描述如何使用系统资源管理数据库口令及其验证方式的文件，它也

是 Oracle 安全管理的重要部分。利用概要文件，可以限制用户对数据库和系统资源的使用，同时还可以对用户口令进行管理。通常由 DBA 创建概要文件，然后将概要文件分配给相应的用户。不必为每个用户单独创建一个概要文件，但每个数据库用户必须有一个概要文件。概要文件构成如图 10-16 所示。

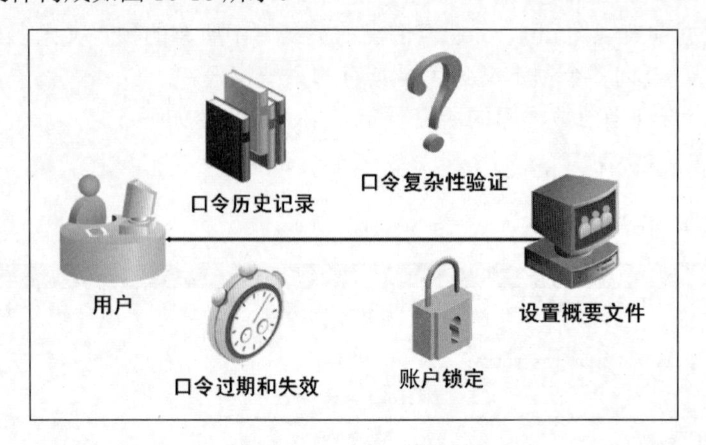

图 10-16　概要文件构成

2．资源限制级别和类型

概要文件(Profile)是 Oracle 提供的一种针对用户资源使用和口令管理的策略配置。借助 Profile，可以实现特定用户资源上的限制和口令管理规则的应用。默认情况下，用户连接数据库，形成会话，使用 CPU 资源和内存资源是没有限制的。在应用并发量很大，特别是多个应用部署在同一个数据库服务器上的情况下，依据应用对企业的重要程度性，CPU 和内存资源的分配一定是要有所侧重的。概要文件通过对一系列资源参数的设置，从会话级和调用级两个级别对用户使用资源进行限制：会话级资源限制是对用户在一个会话过程中所能使用的资源进行限制，而调用级资源限制是对一条 SQL 语句在执行过程中所能使用的资源进行限制。利用概要文件可以限制的数据库和系统资源包括 CPU 使用时间、逻辑读、每个用户的并发会话数、用户连接数据库的空闲时间、用户连接数据库的时间、私有 SQL 区和 PL/SQL 区的使用。

只有当数据库启用了资源限制时，为用户分配的概要文件才起作用。可以采用下列两种方法启用或停用数据库的资源限制：一种为在数据库启动前启用或停用资源限制，即将数据库初始化参数文件中的参数 RESOURCE_LIMIT 的值设置为 TRUE 或 FALSE(默认)，来启用或停用系统资源限制；另一种为在数据库启动后启用或停用资源限制，即使用 ALTER SYSTEM 语句修改参数 RESOURCE_LIMIT 的值为 TRUE 或 FALSE，来启动或关闭系统资源限制，如：

```
SQL>ALTER SYSTEM SET RESOURCE_LIMIT=TRUE;
```

10.5.2　概要文件功能

Oracle 数据库概要文件 Profile 是口令限制、资源限制的命令集合，其功能按参数分为两类：一类是口令管理功能，另一类是系统资源管理功能。

1．口令管理功能

1)　用户账户锁定

用户账户锁定用于控制用户连续登录 Oracle 数据库时失败的最大次数。如果登录失败次数达到限制，那么 Oracle 会自动锁定该用户账户，只有解锁后才可以继续使用。Oracle 提供了两个选项用来强制用户定期改变口令。

- FAILED_LOGIN_ATTEMPTS：指定允许连续登录失败次数。
- PASSWORD_LOCK_TIME：设定当用户登录失败后，用户账户被锁定的天数。

2)　口令有效期和宽限期

口令有效期是指用户账户口令的有效使用时间，口令宽限期是指在用户账户口令到期后的宽限使用时间。默认情况下，用户口令是一直生效的，但出于口令安全的考虑，DBA 用户应该强制用户更改口令。

- PASSWORD_LIFE_TIME：设置用户口令有效天数，达到限制的天数后，该口令将过期，需要设置新口令。
- PASSWORD_GRACE_TIME：指定口令宽限期天数(单位：天)，在这几天中，用户将接收到一个关于口令过期需要修改口令的警告。当达到规定的天数后，原口令过期。

3)　口令历史

口令历史用于控制用户账户口令的可重用次数或可重用时间。使用该选项，Oracle 会将口令修改信息保存到数据字典中。当用户账户修改口令时，Oracle 会对新、旧口令比较，保证用户不会重用历史口令。

- PASSWORD_REUSE_TIME：指定一个用户口令被修改后，必须经过多少天才可以重新使用该口令。
- PASSWORD_REUSE_MAX：指定一个口令被重新使用前，必须经过多少次修改。

4)　口令复杂性校验

口令复杂性校验是通过设置口令校验函数 PASSWORD_VERIFY_FUNCTION 实现的，强制用户使用复杂口令，以保证口令的有效性。这里可以用系统默认的口令校验函数，也可以自定义口令校验函数，口令校验函数必须建立在 sys 模式中。

2．系统资源管理

1)　限制会话资源

限制会话资源是指限制会话在连接期间所占的系统资源，主要指 CPU 资源和内存资源。当超过会话资源限制时，Oracle 不再对 SQL 语句做任何处理并返回错误信息。为了有效地利用系统资源，应对用户资源进行有效的限制。可以使用的选项如下。

- CPU_PER_SESSION：指定用户在一次会话(SESSION)期间可占用的 CPU 时间(单位：秒/100)。当达到该时间限制后，用户就不能在会话中执行任何操作了，必须断开连接，然后重新建立连接。
- LOGICAL_READS_PER_SESSION：指定一个会话可读取数据块的最大数量，即从内存中读取的数据块和从磁盘中读取的数据块的总和。

- PRIVATE_SGA：指定用户私有 SGA 区的大小，该选项只适用于共享服务器模式。
- COMPOSITE_LIMIT：指定可以消耗的综合资源总限额。该参数由 CPU_PER_SESSION、LOGICAL_READS_PER_SESSION、PRIVATE_SGA 和 CONNECT_TIME 几个参数综合决定。该项设置和单独的资源限额是同时起作用的。只要会话占用的资源达到一个限制，会话就会被终止。

2) 限制调用资源

限制调用资源是指限制单条 SQL 语句可占用的最大资源。当执行 SQL 语句时，如果超出调用级资源限制，Oracle 会自动终止语句处理，并回退该语句操作。可以使用的选项如下。

- CPU_PER_CALL：指定每次调用可占用的最大 CPU 时间(单位：秒/100)。当一个 SQL 语句执行时间达到该限制后，该语句以错误信息结束。
- LOGICAL_READS_PER_CALL：指定每次调用可以执行的最大逻辑读次数，即从内存中读取的数据块和从磁盘中读取的数据块的总和。

3) 限制其他资源

除了会话资源和调用资源外，还可以限制的资源如下。

- SESSIONS_PER_USER：指定一个用户的最大并发会话数。
- CONNECT_TIME：指定一个会话可持续的最大连接时间(单位：分钟)，当数据库连接持续时间超出该设置，连接被断开。
- IDLE_TIME：指定一个会话处于连续空闲状态的最大时间(单位：分钟)，当会话空闲时间超过该设置，连接被断开。

提示： 为用户创建概要文件时，可在概要文件中进行资源限制参数和口令管理参数的设置，以限制用户对数据库和系统资源的使用及对用户口令的管理。对于用户概要文件中没有设置的参数，将采用 DEFAULT 概要文件相应参数的设置。请不要使用会导致 SYS、SYSMAN 和 DBSNMP 口令失效以及相应账户被锁定的概要文件。

10.5.3 概要文件的管理

在 Oracle 数据库创建的同时，系统创建一个名为 DEFAULT 的默认概要文件。如果没有为用户显式地指定一个概要文件，系统默认将 DEFAULT 概要文件作为用户的概要文件。由于 DEFAULT 概要文件中没有对资源进行任何限制，因此，应该根据需要为用户创建概要文件。概要文件的管理主要包括创建、修改、删除、查询概要文件，以及将概要文件分配给用户。

1. 创建概要文件

可使用 CREATE PROFILE 语句创建概要文件，执行该语句必须具有 CREATE PROFILE 系统权限。其语法格式为：

```
CREATE PROFILE profile_name LIMIT resource_parameters |
password_parameters;
```

语法说明如下。

(1) profile_name：用于指定要创建的概要文件名称。

(2) resource_parameters：用于设置资源限制参数，表达式的形式为：

```
resource_parameter_name integer | UNLIMITED | DEFALUT
```

(3) password_parameters：用于设置口令参数，表达式的形式为：

```
password_parameter_name integer | UNLIMITED | DEFALUT
```

例题 10-36：创建一个名为 res_profile 的概要文件，要求每个用户最多可以创建 3 个并发会话；每个会话持续时间最长为 30 分钟；如果会话在连续 10 分钟内空闲，则结束会话。命令如下：

```
SQL>CREATE PROFILE res_profile LIMIT SESSIONS_PER_USER 3
2  CONNECT_TIME 30 IDLE_TIME 10;
```

例题 10-37：创建一个名为 pwd_profile 的概要文件，如果用户连续 3 次登录失败，则锁定该账户，7 天后该账户自动解锁。命令如下：

```
SQL>CREATE PROFILE pwd_profile LIMIT FAILED_LOGIN_ATTEMPTS 3
2  PASSWORD_LOCK_TIME 7;
```

2．将概要文件分配给用户

将概要文件赋予某个数据库用户，在用户连接并访问数据库服务器时，系统就按照概要文件为其分配资源。概要文件只有授予用户后才能发挥作用。在创建用户和修改用户时，都可以将概要文件授予用户。

例题 10-38：将概要文件分配给一个指定用户，即为其授予名为 res_profile 的概要文件。

(1) 在创建用户时将概要文件授予用户，命令如下：

```
SQL>CREATE USER newuser IDENTIFIED BY newuser PROFILE res_profile;
```

(2) 如果用户已经创建，则修改用户使用的概要文件，命令如下：

```
SQL>ALTER USER newuser PROFILE res_profile;
```

3．修改概要文件

概要文件创建后，如果应用系统环境发生了变化，概要文件中的参数设置已经不合时宜，可以使用 ALTER PROFILE 语句来修改这些限制。ALTER PROFILE 语句中参数的设置情况与 CREATE PROFILE 语句相同。语法格式为：

```
ALTER PROFILE profile_name LIMIT resource_parameters |
password_parameters;
```

例题 10-39：修改 pwd_profile 概要文件，将用户口令有效期设置为 7 天，宽限为 3

天，命令如下：

```
SQL>ALTER PROFILE pwd_profile LIMIT PASSWORD_LIFE_TIME 7
2  PASSWORD_GRACE_TIME 3;
```

4. 删除概要文件

当不再需要一个概要文件时，可以使用 DROP PROFILE 语句删除不需要的概要文件。如果一个概要文件已经赋予了用户，那么在 DROP PROFILE 命令中要使用 CASCADE 选项将概要文件从被赋予的用户收回。语法格式为：

```
DROP PROFILE profile_name CASCADE;
```

例题 10-40：删除 LUCK_PROF 与 UNLUCK_PROF 概要文件，其中 UNLUCK_PROF 已经分配给用户。

(1) 查看概要文件，命令如下：

```
SQL>SELECT * FROM dba_profiles
2  WHERE resource_name='FAILED_LOGIN_ATTEMPTS';
```

查询结果如下：

```
PROFILE              RESOURCE_NAME            RESOURCE    LIMIT
------------------  ---------------------- --------- -----------
DEFAULT              FAILED_LOGIN_ATTEMPTS    PASSWORD    10
MONITORING_PROFILE   FAILED_LOGIN_ATTEMPTS    PASSWORD    UNLIMITED
LUCK_PROF            FAILED_LOGIN_ATTEMPTS    PASSWORD    DEFAULT
UNLUCK_PROF          FAILED_LOGIN_ATTEMPTS    PASSWORD    7
```

(2) 删除 LUCK_PROF 与 UNLUCK_PROF 概要文件，命令如下：

```
SQL>DROP PROFILE luck_prof;
SQL>DROP PROFILE unluck_prof CASCADE;
```

(3) 查看删除情况，命令如下：

```
SQL>SELECT * FROM dba_profiles WHERE
resource_name='FAILED_LOGIN_ATTEMPTS';
```

查询结果如下：

```
PROFILE              RESOURCE_NAME            RESOURCE LIMIT
-------------------- ----------------------  ----------------
DEFAULT              FAILED_LOGIN_ATTEMPTS    PASSWORD 10
MONITORING_PROFILE   FAILED_LOGIN_ATTEMPTS    PASSWORD UNLIMITED
```

提示：对概要文件的修改只有在用户开始一个新的会话时才会生效。如果为用户指定的概要文件被删除，则系统自动将 DEFAULT 概要文件指定给该用户。

5. 查询概要文件

可以通过下列数据字典视图或动态性能视图查询概要文件相关信息。

- user_password_limits：包含通过概要文件为用户设置的口令策略信息。

- user_resource_limits：包含通过概要文件为用户设置的资源限制参数。
- dba_profiles：包含所有概要文件的基本信息。

例题 10-41：查询系统有哪些概要文件，命令如下：

```
SQL>SELECT DISTINCT profile FROM dba_profiles;
```

查询结果如图 10-17 所示。

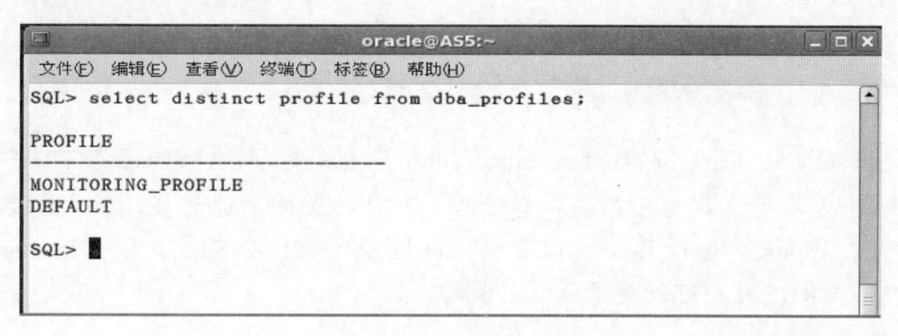

图 10-17 概要文件构成

例题 10-42：查询 DEFAULT 概要文件里默认的资源限制和密码限制，命令如下：

```
SQL>SELECT resource_name,limit FROM dba_profiles WHERE profile='DEFAULT'
2  AND LIMIT<>'UNLIMITED';
```

运行结果为：

```
RESOURCE_NAME                  LIMIT
----------------------------- ---------------------------
FAILED_LOGIN_ATTEMPTS          10
PASSWORD_LIFE_TIME             180
PASSWORD_VERIFY_FUNCTION       NULL
PASSWORD_LOCK_TIME             1
PASSWORD_GRACE_TIME            7
```

从上面显示结果可以看出，DEFAULT 概要文件中密码有效期默认为 180 天，宽限为 7 天，如果用户连续 10 次登录失败，则锁定该账户 1 天。初始定义对资源不限制，可以通过 ALTER PROFILE 命令来改变。

例题 10-43：创建一个名为 myprofile 的概要文件，如果用户连续 3 次登录失败，则锁定该账户 2 天；密码有效期为 7 天，口令宽限期天数 3 天。把概要文件分配给 test 用户，修改概要文件使一个用户的最大并发会话数为 3。

(1) 创建概要文件 myprofile，并查看该概要文件，命令如下：

```
SQL>CREATE PROFILE myprofile LIMIT FAILED_LOGIN_ATTEMPTS 3
2  PASSWORD_LOCK_TIME 2 PASSWORD_LIFE_TIME 7
3  PASSWORD_GRACE_TIME 3;
SQL>SELECT resource_name,limit FROM dba_profiles
2  WHERE PROFILE='MYPROFILE';
```

(2) 创建 test 用户，并把 myprofile 概要文件分配给该用户，同时查询该用户的概要文件。命令如下：

```
SQL>CREATE USER test IDENTIFIED BY test123 PROFILE myprofile;
SQL>GRANT connect TO test;
SQL>ALTER USER test PROFILE myprofile;
SQL>SELECT username,profile FROM dba_users WHERE username='TEST';
```

(3) 修改概要文件资源限制参数 sessions_per_user，同时查询概要文件信息。命令如下：

```
SQL>ALTER SYSTEM SET resource_limit=true;
SQL>ALTER PROFILE myprofile LIMIT sessions_per_user 3;
SQL>SELECT resource_name,limit FROM dba_profiles
2  WHERE profile='MYPROFILE';
```

提示： Oracle 11g 启动参数 resource_limit 无论设置为 FALSE 还是 TRUE，密码有效期限制都是生效的。资源限定默认为关闭，通过 SHOW PARAMETER resource_limit 语句可以查询，通过 ALTER SYSTEM SET resource_limit=TRUE 语句可以使资源限制生效。

10.6 小型案例实训

例题 10-44： 创建一个名为 myprofile 的概要文件，如果用户连续 3 次登录失败，则锁定该账户 2 天，密码有效期为 7 天，口令宽限期天数 3 天。把概要文件分配给 test 用户，修改概要文件使一个用户的最大并发会话数为 3。

(1) 创建概要文件 myprofile，并查看该概要文件，命令如下：

```
SQL>CREATE PROFILE myprofile LIMIT FAILED_LOGIN_ATTEMPTS 3
2  PASSWORD_LOCK_TIME 2 PASSWORD_LIFE_TIME 7
3  PASSWORD_GRACE_TIME 3;
SQL>SELECT resource_name,limit FROM dba_profiles
2  WHERE PROFILE='MYPROFILE';
```

(2) 创建 test 用户，并把 myprofile 概要文件分配给用户，同时查询该用户的概要文件，命令如下：

```
SQL>CREATE USER test IDENTIFIED BY test123 PROFILE myprofile;
SQL>GRANT connect TO test;
SQL>ALTER USER test PROFILE myprofile;
SQL>SELECT username,profile FROM dba_users WHERE username='TEST';
```

(3) 修改概要文件资源限制参数 sessions_per_user，同时查询概要文件信息，命令如下：

```
SQL>ALTER SYSTEM SET resource_limit=true;
SQL>ALTER PROFILE myprofile LIMIT sessions_per_user 3;
SQL>SELECT resource_name,limit FROM dba_profiles
2  WHERE profile='MYPROFILE';
```

提示： Oracle 11g 启动参数 resource_limit 无论设置为 FALSE 还是 TRUE，密码有效期都是生效的。资源限定默认为关闭，SHOW PARAMETER resource_limit 可以查询，通过 ALTER SYSTEM SET resource_limit=TRUE，使资源限制生效。

本章小结

对于网络数据库，数据共享是数据库的主要特点之一，安全性是非常重要的。本章主要介绍了 Oracle 11g 数据库的认证方法、用户管理、权限管理、角色管理、概要文件管理等。

Oracle 11g 数据库的认证方法有操作系统身份认证、口令文件认证、Oracle 数据库身份认证，其中操作系统身份认证优先口令文件认证。概要文件 Profile 是口令限制、资源限制的命令集合。概要文件创建之后，需要分配给用户才能生效。

习　题

1. 选择题

(1) 当禁用操作系统验证后，服务器本地使用 sysdba 身份登录数据库时，将使用什么验证？(　　)

A. 数据库验证　B. 外部验证　C. 口令文件身份验证　D. 网络验证

(2) 下列选择中，不属于系统权限的是(　　)。

A. SELECT　B. CREATE VIEW
C. CREATE TABLE　D. CREATE SESSION

(3) 若用户要连接数据库，则该用户必须拥有的权限是(　　)。

A. CREATE TABLE　B. CREATE INDEX
C. CREATE SESSION　D. CONNECT

(4) 授予删除任何表的系统权限(DROP ANY TABLE)给 user1，并使其能继续授该权限给其他用户，以下正确的 SQL 语句是(　　)。

A. GRANT drop any table TO user1
B. GRANT drop any table TO user1 WITH ADMIN OPTION
C. GRANT drop any table TO user1
D. GRANT drop any table TO user1 WITH CHECK POTION

(5) 删除用户 MISER 的概要文件的命令是(　　)。

A. DROP PROFILE MISER　B. DELETE PROFILE MISER
C. DROP PROFILE MISER CASCADE　D. DELETE PROFILE MISER CASCADE

(6) 资源文件中的 SESSIONS_PER_USER 参数限制了什么？(　　)

A. 数据库的并发会话数量　B. 每用户会话数量
C. 每用户进程数量　D. 以上都不是

(7) 哪个视图包含所有概要文件的资源使用参数？(　　)

A. DBA_PROFILE　B. DBA_PROFILES

C. DBA_USERS　　　　D. DBA_RESOURCES

(8) 一次性可分配多少个概要文件给用户？(　　)

A. 1 个　　B. 2 个　　C. 3 个　　D. 4 个

(9) 概要文件不能限制数据库和系统资源(　　)。

A. CPU 占用时间　　B. 数据库连接时间

C. 每个用户的并发会话数　　D. 读取数据块时间

(10) 下列选项中，不属于角色的是(　　)。

A. CONNECT　　B. DBA　　C. RESOURCE　　D. CREATE SESSION

(11) 下列选项中，不属于数据对象权限的是(　　)。

A. DELETE　　B. REVOKE　　C. INSERT　　D. UPDATE

(12) 撤销用户指定权限的命令是(　　)。

A. DROP RIGHT　　B. REVOKE

C. REMOVE RIGHT　　D. DELETE RIGHT

2．简答题

(1) Oracle 数据库的安全控制机制有哪些？

(2) 简述 Oracle 数据库用户的操作系统认证、数据库认证、口令认证。

(3) 简述 Oracle 数据库用户的系统权限与对象权限区别。

(4) 简述什么是概要文件及概要文件的作用。

(5) 简述什么是角色，以及角色的分类和作用。

3．操作题

(1) 创建一个口令认证的数据库用户 user_1，口令为 user_1，默认表空间为 USERS，初始账户为锁定状态。

(2) 创建一个口令认证的数据库用户 user_2，口令为 user_2。

(3) 将用户 scott 的账户解锁，并更改密码为 tiger。

(4) 为 usera_1 用户授权 CREATE SESSION 权限、scott.emp 的 SELECT 权限和 UPDATE 权限，同时允许该用户将获取的权限授予其他用户。

(5) 创建一个名为 pwd_profile 的概要文件，如果用户连续 3 次登录失败，则锁定该账户，5 天后该账户自动解锁。将概要文件分配给一个指定用户。

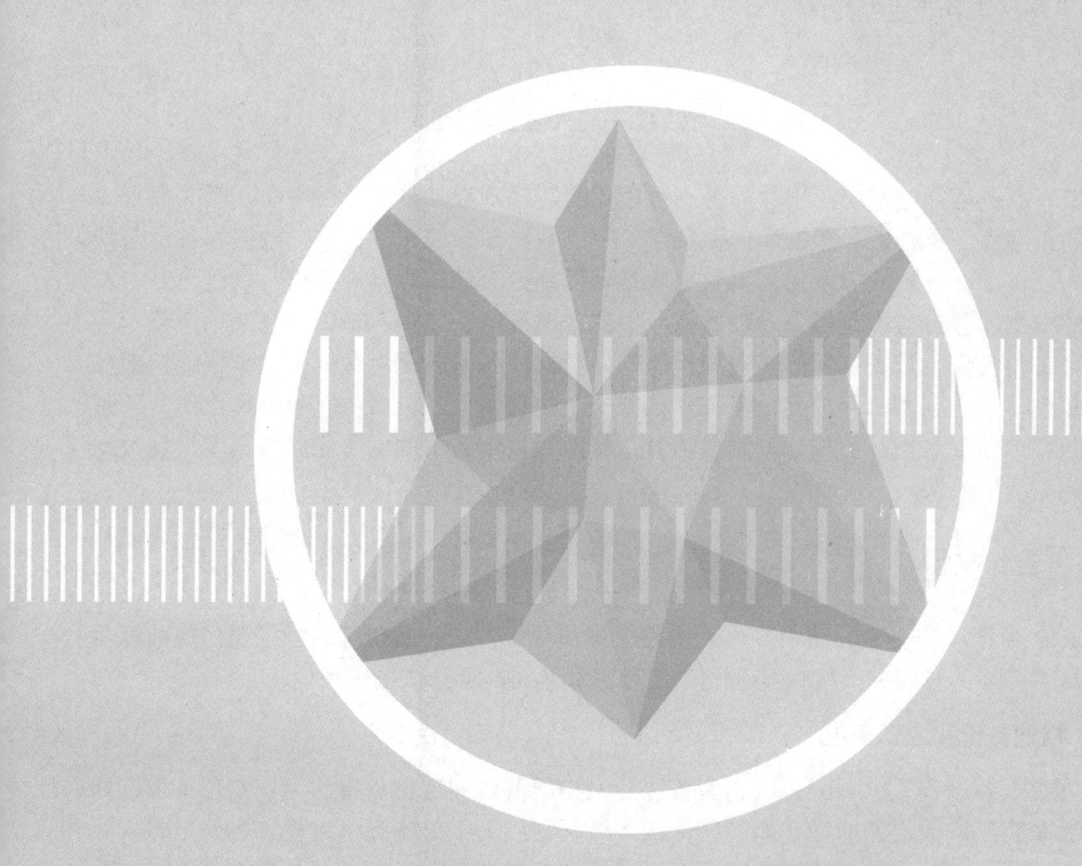

第 11 章

备份与恢复

本章要点：

在数据库系统中，由于人为操作或自然灾害等因素，可能造成数据丢失或被破坏，从而对用户的工作造成重大损害。数据库的备份与恢复是保证数据库安全运行的一项重要内容，也是数据库管理员的重要职责。本章主要介绍数据库物理备份与恢复概念、物理备份与恢复方法、逻辑备份与恢复方法。

学习目标：

了解 Oracle 数据库的备份与恢复分类。掌握物理备份与恢复方法、逻辑备份与恢复方法，重点掌握物理备份完全恢复与不完全恢复方法。

11.1 备份与恢复概述

数据库系统运行过程中出现故障是不可避免的，轻则导致事务异常中断，影响数据库中数据的正确性；重则破坏数据库，使数据库中的数据部分或全部丢失。数据库备份与恢复就是为了保证在各种故障发生后，数据库管理员制定合理的数据库备份与恢复策略，执行有效的数据库备份与恢复操作，使数据库中的数据都能从错误状态恢复到某种逻辑一致的状态。备份与恢复是数据库的一对相反操作：数据库备份就是对数据库中部分或全部数据进行复制，形成副本，存放到一个相对独立安全的设备上，以备将来数据库出现故障时使用；数据库恢复是指在数据库发生故障时，使用数据库备份的副本还原数据库，使数据库恢复到无故障状态。

11.1.1 备份类型

Oracle 数据库的备份方法很多，无论使用哪种备份方法，备份都是为了在出现故障后能够以尽可能小的时间和代价恢复系统。按照备份方式，可分成如下类型。

1．物理备份和逻辑备份

根据数据备份方式的不同，数据库备份分为物理备份和逻辑备份两类。物理备份，通俗地讲就是将组成数据库的操作系统文件从一处复制到另一处的备份过程，也就是将实际组成 Oracle 数据库系统的数据文件、重做日志文件、控制文件、初始化参数文件等操作系统文件从一处复制到另一处，将形成的副本保存到与当前系统独立的磁盘或磁带上。物理备份又分为冷备份、热备份。Oracle 逻辑备份是指利用 Oracle 提供的导出工具(如 EXPDP、EXPORT)将数据库中的数据抽取出来存放到一个二进制文件中。因为二进制格式文件在 Oracle 支持的任何平台上都是相同的格式，可以在各个平台上通用。因此，逻辑备份用于数据库之间的数据传送或移动。通常，数据库备份以数据库物理备份为主，数据库逻辑备份为辅。

2．冷备份和热备份

根据数据库备份时是否关闭数据库服务器，物理备份分为冷备份(Cold Backup)和热备份(Hot Backup)两种。冷备份又称停机备份，是指在关闭数据库的情况下备份所有的关键性文件，包括数据文件、控制文件、联机日志文件，将其复制到另外的存储设备上。此外，冷备份也可以包含对参数文件和口令文件的备份，但是这两种备份是可以根据需要进行选择的。冷备份实际也是一种物理备份，是一个备份数据库物理文件的过程。热备份又称联机备份，是在数据库运行的情况下，采用归档日志模式(ARCHIVE LOG MODE)对数据库进行备份。热备份要求数据库处于归档日志模式下，并需要大量的档案空间，当执行备份时，只能在数据文件级或表空间中进行。

3．完全备份和部分备份

物理备份还可以根据数据库备份的规模不同，分为完全数据库备份和部分数据库备份。完全数据库备份是对构成数据库的全部数据文件、联机日志文件和控制文件的一个备份。完全数据库备份只能是脱机备份，在数据库正常关闭后进行。在数据库关闭的时候，数据库文件的同步号与当前检查点是一致的，不存在不同步的问题。对于这一类备份方法，在复制回数据库备份文件后，不需要进行数据库恢复。数据库部分备份是指对部分数据文件、表空间、控制文件、归档重做日志文件等进行备份，可以在数据库关闭或运行的时候进行，如在数据库关闭时备份一个数据文件或在数据库联机时备份一个表空间。部分数据库备份由于存在数据库文件之间的不同步，在备份文件复制回数据库时需要实施数据库恢复，所以这种方式只能在归档模式下使用，使用归档日志进行数据库恢复。

11.1.2　恢复类型

Oracle 数据库恢复是指在数据库发生故障时，数据库不能正常运行，需要使用数据库备份文件还原数据库，使数据库恢复到无故障状态。数据库故障类型很多，数据库管理员会根根据不同的故障类型，采用不同的恢复策略，选择合适的恢复方法恢复数据库。

根据数据库恢复时使用的备份不同，恢复分为物理恢复和逻辑恢复两类。所谓物理恢复，就是利用物理备份文件恢复损毁文件，是在操作系统级别上进行的。逻辑恢复是指利用逻辑备份的二进制文件，使用 Oracle 提供的导入工具(如 Impdp、Import)将部分或全部信息重新导入数据库，恢复损毁或丢失的数据。

根据数据库恢复程度的不同，恢复可分为完全恢复和不完全恢复。如果数据库出现故障后，能够利用备份使数据库恢复到出现故障时的状态，称为完全恢复，否则称为不完全恢复。如果数据库处于归档模式，且日志文件是完整的，则可以将数据库恢复到备份时刻后的任意状态，实现完全恢复或不完全恢复；如果数据库处于非归档模式，则只能将数据库恢复到备份时刻的状态，即实现不完全恢复。

11.2　物理备份与恢复

11.2.1　冷备份与恢复

冷备份是当数据库的所有可读写的数据库物理文件具有相同的系统改变号(SCN)时所进行的备份，使数据库处于一致状态的唯一方法是数据库正常关闭，故只有在数据库正常关闭情况下的备份才是一致性备份。冷备份既适用于 ARCHIVELOG 模式，也适用 NOARCHIVELOG 模式。冷备份是将关键性文件复制到另外位置的一种说法。对于备份 Oracle 信息而言，冷备份是最快和最安全的方法。冷备份的优点如下。

- 只需复制文件，是快速且简单的备份方法。
- 恢复时只需将文件再复制回去，容易恢复到某个时间点上。
- 维护量较少，但安全性相对较高。

虽然冷备份简单、快捷，但是在很多情况下，没有足够的时间或不允许关闭数据库进行冷备份，因此，冷备份也有如下不足。

- 单独使用时，只能提供到“某一时间点上”的恢复。

- 在实施备份的全过程中，数据库必须要做备份而不能做其他工作。也就是说，在冷备份过程中，数据库必须是关闭状态。
- 若磁盘空间有限，只能复制到磁带等其他外部存储设备上，速度会很慢。
- 冷备份不能按表或按用户恢复。

如果数据库可以正常关闭，而且允许关闭足够长的时间，那么就可以采用冷备份。冷备份可以在归档模式下进行备份，也可以在非归档模式下进行备份。冷备份方法是首先关闭数据库，然后使用操作系统复制命令备份所有的物理文件，包括数据文件、控制文件、联机重做日志文件等。恢复是指当数据库因某些意外数据损坏，利用冷备份文件恢复数据库，其主要步骤为首先关闭数据库，然后将备份的所有数据文件、控制文件、联机重做日志文件还原到原来所在的位置，重新启动数据库，使数据库恢复到正常运行状态。

例题 11-1：将数据库 ora11 作一个冷备份，备份的文件放置在 backup/目录下，然后利用冷备份数据恢复数据库。下面给出冷备份与恢复详细步骤。

(1) 以 SYSDBA 身份登录数据库，命令如下：

```
SQL>CONN / AS sysdba;
```

(2) 查看数据文件，命令如下：

```
SQL>SELECT name FROM v$datafile;
```

查询结果如下：

```
NAME
--------------------------------------------------------------------
/u01/app/oracle/oradata/ora11/system01.dbf
/u01/app/oracle/oradata/ora11/sysaux01.dbf
/u01/app/oracle/oradata/ora11/undotbs01.dbf
/u01/app/oracle/oradata/ora11/users01.dbf
/u01/app/oracle/oradata/ora11/example01.dbf
```

(3) 查看控制文件，命令如下：

```
SQL>SELECT name FROM v$controlfile;
```

查询结果如下：

```
NAME
--------------------------------------------------------------------
/u01/app/oracle/oradata/ora11/control01.ctl
/u01/app/oracle/flash_recovery_area/ora11/control02.ctl
```

(4) 查看日志文件，命令如下：

```
SQL>SELECT member FROM v$logfile;
```

查询结果如下：

```
MEMBER
-------------------------------------------------------------
/u01/app/oracle/oradata/ora11/redo03.log
```

```
/u01/app/oracle/oradata/ora11/redo02.log
/u01/app/oracle/oradata/ora11/redo01.log
```

(5) 关闭数据库，命令如下：

```
SQL>SHUTDOWN IMMEDIATE
```

(6) 建立文件夹 backup，命令如下：

```
SQL>!mkdir /backup
```

(7) 把数据文件、控制文件、日志文件复制到文件夹 backup，命令如下：

```
$cp /u01/app/oracle/oradata/ora11/*.dbf /backup/
$cp /u01/app/oracle/oradata/ora11/*.ctl /backup/
$cp /u01/app/oracle/oradata/ora11/*.log /backup/
$cp $ORACLE_HOME/dbs/spfileora11.ora /backup/
```

(8) 查看文件夹 backup，命令如下：

```
SQL>!ls /backup/
```

查询结果如下：

```
control01.ctl  redo02.log   spfileora11.ora  temp01.dbf
example01.dbf  redo03.log   sysaux01.dbf     undotbs01.dbf
redo01.log     redo04a.log  system01.dbf     users01.dbf
```

(9) 启动数据库，查看 scott 模式下 dept 表的信息，命令如下：

```
SQL>STARTUP
SQL>SELECT * FROM scott.dept;
```

查询结果如下：

```
DEPTNO      DNAME            LOC
----------- -------------- ------------------------------
  10        ACCOUNTING       NEW YORK
  20        RESEARCH         DALLAS
  30        SALES            CHICAGO
  40        OPERATIONS       BOSTON
```

(10) 向 scott 模式下的 dept 表添加 2 条记录，查看表 dept 的信息，命令如下：

```
SQL>INSERT INTO scott.dept VALUES(50,'aaa','aaa');
SQL>INSERT INTO scott.dept VALUES(60,'bbb','bbb');
SQL>COMMIT;
SQL>SELECT * FROM scott.dept;
```

查询结果如下：

```
DEPTNO     DNAME              LOC
---------- ---------------- ---------------------------
  10       ACCOUNTING         NEW YORK
  20       RESEARCH           DALLAS
  30       SALES              CHICAGO
  40       OPERATIONS         BOSTON
```

```
 50        aaa              aaa
 60        bbb              bbb
```

(11) 关闭数据库，命令如下：

```
SQL>SHUTDOWN IMMEDIATE;
```

(12) 模拟数据库文件被破坏，即删除文件后，启动数据库失败，命令如下：

```
SQL>!rm /u01/app/oracle/oradata/ora11/*
SQL>!ls /u01/app/oracle/oradata/ora11/
SQL>STARTUP
ORACLE instance started.
Total System Global Area    318046208 bytes
Fixed Size                  1336260 bytes
Variable Size              138415164 bytes
Database Buffers           171966464 bytes
Redo Buffers                6328320 bytes
ORA-00205: error in identifying control file, check alert log for more
info
```

(13) 将冷备份的所有文件复制到原来所在位置，命令如下：

```
SQL>!cp /backup/* /u01/app/oracle/oradata/ora11/
SQL>!cp /backup/control01.ctl
2  /u01/app/oracle/flash_recovery_area/ora11/control02.ctl;
```

(14) 启动数据库，查看 dept 表的信息，命令如下：

```
SQL>ALTER DATABASE MOUNT;
SQL>ALTER DATABASE OPEN;
SQL>SELECT * FROM scott.dept;
```

查询结果如下：

```
DEPTNO       DNAME            LOC
----------- -------------- ---------------------------
  10        ACCOUNTING       NEW YORK
  20        RESEARCH         DALLAS
  30        SALES            CHICAGO
  40        OPERATIONS       BOSTON
```

提示： 冷备份中必须复制所有的数据文件、控制文件、联机重做日志文件。冷备份必须在数据库关闭的情况下进行，当数据库处于打开状态时，执行数据库文件系统备份是无效的。利用冷备份数据恢复数据库为不完全恢复，只能将数据库恢复到最近一次完全冷备份的状态。

11.2.2　热备份与恢复

冷备份和热备份是根据数据库备份时是否关闭数据库服务器定义的，都属于物理备份。虽然冷备份简单、快捷，但是在很多情况下，没有足够的时间可以关闭数据库进行冷备份，这时只能采用热备份。热备份是在联机状态下，数据库在归档模式下进行的数据文件、控制文件、归档日志文件等的备份。数据库进行热备份时，必须运行在 ARCHIVELOG 模式下，副本是由每一个 REDO 日志文件组成的，写日志进程在循环方式中通过 REDO 日志文件进行循环。在 ARCHIVELOG 模式中运行数据库时，可以选择当每个 REDO 日志文件写满时手工地生成备份或者启动可选的归档进程进行自动备份。热备份的优点如下。

- 可在表空间或数据库文件级备份，备份的时间短。
- 备份时数据库仍可使用。
- 可达到秒级恢复(恢复到某一时间点上)。
- 恢复是快速的，在大多数情况下在数据库仍工作的时候恢复。

热备份可以给 Oracle 用户提供一个不间断的运行环境。因为热备份通过操作系统命令备份物理文件将消耗大量系统资源，所以通常都是安排在用户访问频率较低的时候(如夜间)进行。热备份的缺点如下。

- 难以维护，所以要特别仔细小心，不允许以失败而告终。
- 若备份不成功，所得结果不可用于时间点的恢复。
- 不能出错，否则后果严重。

1．热备份

热备份是在联机状态下，数据库在归档模式下进行的数据文件、控制文件、归档日志文件等的备份，在 SQL*Plus 环境中进行数据库完全热备份的步骤如下。

(1) 启动 SQL*Plus，以 sysdba 身份登录数据库。

(2) 将数据库设置为归档模式。用 ARCHIVE LOG LIST 命令，查看当前数据库是否处于归档日志模式。如果没有处于归档日志模式，需要先将数据库转换为归档模式，并启动自动存档。

(3) 以表空间为单位，进行数据文件备份，并在线备份其他所有表空间的数据文件。

① 查看当前数据库有哪些表空间，以及每个表空间中有哪些数据文件。命令如下：

```
SQL>SELECT tablespace_name,file_name FROM dba_data_files ORDER BY
tablespace_name;
```

② 分别对每个表空间中的数据文件进行备份。

a) 将需要备份的表空间(如 users)设置为备份状态，命令如下：

```
SQL>ALTER TABLESPACE users BEGIN BACKUP;
```

b) 将表空间中所有的数据文件复制到备份磁盘，命令如下：

```
SQL>HOST cp /u01/app/oracle/oradata/ora11/users01.dbf
/u01/BACKUP/users01.dbf
```

c) 结束表空间的备份状态，命令如下：

```
SQL>ALTER TABLESPACE users END BACKUP;
```

(4) 备份控制文件及控制文件重新生成脚本。通常在数据库物理结构做出修改之后，如添加、删除或重命名数据文件，添加、删除或修改表空间，添加或删除重做日志文件和重做日志文件组等，都需要重新备份控制文件。

① 将控制文件备份为二进制文件，命令如下：

```
SQL>ALTER DATABASE BACKUP CONTROLFILE TO '/u01/BACKUP/CONTROL.BAK';
```

② 将控制文件备份为文本文件，命令如下：

```
SQL>ALTER DATABASE BACKUP CONTROLFILE TO TRACE;
SQL>host ls -lt /u01/app/oracle/admin/ora11/udump/*.trc
```

(5) 备份重做日志文件与参数文件。

① 对当前重做日志文件立即进行归档，命令如下：

```
SQL>ALTER SYSTEM ARCHIVE LOG CURRENT;
```

这条命令导致 Oracle 切换到一个新的日志文件，当前联机重做日志文件归档，并且 Oracle 归档所有未被归档的重做日志文件。

② 备份归档重做日志文件。一旦归档了当前联机的重做日志文件，用操作系统复制的命令将所有的归档重做日志文件复制到备份磁盘中。

③ 备份初始化参数文件。将初始化参数文件复制到备份磁盘中。

当数据库处在 ARCHIVE 模式下时，一定要保证指定的归档路径可写，否则数据库就会挂起，直到能够归档所有归档信息后才可以使用。Oracle 数据库以自动归档的方式工作在 ARCHIVE 模式下，其中参数 LOG_ARCHIVE_DEST1 用于指定归档日志文件的路径。建议日志文件与 Oracle 数据库文件保存在不同的硬盘，这样一方面可以减少磁盘 I/O 竞争，另外一方面也可以避免数据库文件所在硬盘毁坏之后的文件丢失。归档路径也可以直接指定为磁带等其他物理存储设备，但需要考虑读写速度、可写条件和性能等因素。

提示： ALTER SYSTEM SWITCH LOGFILE 和 ALTER SYSTEM ARCHIVE LOG CURRENT 的区别如下。

(1) ALTER SYSTEM SWITCH LOGFILE 是强制日志切换，不一定就归档当前的重做日志文件，主要还看自动归档模式是否打开。若自动归档模式打开，就归档当前的重做日志；若自动归档模式没有打开，就不归档当前重做日志。

(2) ALTER SYSTEM ARCHIVE LOG CURRENT 是归档当前的重做日志文件，既切换日志文件，同时不管自动归档模式有没有打开都进行归档。

(3) ALTER SYSTEM SWITCH LOGFILE 对单实例数据库执行日志切换，而 ALTER SYSTEM ARCHIVE LOG CURRENT 会对数据库中的所有实例执行日志切换。

2. 归档模式下数据库的完全恢复

数据库完全恢复是指归档下一个或多个数据文件出现损坏时，使用操作系统命令复制热备份的数据文件替换损坏的数据文件，再结合归档日志和重做日志文件，采用前滚技术重做自备份以来的所有改动，采用回退技术回退未提交的操作，最终将数据文件恢复到数据库故障时刻的状态。数据库完全恢复是由还原(Restore)与恢复(Recover)两个过程组成的，如图 11-1 所示，其中还原(Restore)就是将原先备份的文件复制回去替换损坏或丢失的操作系统文件；恢复(Recover)就是将使用 recover 命令将从备份操作完成开始到数据文件崩溃这段时间内所提交的数据从归档日志文件或重做日志文件写回到还原的数据文件中，这一操作会自动执行。

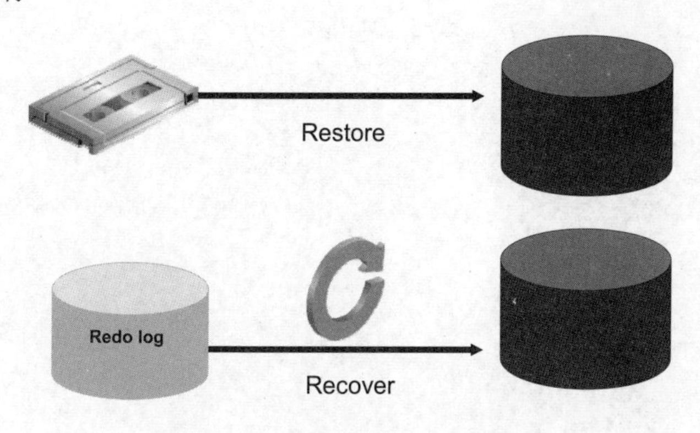

图 11-1　数据库完全恢复示意

3．归档模式下丢失关键文件恢复

如果丢失或损坏了某个数据文件，且该文件属于 SYSTEM 或 UNDO 表空间，用热备份文件恢复数据，需执行以下任务。

(1) 实例可能会也可能不会自动关闭。如果未自动关闭，应使用 SHUTDOWN ABORT 命令关闭实例。

(2) 装载数据库。

(3) 还原并恢复缺失的数据文件。

(4) 打开数据库。

例题 11-2：将数据库 ora11 作一个热备份，热备份的文件放置在 backup 目录下。假如 SYSTEM 表空间的数据文件 system01.dbf 损坏，需要利用热备份数据恢复数据库。下面给出热备份与恢复详细步骤。

(1) 归档模式下的数据库完整备份。以 sysdba 身份登录数据库，命令如下：

```
SQL>CONN / AS sysdba
```

(2) 将数据库设置为归档模式，命令如下：

```
SQL>SHUTDOWN IMMEDIATE
SQL>STARTUP MOUNT
SQL>ALTER DATABASE ARCHIVELOG
SQL>ALTER DATABASE OPEN
```

(3) 在归档模式下对数据文件 system01.dbf 进行备份，命令如下：

```
SQL>ALTER TABLESPACE system BEGIN BACKUP;
SQL>host cp /u01/app/oracle/oradata/ora11/system01.dbf
2  /u01/backup/system01.dbf;
SQL>ALTER TABLESPACE system END BACKUP;
```

(4) 下面模拟 SYSTEM 表空间的数据文件 system01.dbf 损坏，然后利用热备份进行归

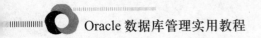

档模式下的数据库完全恢复。建立一个测试表，然后添加记录数据，命令如下：

```
SQL>CREATE TABLE test_1(id NUMBER PRIMARY KEY,name CHAR(20))
2  TABLESPACE system;
SQL>INSERT INTO test_1 VALUES(1,'WANGLI');
SQL>COMMIT;
SQL>INSERT INTO test_1 VALUES(2,'SHENJUN');
SQL>COMMIT;
SQL>ALTER SYSTEM SWITCH LOGFILE;
SQL>SELECT * FROM test_1;
```

查询结果如下：

```
 ID          NAME
---------- --------------------
 1           WANGLI
 2           SHENJUN
```

(5) 关闭数据库，删除文件 system01.dbf，命令如下：

```
SQL>SHUTDOWN IMMEDIATE;
SQL>host rm /u01/app/oracle/oradata/ora11/system01.dbf;
```

(6) 执行命令，数据库启动不成功：

```
SQL>STARTUP;
ORACLE instance started.
Total System Global Area      318046208 bytes
Fixed Size                  1336260 bytes
Variable Size                176163900 bytes
Database Buffers              134217728 bytes
Redo Buffers                6328320 bytes
Database mounted.
ORA-01157: cannot identify/lock data file 1 - see DBWR trace file
ORA-01110: data file 1: '/u01/app/oracle/oradata/ora11/system01.dbf'
```

(7) 利用备份的数据文件恢复数据库，命令如下：

```
SQL>host cp /u01/backup/system01.dbf /u01/app/oracle/oradata/ora11/;
SQL>RECOVER DATABASE;
SQL>ALTER DATABASE OPEN;
```

(8) 查看测试表信息，命令如下：

```
SQL>SELECT * FROM test_1;
```

查询结果如下：

```
 ID          NAME
---------- --------------------
 1           WANGLI
 2           SHENJUN
```

注意： 利用热备份数据，在归档模式下，恢复数据库为完全恢复。热备份数据时没有测试表，恢复时能够完全恢复到故障时刻。

4. 归档模式下丢失非关键文件恢复

例题 11-3： 将数据库 ora11 作一个热备份，热备份的文件放置在 backup 目录下。假如 users 表空间的数据文件 users01.dbf 损坏，需要利用热备份数据恢复数据库。下面给出热备份与恢复详细步骤。

(1) 建立/u01/backup，命令如下：

```
$mkdir /u01/backup
$sqlplus / as sysdba
SQL>STARTUP
```

(2) 将数据库设置为归档模式，命令如下：

```
SQL>SHUTDOWN IMMEDIATE
SQL>STARTUP MOUNT
SQL>ALTER DATABASE ARCHIVELOG
SQL>ARCHIVE LOG LIST
SQL>ALTER DATABASE OPEN
```

(3) 在 users 表空间建立测试表 test_2，命令如下：

```
SQL>CREATE TABLE test_2(id NUMBER PRIMARY KEY,
2  name CHAR(20)) TABLESPACE users;
SQL>INSERT INTO test_2 VALUES(1001,'LILI');
SQL>COMMIT;
SQL>SELECT * FROM test_2;
```

查询结果如下：

```
  ID         NAME
---------- ---------------------
 1001        LILI
```

(4) 数据备份，命令如下：

```
SQL>ALTER TABLESPACE USERS BEGIN BACKUP;
SQL>host cp
2  /u01/app/oracle/oradata/ora11/users01.dbf  /u01/backup/users01.dbf;
SQL>ALTER TABLESPACE users END BACKUP;
```

(5) 继续添加数据，命令如下：

```
SQL>INSERT INTO test_2 VALUES(2002,'DAIHONG');
SQL>COMMIT;
```

(6) 关闭数据库，删除数据文件，数据库启动失败，命令如下：

```
SQL>SHUTDOWN IMMEDIATE;
SQL>host rm /u01/app/oracle/oradata/ora11/users01.dbf;
SQL>STARTUP;   (数据库启动到 mount 状态)
```

```
ORACLE instance started.
Total System Global Area      318046208 bytes
Fixed Size                  1336260 bytes
Variable Size                176163900 bytes
Database Buffers             134217728 bytes
Redo Buffers                6328320 bytes
Database mounted.
ORA-01157: cannot identify/lock data file 4 - see DBWR trace file
ORA-01110: data file 4: '/u01/app/oracle/oradata/ora11/users01.dbf'
```

(7) 把损坏的文件离线，打开数据库，命令如下：

```
SQL>ALTER DATABASE DATAFILE 4 OFFLINE;
SQL>ALTER DATABASE OPEN;
SQL>SELECT * FROM test_2;
ERROR at line 1:(报错)
ORA-00376: file 4 cannot be read at this time
ORA-01110: data file 4: '/u01/app/oracle/oradata/ora11/users01.dbf'
```

(8) 把备份文件复制到指定位置，恢复数据库，命令如下：

```
SQL>!cp /u01/backup/users01.dbf /u01/app/oracle/oradata/ora11/;
SQL>RECOVER DATAFILE 4;
Media recovery complete.
SQL>ALTER DATABASE DATAFILE 4 ONLINE;
```

(9) 查看恢复数据，命令如下：

```
SQL>SELECT * FROM test_2;
```

显示 2 条记录，结果如下：

```
  ID         NAME
----------- ------------------------
 1001        LILI
 2002        DAIHONG
```

提示： 从上面测试实例可以验证，利用热备份数据，在归档模式下，可以将丢失的非关键文件恢复为完全恢复。热备份数据时只有 1 条记录，恢复时候能够完全恢复到故障时刻。

5. 归档模式下数据库的不完全恢复

在归档模式下，数据库的不完全恢复主要是指归档模式下数据文件损坏后，没有将数据库恢复到故障时刻的状态，而是使用已备份的数据文件、归档日志文件和重做日志文件将数据库恢复到备份点和失败点之间某一时刻的状态，即恢复到失败之前的最近时间点之前的时间点。不完全恢复仅仅是将数据恢复到某一个特定的时间点或特定的 SCN，而不是当前时间点。在进行数据库不完全恢复之前，首先确保对数据库进行了完全备份。不完全恢复会影响整个数据库，需要在 MOUNT 状态下进行。在不完全恢复后，通常需要使用 ESETLOGS 选项打开数据库。当使用 RESETLOGS 选项后，SCN 计数器不会被重置，原来的重做日志文件被清空，新的重做日志文件序列号重新从 1 开始，因此原来的归档日志文件都不再起作用，应该移走或删除；打开数据库后，应该及时备份数据库，因为原来的备份都已经无效。

由于在归档模式下，对数据文件只能执行前滚操作，而无法将已经提交的操作回退，因此只能通过应用归档重做日志文件和联机重做日志文件将备份时刻的数据库向前恢复到某个时刻，而不能将数据库向后恢复到某个时刻。所以，在进行数据文件损坏的不完全恢复时，必须先使用完整的数据文件备份将数据库恢复到备份时刻的状态。

不完全恢复的语法为：

```
RECOVER DATABASE [ UNTIL TIME time | CANCEL | CHANGE scn ];
```

语法说明如下。

- time：表示基于时间的不完全恢复，将数据库恢复到指定时间点。
- cancel：表示基于撤销的不完全恢复，数据库的恢复随用户输入 CANCEL 命令而终止。
- scn：表示基于 SCN 的不完全的恢复，将数据库恢复到指定的 SCN 值。

不完全恢复的应用情形主要有介质故障(MEDIA FAILURE)导致部分、全部联机重做日志(ONLINE REDO LOG)损坏、用户操作失误(USER ERROR)导致数据丢失、归档重做日志(ARCHIVED REDO LOG)丢失、当前控制文件(CONTROL FILE)丢失。不完全恢复的前提条件是 Oracle 数据库够到 MOUNT 状态，即参数文件、控制文件存在并且可用。在做不完全恢复前，建议在恢复前做一次备份，避免恢复失败导致不必要的损失。不完全恢复的步骤如下。

(1) 关闭数据库。如果数据库不能正常关闭，则强制关闭数据库。命令如下：

```
SQL>SHUTDOWN ABORT
```

(2) 用所有备份数据文件将数据库的所有数据文件恢复到备份时刻的状态。

(3) 将数据库以装载模式启动，并确保数据文件处于联机状态。命令如下：

```
SQL>STARTUP MOUNT
```

(4) 执行数据库不完全恢复命令，将数据库恢复到某个时间点、CANCEL、SCN 值。命令如下：

```
SQL>RECOVER DATABASE UNTIL TIME time;
SQL>RECOVER DATABASE UNTIL CANCEL;
SQL>RECOVER DATABASE UNTIL CHANGE scn;
```

(5) 使用 RESETLOGS 选项打开数据库，并验证恢复。

提示： 不完全恢复仅仅是将数据恢复到某一个特定的时间点或特定的 SCN，而不是当前时间点。只要进行不完全恢复，就要使用 RESETLOG 方式打开，以确保数据库的一致性。

例题 11-4：将数据库 ora11 作一个热备份，热备份的文件放置在 backup 目录下。如果用户发现删除数据的操作是错误的，或数据文件发生了损坏，需要恢复到删除操作之前的状态，此时就需要利用热备份数据采用数据库不完全恢复。下面给出利用热备份与数据库不完全恢复的详细步骤。

(1) 建立测试表，命令如下：

```
SQL>CREATE TABLE test(a INT) TABLESPACE users;
SQL>INSERT INTO test VALUES(1);
SQL>COMMIT;
SQL>INSERT INTO test VALUES(2);
SQL>COMMIT;
SQL>SELECT * FROM test;  //里面有 2 条记录
```

查询结果如下：

```
 A
----------
 1
 2
```

(2) 查看数据文件，命令如下：

```
SQL>SELECT file_name FROM dba_data_files;
```

查询结果如下：

```
FILE_NAME
------------------------------------------------------------
/u01/app/oracle/oradata/ora11/users01.dbf
/u01/app/oracle/oradata/ora11/undotbs01.dbf
/u01/app/oracle/oradata/ora11/sysaux01.dbf
/u01/app/oracle/oradata/ora11/system01.dbf
/u01/app/oracle/oradata/ora11/example01.dbf
```

(3) 快速备份文件，命令如下：

```
SQL>ALTER DATABASE ora11 BEGIN BACKUP;
SQL>host cp /u01/app/oracle/oradata/ora11/*.dbf  /u01/backup/;
SQL>ALTER DATABASE ora11 END BACKUP;
```

(4) 继续添加数据，命令如下：

```
SQL>INSERT INTO test VALUES(3);
SQL>COMMIT;
SQL>SELECT * FROM test; //显示 3 条记录
```

查询结果如下：

```
 A
-----------
 1
 2
 3
```

(5) 查看数据库 current_scn，，命令如下：

```
SQL>SELECT current_scn FROM v$database;
```

查询结果如下：

```
CURRENT_SCN
-----------
     920251
```

(6) 删除测试表，命令如下：

```
SQL>DROP TABLE test;
```

(7) 关闭数据库，复制备份数据，启动数据库操作失败：

```
SQL>SHUTDOWN IMMEDIATE;
SQL>host cp /u01/backup/*  /u01/app/oracle/oradata/ora11/;
SQL>STARTUP;
ORACLE instance started.

Total System Global Area        318046208 bytes
Fixed Size                      1336260 bytes
Variable Size                   176163900 bytes
Database Buffers                134217728 bytes
Redo Buffers                    6328320 bytes
Database mounted.
ORA-01113: file 1 needs media recovery
ORA-01110: data file 1: '/u01/app/oracle/oradata/ora11/system01.dbf'
```

(8) 执行数据文件的不完全恢复命令，查看测试表，命令如下：

```
SQL>RECOVER DATABASE UNTIL CHANGE 920251;        //基于 SCN 恢复
SQL>RECOVER DATABASE UNTIL TIME '2014-12-28 20:25:52';     //基于时间恢复
Media recovery complete.
SQL>ALTER DATABASE OPEN RESETLOGS;
Database altered.
SQL>SELECT * FROM test;
```

查询结果如下：

```
 A
--------------
 1
 2
 3
```

提示：上面测试实例验证，利用热备份数据，在归档模式下，可以将数据库恢复到用户删除操作(drop table test)之前的状态。

11.3　逻辑备份与恢复

11.3.1　逻辑备份与恢复概述

逻辑备份是指利用 Oracle 提供的导出工具，将数据库中选定的信息导出为二进制文件存储到操作系统中。逻辑恢复是指利用 Oracle 提供的导入工具，将逻辑备份转储文件导入到数据库内部，从而进行数据库的逻辑恢复。逻辑备份与恢复必须在数据库运行的状态下进行，当数据库发生介质损坏而无法启动时，不能利用逻辑备份恢复数据库。因此，数据库备份与恢复是以物理备份与恢复为主，逻辑备份与恢复为辅的。

Oracle 数据库提供了 Export 和 Import 实用程序，用于实现数据库逻辑备份与恢复。在 Oracle 10g 以上版本数据库中又推出了数据泵技术，即 Data Pump Export(Expdp)和 Data Pump Import(Impdp)实用程序，以实现数据库的逻辑备份与恢复。需要注意的是，这两类逻辑备份与恢复实用程序虽然在用法上非常相似，但两者之间并不兼容。Export 和 Import 是客户端应用程序，既可以在服务器端使用，也可以在客户端使用。Expdp 和 Impdp 是服务器端实用程序，只能在 Oracle 服务器端使用，不能在客户端使用。基于数据泵技术的 Expdp/Impdp 工具在灵活性和功能性上与 Export/Import 相比，提供了并行处理导入或导出任务、数据库连接远端数据库导出或导入任务、非常细粒度的对象控制等很多新特性。

11.3.2 Export 和 Import

Oracle Export/Import 工具是一个操作简单、方便灵活的备份恢复和数据迁移工具，可以实施全库级、用户级、表级的数据备份和恢复。对于数据量在 G 级或 G 级以内、强调高可用性、可以容忍少量数据丢失的数据库系统，Export/Import 是普遍实用的逻辑备份方式。逻辑备份是指使用工具 Export 将数据对象的结构和数据导出到二进制文件的过程。逻辑恢复是指当数据库对象被误操作而损坏后，使用工具 Import 利用备份的二进制文件把数据对象导入数据库的过程。物理备份既可在数据库 OPEN 的状态下进行，也可在关闭数据库后进行，但是逻辑备份和恢复只能在 OPEN 的状态下进行。

Export 导出的是二进制格式的文件，不可以手工编辑，否则会损坏数据。该文件在 Oracle 支持的任何平台上都是一样的格式，可以在各个平台上通用。因此，Export/Import 工具适用于在两个数据库之间传送数据，包括同一个 Oracle 数据库版本之间、不同 Oracle 数据库版本之间、相同或者不相同的操作系统之间的 Oracle 数据库；同时还适用于数据库的备份和恢复、从数据库一个模式传送到另一个模式中、从数据库一个表空间传送到另一个表空间。

1. Export 命令

Export 命令导出的模式决定了要导出的内容范围。Export 导出的模式分为全库导出模式、模式导出模式与表导出模式，导出模式可以用参数或命令直接设置。Export 导出程序提供了命令行接口(Command-Line Interface)、交互式命令接口(Interactive-Command Interface)、参数文件接口(Parameter File Interface)、Enterprise Manager 接口，这里主要介绍命令行导出方式、交互式命令导出方式。Export 文件的位置在/u01/app/oracle/product/11.2.0/db_1/bin 目录下，导出文件也存放在该目录下。

1) 命令行接口方式

(1) 全库导出模式(Full)：通过参数 FULL 指定，导出整个数据库。导出数据库是指利用 Export 工具将数据库中的所有对象及数据导出，要求该用户具有 DBA 的权限或者是

EXP_FULL_DATABASE 权限。

例题 11-5：将数据库 ora11 完全导出，用户名为 system，以完全增量方式(COMPLETE)导出为备份文件 ora_all.dmp。命令如下：

```
$exp system/oracle@orcal1 full=y inctype=complete file=/u01/ora_all.dmp
```

(2) 模式导出模式(U)：通过参数 OWNER 指定，导出一个模式或是多个模式中的所有对象和数据，并存放到文件中。模式导出模式分为导出自己的模式与导出其他模式。

例题 11-6：把 scott 模式下的所有对象及其数据导出为备份文件 scott.dmp。命令如下：

```
$exp scott/oracle@ora11 owner=scott file=/directory/scott.dmp
```

如果用户要导出其他模式，则需要 DBA 的权限或是 EXP_FULL_DATABASE 的权限，比如 system 模式就可以导出 scott 模式的数据。

例题 11-7：以 system 模式登录，将 scott 模式的数据导出为备份文件 scott.dmp。命令如下：

```
$exp system/oracle@ora11 owner=scott file=/directory/scott.dmp
```

(3) 表导出模式(T)：通过参数 TABLES 指定，导出指定模式中指定的所有表、分区及其依赖对象。表导出模式可以导出自己的表、导出表结构与导出其他模式的表等。

例题 11-8：把 scott 模式下的 emp 表导出为备份文件 emp.dmp。命令如下：

```
$exp scott/tiger@ora11 tables=(emp) file=/u01/emp.dmp
```

如果用户在导出数据时，不需要导出表的记录数据，只需要导出表的结构，将参数 ROWS 设置为 n 即可。

例题 11-9：把 scott 模式下的 dept 表结构导出为备份文件 dept.dmp。命令如下：

```
$exp scott/tiger@ora11 tables=(dept) file=/u01/dept.dmp rows=n
```

2) 交互式命令接口方式

交互式命令接口方式导出是指在导出过程中，用户通过交互式命令对导出参数进行设置，从而实现对导出过程的管理。

例题 11-10：把 scott 模式下的 emp 表导出为备份文件 expdat.dmp。命令如下：

```
$exp scott/tiger
Enter array fetch buffer size:4096>          //按 Enter 键
Export file: expdat.dmp>                     //导出的文件名
(1)E(ntire db),(2)U(sers),or (3)T(ables): (2)U> 3
Export grants(yes/no):yes>                   //按 Enter 键
Export table data(yes/no):yes>               //按 Enter 键
Compress extents(yes/no):yes>                //按 Enter 键
Table(T) or Partition(T:P) to be exported:(Return to quit)>  //按 Enter 键
```

按照交互式命令提示输入缓冲区大小、导出的文件名，选择导出方式，设置权限是否导出、表是否导出、导出文件是否压缩，导出的表是否分区等信息，通常选择默认参数即可。

2. Import 命令

Import 导入工具将 exp 形成的二进制系统文件导入数据库中，但是导入使用的文件必须是 Export 所导出的文件。Import 导入数据很大程度上依赖于导出文件，例如需要导入某用户的所有数据，导出文件中必须存在该用户的所有数据，即导出时必须为全库导出或模式导出。Import 导入模式与 Export 导出模式相似，Import 导入模式也分为全库导入模式、模式导入模式、表导入模式。

1) 命令行接口方式

(1) 全库导入模式(Full)：通过参数 FULL 指定导入整个数据库。导入数据库是指利用 Import 工具将数据库中的所有对象及数据导入，在默认情况下，当导入数据库时，会导入所有对象结构和数据，所以要求该用户具有 DBA 的权限或者是 IMP_FULL_DATABASE 权限。

例题 11-11：将数据库 ora11 完全导入，用户名为 system，导入的备份文件为 ora_all.dmp。命令如下：

```
$imp system/oracle@orcal1 full=y file=/u01/ora_all.dmp
```

(2) 模式导入模式(U)：通过参数 OWNER 指定，导入一个模式或是多个模式中的所有对象和数据。如果要导入其他方案，要求该用户具有 DBA 的权限或者 IMP_FULL_DATABASE 权限。

例题 11-12：利用 scott 模式下的备份文件 scott.dmp 恢复该模式的数据。命令如下：

```
$imp scott/oracle@ora11 owner=scott file=/directory/scott.dmp
```

(3) 表导入模式(T)：通过参数 TABLES 指定，导入指定模式中指定的表、分区及其依赖对象。

例题 11-13：利用 scott 模式下 emp 表的备份文件 emp.dmp，恢复 emp 表数据。命令如下：

```
$imp scott/tiger@ora11 tables=(emp) file=/u01/emp.dmp
```

例题 11-14：利用 scott 模式下 emp 表结构的备份文件 emp.dmp，恢复 emp 表结构而不导入数据。命令如下：

```
$imp scott/tiger@ora11 tables=(emp) file=/u01/emp.dmp rows=n
```

2) 交互式命令接口方式

通过交互式命令接口方式导入是指在导入过程中，用户通过交互式命令对导入参数进行设置，从而实现对导入过程的管理。

例题 11-15：删除 scott 模式下的 emp 表，然后利用 scott 模式下 emp 表的逻辑备份文件 expdat.dmp 恢复 emp 数据。命令如下：

```
$ imp  scott/tiger
Import data only (yes/no):no>   //按 Enter 键
Import file: expdat.dmp>   //导入的文件名
Enter insert buffer size (minimum is 8192) 30720>
List contents export file (yes/no):no>
```

```
Ignore create error due to object existence (yes/no): yes
Import table data (yes/no):yes>
Import entire export file (yes/no):no>
Username:scott
Enter table(T) or partition(T:P) names or . If done:
```

按照交互式命令提示输入相应的参数。首先，提示是否只导入表数据，默认选择表结构与表数据都导入。其次，输入导入的文件名、数据缓冲区大小、是否列出导出文件清单。再次，如果导入过程中表已经存在，则忽略该错误信息。最后，选择是否所有导出的表都进行导入操作，如果选择不是，则按提示输入用户信息，并输入需要导入的表。

11.3.3　Expdp 和 Impdp

Expdp 和 Impdp 是服务器端的工具程序，只能在 Oracle 服务器端使用，不能在客户端使用。由于 Expdp 和 Impdp 程序是基于服务器端的工具，使用 Expdp 和 Impdp 工具时，其转储文件只能存放在由 Directory 对象指定的特定数据库服务器操作系统目录中，而不能使用直接指定的操作系统目录。Directory 对象是 Oracle 10g 以上版本提供的一个新功能，它指向操作系统中的一个路径。每个 Directory 对象都包含 Read、Write 两个权限，可以通过 GRANT 命令授权给指定的用户或角色。拥有读写权限的用户就可以读写该 Directory 对象指定的操作系统路径下的文件。无论在什么地方使用 Expdp，生成的文件最终保存在服务器上由 Directory 指定的位置。因此，使用 Expdp 和 Impdp 工具时，需要首先创建 Directory 目录，并对该目录的读、写权限授予相应的数据库用户。具体步骤如下。

(1) 以管理员身份登录，创建逻辑目录，该命令不会在操作系统中创建真正的目录。命令如下：

```
SQL>CREATE OR REPLACE DIRECTORY dpdir AS '/u01';
```

(2) 给 system 和 scott 用户赋予指定目录的操作权限。命令如下：

```
SQL>GRANT read,write on directory dpdir TO system,scott;
```

注意： 执行 Expdp 和 Impdp 命令，需要拥有 EXP_FULL_DATABASE 和 IMP_FULL_DATABASE 权限，授权语句如下：

```
SQL>GRANT exp_full_database,imp_full_database TO system,scott;
```

Expdp 和 Impdp 实用程序提供了 3 种应用接口供用户调用，即命令行接口(Command-Line Interface)、参数文件接口(Parameter File Interface)与交互式命令接口(Interactive-Command Interface)。

Expdp/Impdp 的导出/导入模式决定了所要导出/导入的内容范围。Expdp/Impdp 提供了 5 种导出/导入模式，在命令行中通过参数来指定。导出/导入模式分别为全库导出/导入模式(Full Export Mode)、模式导出/导入模式(Schema Mode)、表导出/导入模式(Table Mode)、表空间导出/导入模式(Tablespace Mode)与传输表空间导出/导入模式(TransPortable Tablespace)。

1. Expdp 命令

1) 命令行接口方式导出

命令行接口(Command-Line Interface)方式导出是在命令行中直接指定参数，是最简单、最直观、最方便的调用方式。

(1) 全库导出模式(Full Export Mode)：通过参数 FULL 指定，将数据库中的所有信息导出到转储文件中。

例题 11-16：把当前数据库 ora11 全部导出到转储文件 full.dmp。命令如下：

```
$expdp system/manager DIRECTORY=dpdir DUMPFILE=full.dmp FULL=y
```

(2) 模式导出模式(SchemaMode)：通过参数 SCHEMAS 指定，是默认的导出模式，将一个或多个模式中的所有对象导出到指定的转储文件中。

例题 11-17：把 scott 模式下的所有对象及其数据导出到转储文件 scott.dmp。命令如下：

```
$expdp scott/tiger@ora11 DIRECTORY=dpdir DUMPFILE=scott.dmp
SCHEMAS=scott
```

(3) 表导出模式(Table Mode)：通过参数 TABLES 指定，将一个或多个表的结构及其数据、分区及其依赖对象导出到转储文件中。

例题 11-18：把 scott 模式下的 emp 表导出到转储文件 emp.dmp。命令如下：

```
$expdp scott/tiger@ora11 DIRECTORY=dpdir DUMPFILE=emp.dmp TABLES=emp
```

(4) 表空间导出模式(Tablespace Mode)：通过参数 TABLESPACES 指定，将一个或多个表空间中的所有对象及其依赖对象的定义和数据导出到转储文件。

例题 11-19：把 example 表空间中的数据导出到转储文件 e.dmp。命令如下：

```
$expdp system/manager DIRECTORY=dpdir DUMPFILE=e.dmp TABLESPACES=example
```

(5) 传输表空间导出模式(TransPortable Tablespace)：通过参数 TRANSPORT_TABLESPACES 指定，将一个或多个表空间中所有对象及其依赖对象的定义信息导出到转储文件。通过该导出模式以及相应导入模式，可以实现将一个数据库表空间的数据文件复制到另一个数据库中。

例题 11-20：把 users 表空间中对象的定义信息及其数据导出到转储文件 u.dmp。命令如下：

```
$expdp system/manager DIRECTORY=dpdir DUMPFILE=u.dmp
TRANSPORT_TABLESPACES=users TRANSPORT_FULL_CHECK=y
```

2) 参数文件接口方式导出

参数文件接口(Parameter File Interface)方式导出是指将需要导出的各种参数设置放入一个文件中，在命令行中通过 PARFILE 参数指定该参数文件。

例题 11-21：利用参数文件方式导出 scott 模式下的 emp、dept 两个表，导出到转储文件 e_d.dmp。

(1) 建立文本文件 a.txt，文本文件内容如下：

```
$cat a.txt
```

```
DIRECTORY=dpdir DUMPFILE=e_d.dmp INCLUDE=TABLE:
" in('EMP','DEPT') " SCHEMAS=scott
```

(2) 执行 expdp 命令：

```
$expdp scott/tiger PARFILE=a.txt
```

3) 交互式命令接口方式导出

交互式命令接口(Interactive-Command Interface)方式导出是用户通过交互式命令进行导出操作管理。数据泵技术的导入/导出任务支持停止、重启等状态操作。如用户执行导入或者导出任务时，执行了一半后，使用 Crtl+C 组合键中断了任务(或其他原因导致的中断)，此时任务并不是被取消，而是被转移到后台。可以再次使用 Expdp/Impdp 命令附加 ATTACH 参数的方式重新连接到中断的任务中，并选择后续的操作。用于对导出作业进行管理的命令如表 11-1 所示。下面介绍交互命令方式导出基本步骤。

(1) 执行一个作业，命令如下：

```
$expdp scott/tiger FULL=YES DIRECTORY=dpdir
DUMPFILE=expdp01.dmp,expdp02.dmp FILESIZE=2G PARALLEL=3
LQGFILE=dpfull.log
JOB_NAME=dpfull
```

使用 PARALLEL 参数可以提高数据泵的效率，前提是必须有多个 Expdp 的文件，如 expdp01.dmp、expdp02.dmp 等，不然会出现问题。

(2) 作业开始执行后，按 Ctrl+C 组合键。

(3) 在交互模式中输入导出作业的管理命令，根据提示进行操作：

```
Export>STOP_JOB=IMMEDIATE
Are you sure you wish to stop this job ( [Y] /N) : Y
```

表 11-1　Expdp 交互命令及其功能

命令名称	功能描述
ADD_FILE	向转储文件集中添加转储文件
CONTINUE_CLIENT	返回到记录模式。如果处于空闲状态，将重新启动作业
EXIT_CLIENT	退出客户机会话并使作业处于运行状态
FILESIZE	后续 ADD_FILE 命令的默认文件大小(字节)
HELP	显示帮助信息
KILL_JOB	分离和删除作业
PARALLEL	更改当前作业的活动进程数目
START_JOB	启动/恢复当前作业
STATUS	指定显示导出作业状态的时间间隔
STOP_JOB	顺序关闭执行的作业并退出客户机。设置 STOP_JOB=IMMEDIATE 将立即关闭数据泵作业

2. Impdp 命令

Oracle 数据泵还原命令 Impdp 是相对于 Expdp 命令的，方向是反向的，即对于数据库备份进行还原操作。Oracle 数据泵还原就是使用工具 Impdp 将备份文件中的对象和数据导入数据库中，但是导入要使用的文件必须是 Expdp 所导出的文件。

1) 命令行接口方式导入

(1) 全库导入模式(Full Export Mode)：通过参数 FULL 指定，利用全库导出模式的逻辑备份文件恢复整个数据库。

例题 11-22：利用当前数据库 ora11 逻辑备份文件 full.dmp 恢复数据库。命令如下：

```
$expdp system/manager DIRECTORY=dpdir DUMPFILE=full.dmp FULL=y
```

(2) 模式导入模式(Schema Mode)：通过参数 SCHEMAS 指定，是默认的导入模式，如果某个模式数据意外损坏或丢失，可以使用该模式的逻辑备份文件进行恢复。

例题 11-23：假如 scott 模式下的所有对象及其数据丢失，使用该模式的备份文件 scott.dmp 恢复该模式下的所有对象及其数据。命令如下：

```
$impdp scott/tiger@ora11 DIRECTORY=dpdir DUMPFILE=scott.dmp
SCHEMAS=scott
```

(3) 表导入模式(Table Mode)：通过参数 TABLES 指定，如果某模式下的表数据丢失，使用该表导出模式的逻辑备份文件进行恢复。

例题 11-24：如果 scott 模式下的 emp 表中数据丢失，可以使用表导出模式的逻辑备份文件 emp.dmp 进行恢复。命令如下：

```
$impdp scott/tiger@ora11 DIRECTORY=dpdir DUMPFILE=emp.dmp NOLOGFILE=Y
TABLES=emp
```

(4) 表空间导入模式(Tablespace Mode)：通过参数 TABLESPACES 指定，如果一个表空间的所有对象及数据丢失，使用该表空间导出模式的逻辑备份文件进行恢复。

例题 11-25：假如 example 表空间中数据丢失，可以利用 example 表空间导出模式的逻辑备份文件 e.dmp 恢复 example 表空间的数据。命令如下：

```
$impdp system/manager DIRECTORY=dpdata1 DUMPFILE=e.dmp
TABLESPACES=example
```

(5) 传输表空间导入模式(TransPortable Tablespace)：通过参数 TRANSPORT_TABLESPACES 指定，利用传输表空间导出模式逻辑备份文件导入另一个远程数据库中。

例题 11-26：利用数据库 ora11 中 users 表空间导出模式逻辑备份文件 u.dmp，导入数据库链接 dblink_test 所对应的远程数据库中。命令如下：

```
$impdp system/manager DIRECTORY=dpdir NETWORK_LINK=dblink_test
TRANSPORT_TABLESPACES=users DUMPFILE=u.dmp TRANSPORT_TABLESPACES=users
TRANSPORT_FULL_CHECK=n TRANSPORT_DATAFILES='app/oradata/test.dbf'
```

提示： 目标库的版本要等于或者高于备份的源数据库的版本，需要创建数据库链接以及具有登录到远程数据库的账号权限。TRANSPORT_TABLESPACES 参数选项有效前提条件是 NETWORK_LINK 参数需被指定。

2)　参数文件接口方式导入

参数文件接口(Parameter File Interface)方式导入是指将导入参数设置放入一个文件中，在命令行中通过 PARFILE 参数指定该参数文件。

例题 11-27：利用 scott 模式下的 emp、dept 两个表的逻辑备份文件 e_d.dmp，通过参数文件接口方式导入 scott 模式下的 emp 和 dept 两个表。命令如下：

(1)　建立文本文件 emp_dept.txt，文本文件内容为

```
$cat emp_dept.txt
DIRECTORY=dpdir DUMPFILE=e_d.dmp TABLE=EMP,DEPT SCHEMAS=scott
```

(2)　运行 ixpdp 命令：

```
$impdp scott/tiger PARFILE=emp_dept.txt
```

3)　交互式命令接口方式导入

Impdp 交互式执行方式与 Expdp 类似，在 Impdp 命令执行作业导入的过程中，可以使用 Impdp 的交互式命令对当前运行的导入作业进行控制管理。Impdp 常用的交互命令参考如表 11-1 所示。

11.4　小型案例实训

例题 11-28：将数据库 ora11 作一个热备份，热备份的文件放置在 backup 目录下。假如 users 表空间的数据文件 users01.dbf 损坏，利用热备份数据恢复数据库。下面给出热备份与恢复详细步骤。

(1)　建立/u01/backup，命令如下：

```
$mkdir /u01/backup
$sqlplus / as sysdba
SQL>STARTUP
```

(2)　将数据库设置为归档模式，命令如下：

```
SQL>SHUTDOWN IMMEDIATE
SQL>STARTUP MOUNT
SQL>ALTER DATABASE ARCHIVELOG
SQL>ARCHIVE LOG LIST
SQL>ALTER DATABASE OPEN
```

(3)　在 users 表空间建立测试表 test_2，命令如下：

```
SQL>CREATE TABLE test_2(id NUMBER PRIMARY KEY,
2  name CHAR(20)) TABLESPACE users;
SQL>INSERT INTO test_2 VALUES(1001,'LILI');
SQL>COMMIT;
SQL>SELECT * FROM test_2;
```

```
        ID  NAME
----------  --------------------
      1001  LILI
```

(4) 数据备份，命令如下：

```
SQL>ALTER TABLESPACE USERS BEGIN BACKUP;
SQL>host cp /u01/app/oracle/oradata/ora11/users01.dbf
2  /u01/backup/users01.dbf;
SQL>ALTER TABLESPACE users END BACKUP;
```

(5) 继续添加数据，命令如下：

```
SQL>INSERT INTO test_2 VALUES(2002,'DAIHONG');
SQL>COMMIT;
```

(6) 关闭数据库，删除数据文件，数据库启动失败，命令如下：

```
SQL>SHUTDOWN IMMEDIATE;
SQL>host rm /u01/app/oracle/oradata/ora11/users01.dbf;
SQL>STARTUP;   //数据库启动到 mount 状态
ORACLE instance started.
Total System Global Area   318046208 bytes
Fixed Size                   1336260 bytes
Variable Size              176163900 bytes
Database Buffers           134217728 bytes
Redo Buffers                 6328320 bytes
Database mounted.
ORA-01157: cannot identify/lock data file 4 - see DBWR trace file
ORA-01110: data file 4: '/u01/app/oracle/oradata/ora11/users01.dbf'
```

(7) 把损坏的文件离线，打开数据库，命令如下：

```
SQL>ALTER DATABASE DATAFILE 4 OFFLINE;
SQL>ALTER DATABASE OPEN;
SQL>SELECT * FROM test_2;
ERROR at line 1: 报错:
ORA-00376: file 4 cannot be read at this time
ORA-01110: data file 4: '/u01/app/oracle/oradata/ora11/users01.dbf'
```

(8) 把备份文件复制到指定位置，恢复数据库，命令如下：

```
SQL>!cp /u01/backup/users01.dbf /u01/app/oracle/oradata/ora11/;
SQL>RECOVER DATAFILE 4;
Media recovery complete.
SQL>ALTER DATABASE DATAFILE 4 ONLINE;
```

(9) 查看恢复数据，命令如下：

```
SQL>SELECT * FROM test_2;
```

显示 2 条记录：

```
        ID  NAME
----------  --------------------
      1001  LILI
      2002  DAIHONG
```

从上面测试实例，可验证利用热备份数据，在归档模式下，丢失非关键文件恢复为完全恢复。热备份数据时候只有 1 条记录，恢复时能够完全恢复到故障时刻。

本章小结

数据库的备份与恢复是保证数据库安全运行的一项重要内容，也是数据库管理员的重要职责。本章主要介绍了数据库物理备份与恢复概念、物理备份与恢复方法、逻辑备份与恢复方法。

数据库完全恢复是由还原(Restore)与恢复(Recover)两个过程组成的。数据库的不完全恢复主要是将数据恢复到某一个特定的时间点或特定的 SCN，而不是当前时间点。

习　题

1．选择题

(1) 下面 EXPORT 与 IMPORT 命令有关描述，不正确的选项为(　　)。

A. 是客户端应用程序　　B. 可以在服务器端使用

C. 可以在客户端使用　　D. 是服务器端应用程序

(2) 执行不完全恢复时，数据库必须处于(　　)状态。

A. 关闭　　B. 卸载　　C. 打开　　D. 装载

(3) 下列选项中属于逻辑备份是(　　)。

A. 冷备份　　B. 热备份　　C. IMPDP　　D. EXPDP

(4) 数据库备份时需要关闭数据库的(　　)。

A. 冷备份　　B. 热备份　　C. EXPORT　　D. EXPDP

(5) 在逻辑备份中，不能进行数据导出的是(　　)。

A. 表方式　　B. 用户方式　　C. 数据块方式　　D. 全库方式

(6) 下面哪一种不完全恢复需要使用 SCN 号作为参数？(　　)

A. 基于时间的不完全备份　　B. 基于撤销的不完全备份

C. 基于 SCN 的不完全备份　　D. 基于顺序的不完全备份

(7) 数据库完全备份时，数据库应该处于(　　)。

A. MOUNT 状态　　B. NO MOUNT 状态

C. 归档模式　　D. 非归档模式

(8) 某用户误删除了 EMP 表，为了确保不会丢失该表数据，应该采用(　　)恢复方法。

A. IMP 导入该表数据　　　　B. 使用完全恢复
C. 使用不完全恢复　　　　D. 使用 OS 复制命令

2. 简答题

(1) 什么是数据库备份？什么是数据库恢复？

(2) 数据库备份分哪些类型？分别有何不同？

(3) 数据库恢复分哪些类型？分别有何不同？

(4) 归档模式下数据库完全恢复与数据库不完全恢复的区别有哪些？

(5) 物理备份和逻辑备份的主要区别是什么？分别适用于什么情况？

3. 操作题

(1) 将数据库 ora11 作一个冷备份，备份的文件放置在 bak 目录下，模拟删除 emp 表。请给出利用冷备份数据恢复数据详细步骤，并上机验证。

(2) 将数据库 ora11 作一个热备份，热备份的文件放置在 bak 目录下。假如 system 表空间的数据文件 system01.dbf 损坏，请给出利用热备份数据恢复数据库的详细步骤。

(3) 将数据库 ora11 作一个热备份，热备份的文件放置在 bak 目录下。如果用户发现删除数据的操作是错误的，分别给出基于时间点、基于 SCN 值的不完全恢复步骤。

(4) 应用 Export 命令，把 scott 模式下的 emp 表与 dept 表导出到备份文件 expdat.dmp。

(5) 删除 scott 模式下的 emp 表，应用 Import 命令，利用(4)题中 scott 模式下的 emp 表与 dept 表的逻辑备份文件 expdat.dmp，恢复 emp 表与 dept 表中的数据。

(6) 使用 Expdp 命令，将数据库 users 表空间中的所有内容导出。

(7) 使用 Expdp 命令，将 scott 模式下的 emp 表和 dept 表导出。

(8) 在 scott 模式下，删除 emp 表和 dept 表，然后利用(7)题中的逻辑备份文件恢复 emp 表与 dept 表。

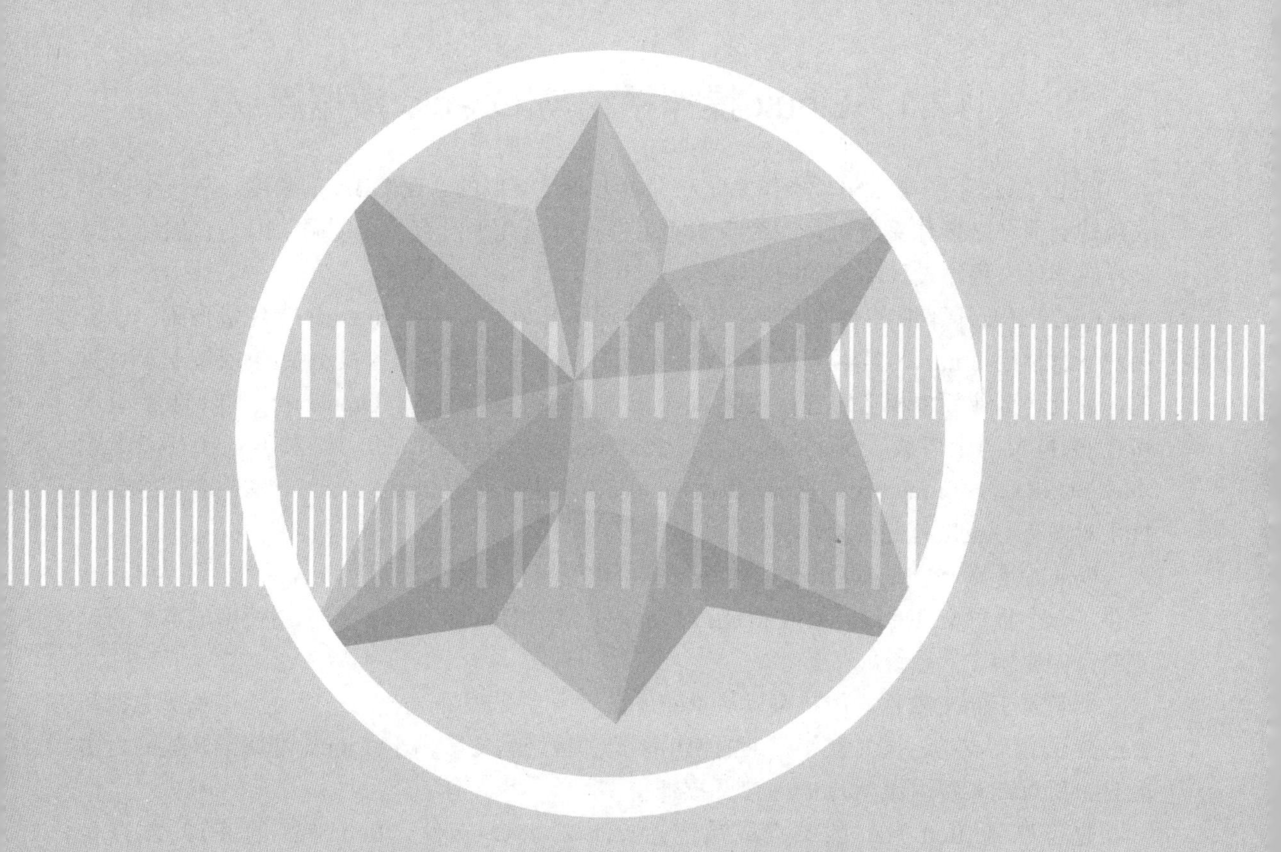

第 12 章

Oracle DBA 的 Linux 基础

本章要点：

为了保证数据库有效地运行，数据库管理员还需要了解操作系统。本章将介绍 Oracle DBA 应该掌握的基本的 Linux 操作系统知识。

学习目标：

掌握 Oracle 数据库管理员常用的 Linux 基本操作命令的使用方法。

12.1 Linux 操作系统与 Oracle 数据库

Linux 操作系统与 UNIX 操作系统在许多方面是类似的。在 DBA 的角度，从一个操作系统转到另一个操作系统时，在命令和实用程序方面几乎没有什么不同，因为它们都支持同样的软件、程序设计环境和网络特征。

Linux 还处于不断的发展之中，它的源代码是开放的，可在 Internet 上免费下载。许多用户愿意使用 Linux，是因为可得到更多的程序和驱动程序，而且是免费的(或接近于免费的，因为其商业版本相当便宜)，同时漏洞修补发布得也相当快。Oracle 11g 的 Linux 版本可在 OTN 站点上下载。Oracle 目前支持 Red Hat Enterprise Linux AS 和 ES(3.0 或 2.1 版本)、SUSE Linux Enterprise Server 和 Asianux 1.0，还将在 United Linux 1.0 的生命期中继续提供对现有 Oracle 产品的客户支持。

Oracle 是第一个提供 Linux 操作系统的可供商用数据库的公司。Oracle 甚至还为 Linux 提供了一个集群文件系统，这使得能在 Linux 上使用 Oracle RAC，而不用使用成本更高、更复杂的原始文件系统。

要获得 Linux 软件，用户可以从 Red Hat 公司订购发布光盘。一般可获得免费电话和 E-mail 的售后支持，同时获得详细的使用手册和应用软件。由于 Linux 是属于开放的自由软件，所以购买费用比 Windows 产品要低得多。

也可以到 Red Hat 的站点或镜像站点下载 ISO 文件，Red Hat 的 FTP 站点是 ftp://ftp.RedHat.com/pub/Red Hat/Linux。可以使用任何操作系统的 FTP 客户端软件下载。

12.2 访问 Linux 系统

在登录并使用系统之前，需要知道机器名，机器名可以是符号，也可以是数字形式。所有 Linux 机器(也称为 Linux 服务器)都有一个 IP 地址，通常类似于这样的形式：192.168.31.129。每个 IP 地址都保证是唯一的。利用一个特殊的系统文件(/etc/hosts)，Linux 管理员可给予机器一个符号名。例如，为简单起见，具有 IP 地址 192.168.31.129 的机器可称为 AS5。这样，通过使用 IP 地址或者符号名，就可以建立连接。然后输入密码，成功登录后显示如图 12-1 所示的 shell 提示符界面。

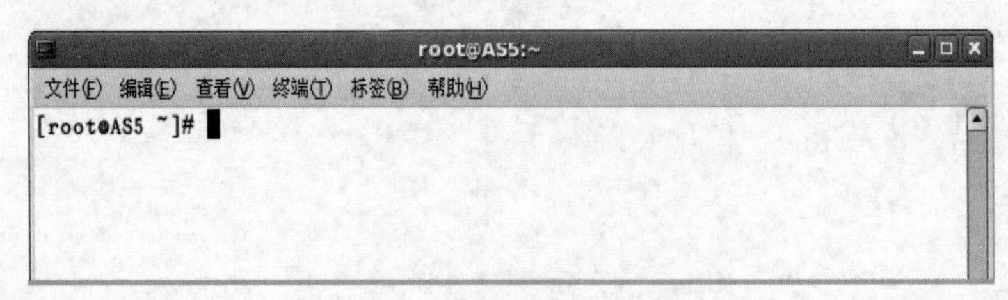

图 12-1 Linux shell 提示符界面

shell 是用户和内核交互的接口，可以把它当作命令解释器。在 Linux 系统中，当用户输入命令后，shell 就会将它们进行解释然后送到内核中执行；用户一开始登录就是与此

shell 交互。内核就是与硬件打交道，完成诸如写数据到磁盘或打印文件到打印机的 Linux 功能。shell 把命令转换为内核能理解的形式并返回结果，因此用户发布的任何命令都是 shell 命令，任何脚本都是 shell 脚本。

如果使用 Bourne shell 或 Kom shell，则 shell 提示为美元符号($)。而 C shell 则使用百分号(%)作为其命令提示。

一旦登录到系统，就是在一个 Linux 会话中工作了，用户将自动在所谓的主目录中工作。在 shell 提示符处输入命令，shell 将解释这些命令并将它们送给内层的操作系统。

操作系统的目录和文件中包括系统文件和用户文件，系统文件是静态的。作为一名 DBA，主要关心的是 Oracle 软件文件和数据库文件。

在提示符处输入#exit 命令，即可退出 Linux 会话。

12.3　Linux 常用命令

在 shell 提示符下，Linux 许多功能要比在图行化界面下完成得更快。本节主要介绍一些 Linux 常用的命令。由于篇幅有限，介绍命令时有些不带参数，有些只介绍部分参数。如果用户要详细了解某一个命，可以使用 man 命令。

提示： 在 Linux 中，命令区分大小写，如 Ls 跟 ls 是不一样的。

12.3.1　用户管理命令

1．su 命令

su 命令用来切换用户，是非常重要的一个命令，可以使一个普通的用户拥有超级用户或其他用户的权限。

例题 12-1：假设当前用户为 root，要转变为 oracle 用户。命令如下：

```
#su - oracle
```

若当前用户是 oracle，要转变为 root 用户，则命令如下：

```
$su - root
```

系统返回：

```
password:
```

此时输入 root 的口令，当前用户又变成 root。

2．chmod 命令

chmod 命令用于改变文件或目录的访问权限，即改变用户的读取、写入和执行 3 个主要权限。用户在账号被创建时就被编入一个组群，因此还可以指定哪些组群可以读写、写入或执行某个文件。

例题 12-2：显示文件 test_fork.c 的详细信息，命令如下：

```
#ls -l test_fork.c
```

显示结果如下所示。

```
-rw-rw-r-- 1 test test 39 3月 11 12:04 sneakers.txt
```

从系统提供的细节可以看到谁能读取(r)和写入(w)文件，谁创建了这个文件(test)，以及所有者所在的组群(test)。在组群右侧的信息包括文件大小、创建的日期和时间，以及文件名。

第一列显示了当前的权限，它有 10 位：第一位代表文件类型，其余 9 位表示 3 组不同用户的 3 组权限。3 组用户分别是文件的所有者、文件所属的组群和“其他人”。

(1) 第一列的第一位代表文件类型，可以显示以下几种。

- d：目录。
- -(短线)：常规文件(而不是目录或链接)。
- l：到系统上其他位置的另一个程序或文件的符号链接。
- 在第一个项目之后的 3 组中，可以看到下面几种类型。
- r：文件可以被读取。
- w：文件可以被写入。
- x：文件可以被执行。

当在“所有者”“组群”或“其他人”列中看到一个短线(“-”)，这意味着相应的权限还没有被授予。因此从上例的显示结果中可以解读出如下含义：文件的所有者(test)有读取和写入该文件的权限。组群 test 也有读取和写入 sneakers.txt 的权限，其他组群只有读取的权限。因为 sneakers.txt 不是一个程序，因此所有者和组群都没有执行它的权限。

使用 chmod 命令可以改变文件的权限，例如输入下面的命令：

```
chmod o+w sneakers.txt
```

其中“o+w”表示系统给“其他人”(o)写入文件 sneakers.txt 的权限。再次使用“#ls -l sneakers.txt”命令列出文件的细节，现在每个人都可以读取和写入这个文件：

```
-rw-rw-rw- 1 test test 39 3月 11 12:04 sneakers.txt
```

使用 chmod 命令也可以删除权限，例如取消读取和写入这两个权限，可以使用如下命令：

```
chmod go-rw sneakers.txt
```

其中“go-rw”告诉系统删除文件 sneakers.txt 中“组群”(g)和“其他人”(o)的读取和写入权限，只保留文件“所有者”的读取和写入权限。再次列出文件细节，显示结果为：

```
-rw------- 1 test test 39 3月 11 12:04 sneakers.txt
```

当使用 chmod 命令来改变权限时，需要记住下面速记符号的含义。

(2) 文件使用者的身份如下。

- u：拥有文件的用户(所有者)。
- g：所有者所在的组群。
- o：其他人(不是所有者或所有者的组群)。
- a：全部的用户。

(3) 文件的权限如下。

- r：读取权。
- w：写入权。
- x：执行权。

(4) 使用的行动如下。

- +：添加权限。
- -：删除权限。
- =：使其成为唯一权限。

另外，也可以通过使用数字来改变权限。每种权限设置都可以用一个数值来代表，含义如下：- = 0，x = 1，w = 2，r = 4。当这些值被加在一起，它的总和便用来设立特定的权限。例如，4(读取)+2(写入)=6，就是具有读取和写入的权限，那么文件 sneakers.txt 的权限 - rw- rw- r--用数字权限设置为：4+2+0 4+2+0 4+0+0，即所有者的总和为 6，组群的总和为 6，其他人的总和为 4，这个权限设置读作 664。

如果想改变 sneakers.txt 文件的权限，例如群组只有读取文件权限，没有写入权限，则从这组数字中减掉 2 即可，因此这组数值就变成 644。

要实现这些新设置，键入如下命令：

```
chmod 644 sneakers.txt
```

下面列出的是一些常用设置、数值以及它们的含义。

- -rw------- (600)：只有所有者才有读取和写入的权限。
- -rw-r--r-- (644)：只有所有者才有读取和写入的权限；组群和其他人只有读取的权限。
- -rwx------ (700)：只有所有者才有读取、写入和执行的权限。
- -rwxr-xr-x (755)：所有者有读取、写入和执行的权限；组群和其他人只有读取和执行的权限。
- -rwx--x--x (711)：所有者有读取、写入和执行权限；组群和其他人只有执行权限。
- -rw-rw-rw- (666)：每个人都能够读取和写入文件。
- -rwxrwxrwx (777)：每个人都能够读取、写入和执行。

下面列举了一些对目录的常见设置。

- drwx------ (700)：只有所有者能在目录中读取、写入。
- drwxr-xr-x (755)：每个人都能够读取目录，但是其中的内容却只能被所有者改变。

3. chown

chown 命令用来修改文件的拥有者，此命令只能由系统管理员(root)所使用。一般用户没有改变其他人或者自己的文件拥有者的权限，只有系统管理员(root)才有这样的权限。

例题 12-3：将 test_fork.c 文件的拥有者改为 oracle 用户。命令如下：

```
#ls -l test_fork.c
#chown oracle:root test_fork.c
#ls -l test_fork.c
```

显示结果如图 12-2 所示。

```
[root@AS5 ~]# ls -l test_fork.c
-rw-r--r-- 1 root root 281 04-08 10:12 test_fork.c
[root@AS5 ~]# chown oracle:root test_fork.c
[root@AS5 ~]# ls -l test_fork.c
-rw-r--r-- 1 oracle root 281 04-08 10:12 test_fork.c
[root@AS5 ~]#
```

图 12-2　chown 命令

如果使用参数-R 或-recursive 就可以实现递归处理，改变某个目录的所有文件及子目录到新的拥有者或者组群。

例题 12-4：将 testdir 文件夹下所有文件和目录的拥有者改为 oracle，操作如图 12-3 所示。

```
[root@AS5 ~]# ls -l testdir
总计 12
-rw------- 1 root root  27 07-16 13:52 test1.txt
-rw------- 1 root root   0 07-16 13:48 test1.txt~
-rw------- 1 root root  36 07-16 13:53 test2.txt
-rw------- 1 root root   0 07-16 13:48 test2.txt~
-rw------- 1 root root 106 07-16 13:54 test3.c
-rw------- 1 root root   0 07-16 13:48 test3.c~
[root@AS5 ~]# chown -R oracle:root testdir
[root@AS5 ~]# ls -l testdir
总计 12
-rw------- 1 oracle root  27 07-16 13:52 test1.txt
-rw------- 1 oracle root   0 07-16 13:48 test1.txt~
-rw------- 1 oracle root  36 07-16 13:53 test2.txt
-rw------- 1 oracle root   0 07-16 13:48 test2.txt~
-rw------- 1 oracle root 106 07-16 13:54 test3.c
-rw------- 1 oracle root   0 07-16 13:48 test3.c~
[root@AS5 ~]#
```

图 12-3　带参数的 chown 命令

4．useradd

useradd 命令用来建立用户账号和创建用户的起始目录，只有管理员(root)拥有此命令的使用权限。

例题 12-5：建立一个新的账户，并设置 ID。命令如下：

```
#useradd tian -u 545
```

一般设定 ID 值要大于 500，因为 Linux 安装后会建立一些特别用户，0～499 之间的值留给了 bin、mail 这样的系统账户。

如果创建一个新用户 oracle，初始属于 oinstall 组，且让其同时属于 dba 组，则可使用下面命令实现：#useradd oracle –g oinstall –G dba。

12.3.2　文件和目录管理命令

1．cd 命令

cd 命令用于改变所在目录，其格式为：

```
cd new-location
```

例题 12-6：从当前工作目录转到/tmp 目录，命令如下：

```
#cd /tmp
```

这是一个绝对路径的例子。Linux 目录是层次结构的，顶层为根目录，它为 Linux 系统管理员所拥有。其他目录从根目录开始分支，文件在各目录之下。例如，登录时位于/u01/app/oracle 目录，若想引用或执行位于目录 /u01/app/oracle/admin/dba/script 中的程序文件，则要在 Linux 系统的层次结构中指定这个位置，必须给出一个路径。可给出从根目录开始的完整路径：/u01/app/oracle/admin/dba/script，这称为绝对路径，因为它从其根目录开始；也可以给出相对路径，就是从当前路径开始的路径。在此例中，所需文件的相对路径为 admin/dba/script。

使用命令 cd..，可以移到当前所在目录的直接上级目录。要向上移两级目录，输入 cd ../..命令。如果输入 cd /，则直接回到根目录。

提示： 在访问目录或文件的相对路径之前，一定要知道当前的工作目录。如果不能确认当前目录，输入 pwd 命令就会显示当前工作目录。这可作为使用相对路径名转换目录的向导。

2. ls 命令

ls 命令用于查看目录的内容，可以说是 Linux 中最常用的命令。ls 命令有许多的选项，表 12-1 列举了几种常用且重要的选项供参考。

表 12-1　ls 命令各选项含义

选　项	含　义
-a	列举目录中的全部文件，包含隐藏文件
-l	列举目录内容的细节，包括权限、所有者、组群、大小、创建日期、文件是否是到系统其他地方的链接以及链接的指向
-f	文件类型。在每个列举项目之后添加一个符号，这些符号包括：/，表明是一个目录；@，表明是到其他文件的符号链接；*，表明是一个可执行文件
-r	逆向(reverse)。从后向前地列举目录中的内容
-R	递归(recursive)。递归地列举所有目录的(当前目录之下)内容
-s	大小(size)。按文件大小排序

例题 12-7：显示当前目录中的所有文件，包含隐藏文件。命令如下：

```
#ls -a
```

结果如图 12-4 所示。

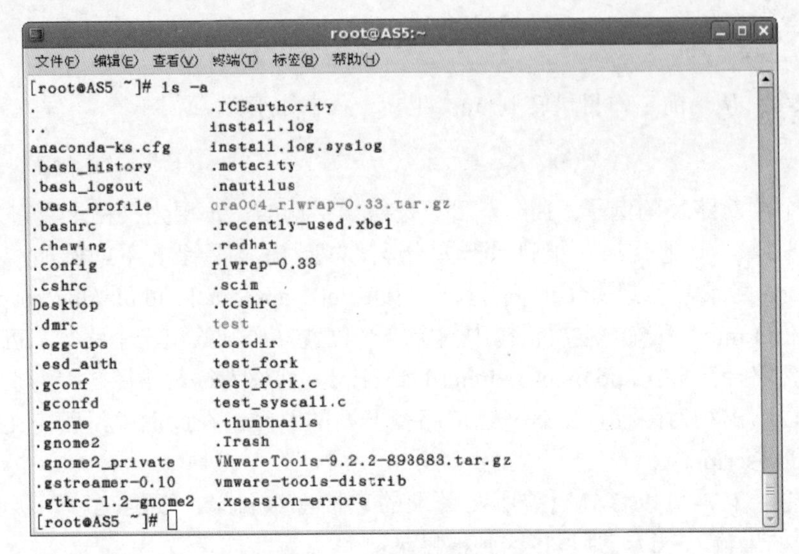


```
[root@AS5 ~]# ls -a
.                   .ICEauthority
..                  install.log
anaconda-ks.cfg     install.log.syslog
.bash_history       .metacity
.bash_logout        .nautilus
.bash_profile       ora004_r1wrap-0.33.tar.gz
.bashrc             .recently-used.xbel
.chewing            .redhat
.config             r1wrap-0.33
.cshrc              .scim
Desktop             .tcshrc
.dmrc               test
.eggcups            testdir
.esd_auth           test_fork
.gconf              test_fork.c
.gconfd             test_syscall.c
.gnome              .thumbnails
.gnome2             .Trash
.gnome2_private     VMwareTools-9.2.2-893683.tar.gz
.gstreamer-0.10     vmware-tools-distrib
.gtkrc-1.2-gnome2   .xsession-errors
[root@AS5 ~]#
```

图 12-4　带参数-a 的 ls 命令

例题 12-8： 显示文件及其详细信息，命令如下：

```
#ls -l
```

结果如图 12-5 所示。

root@AS5:~

文件(F) 编辑(E) 查看(V) 终端(T) 标签(B) 帮助(H)

```
[root@AS5 ~]# ls -l
总计 65236
-rw------- 1 root   root         3217 2014-07-02 anaconda-ks.cfg
drwxr-xr-x 2 root   root         4096 07-16 14:42 Desktop
-rw-r--r-- 1 root   root        59056 2014-07-02 install.log
-rw-r--r-- 1 root   root         4908 2014-07-02 install.log.syslog
-rwxr-xr-x 1 root   root       233893 2014-07-02 ora004_r1wrap-0.33.tar.gz
drwxrwxrwx 9 oracle oinstall     4096 2014-07-02 r1wrap-0.33
-rwxr-xr-x 1 oracle root         5026 04-08 10:12 test
drwxr-xr-x 2 oracle root         4096 07-16 13:54 testdir
-rw-r--r-- 1 root   root          281 04-08 10:06 test_fork
-rw-r--r-- 1 oracle root          281 04-08 10:12 test_fork.c
-rw-r--r-- 1 root   root          183 04-08 10:26 test_syscall.c
-r--r--r-- 1 root   root     66361242 2014-07-02 VMwareTools-9.2.2-893683.tar.gz
drwxr-xr-x 7 root   root         4096 2012-11-01 vmware-tools-distrib
[root@AS5 ~]#
```

图 12-5　带参数-l 的 ls 命令

在 Linux 系统中，文件的显示名颜色代表不同类型的文件，其含义如下。

- 默认色代表普通文件。
- 绿色代表可执行文件。
- 红色代表 tar 包文件。
- 蓝色代表目录文件。
- 水红代表图像文件。
- 青色代表链接文件。
- 黄色代表设备文件。

3. pwd 命令

pwd 命令用于显示当前目录位置。

例题 12-9：显示当前目录位置，命令如下：

```
#pwd
```

输出结果如图 12-6 所示。表明当前用户是在 user 目录下，而这个目录又是在 home 目录下。

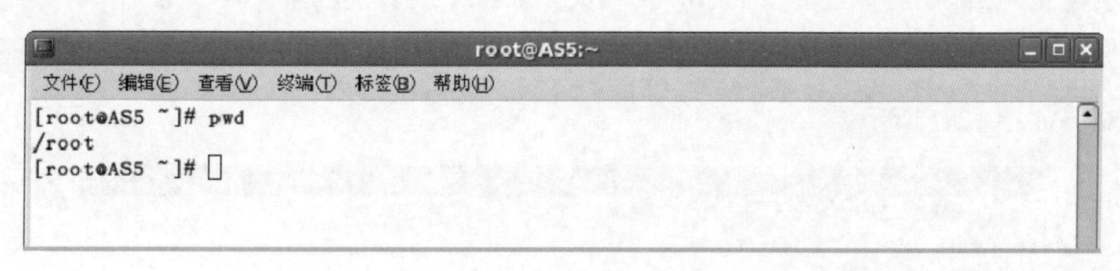

图 12-6　pwd 命令

4. mkdir 命令

mkdir 命令用来建立目录。例如在当前目录下创建子目录 dir_test，可以直接输入命令 mkdir dir_test。

5. mv 命令

mv 命令用于移动文件。

例题 12-10：把文件 test_fork.c 从当前目录中移到另一个现存的目录 testdir 中。命令如下：

```
#mv test_fork.c.txt testdir
```

或使用绝对路径来完成：

```
#mv test_fork.c /root/testdir
```

6. cp 命令

cp 命令可以将文件或目录复制到其他目录中，功能非常强大。在使用 cp 命令时，只需要指定源文件名与目标文件名或目标目录即可。

例题 12-11：把当前目录下的 test_fork.c 文件复制到 testdir 文件夹下，命令如下：

```
#cp test_fork.c testdir
```

或使用绝对路径：

```
#cp test_fork.c /root/testdir
```

7. rm 命令

rm 命令用来删除文件。该命令可以删除目录中的文件或目录本身；对于链接文件，只是删除了该链接，原有文件保持不变。

例题 12-12：使用 rm 命令来删除当前目录下的文件 test_fork.c。命令如下：

```
#rm test_fork.c
```

8．cat 命令

cat 命令主要用来查看文件内容、创建文件、文件合并、追加文件内容等，常用来在屏幕上显示整个文件的内容。如果文件较长，会在屏幕上快速地滚过。

例题 12-13：在屏幕上显示 testdir 文件夹下 test3.c 文件的内容。命令如下：

```
#cat testdir/test3.c
```

结果如图 12-7 所示。

```
root@AS5:~
文件(F) 编辑(E) 查看(V) 终端(T) 标签(B) 帮助(H)
[root@AS5 ~]# cat testdir/test3.c
#include "iostream.h"
#include "math.h"
#include "stdio.h"
void main()
{
        printf("hello world!")
}
[root@AS5 ~]#
```

图 12-7　cat 命令

9．head 命令

head 命令用来查看文件的开头部分。按照默认设置，只能阅读文件的前 10 行。由于它只限于文件的最初几行，所以看不到文件实际上有多长。也可以通过指定一个数字选项来改变要显示的行数。

例题 12-14：显示 test_fork.c 文件的前 5 行，命令如下：

```
#head -5 test_fork.c
```

10．tail 命令

tail 命令用来查看文件结尾的 10 行，与 head 命令相反。这个命令常用于查看日志文件的最后 10 行来阅读重要的系统消息。还可以使用 tail 来观察日志文件被更新的过程。

使用-f 选项，tail 会自动实时地把打开文件中的新消息显示到屏幕上。

例题 12-15：以 root 用户身份登录，即时观察/var/log/messages 的变化。命令如下：

```
#tail -f /var/log/messages
```

11．locate 命令

locate 命令用来定位文件和目录。使用 locate 命令，将会找到每一个满足搜索条件的目录或文件。

例题 12-16：搜索所有名称中带有 test 这个词的文件，命令如下：

```
#locate test
```

12.3.3　文本编辑工具 vi

vi 是 Linux 下最常用的文本编辑工具。

例题 12-17：使用 vi 对文本文件 test_fork.c 进行编辑，命令如下：

```
#vi test_fork.c
```

执行上述命令，进入文本编辑状态。在编辑状态下，可以使用以下按键。

- 按 i 键或 insert 键，系统进入插入状态，可以对文件进行编辑。
- 编辑结束后按 Esc 键，将返回命令模式。使用命令“:wq”，系统将保存对文件的修改并退出。如果使用命令“:w!”，则强制保存并退出。如果使用命令“:q”，则放弃存盘并退出。如果编辑器不允许退出，则可以使用命令“:q!”强制退出。

12.3.4　其他命令

1．date 命令

date 命令用于设置和修改系统的时间与日期。

例题 12-18：显示系统日期和时间，命令如下：

```
#date
```

如果 date 后面跟上具体日期和时间，则是对系统日期和时间进行设置。

2．clear 命令

clear 命令用来清除屏幕上的显示，只需直接输入#clear 即可。

3．man 命令

man 命令用来查询一个命令的使用方法，提供了关于所有操作系统命令的使用信息。当发现某个命令不会使用或对其使用的格式参数等不太清楚时，即可输入 man 命令后跟需要查看的命令得到详细的信息。

例题 12-19：了解 head 命令的使用方法，命令如下：

```
#man head
```

结果如图 12-8 所示，此命令将显示关于 head 命令的大量信息及其所有选项。

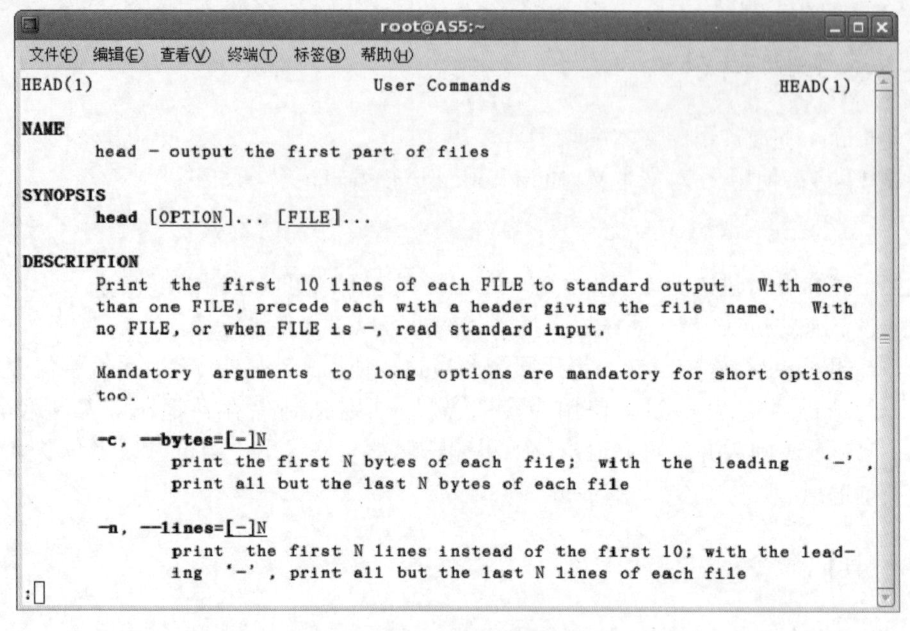

图 12-8 man 命令的输出结果

本章小结

作为 Oracle 数据库的管理员，必须熟悉和掌握一些基本的 Linux 操作命令。本章主要介绍这些常用命令的主要功能和使用方法。

习 题

1．选择题

(1) pwd 命令的功能是(　　)。

A. 设置用户口令　　B. 显示用户的口令

C. 显示当前工作的目录　　D. 改变当前工作的目录

(2) vi 中哪条命令是不保存强制退出？(　　)。

A. :wq　　B. :wq!　　C. :q!　　D. :quit

(3) 用户编写了一个文本文件 a.txt，想将该文件名改为 txt.a，下列选项中可以实现的是(　　)。

A. cd a.txt txt.a　　B. echo a.txt>txt.a

C. rm a.txt txt.a　　D. cat a.txt>txt.a

(4) 修改用户权限的命令为(　　)。

A. chmod　　B. useradd　　C. chown　　D. su

2．简答题

(1) Red Hat Linux 系统在安装前要做哪些准备工作？

(2) Linux 操作系统的常用命令有哪些？

(3) 简述什么是 shell。

(4) 在 Linux 系统中，显示的文件名颜色分别代表哪些不同类型的文件？

3. 操作题

(1) 新建一个用户 wang，密码设为 123456，并将其加到 root 组，写出所用命令。

(2) 写出查看当前目录的命令。

(3) 进入用户主目录，显示当前的路径。

(4) 复制文件/etc/group 到用户主目录，文件名不变。

附录　习题参考答案

第1章

1．(1)B　(2)C　(3)B　(4)D　(5)A

2．略。

第2章

1．(1)A　(2)A　(3)B　(4)B　(5)D

(6)B　(7)B　(8)B　(9)A　(10)B

2．略。

3．略。

第3章

1．(1)D　(2)D　(3)A　(4)A　(5)D

2．略。

3．略。

第4章

1．(1)C　(2)C　(3)D　(4)C　(5)B

2．略。

3．略。

第5章

1．(1)D　(2)B　(3)C　(4)B　(5)A

(6)B　(7)C　(8)C　(9)B　(10)C

(11)B　(12)B

2．略。

3．略。

第6章

1．(1)D　(2)D　(3)A　(4)B　(5)B

(6)A　(7)C　(8)A　(9)C　(10)D

2．略。

3．略。

第7章

1．(1)D　(2)A　(3)C　(4)D　(5)D

(6)B　(7)D　(8)A　(9)B　(10)B

2．略。

3．略。

第8章

1．(1)B　(2)D　(3)D　(4)A　(5)C
　(6)D　(7)C　(8)A　(9)D　(10)C

2．略。

3．略。

第9章

1．(1)C　(2)B　(3)A　(4)B　(5)C

2．略。

3．略。

第10章

1．(1)C　(2)A　(3)C　(4)B　(5)C
　(6)B　(7)B　(8)A　(9)D　(10)D
　(11)B　(12)B

2．略。

3．略。

第11章

1．(1)D　(2)D　(3)D　(4)A　(5)C
　(6)C　(7)C　(8)C

2．略。

3．略。

第12章

1．(1)C　(2)C　(3)D　(4)A

2．略。

3．略。

参考文献

[1] 孙风栋．Oracle 11g 数据库基础教程[M]．北京：电子工业出版社，2014.

[2] 杨少敏，王红敏．Oracle 11g 数据库应用简明教程[M]．北京：清华大学出版社，2010.

[3] 袁福庆．Oracle 数据库管理与维护手册[M]．北京：人民邮电出版社，2006.

[4] David C.Kreines，Brian Ladkey．Oracle 数据库管理[M]．张玉英，译．北京：中国电力出版社，2004.

[5] 林树泽，等．Oracle 数据库管理之道[M]．北京：清华大学出版社，2012.

[6] 霍红，等．Oracle 11g 数据库基础教程[M]．北京：清华大学出版社，2013.

[7] Sam R.Alapati．Oracle Database 11g 数据库管理艺术[M]．钟鸣，等译．北京：人民邮电出版社，2010.